U0793160

21 世纪高等教育建筑环境与能源应用工程系列教材

热质交换原理与设备

主　编　闫全英　刘迎云
参　编　王雪锦
主　审　黄　翔

机 械 工 业 出 版 社

“热质交换原理与设备”课程是高等学校建筑环境与能源应用工程专业的主干技术基础课之一，起着连接本专业基础课和专业课的桥梁作用。本教材是按照该课程教学大纲要求编写的，主要讲述热质交换的基本原理、基本规律和相关设备的理论和实践知识。全书共10部分：绪论，质交换过程，动量、热量和质量传递类比，相变热质交换原理与设备，空气与水热质交换原理与设备，干燥剂除湿原理与设备，空气射流及燃料燃烧时的热质交换原理与设备，热质交换设备的热工计算，热质交换设备的优化设计和性能评价，以及附录。本教材将原理与设备有机地结合起来，既符合学生的认识规律，又便于学生学习掌握，并注意与实际工程相结合。

本书适用于普通高等学校建筑环境与能源应用工程专业本科生和专科生，也可作为其他相关专业的教学参考书，同时也可供有关工程技术人员和自学者参考。

本书配有电子课件，免费提供给选用本教材的授课教师。需要者请登录机械工业出版社教育服务网（www.cmpedu.com），注册后下载。

图书在版编目（CIP）数据

热质交换原理与设备/闫全英，刘迎云主编．—北京：机械工业出版社，2006.6（2025.7重印）
（21世纪高等教育建筑环境与设备工程系列规划教材）
ISBN 978-7-111-19120-9

Ⅰ．热…　Ⅱ．①闫…　②刘…　Ⅲ．①传热传质学—高等学校—教材②换热器—高等学校—教材　Ⅳ．TK124

中国版本图书馆CIP数据核字（2006）第046583号

机械工业出版社（北京市百万庄大街22号　邮政编码100037）
责任编辑：刘　涛　版式设计：冉晓华　责任校对：张晓蓉
封面设计：王伟光　责任印制：常天培
河北虎彩印刷有限公司印刷
2025年7月第1版第9次印刷
169mm×239mm・18.5印张・358千字
标准书号：ISBN 978-7-111-19120-9
定价：45.00元

凡购本书，如有缺页、倒页、脱页，由本社发行部调换

电话服务	网络服务
社服务中心：（010）88361066	教材网：http：//www.cmpedu.com
销售一部：（010）68326294	机工官网：http：//www.cmpbook.com
销售二部：（010）88379649	机工官博：http：//weibo.com/cmp1952
读者购书热线：（010）88379203	**封面无防伪标均为盗版**

序

建筑环境与设备工程（2012 年更名为建筑环境与能源应用工程）专业是 1998 年教育部新颁布的全国普通高等学校本科专业目录，将原“供热通风与空调工程”专业和“城市燃气供应”专业进行调整、拓宽而组建的新专业。专业的调整不是简单的名称的变化，而是学科科研与技术发展，以及随着经济的发展和人民生活水平的提高，赋予了这个专业新的内涵和新的元素，创造健康、舒适、安全、方便的人居环境是 21 世纪本专业的重要任务。同时，节约能源、保护环境是这个专业及相关产业可持续发展的基本条件，因而它们和建筑环境与设备工程专业的学科科研与技术发展总是密切相关，不可忽视。

作为一个新专业的组建及其内涵的定位，它首先是社会需求所决定，也是和社会经济状况及科学技术的发展水平相关的。我国的经济持续高速发展和大规模建设需要大批高素质的本专业人才，专业的发展和重新定位必然导致培养目标的调整和整个课程体系的改革。培养“厚基础、宽口径、富有创新能力”，并能符合注册公用设备工程师执业资格并能与国际接轨的多规格的专业人才以满足需要，是本专业教学改革的目的。

机械工业出版社本着为教学服务，为国家建设事业培养专业技术人才，特别是为培养工程应用型和技术管理型人才作贡献的愿望，积极探索本专业调整和过渡期的教材建设，组织有关院校具有丰富教学经验的教授、副教授主编了这套建筑环境与设备工程专业系列教材。

这套系列教材的编写以“概念准确、基础扎实、突出应用、淡化过程”为基本原则，突出特点是既照顾学科体系的完整，保证学生有坚实的数理科学基础，又重视工程教育，加强工程实践的训练环节，培养学生正确判断和解决工程实际问题的能力，同时注重加强学生综合能力和素质的培养，以满足21世纪我国建设事业对专业人才的要求。

我深信，这套系列教材的出版，将对我国建筑环境与设备工程专业人才的培养产生积极的作用，会为我国建设事业作出一定的贡献。

陈在康

前　　言

本书是为普通高等学校建筑环境与设备工程（2012年更名为建筑环境与能源应用工程）专业“热质交换原理与设备”课程撰写的教材。

“热质交换原理与设备”课程是将本专业中的“传热学”、“流体力学”、“工程热力学”、“供热工程”、“通风工程”、“空调工程”、“制冷技术”、“空调冷热源工程”、“工业锅炉设备”及“燃气燃烧”等课程中有关流体的传热传质原理及相关设备的内容取出，经整理、归纳、精炼而形成的一门技术基础课，它是建筑环境与设备工程（建筑环境与能源应用工程）专业的主干专业基础课之一。

“热质交换原理与设备”是以动量传递、热量传递和质量传递的传输理论为基础，研究发生在本专业中的热、质交换现象、原理、规律以及热质交换设备的选择和计算，为学生进一步掌握专业知识打下良好的基础。

本书是针对普通高等学校建筑环境与设备工程（建筑环境与能源应用工程）专业的本科生，定位明确，区别于现有同类教材。本书的特点包括：

1）消化吸收了同类教材的经验和特点，并加以扩展和更新，增添了部分新内容。

2）打破以往教材先讲原理后讲设备的传统体系，将原理与设备有机地结合起来讲授，符合学生的认识规律，便于学生学习掌握。

3）注重与“传热学”及各门相关专业课，如“空调工程”、“工业锅炉设备”、“制冷技术”、“燃气燃烧”、“通风工程”等课程的衔接，避免了内容的大量重复，重点突出，目的明确。

4）强调了热质交换设备的热工计算方法，将其专门列为一章，加强了对学生计算能力的训练，有利于提高学生的实际应用能力。

5）增加了热质交换设备的优化设计和评价的内容，单设一章，使学生能了解热质交换设备优化方法和性能评价指标，从技术经济角度对热质交换设备进行综合设计和评价，提高学生系统、综合的分析能力，并使学生掌握技术经济的基本分析方法。

6）本书中所用到的专业术语符合最新的暖通空调术语标准。

7）本书尽量加入与本学科相关的热质交换设备的新进展和新技术，使学生能够及时了解本专业前沿领域的新知识。

8）力求全书中用到的符号及其物理意义前后统一起来，便于学生理解和记忆。

9）本书各章节后均配有习题和思考题，参考文献单独置于每章之后，便于学生查阅参考，同时给出了教材中常用物理量的符号表。

本书由闫全英、刘迎云主编。全书共8章。绪论，第3章，第4章中4.3节，第5章中5.7节，第6章中6.3、6.4节，第7章和第8章由北京建筑工程学院的闫全英副教授执笔；第1章和第2章由河北建筑工程学院的王雪锦执笔；第4章中4.1、4.2节，第5章5.1节～5.6节和第6章中6.1、6.2节由南华大学的刘迎云副教授执笔。全书由闫全英统稿。

本书诚请西安工程大学黄翔教授细致审阅，黄翔教授对本书的大纲、指导思想和内容等提出了许多宝贵的意见，谨此表示衷心的感谢。西安建筑科技大学张强教授也对本书提出了修改意见，谨致谢意。

由于编者水平有限，书中错误和不妥之处，请读者予以批评指正。

编者

基本符号表

m	质扩散通量	kg/（m^2·s）
N	摩尔扩散通量	kmol/（m^2·s）
n	物质的量浓度	kmol/m^3
C_i	某组分的质量浓度	kg/m^3
h_m	对流质交换系数	m/s
h_{md}	传质系数或蒸发系数	kg/（m^2·s）
α	表面传热系数	W/（m^2·K）
D	扩散系数	m^2/s
a	热扩散率	m^2/s
υ	运动粘度	m^2/s
μ	摩尔质量	g/mol
Q	传热量	W
q	热流密度	W/m^2
u	x 方向速度	m/s
v	y 方向速度	m/s
A	面积	m^2
K	传热系数	W/（m^2·K）
λ	热导率	W/（m·K）
d	含湿量	kg（水蒸气）/kg（干空气）
h	比焓	kJ/kg
c	比热容	kJ/（kg·K）
μ	动力粘度	Pa·s
w	水流速	m/s
T	热力学温度	K
t	摄氏温度	℃
p	压力、压强	Pa，bar
ε	换热器效能	

（续）

ε_1	热交换效率系数	
ε_2	接触系数	
G	空气流量	kg/s
W	水流量	kg/s
r	汽化热	kJ/kg
ξ	析湿系数或热扩大系数	
R	气体常数	kJ/（kg·K）
R_0	摩尔气体常数	kJ/（kmol·K）
ρ	密度	kg/m^3
V	体积	m^3
$\dot{m}$	质量流量	kg/s
η	换热器效率	
η	肋壁效率	
R	热阻	m^2·K/W
d	直径	m
δ	壁厚	m

目　　录

绪　论

传热现象和传质现象是自然界和工程技术领域普遍存在的现象。在建筑环境与能源应用工程专业领域，传热和传质现象广泛发生在能量交换设备中，所以学习传热和传质的基本规律以及它们在专业中的应用是十分重要的。

过去本专业的学生在学习相关的传热传质知识以及它们在设备中的应用是零散的，分布在不同的专业课中，缺乏统一系统的了解和学习。热交换设备如水加热器、散热器、喷射泵等的结构形式和热工计算在“供热工程”课程中讲述；空气热质处理设备如空气冷却器、喷水室等的结构形式和热工计算在“空调工程”中讲述；燃料燃烧现象和燃烧器结构及应用在“工业锅炉设备”中讲述，还有其他几门专业课中也涉及到相关传热传质的内容。这样的安排使学生不能系统地掌握进而熟练应用传热传质知识。

“热质交换原理与设备”是将专业课和专业基础课中有关流体的传热传质原理及相关设备的内容取出，经整理、归纳、精炼而形成的一门技术基础课。它是以动量传递、热量传递和质量传递的传输理论为基础，论述了发生在本专业中的热质交换现象、原理、设备的选择和计算，为学生进一步掌握专业知识打下良好的基础。

1. 本课程的主要内容

本课程主要讲述热质交换的基本原理、基本规律和相关设备的理论和实践知识，为日后实际应用提供基础和依据。本书的主要内容包括质交换过程，动量、热量和质量传递类比，相变热质交换原理与设备，空气与水热质交换原理与设备，干燥剂除湿原理与设备，空气射流的热质交换，燃料燃烧时的热质交换原理及设备，热质交换设备的热工计算以及热质交换设备的优化设计和性能评价等。

(1) 传递基本规律　物质的分子总是处于不规则的热运动中，两种或两种以上组分组成的混合物中如果存在浓度差，物质的分子就会从浓度高的地方向浓度低的地方转移，进而产生质量的传递。质量传递基本方式包括分子扩散和对流扩散。由于分子的微观运动引起的质量传递称为分子扩散，它存在于固体、静止流体或层流流体中。由于流体微团的宏观运动引起的质量传递称为对流扩散，它存在于紊流流体中，但单纯的对流扩散是不存在的，总是伴随着分子扩散，二者的共同作用称为对流质交换[1]。

分子扩散传质可以用菲克定律来描述：在浓度场不随时间而变化的稳态扩散条件下，当无整体流动时，组成二元混合物中组分 A 和 B 发生互扩散，组分 A 向组分 B 单位时间内在垂直于扩散方向的单位面积上扩散的质量或物质的量与组分 A 的浓度梯度成正比，方向指向浓度降低的方向，用公式表示为

$$m_A = -D_{AB}\frac{\mathrm{d}C_A}{\mathrm{d}y}$$

或

$$N_A = -D_{AB}\frac{\mathrm{d}n_A}{\mathrm{d}y}$$

式中 D_{AB}——扩散系数（m^2/s）；

C_A——组分 A 的质量浓度（kg/m^3）；

n_A——组分 A 的物质的量浓度（$kmol/m^3$）；

m_A——组分 A 的质扩散通量［$kg/(m^2\cdot s)$］；

N_A——组分 A 的摩尔扩散通量［$kmol/(m^2\cdot s)$］。

当流体中存在速度梯度或温度梯度时，则会发生动量传递和热量传递。三种传递现象——质量传递、动量传递和热量传递是类似的。动量传递的分子传输规律可以用牛顿粘性定律来描述，即两个作直线运动的流体层之间的切应力与垂直于运动方向的速度梯度成正比，用公式表示为

$$\tau = \mu\frac{\mathrm{d}u}{\mathrm{d}y}$$

式中 τ——切应力（N/m^2）；

μ——动力粘度（$Pa\cdot s$）；

u——流体的速度（m/s）。

热量传递的分子传输规律可以用傅里叶定律来描述，即在均匀各向同性材料内的一维温度场内，通过导热方式单位时间内在垂直于传热方向上单位面积内传递的热量与温度梯度成正比，方向指向温度降低的方向，用公式表示为

$$q = -\lambda\frac{\mathrm{d}t}{\mathrm{d}y}$$

式中 q——热流密度（W/m^2）；

λ——流体的热导率［$W/(m\cdot ℃)$］。

对于湍流流动的流体，动量、热量和质量的传递是由流体微团的不规则掺混运动引起的。依照分子传递规律，也可以近似建立湍流传递规律，在这里定义了湍流动力粘度 μ_t、湍流热导率 λ_t 和湍流扩散系数 D_{ABt}，则描述动量、热量和质量传递的公式可以写作

$$\tau_t = \mu_t \frac{d\bar{u}}{dy}$$

$$q_t = -\lambda_t \frac{d\bar{t}}{dy}$$

$$m_{At} = -D_{ABt} \frac{d\overline{C_A}}{dy}$$

式中　τ_t——湍流切应力（N/m^2）；

$\bar{u}$——湍流平均速度（m/s）；

q_t——湍流热流密度（W/m^2）；

$\bar{t}$——湍流平均温度（℃）；

m_{At}——湍流质扩散通量［kg/（$m^2 \cdot s$）］；

$\overline{C_A}$——湍流平均质量浓度（kg/m^3）。

对于分子传递和流体微团宏观运动共同作用引起的总动量、热量和质量传递量可认为是分子扩散和对流扩散引起的扩散量之和。在充分发展的湍流中，湍流作用远远大于分子传递作用，所以总传递量近似认为等于湍流传递量，而忽略分子传递量。

除此之外，动量、热量和质量传递现象的微分方程和边界条件也是类似的，所以三种传递现象是可以类比的[2]。基于这个原理，可以把动量传递和热量传递的一些类比律和准则关联式推广应用到传质现象上，用来计算对流质交换系数。

（2）热质传递现象　本专业中涉及到的热质传递现象包括相变传热、空气与水的热质交换、干燥剂与空气的热质交换、空气射流与室内空气的热质交换和燃料燃烧现象。

相变传热包括液体沸腾换热、蒸汽凝结换热，以及固－液相变传热。固体壁面与液体接触时，当固体表面温度大于液体压力下的饱和温度就会发生沸腾现象。固体壁面与液体之间的换热量与温差和壁面与液体之间的表面传热系数成正比。沸腾现象的发生必须有汽化核心的存在，汽化核心越多，沸腾现象越剧烈。

固体壁面与蒸汽接触，当固体表面温度低于蒸汽的饱和温度时，蒸汽就会在壁面上凝结。根据液膜与壁面的润湿情况，凝结有膜状凝结和珠状凝结两种形式。在实际工业应用上往往实现的是膜状凝结，所以膜状凝结表面传热系数的计算是很重要的。

空气与水之间的热质交换现象主要发生在空调系统对空气进行热湿处理时。为满足房间舒适度的要求，无论是在夏季还是在冬季，必须对室外空气进行各种热湿处理过程，达到送风参数后，再送入室内。在冬季，室外空气主要进行加热加湿处理，在夏季主要进行降温减湿处理。这些处理过程涉及空气与水表面或水滴之间的热质交换。

空气在与水直接接触时，如果二者之间存在温度差，会产生热传递。空气把热量传递给水，这就是空气降温过程；水把热量传递给空气，这就是空气加热过程。紧靠水表面的空气层可以认为是温度等于水温的饱和空气层，如果与水接触的空气中水蒸气分压力（或浓度）与水表面饱和空气层的水蒸气分压力（或浓度）不等，则会产生质量扩散。水表面向空气传递水蒸气，则是空气加湿过程，反之则是空气除湿过程。

通常空气与水直接接触时，热交换和质交换是同时存在的。既存在由温差引起的显热交换，又存在由浓度差引起的潜热交换，二者的代数和为空气与水之间的总热交换。总热交换的推动力是空气与水表面饱和空气的焓差。

空气与水通过壁面进行热质交换时，如果壁面温度低于空气的露点温度，则空气被冷却的同时也被除湿，水蒸气发生凝结，并在表面形成水膜，热质交换同时存在，传递规律和公式与上述空气与水直接接触的情况类似。如果壁面温度高于空气露点温度而小于空气温度时，则空气只被冷却而含湿量不变。如果壁面温度大于空气温度，则空气被加热，含湿量不变。

对空气进行除湿处理除了采用冷却凝结的方法，还可以使用干燥剂进行除湿。干燥剂包括固体吸附剂和液体吸收剂。干燥剂的除湿或加湿是由于干燥剂的表面蒸汽压与被处理空气的蒸汽压差造成的，当干燥剂表面蒸汽压小于被处理空气的蒸汽压时，则干燥剂吸收空气中的水蒸气，空气被除湿，反之则空气被加湿。干燥剂处理空气时，当吸收一定量的水蒸气后，其表面蒸汽压增大到等于空气的蒸汽压，则干燥剂丧失除湿能力，这时应该对干燥剂进行再生处理，排除水蒸气，降低蒸汽压，使它重新具有除湿能力。

（3）热质交换设备的种类和用途　热质交换设备的种类很多。按工作原理分包括间壁式、混合式、蓄热式和热管式等[3]。

间壁式热质交换设备中，冷热两种流体被壁面隔开，在各自的流道中连续流动，彼此不混合进行热量交换。例如空气加热器、空气冷却器、散热器、冷凝器、蒸发器等，这类设备在本专业中应用最广。

混合式热质交换设备是指冷热两种流体直接接触，相互混合进行热量或质量的传递。这种设备传热传质效率高。如喷水室、喷射泵、加湿器、冷却塔等都属于混合式热质交换设备。

蓄热式换热器是借助固体填充物组成的蓄热体作为中间介质传递热量。冷热流体依次流过蓄热体，热流体在流过时放出热量，把热量储存在蓄热体中。当冷流体流过时，吸收蓄热体放出的热量。蓄热式换热器的热传递过程属于非稳态过程，蓄热体不停地、周期性地加热冷却，换热器内温度场处于不停的变化中。如炼铁厂的热风炉、锅炉中的中间蓄热式空气预热器和全热回收式空气调节器属于此类换热器。

热管式换热器以热管为换热元件。换热器由多根热管组成的换热管束通过中隔板置于壳体内，中隔板与加热段、冷却段及相应的壳体内腔形成冷热流体通道，流体在通道内横掠管束时进行换热。该类换热器用于余热回收中。

按冷热流体流动方向分，热质交换设备有顺流式、逆流式、叉流式和混流式。

顺流式换热器内冷热流体平行沿同一方向流动，如图 0-1 所示。冷热流体同向流动时，可以用平壁隔开，但通常是用同心管隔开，冷热流体由同一端进入，向着同一方向流动，由另一端离开。

逆流式是两种流体流动方向相反，且平行流动，如图 0-2 所示。冷热流体从换热器不同的两端进入，相对逆向流动，再由相对的两端流出。

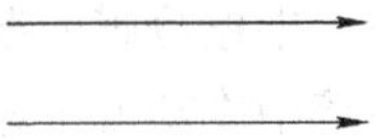

图 0-1　顺流式示意图

图 0-2　逆流式示意图

叉流式则是两种流体的流动方向互相交叉垂直，如图 0-3a 所示。这种流动方式主要是气体横向掠过管内流动液体的管束。管束有带肋片的，也有不带肋片的。对于带肋片的交叉流动，管束外气体流股和管束内的液体都是不混合的，如图 0-3b 所示。如果管束不带肋片，则管束外的流体会在横向进行混合，如图 0-3c所示。

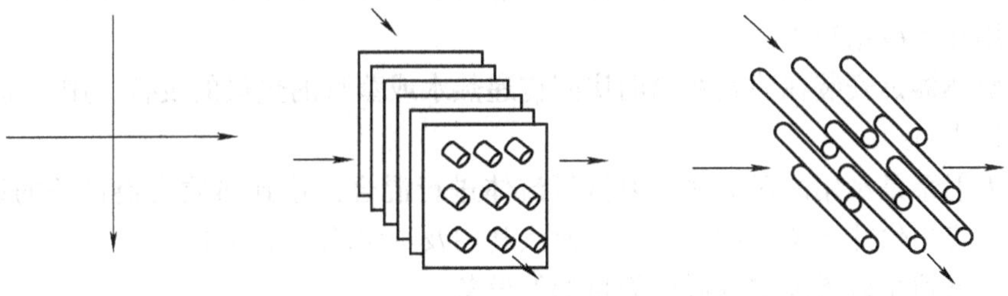

a)　b)　c)

图 0-3　叉流式示意图

混流式是指流动方式既有顺流，又有逆流，也可能有交叉流，如图 0-4 所示。当冷热流体交叉次数较多，如 4 次以上，则可根据流动的总趋势，将流动看作逆流或顺流来对待。

按用途分类，热质交换设备有水加热器、空气加热器、空气冷却器、预热器、过热器、喷水室、冷凝器、蒸发器、散热器、喷射泵、加湿器、暖风机等。

水加热器是利用蒸汽或热水作为热媒加热低温水的设备，分汽水加热器和水

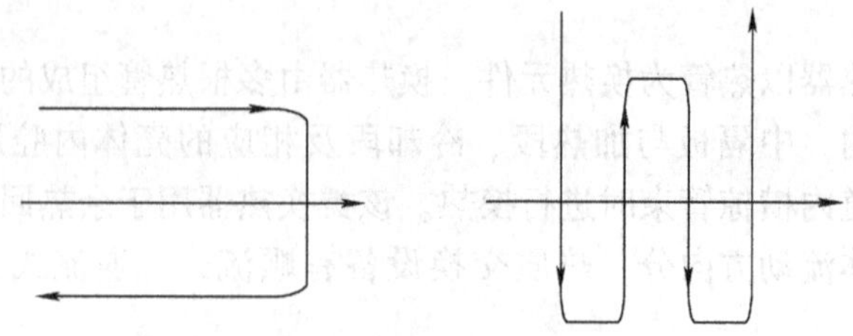

图 0-4　混流式示意图

水加热器。根据不同的结构又包括壳管式、板式、螺旋板式、容积式等。它可用于集中供热系统中加热采暖用户回水或城市上水。

空气加热器是利用蒸汽或热水作为热媒加热空气的设备。它可用在通风系统中加热新风。

空气冷却器是利用冷水或制冷剂冷却空气的设备。根据冷媒的温度，空气冷却器有干工况和湿工况两种情况。它用在夏季空调系统中冷却或干燥室外空气。

预热器是利用较高温度的介质预先加热某种流体，达到提高效率，节约能源的目的。例如锅炉中的空气预热器。

过热器是把饱和蒸汽加热为过热蒸汽的设备，通常安装在锅炉饱和蒸汽出口处。

喷水室是通过向被处理介质中喷射液体，通过直接接触达到热质交换目的的设备。根据喷射液体温度的不同，可实现加热、冷却、加湿、减湿的目的。

冷凝器是使蒸汽得到凝结的设备。蒸发器是使液体蒸发汽化的设备。它们主要是用在制冷系统中。

散热器是安装在建筑物内向房间传递热水或蒸汽的热量的设备，用于室内采暖系统中。

喷射泵是利用高压流体引射低压流体进行混合，达到热质交换目的的设备。它用在集中供热系统中或废气、二次汽利用及给水除氧系统中。

加湿器是以增加空气湿度为目的的设备。

暖风机用于加热空气，以向房间供热，也是用在室内采暖系统中。

按制作材料不同，热质交换设备分为金属材料热质交换设备、非金属材料热质交换设备和稀有金属材料热质交换设备等。设备中使用较多的金属材料有碳钢、不锈钢、铝、铜、镍及其合金等。使用的非金属材料主要有石墨、塑料、陶瓷和玻璃。用于热质交换设备上的稀有金属材料包括钛、锆及其一些复合材料。非金属材料和稀有金属材料主要用于高温、高压、高真空、腐蚀性强的场合。

（4）热质交换设备的热工计算　热质交换设备的热工计算是设备如何选择或选择是否合理的依据。热工计算分为设计性计算和校核性计算两类。设计性计算是已知进行热质交换的两种流体的流量、温度，确定所需的换热面积，选择换热设备的类型、结构、尺寸等。校核性计算是在换热设备和两种流体的初状态已知的情况下，校核两种流体的终态参数。间壁式热质交换设备的热工计算主要有两种方法，即对数平均温差法和效能—传热单元数法。这两种方法均可用于间壁式热质交换设备的设计计算和校核计算。在进行设备的选择计算时，这两种方法的难易程度相差不多。采用对数平均温差法可从求出的温差修正系数的大小，看出流动形式与逆流的差距，对改善流动形式有利。在校核设备的计算中，由于需试算传热系数，而对数平均温差法需反复进行对数计算，相比之下，不如效能—传热单元数法简单。

混合式热质交换设备的热工计算方法包括双效率法、焓差法等。

2. 本课程的重要性

建筑环境与能源应用工程专业的学生，在毕业后要能够从事工业与民用建筑中环境控制技术领域的工作，应具备暖通空调、燃气供应、建筑给排水等公共设施系统和建筑热能供应系统的设计、安装、调试和运行管理能力，以及制定建筑自动化系统方案的能力，还应具备初步的研究和开发能力，能够在设计、研究开发、施工安装、物业管理以及工业企业等单位从事技术、经营和管理工作。这是建筑环境与能源应用工程专业的培养目标。这些能力的具备就牵扯到大量的传热、传质知识以及实现传热传质的相应设备的知识。

例如，集中供热系统中外网与用户的连接装置喷射泵、汽水换热器或水水换热器等的设计选择，燃油燃气锅炉中燃烧器或油喷嘴的设计与选择，空调系统中对空气进行加热、冷却、加湿或除湿的设备的设计，室内采暖用设备散热器或暖风机的选择，制冷系统中蒸发器和冷凝器的选择计算等，这些都要用到很多传热传质方面的知识。不管是供热系统，还是空调制冷系统，它们设计好坏，不但直接影响到室内的舒适度和环境品质，还影响到能源的消耗。目前建筑能耗已占到总能耗的1/3，引起了世界的广泛关注，节约建筑能耗已经成为世界性的难题，而热质交换设备的节能是建筑节能的关键环节之一。

通过对“热质交换原理与设备”课程的学习，应使学生了解它在本专业中的地位和重要性。在掌握了传热学基础知识后，进一步掌握传质学的相关理论。在修完本课程后，学生应该能够掌握三种传递现象即动量、能量和质量传递的类比关系和类比律；熟悉空气处理的各种方法，熟悉用固体吸附和液体吸收方法处理空气的机理和设备；通过相变传热传质原理的学习，能够掌握以制冷剂为主的设备如冷凝器、蒸发器的物理机理；通过对空气射流的学习，能够了解空调送风规律以及送风与室内空气的热质交换现象；掌握液体和气体燃烧方法和燃烧设备；了解本专业中涉及到的热质交换设备的形式结构和性能参数，并学会设备的热工计算进而学会选择热质交换设备。

“热质交换原理与设备”课程同时兼顾到创造建筑室内环境所用到的热质交

换方法的理论知识和设备知识，是建筑环境与能源应用工程专业的一门主干专业理论课，起着连接本专业基础课和专业课的桥梁作用。

参考文献

[1] 王补宣. 工程传热传质学 [M]. 北京：科学出版社，1998.

[2] 杨世铭，陶文铨. 传热学 [M]. 北京：高等教育出版社，1998.

[3] E U施林德尔. 换热器设计手册 [M]. 马庆芳，马重芳，主译. 北京：机械工业出版社，1988.

1

第 1 章

质交换过程

本章将要介绍传质过程的基本概念，讨论扩散传质和对流传质的基本规律，为后续章节的学习打下良好的基础。

1.1 传质基本概念

物质的分子总是处在不规则的热运动中，传递现象是自然界的基本物理现象之一。在一种物体内部，或在两种彼此接触（包括直接接触或间接接触）的物体之间，当存在势差时就会产生传递现象。例如，当存在温差时会传递热量；存在浓度差或分压力差时会传递质量。单位时间的传递量就可以用传递现象方程式来表示：传递量 = 传递系数 × 传递面积 × 推动力。

在传热学中，我们已经知道，温度差是传热的推动力。传热学中已经分析过的是流体和壁面间的对流换热过程，所涉及的流体都是单一物质或称一元体系。而在某些实际情况下，流体可能是二元体系（或称二元混合物），并且其中各组分的浓度不均匀，这时传质又常和传热复合在一起。例如，自然环境中海洋的水面蒸发，在潮湿的大气层中形成云雨；生物组织对营养成分的吸收；油池起火和火焰的扩散；电厂冷却塔、喷气雾化干燥等的工作过程；空调工程中常用的表面式空气冷却器在冷却去湿工况下，除了热交换外还有水分在冷表面凝结析出；在吸收式制冷装置的吸收器中发生的吸收过程等；测量湿空气参数时常用干湿球温度计，其中湿球温度的测量与湿球纱布和周围空气的热质交换密切相关。

温度差是传热的推动力，浓度差是传质的推动力之一。由于分子运动的随机性，在由两种物质组成的二元混合物中，若存在浓度差，物质的分子会从高浓度处向低浓度处迁移，这种迁移称为浓度扩散或简称扩散，并且通过这种扩散产生质交换。

如果由两种物质组成的二元混合物中没有浓度差，但是各处存在温度差或总压力差时，也会产生扩散，前者称为热扩散，又称索瑞特效应，后者称为压力扩散。扩散的结果会导致浓度变化，并且引起浓度扩散。上述三种扩散最终达到动态平衡，并形成一稳定状态。另外，与热扩散相对应，还有“扩散热”一说，即由于扩散传质引起的热传递，这种现象称为杜弗尔效应[1]。在工程实际中，三种扩散往往不必同时考虑，特别是当温差或总压差不大的条件下，热扩散和压力扩散可以忽略，即只讨论无温度差而且无压力差条件下的浓度扩散。

众所周知，传热有三种基本方式。传质也有两种基本方式：一种是在固体中以及静止的流体或垂直于浓度梯度方向作层流运动的流体中的扩散，称为分子扩散，分子扩散是由微观分子运动所引起，其传递机理和导热类似。另一种是由于在流体中存在的对流形式的宏观运动而引起的物质传递，称为对流扩散，其传递机理和热对流相类似，其传质能力远远大于分子扩散。从传热学中可知：当流体存在宏观对流并存在温度差时，对流换热过程中必然同时伴随着导热。同样的道理，当流体存在宏观对流并存在浓度差时，对流扩散中必然同时伴随着分子扩散。分子扩散和对流扩散两者的共同作用，称为对流质交换，且对流质交换比单纯分子扩散要强烈得多。对流质交换是在流体与液体或固体的两相交界面上完成的，例如，空气掠过水表面时水的蒸发；空气掠过固态或液态萘表面时萘的升华或蒸发等。

可见，质量传递是比动量传递和热量传递更为复杂的传递过程。质量传递往往在多元混合物中进行，而每一种组分又可能具有不同的浓度和速度，因此必须考虑每一种组分所产生的影响。下面将在浓度、扩散通量等概念的基础上，介绍质量传递的基本定律。

1.1.1 浓度

系统中浓度差是产生质量传递的推动力之一。我们要研究传质的规律，必须先理解浓度的概念。

浓度是指在二元或多元混合物中单位体积所含组分的多少。某组分在混合物中占有的份额大就表示它的浓度高[2]。

浓度的表示方法有多种，例如在“工程热力学”课程中讲混合气体时提到的质量浓度、容积浓度和物质的量浓度等，本章主要涉及质量浓度和物质的量浓度的概念。

质量浓度是指某组分的质量除以混合物的体积，常用符号 C_i 来表示，单位是 kg/L 或 kg/m^3。设有 A、B 两种物质组成的二元混合物，则两者的质量浓度分别为

$$C_A = \frac{M_A}{V};C_B = \frac{M_B}{V} \tag{1-1}$$

式中 M_A、M_B——组分 A、B 的质量（kg）；

V——混合物的体积（m^3）。

对于理想气体，根据理想气体状态方程式

$$p_A V = M_A R_A T \tag{1-2}$$

$$p_B V = M_B R_B T \tag{1-3}$$

得到浓度的另一种表示式

$$C_A = \rho_A = \frac{p_A}{R_A T} \tag{1-4}$$

$$C_B = \rho_B = \frac{p_B}{R_B T} \tag{1-5}$$

式中 p_A、p_B——组分 A、B 的分压力（Pa）；

R_A、R_B——组分 A、B 的气体常数［J/（kg·K）］，气体常数与气体种类有关，而与气体状态无关。

T——混合物的温度（K）；

ρ_A、ρ_B——组分 A、B 的密度（kg/m^3）。

不难看出，混合气体中各组分质量浓度也就是该组分气体的密度。质量浓度与分压力有关，如果某组分分压大，则其质量浓度高。

必须明确，质量浓度并非质量分数。两者的关系如下

$$C_A = CC_A^* = \rho_A = \rho C_A^* \tag{1-6}$$

或
$$C_A^* = \frac{M_A}{M} = \frac{C_A}{C} = \frac{\rho_A}{\rho}$$

式中 C_A^*——组分 A 的质量分数（%）；

C——混合物的质量浓度，即密度 ρ（kg/m^3）。

物质的量浓度是指某物质的量除以混合物的体积，常用符号 n_i 来表示，单位为 mol/m^3 或 $kmol/m^3$。若某组分 A 的物质的量浓度用 n_A 表示，它的摩尔分数 n_A^* 为

$$n_A^* = \frac{n_A}{n} \tag{1-7}$$

式中 n——混合气体的物质的量浓度（$kmol/m^3$）。

1.1.2 扩散通量

扩散通量是指单位时间内垂直通过单位面积的某一组分的物质数量。根据不同的浓度单位，扩散通量常用的表达形式有两种：质扩散通量和摩尔扩散通量。质扩散通量 m 是单位时间内垂直通过单位面积的某一组分的质量，单位可以表示为 kg/（m^2·s）；摩尔扩散通量 N 是指通过单位面积的某一组分的物质的量，单位可以表示为 kmol/（m^2·s）。二者的关系为

$$m = N\mu$$

式中　μ——某组分的摩尔质量（g/mol）。

下面举例说明二元混合物（包括 A、B 两种物质）在浓度不均匀时的互扩散及它们的分压力沿 y 方向的分布情况。如图 1-1 所示为某二元气体混合物的压力分布和互扩散。图中横坐标是组分的分压力，纵坐标是位置坐标，○代表 A 组分，△代表 B 组分。扩散之前，A 组分的分压力（浓度）沿 y 轴正方向增大，B 组分的分压力（浓度）沿 y 轴正方向减小，两种组分的总压力在 y 方向相等。由于气体的扩散是从分压力（浓度）高的地方向分压力（浓度）低的方向，所以 A 组分从上部向下部扩散，B 组分从下部向上部扩散。两种组分互扩散，直到各组分的分压力（浓度）在 y 方向相等为止。

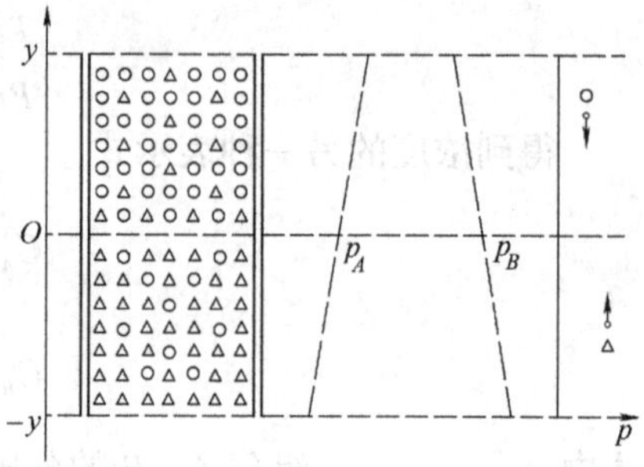

图 1-1　组分 A、B 的相互扩散

在二元或多元混合物中，若各组分的质扩散速度或摩尔扩散速度不同，此时就会产生混合物的整体流动，混合物以质平均速度 $\bar{v}$ 或摩尔平均速度 $\bar{V}$（m/s）通过某截面。特殊地，如果各组分的质扩散速度（或摩尔扩散速度）相同，则混合物整体流动的质平均速度 $\bar{v}=0$（或摩尔平均速度 $\bar{V}=0$），称作等质量互扩散（或等摩尔互扩散）。

我们可以分别选取两种坐标系统来讨论问题：静坐标和随混合物一起整体移动的动坐标。静坐标系下的扩散通量称为绝对扩散通量或净扩散通量，而相对于以整体平均速度移动的动坐标而言，扩散通量则称为相对扩散通量。绝对扩散通量应该等于相对扩散通量加上因整体运动而传递的质量。

1.2　分子扩散传质

1.2.1　斐克定律

扩散通量反映的是分子扩散过程中的质交换速率，浓度差是产生质交换的推动力之一。因而，扩散通量必然与浓度差密切相关。

斐克定律描述了分子扩散过程中的传质量与浓度梯度之间的关系。

下面首先介绍互扩散斐克定律，然后讨论斐克定律的几种表达式。

在稳态扩散条件下，浓度场不随时间而变化，并且不存在整体流动，组成二元混合物中组分 A 的扩散通量（质扩散通量 m 或摩尔扩散通量 N）同它的浓度梯度成正比，这就是斐克（A. Fick）定律，它是质扩散的基本定律[3]。其表达式

为

$$m_A = -D_{AB}\frac{\mathrm{d}C_A}{\mathrm{d}y} \tag{1-8}$$

或

$$N_A = -D_{AB}\frac{\mathrm{d}n_A}{\mathrm{d}y} \tag{1-9}$$

式中　m_A——组分 A 的质扩散通量 [kg/ (m^2 · s)]；

N_A——组分 A 的摩尔扩散通量 [kmol/ (m^2 · s)]；

C_A——组分 A 的质量浓度 (kg/m^3)；

n_A——组分 A 的物质的量浓度 (kmol/m^3)；

$\frac{\mathrm{d}C_A}{\mathrm{d}y}$、$\frac{\mathrm{d}n_A}{\mathrm{d}y}$——组分 A 的质量浓度梯度、物质的量浓度梯度；

D_{AB}——分子扩散系数 (m^2/s)。

以上所述斐克定律的形式是在混合物不存在整体流动的静坐标系条件下得出的，若混合物以某一质平均速度 $\bar{v}$ 或摩尔平均速度 $\bar{V}$ 移动时，斐克定律的坐标应取随混合物整体移动的动坐标。

斐克定律中公式的“－”号表示质扩散方向为浓度降低的方向，与浓度梯度方向相反，这一点类似于导热。

斐克定律还有多种表达式。

若混合物的密度 ρ (或物质的量浓度 n) 不随扩散方向 y 而变化时，斐克定律还可以表达为

$$m_A = -\rho D_{AB}\frac{\mathrm{d}C_A^*}{\mathrm{d}y} \tag{1-10}$$

或

$$N_A = -D_{AB}n\frac{\mathrm{d}n_A^*}{\mathrm{d}y} \tag{1-11}$$

若混合气体已知其组分的分压变化时，斐克定律还可以表达为

$$m_A = -\frac{D_{AB}}{R_A T}\frac{\mathrm{d}p_A}{\mathrm{d}y} \tag{1-12}$$

或

$$N_A = -\frac{D_{AB}}{\mu_A R_A T}\frac{\mathrm{d}p_A}{\mathrm{d}y} \tag{1-13}$$

若混合物整体以质平均速度 $\bar{v}$ 移动时，对静坐标而言，则组分 A 净质扩散通量 m'_A 应为因移动而传递的质量与因浓度差而扩散的质量之和，即

$$m'_A = m_A + C_A\bar{v} \tag{1-14}$$

上式中 m_A 可以分别采用式 (1-8)、式 (1-10)、式 (1-12) 计算。如果采用式 (1-10) 计算，则组分 A 净质扩散通量 m'_A 应为

$$m'_A = -\rho D_{AB}\frac{\mathrm{d}C_A^*}{\mathrm{d}y} + C_A\bar{v} \tag{1-15}$$

同理可得
$$m'_B = -\rho D_{BA}\frac{\mathrm{d}C_B^*}{\mathrm{d}y} + C_B\bar{v} \tag{1-16}$$

在等质量互扩散条件下，混合物整体流动的质平均速度

$$\bar{v} = 0$$

在等质量互扩散条件下有
$$m'_A = -m'_B$$

因为
$$C_A^* + C_B^* = 1$$

所有
$$\frac{\mathrm{d}C_A^*}{\mathrm{d}y} + \frac{\mathrm{d}C_B^*}{\mathrm{d}y} = 0 \tag{1-17}$$

或
$$\frac{\mathrm{d}C_A^*}{\mathrm{d}y} = -\frac{\mathrm{d}C_B^*}{\mathrm{d}y} \tag{1-18}$$

可得
$$D_{AB} = D_{BA} = D$$

上式表明：二元混合物两组分各自的分子互扩散系数在数值上相等。

这一结论也适用于等摩尔互扩散条件。

同样的道理，当混合物以摩尔平均速度 $\bar{V}$ 移动时，对于静坐标，组分 A 的净摩尔扩散通量则为
$$N'_A = N_A + n_A\bar{V}$$

即
$$N'_A = -nD_{AB}\frac{\mathrm{d}n_A^*}{\mathrm{d}y} + n_A\bar{V} \tag{1-19}$$

或
$$N'_B = -nD_{BA}\frac{\mathrm{d}n_B^*}{\mathrm{d}y} + n_B\bar{V} \tag{1-20}$$

在等摩尔互扩散条件下，混合物整体流动的摩尔平均速度

$$\bar{V} = 0$$

在等摩尔互扩散条件下有
$$N'_A = -N'_B$$

同样可得
$$D_{AB} = D_{BA} = D$$

例如，在气体分离的蒸馏过程中，当低沸点组分和高沸点组分的潜热相近时，高沸点组分凝结释放出来的热量，使相同物质的量（等摩尔数）的低沸点组分汽化，此过程可以近似为等摩尔互扩散。

以上是微分形式的斐克定律，根据不同的边界条件进行积分还可以得到积分形式的斐克定律。

若对式（1-8）进行积分，可以得到

$$m_A = D\frac{C_{A,1} - C_{A,2}}{y} \tag{1-21}$$

对理想混合气体

$$m_A = \frac{D}{R_A T}\frac{p_{A,1} - p_{A,2}}{y} \tag{1-22}$$

代入边界条件，对式（1-9）进行积分，可以得到

$$N_A = D\frac{n_{A,1} - n_{A,2}}{y} \tag{1-23}$$

对理想混合气体

$$N_A = \frac{D}{\mu_A R_A T}\frac{p_{A,1} - p_{A,2}}{y} \tag{1-24}$$

上面公式中的下标1、2分别代表混合物中组分A在两个传质截面处的参数。

1.2.2 斯蒂芬定律

上面介绍了由组分A、B组成的二元混合物的双向互扩散，并且介绍了斐克定律应用于互扩散的各种表达式。工程上还会遇到一类特定情况下的扩散：组分A向另一组分B的单向扩散。例如水面上的饱和蒸汽向空气中的扩散，相对于静坐标而言是属于单方向进行的扩散，但对动坐标而言仍然是双向互扩散。当然，这一类扩散将会产生流体的整体运动[4]。

如图1-2所示的容器，底部的水在向空气作等温蒸发，水蒸气分子通过容器内不流动的空气层扩散至顶部，然后被容器外的气流带走。为了讨论问题方便，作如下假设：这一扩散过程是稳态过程；容器口上部的空气流速很小，不会导致容器内空气发生扰动，从而导致其中浓度分布的改变。水面上的蒸汽分压强$p_{A,1}$可以看作是水温下的饱和压强，$p_{A,1}$大于顶部空气中的蒸汽分压强$p_{A,2}$，图1-2左侧所示即容器内分压强变化曲线，这种分压强的差就导致了水蒸气由下向上的扩散，其质扩散通量为m_A。容器外混合气体的总压强p_0保持不变，则容器内水蒸气分压强p_A和空气分压强p_B之和将沿高度方向保持不变，并等于容器外混合气体的总压强p_0。对应槽内高度方向水蒸气分压强的变化，槽内空气也有分压强变化：与水蒸汽分压强的变化相反。所以对以质平均速度为$\bar{v}$的动坐标而言，空气会有与水蒸气扩散反方向（由上到下）的相对扩散，其质扩散通量为m_B。容器底部水表面不存在空气向水面的扩散，如果采用静坐标系，空气的净质扩散通量则为零。

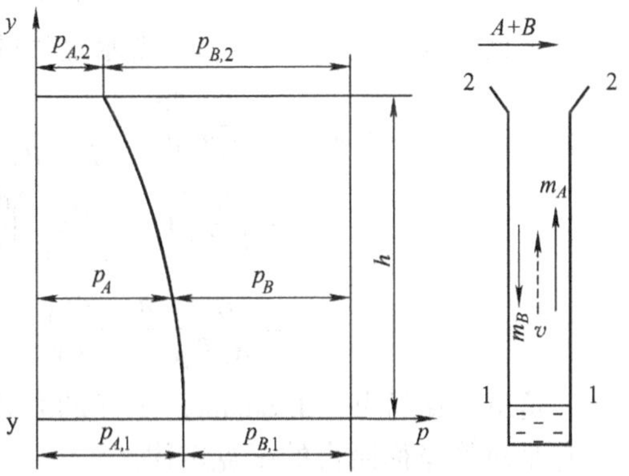

图1-2 水面蒸汽向空气中的扩散

在静坐标系下，水蒸气的净质扩散通量为

$$m'_A = m_A + \bar{v}C_A = -\frac{D}{R_A T}\frac{dp_A}{dy} + \bar{v}\frac{p_A}{R_A T} \tag{1-25}$$

空气的净质扩散通量为

$$m'_B = m_B + \bar{v}C_B = -\frac{D}{R_BT}\frac{\mathrm{d}p_B}{\mathrm{d}y} + \bar{v}\frac{p_B}{R_BT} = 0 \tag{1-26}$$

由式（1-26）可以得到混合气体的整体运动速度为

$$\bar{v} = \frac{D}{p_B}\frac{\mathrm{d}p_B}{\mathrm{d}y}$$

因为混合气体的总压强为定值

$$p_A + p_B = p_0 = 常数$$

针对上式求导可以得到

$$\frac{\mathrm{d}p_A}{\mathrm{d}y} = -\frac{\mathrm{d}p_B}{\mathrm{d}y}$$

将上式代入混合气体的整体运动速度表达式，可得

$$\bar{v} = -\frac{D}{p - p_A}\frac{\mathrm{d}p_A}{\mathrm{d}y}$$

将此式代入式（1-25），可得水蒸气的净质扩散通量为

$$\begin{aligned} m'_A &= -\frac{D}{R_AT}\frac{\mathrm{d}p_A}{\mathrm{d}y} - \frac{D}{p - p_A}\frac{p_A}{R_AT}\frac{\mathrm{d}p_A}{\mathrm{d}y} \\ &= -\frac{D}{R_AT}\left(1 + \frac{p_A}{p - p_A}\right)\frac{\mathrm{d}p_A}{\mathrm{d}y} \\ &= -\frac{D}{R_AT}\frac{p}{p - p_A}\frac{\mathrm{d}p_A}{\mathrm{d}y} \end{aligned} \tag{1-27}$$

这就是斯蒂芬（J. Stefan）定律的表达式，用于计算单向质扩散通量，实际上它是对静坐标而言的斐克定律。

将式（1-27）分离变量并积分，列出边界条件

$$y = 0\ 时, p - p_{A,1} = p_{B,1}$$
$$y = h\ 时, p - p_{A,2} = p_{B,2}$$

式中 h——水面距容器口的高度（m）。

可得

$$m'_A = \frac{D}{R_AT}\frac{p}{h}\ln\frac{p - p_{A,2}}{p - p_{A,1}} = \frac{D}{R_AT}\frac{p}{h}\ln\frac{p_{B,2}}{p_{B,1}} = \frac{D}{R_AT}\frac{p}{h}\frac{p_{B,2} - p_{B,1}}{p_{B,m}} \tag{1-28}$$

式中 $p_{B,m}$——空气组分 B 分压强的对数平均值。

$$p_{B,m} = \frac{p_{B,2} - p_{B,1}}{\ln(p_{B,2}/p_{B,1})}$$

代入边界条件

$$p_{B,2} - p_{B,1} = (p - p_{A,2}) - (p - p_{A,1}) = p_{A,1} - p_{A,2}$$

代入式（1-28）可以得到

$$m'_A = \frac{D}{R_A T}\frac{p}{h}\frac{p_{A,1} - p_{A,2}}{p_{B,m}} \tag{1-29}$$

或

$$m'_A = \frac{D}{h}\frac{p}{p_{B,m}}(C_{A,1} - C_{A,2})$$

式（1-28）和式（1-29）为斯蒂芬（J. Stefan）定律的积分表达式。

1.2.3 扩散系数

由斐克定律可得，扩散系数是沿扩散方向，在单位时间每单位浓度降的条件下，垂直通过单位面积所扩散某物质的质量或物质的量，单位为 m^2/s。

$$D = \frac{m_A}{-\dfrac{dC_A}{dy}} = \frac{N_A}{-\dfrac{dn_A}{dy}} \tag{1-30}$$

物质的扩散系数表示其扩散能力，是物质的物理性质之一。在测出有关物理量后即可求得扩散系数 D 值。

回顾传热学和流体力学，运动粘度 ν、热扩散率 a，以及如今讲到的扩散系数 D 都具有相同的量纲（m^2/s）。扩散系数的大小主要取决于扩散物质和扩散介质的种类及其温度和压力。扩散系数一般要通过实验来测定。某些气体与气体之间和气体在液体中扩散系数的典型值可以参考表 1-1[5]。

表 1-1 部分混合物的扩散系数 D （单位：m^2/s）

气体在空气中的扩散系数，$t=25℃$，$p=1$ 个标准大气压	
氨—空气 2.81×10^{-5}	苯蒸气—空气 0.84×10^{-5}
水蒸气—空气 2.55×10^{-5}	甲苯蒸气—空气 0.88×10^{-5}
CO_2—空气 1.64×10^{-5}	乙醚蒸气—空气 0.93×10^{-5}
O_2—空气 2.05×10^{-5}	甲醇蒸气—空气 1.59×10^{-5}
H_2—空气 4.11×10^{-5}	乙醇蒸气—空气 1.19×10^{-5}
液体中的扩散系数，$t=20℃$，稀溶液	
氨—水 1.75×10^{-9}	氯化氢—水 2.58×10^{-9}
CO_2—水 1.78×10^{-9}	氯化钠—水 2.58×10^{-9}
O_2—水 1.81×10^{-9}	乙烯醇—水 0.97×10^{-9}
H_2—水 5.19×10^{-9}	CO_2—乙烯醇 3.42×10^{-9}

其中，液相质扩散，如气体吸收、溶剂萃取以及蒸馏操作等的 D 比气相质扩散的 D 低一个数量级以上。这是由于液体中分子间的作用力强烈地束缚了分子活动的自由程，分子移动的自由度缩小的缘故。

若二元混合气体可以作为理想气体，应用分子动力理论，可以得出 $D \propto p^{-1} T^{3/2}$的关系。表 1-2 列举了在压强 $p_0 = 1.013 \times 10^5$Pa、温度 $T_0 = 273$K 时各种气体在空气中的扩散系数 D_0，而在其他 p、T 状态下的扩散系数可以用下面的式子进行换算

$$D = D_0 \frac{p_0}{p}\left(\frac{T}{T_0}\right)^{3/2}$$

表 1-2　气体在空气中的分子扩散系数 D_0

$p_0 = 1.013 \times 10^5$Pa，$T_0 = 273$K　　　　(单位：m^2/s)

气　体	D_0	气　体	D_0
H_2	5.11×10^{-3}	SO_2	1.03×10^{-3}
N_2	1.32×10^{-3}	NH_3	2.0×10^{-3}
O_2	1.78×10^{-3}	H_2O	2.2×10^{-3}
CO_2	1.38×10^{-3}	HCl	1.3×10^{-3}

两种气体 A 与 B 之间的分子扩散系数可用吉利兰（Gilliland）提出的半经验公式估算

$$D = \frac{435.7T^{3/2}}{p(V_A^{1/3} + V_B^{1/3})^2}\sqrt{\frac{1}{\mu_A} + \frac{1}{\mu_B}} \times 10^{-4} \tag{1-31}$$

式中　T——热力学温度（K）；

p——总压强（Pa）；

μ_A、μ_B——气体 A、B 的摩尔质量（g/mol）；

V_A、V_B——气体 A、B 在正常沸点时液态摩尔体积（m^3/mol）。

几种常用气体的液态摩尔体积可以查表 1-3。

表 1-3　在正常沸点下液态摩尔体积　　　(单位：m^3/mol)

气体	摩尔体积	气体	摩尔体积
H_2	14.3×10^{-6}	CO_2	34×10^{-6}
O_2	25.6×10^{-6}	SO_2	44.8×10^{-6}
N_2	31.1×10^{-6}	NH_3	25.8×10^{-6}
空气	29.9×10^{-6}	H_2O	18.9×10^{-6}

从式（1-31）可见，扩散系数 D 随气体温度的升高及总压强的下降而加大。这可以用气体的分子运动论来解释。随着气体温度升高，气体分子的平均运动动能增大，故扩散加快，而随着气体压强的升高，分子间的平均自由行程减小，故扩散就减弱。从式（1-31）来看，似乎扩散系数 D 与气体的浓度无直接关系，但是根据状态方程，浓度、压力、温度是相互关联的，所以质扩散系数与浓度是有关的，正如热导率与温度有关一样。

二元混合液体的扩散系数以及气－固、液－固之间的扩散系数，比气体之间的扩散系数要复杂更多，只能通过实验来确定。

1.2.4　分子扩散质交换微分方程式

在双组分（A 和 B）系统中，取微元体。根据质量守恒，在假设无内物质源的前提条件下，可得

输入量－输出量＝累计量

对于组分 A

在 x 方向上输入量－输出量为

$$-\frac{\partial m_{Ax}}{\partial x}\mathrm{d}x\mathrm{d}y\mathrm{d}z$$

在 y 方向上输入量－输出量为

$$-\frac{\partial m_{Ay}}{\partial y}\mathrm{d}x\mathrm{d}y\mathrm{d}z$$

在 z 方向上输入量－输出量为

$$-\frac{\partial m_{Az}}{\partial z}\mathrm{d}x\mathrm{d}y\mathrm{d}z$$

时间 τ 内的累计量为

$$-\frac{\partial C_A}{\partial \tau}\mathrm{d}x\mathrm{d}y\mathrm{d}z$$

于是得到组分 A 的微分方程式

$$\frac{\partial C_A}{\partial \tau}+\frac{\partial m_{Ax}}{\partial x}+\frac{\partial m_{Ay}}{\partial y}+\frac{\partial m_{Az}}{\partial z}=0$$

同理可以得到组分 B 的微分方程式

$$\frac{\partial C_B}{\partial \tau}+\frac{\partial m_{Bx}}{\partial x}+\frac{\partial m_{By}}{\partial y}+\frac{\partial m_{Bz}}{\partial z}=0$$

对于稳定质交换

$$\frac{\partial C_A}{\partial \tau}=0$$

$$\frac{\partial C_B}{\partial \tau}=0$$

假定仅在 z 方向上具有质交换，所以可以将微分方程式简化成下面的形式

对于组分 A

$$\frac{\partial m_{Az}}{\partial z}=0$$

对于组分 B

$$\frac{\partial m_{Bz}}{\partial z}=0$$

则有

$$m_{Az}=\text{常数}$$

$$m_{Bz}=\text{常数}$$

1.3 对流质交换

1.3.1 对流质交换的基本特点

举一个常见的例子来说明问题：空气掠过水表面，水分蒸发后扩散进入空气。这一过程不但包括由流体宏观位移所产生的对流扩散作用，而且也包括流体分子间的扩散作用，这种分子扩散和对流扩散的共同作用称为对流质交换[6]。

分子扩散传质研究的是物质间的无规则分子运动产生的质量传递，对流质交换则是研究流体以宏观运动的形式流过物体表面时发生的传质行为。

分子扩散和对流扩散构成了对流质交换的两种因素，是流体宏观流动条件下的质量传输过程。从传热学中我们已经了解：在对流换热过程中，虽然导热起着重要的组成作用，但流体的流动却是必不可少的。同样，在对流质交换过程中，虽然分子扩散起着重要的组成作用，但流体的流动却是必不可少的，是其存在的基础。所以，凡是与流体运动有关的特性（如流体流动的起因、流体的流动性质以及流动的空间条件等），都会与对流质交换过程密切相关。

因为动量传递、热量传递、质量传递是可以类比的物理现象。所以，对流传质过程的分析求解，可以应用与动量传递和热量传递过程类似的方法，并且可以直接引用前两种过程的有关概念和定律[7][8]。另外，必须明确：对流传质过程不仅仅是与动量和热量传输过程相类似，更重要的是还存在着密切的耦合关系。

如图 1-3 所示，若某种混合物流体流过一表面，可以是任意形状表面如图 1-3a 所示，或平面如图 1-3b 所示，其中组分 A 的质量浓度为 $C_{A,\infty}$，表面处的组分 A 质量浓度为 $C_{A,S}$，$C_{A,S} \neq C_{A,\infty}$，将发生因宏观对流引起的该组分的对流质交换。

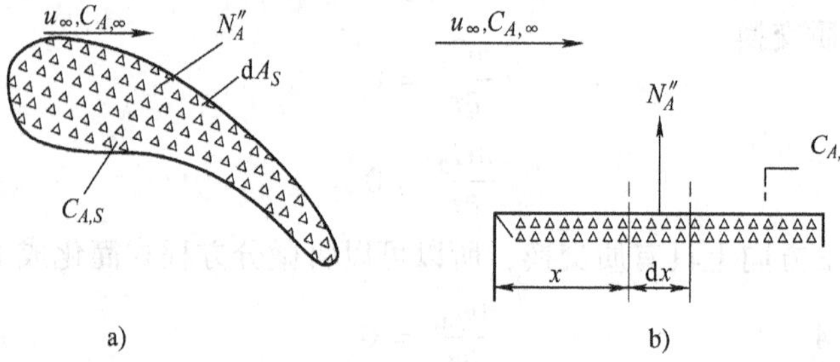

图 1-3 对流传质示意图

a）任意形状表面 b）平面

正如对流换热要引入表面传热系数 α 一样，对流质交换首先也要引入对流质交换系数 h_m，进而建立质扩散通量（或摩尔扩散通量）和传递系数及浓度差之间的关系，最终计算对流质交换速率。

与牛顿的对流换热公式相类似，可以写出一种计算对流质交换量的习惯表达式，组分 A 的摩尔扩散通量 N_A 为

$$N_A = h_m(n_{A,S} - n_{A,\infty}) \tag{1-32}$$

式中 $n_{A,S}$，$n_{A,\infty}$——表面处的组分 A 的物质的量浓度和表面主流处的组分 A 的物质的量浓度。

上面的表达式形式很简单，但是这并不说明对流质交换很简单。实际上对流质交换是一个很复杂的过程，只不过与对流质交换有关的众多影响因素，例如几何形状、流动状况，以及有关的物性等都被包含在对流质交换系数 h_m 中了。学习对流质交换的核心任务就在于了解如何求解得出 h_m。在实际工程计算中，对流质交换系数 h_m 可以通过查有关资料得到经验数据。

整个表面上的传质量用传递速率来表示，包括质传递速率和摩尔传递速率，分别用 m''_A 和 N''_A 表示。总的摩尔传递速率 N''_A（kmol/s），可以写成

$$N''_A = \bar{h}_m A_S(n_{A,S} - n_{A,\infty}) \tag{1-33}$$

式中 $\bar{h}_m$——整个表面的平均对流质交换系数（m/s）；

A_S——传质表面的面积（m^2）。

其中平均和局部的对流质交换系数之间有以下关系式，对于任意形状表面

$$\bar{h}_m = \frac{1}{A_S}\int_{A_S} h_m \mathrm{d}A_S \tag{1-34}$$

对于平面，可得

$$\bar{h}_m = \frac{1}{L}\int_0^L h_m \mathrm{d}x \tag{1-35}$$

若将式（1-32）和式（1-33）的两边分别乘上组分 A 的摩尔质量 μ_A（kg/kmol），组分的传递就可表示成质扩散通量 m_A［kg/（$m^2 \cdot s$）］，或质传递速率 m''_A（kg/s）

$$m_A = h_m(C_{A,S} - C_{A,\infty}) \tag{1-36}$$

和

$$m''_A = \bar{h}_m A_S(C_{A,S} - C_{A,\infty}) \tag{1-37}$$

式中 C_A——组分 A 的质量浓度（kg/m^3）；

$C_{A,S}$如何确定呢？不难理解，在气相和液相或固相之间的交界面上存在着热力学平衡条件：交界面上的蒸汽温度等于表面温度 T_S；蒸汽处于饱和状态。根据蒸汽热力学性质表，已知 T_S，可以知道该温度下对应的饱和压力。由理想气体状态方程，表面上的蒸汽质量浓度为

$$C_{A,S} = \frac{p_{sat}}{RT_S} \tag{1-38}$$

其中，R 是气体常数，而 p_{sat}是相对于饱和温度 T_S 时的蒸汽压力。

1.3.2 浓度边界层

1. 浓度边界层的概念

壁面摩擦由速度边界层决定，对流换热由热边界层决定，而对流质交换由浓度边界层决定。速度边界层是存在较大速度梯度的流体区域，热边界层是存在较大温度梯度的流体区域，而浓度边界层是存在较大浓度梯度的流体区域。如图1-4所示，由于表面处流体中的某种组分A的浓度$C_{A,S}$与主流中的$C_{A,\infty}$不相等，就会产生浓度边界层，它是存在较大浓度梯度的流体区域，它的厚度δ_c被定义为［$(C_{A,S}-C_A)/(C_{A,S}-C_{A,\infty})$］$=0.99$时的$y$值。对流质交换就是由浓度边界层中的条件决定的。

由于流体作对流运动并且存在浓度差，对流扩散必然同时伴随着分子扩散。如图1-4所示，在浓度边界层中，当$y>0$时，组分的传递是由整个流体的对流运动和分子扩散两个因素共同决定的。而在$y=0$处流体处于滞止状态，组分的传递仅由分子扩散引起。质扩散通量不会随y发生变化，因此在距离前缘任意位置x处，对流质交换质扩散通量m_A［kg/(m^2·s)］可用下面的公式表达

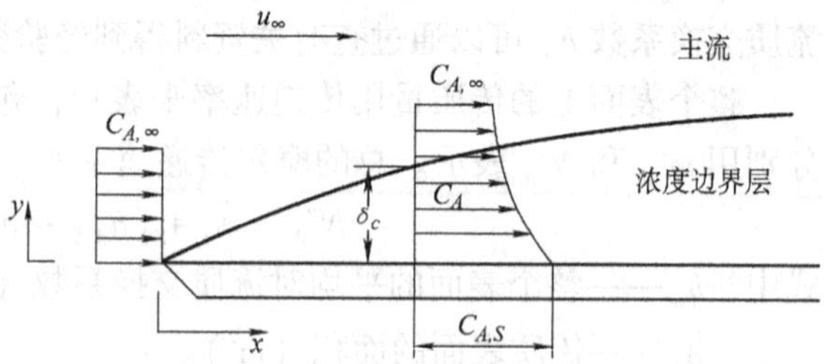

图1-4　浓度边界层示意图

$$m_A=-D_{AB}\left.\frac{\partial C_A}{\partial y}\right|_{y=0} \tag{1-39}$$

观察式（1-39）和式（1-36）不难看出，两者所描述的均为质扩散通量m_A，因此可得

$$-D_{AB}\left.\frac{\partial C_A}{\partial y}\right|_{y=0}=h_m(C_{A,S}-C_{A,\infty})$$

$$h_m=\frac{-D_{AB}(\partial C_A/\partial y)|_{y=0}}{C_{A,S}-C_{A,\infty}} \tag{1-40}$$

表面的浓度梯度$(\partial C_A/\partial y)|_{y=0}$与浓度边界层的流动状况密切相关，所以浓度边界层的流动状况将在很大程度上影响对流质交换系数，进而影响穿过边界层的质传递速率m''_A（kg/s）。

上述结果还可以表示为

$$h_m=\frac{-D_{AB}(\partial\rho_A/\partial y)|_{y=0}}{\rho_{A,S}-\rho_{A,\infty}} \tag{1-41}$$

2. 边界层的重要意义

至今我们已经学过了三种边界层：速度边界层存在速度梯度，存在切应力，

厚度为 δ (x)；热边界层存在温度梯度，存在热量传递，厚度为 δ_t (x)；浓度边界层存在浓度梯度，存在传质，厚度为 δ_c (x)。与三种边界层密切相关的是三种传递现象：表面摩擦、对流换热、对流质交换。反映三种传递现象的摩阻系数 C_f、表面传热系数 α 以及对流质交换系数 h_m 必然是由三种边界层的特点来决定的。

当粘性流体流过表面时，必定存在速度边界层，存在表面摩擦；当流体与表面的温度不相同时，除了存在速度边界层以外，还存在热边界层，从而必定有对流换热；当表面的组分浓度和主流的组分浓度不相同时，除了存在速度边界层和热边界层以外，还存在浓度边界层，从而存在对流质交换。但三种边界层都存在并不意味着三种边界层同时产生和发展，也就是说在某给定的 x 位置上，δ、δ_t 和 δ_c 的值不一定相等。

边界层理论能够使三种传递问题得到简化。依据边界层理论，我们可以将整个求解区域划分为主流区和边界层区。在主流区内部，不存在速度、温度、浓度梯度，为势流区，各种参数视为常数（y 方向无变化）；而在边界层内部，存在较大的速度梯度、温度梯度和浓度梯度，其速度场、温度场和浓度场的求解更为复杂。

3. 对流质交换方程

在传热学中，我们是通过对微元体列出质量、动量、热量守恒方程来分析对流换热现象。我们也可以应用类似的方法分析对流质交换，此时微元体质量守恒方程应该是考虑扩散的连续性方程式。对三种边界层我们将确定有关的物理效应，并对无限小的控制容积应用适当的守恒定律。当然，我们强调的重点并非守恒方程的详细推导，更为重要的应该是深刻理解对流质交换的物理内涵。

如图 1-5 所示，我们将详细讨论边界层特性，并通过建立控制方程来分析对流质交换与边界层特性的关系。第一个假定：流体是由组分 A 和 B 组成的二元混合物，我们讨论的是由于主流和表面之间的浓度差造成的组分 A 的浓度边界层，$C_{A,\infty} \neq C_{A,S}$；第二个假定：表面上速度、温度和浓度边界层同时形成、发

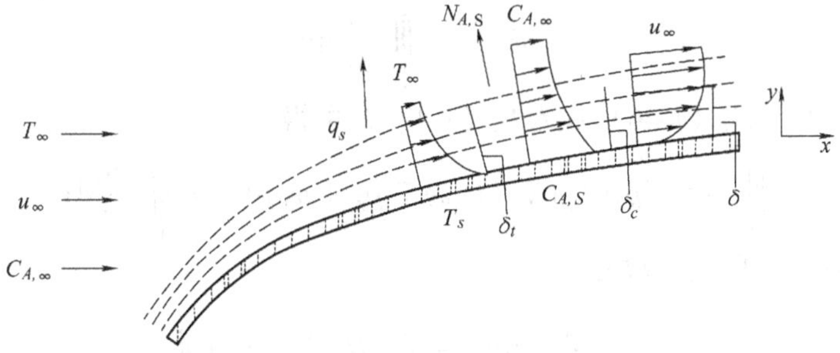

图 1-5 速度边界层、热边界层和浓度边界层

展，三种边界层厚度的关系为$\delta_t > \delta_c > \delta$。

由于我们讨论的是存在组分浓度梯度的二元混合物（图1-5），因此将存在相对的组分输送，并且在浓度边界层中的每一点都必须满足组分的守恒。对边界层中的微元控制容积确定影响组分A的输送、产生和储存的过程，就可得到守恒方程的有关形式。

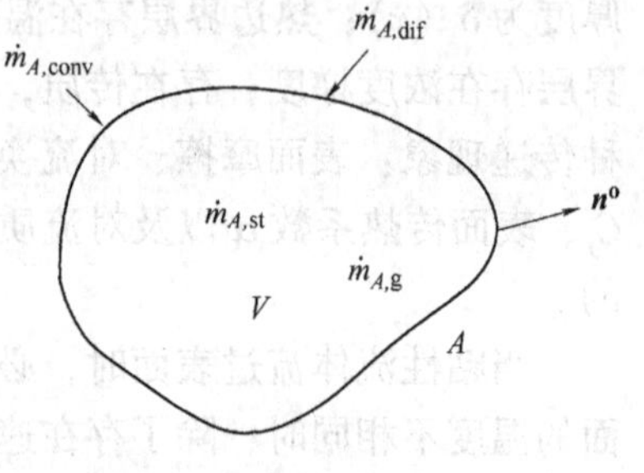

图1-6 微元控制体组分A的质量交换示意图

在边界层中任选一微元控制体，如图1-6所示。

$$\dot m_{A,\mathrm{conv}} + \dot m_{A,\mathrm{dif}} + \dot m_{A,\mathrm{g}} = \dot m_{A,\mathrm{st}} \tag{1-42}$$

式中 $\dot m_{A,\mathrm{conv}}$——由于对流引起的组分A的质量传递（kg/s）；

$\dot m_{A,\mathrm{dif}}$——由于分子扩散引起的组分A的质量传递（kg/s）；

$\dot m_{A,\mathrm{g}}$——由于化学反应引起的组分A的质量变化（kg/s）；

$\dot m_{A,\mathrm{st}}$——控制体中组分A的质量的总变化（kg/s）。

$$\dot m_{A,\mathrm{conv}} = -\oiint (\rho_A \boldsymbol{v}) \boldsymbol{n}^0 \mathrm{d}A \tag{1-43}$$

$$= -\iiint_V \nabla (\rho_A \boldsymbol{v}) \mathrm{d}V$$

$$\dot m_{A,\mathrm{dif}} = \oiint_A (-D_{AB} \nabla \rho_A)(-\boldsymbol{n}^0) \mathrm{d}A$$

$$= \oiint (D_{AB} \nabla \rho_A) \boldsymbol{n}^0 \mathrm{d}A$$

$$= \iiint_V \nabla (D_{AB} \nabla \rho_A) \mathrm{d}V \tag{1-44}$$

$$\dot m_{A,\mathrm{g}} = \iiint_V \dot n_A \mathrm{d}V \tag{1-45}$$

式中 $\dot n_A$——单位体积内组分A的产生率［kg/（$\mathrm{m}^3 \cdot \mathrm{s}$）］。

$$\dot m_{A,\mathrm{st}} = \iiint_V \frac{\partial \rho_A}{\partial \tau} \mathrm{d}V \tag{1-46}$$

将式（1-43）~式（1-46）代入式（1-42），可得

$$\iiint_V [-\nabla (\rho_A \boldsymbol{v}) + \nabla (D_{AB}) \nabla \rho_A + \dot n_A] \mathrm{d}V = \iiint_V \frac{\partial \rho_A}{\partial \tau} \mathrm{d}V \tag{1-47}$$

体积V是任意选取的，故必有

$$\frac{\partial \rho_A}{\partial \tau} + \nabla (\rho_A \boldsymbol{v}) = \nabla (D_{AB}) \nabla \rho_A + \dot n_A \tag{1-48}$$

由于不同坐标系下∇算子的表达式不同，因而可得到相应坐标系下的方程。

直角坐标系下的形式为

$$\frac{\partial \rho_A}{\partial \tau} + u\frac{\partial \rho_A}{\partial x} + v\frac{\partial \rho_A}{\partial y} + \omega\frac{\partial \rho_A}{\partial z} = \frac{\partial}{\partial x}\left(D_{AB}\frac{\partial \rho_A}{\partial x}\right) + \frac{\partial}{\partial y}\left(D_{AB}\frac{\partial \rho_A}{\partial y}\right) + \frac{\partial}{\partial z}\left(D_{AB}\frac{\partial \rho_A}{\partial z}\right) + \dot{n}_A \tag{1-49}$$

或

$$\frac{\partial C_A}{\partial \tau} + u\frac{\partial C_A}{\partial x} + v\frac{\partial C_A}{\partial y} + \omega\frac{\partial C_A}{\partial z} = \frac{\partial}{\partial x}\left(D_{AB}\frac{\partial C_A}{\partial x}\right) + \frac{\partial}{\partial y}\left(D_{AB}\frac{\partial C_A}{\partial y}\right) + \frac{\partial}{\partial z}\left(D_{AB}\frac{\partial C_A}{\partial z}\right) + \dot{n}_A \tag{1-50}$$

4. 近似和特殊条件

无论是传热学中已经学过的对流换热微分方程，还是对流质交换微分方程，都是最为一般的形式。但是在实际应用过程中，并非所有因素都要考虑，而是常常要根据具体情况简化方程。例如在建筑环境与能源应用工程专业中遇到的对流热质交换现象多数可以简化为二维稳态对流热质交换。即使是三维的情况，其边界层也可以作如下合理假定：稳态，即物理量场不随时间变化；流体物性，如 λ、μ、D_{AB}等，可以认为是常数；不可压缩流体，即密度 ρ 为常数；不计质量力，即 $X=Y=0$；未发生化学反应，即 $\dot{n}_A=0$；没有内热源即 $\dot{q}=0$。

应用边界层理论，我们还可以对方程中的各种物理量进行数量级分析，并且能够得到下面这些非常有价值的结论。

速度边界层中
$$\begin{cases} u \gg v \\ \dfrac{\partial u}{\partial y} \gg \dfrac{\partial u}{\partial x}, \dfrac{\partial v}{\partial y}, \dfrac{\partial v}{\partial x} \end{cases}$$

温度边界层中
$$\frac{\partial T}{\partial y} \gg \frac{\partial T}{\partial x}$$

浓度边界层中
$$\frac{\partial C_A}{\partial y} \gg \frac{\partial C_A}{\partial x}$$

可以看出，无论是动量传递、热量传递，还是质量传递，都有一个共同的特点：垂直于表面的梯度远远大于沿表面的梯度，从而导致沿表面方向上的传递速度远远大于垂直于表面方向的传递速度。

上面的结论可以用于简化方程，简化的结果如下：

连续性方程

$$\frac{\partial u}{\partial x} + \frac{\partial v}{\partial y} = 0 \tag{1-51}$$

动量方程

x 方向
$$u\frac{\partial u}{\partial x} + v\frac{\partial u}{\partial y} = -\frac{1}{\rho}\frac{\partial p}{\partial x} + v\frac{\partial^2 u}{\partial y^2} \tag{1-52}$$

y 方向
$$\frac{\partial p}{\partial y} = 0 \tag{1-53}$$

式（1-53）表明：在垂直于表面的方向的压力梯度为零，边界层内部的压力是不随 y 坐标而变化的，也就是说，边界层内的压力只随 x 变化，而对于任意给定 x 位置处的边界层内压力均等于边界层外的主流中的压力。边界层内的压力随 x 的变化关系 $p\ (x)$，可以应用主流区流动规律来求解。因为 $\frac{\partial p}{\partial y}=0$，所以 $\partial p/\partial x = \mathrm{d}p/\mathrm{d}x$，而且通常情况下，压力梯度 $\mathrm{d}p/\mathrm{d}x$ 可以当作已知量。

能量方程

$$u\frac{\partial T}{\partial x}+v\frac{\partial T}{\partial y}=a\frac{\partial^2 T}{\partial y^2}+\frac{v}{C_p}\left(\frac{\partial u}{\partial y}\right)^2 \tag{1-54}$$

式（1-54）等号右边最后一项是粘性耗散，只有在一些特殊情况下才考虑，例如超声速流动、润滑油的高速运动。而一般情况下，对流项、传导项都存在，粘性耗散可以忽略不计。

另外在考虑传质时，传质方程将由式（1-50）变成下面的形式

$$u\frac{\partial C_A}{\partial x}+v\frac{\partial C_A}{\partial y}=D_{AB}\frac{\partial^2 C_A}{\partial y^2} \tag{1-55}$$

在传热学中，讨论过传热或温度分布对速度边界层的反作用，而且，这种反作用必然会对对流换热产生影响。同样，质交换形式和浓度分布也会对速度边界层产生影响，并进而影响对流质交换。

当壁面无质交换时，表面上的流体处于停滞状态，其速度为零，即 $u=0$，$v=0$。但是，如果同时存在向壁面或离开壁面的传质，则在壁面处的 v 不为零。不过一般情况下，传质对速度边界层的影响可以忽略，而且即使对于从气—液或气—固交界面分别有蒸发或升华的问题，也是可以忽略的。但是，当涉及到表面传质速率较大的传质冷却问题时，传质对速度边界层的影响不能忽略。

还有一点必须指出：传质存在时，边界层流体物性应该是二元混合物的物性，即组分 A 和 B 的物性。然而在实际问题中，往往 $C_A \ll C_B$，所以将组分 B 有关的物性当作边界层的物性即可。

边界层理论的确可以帮助我们简化方程，然而，即使联立经过简化的守恒方程式（1-51）、式（1-52）、式（1-54）、式（1-55），还是很难求解对流质交换问题。好在我们并不以得到方程组解的结论为目的，我们的目的仅仅是要体会不同方程所对应的三种物理量场（速度、温度和浓度）的求解思路，从而理解壁面摩擦、边界层的能量传递和质量的传递，并进一步深刻理解由对流引起的动量、热量和质量传递之间的重要类比关系。

具体的求解思路如下：首先，联立式（1-51）和式（1-52）求解可以得到速度场 $u(x,y)$ 和 $v(x,y)$，然后利用由 $u(x,y)$ 计算速度梯度 $(\partial u/\partial y)_{y=0}$，从而可得壁面的切应力；其次由已知的速度场 $u(x,y)$ 和 $v(x,y)$ 代入到式（1-

54）和式（1-55），可以得到温度场 $T(x,y)$ 和浓度场 $C_A(x,y)$；然后再利用温度场 $T(x,y)$ 求得表面传热系数，利用浓度场 $C_A(x,y)$ 求得对流质交换系数[9]。

1.3.3 对流传质简化模型

在前面讨论过的三种边界层当中，引入浓度边界层用来研究对流质交换现象，为了便于用解析法分析对流质交换，我们还可以对边界层模型进行简化。

当流体流过表面时，靠近表面的很薄的薄层内流体呈层流状态，因为垂直于流动的方向上不存在流体质点的宏观位移，该层流体与表面间只存在浓度梯度引起的分子扩散传质，在该流层以外的紊流核心区，除了存在浓度梯度引起的分子扩散传质外，还存在对流扩散传质。

下面介绍“对流传质简化模型”的概念。如图 1-7 和图 1-8 所示，我们作如下假定：浓度边界层被假想为等厚的层流薄层（厚度为 δ'_c），边界层浓度变化主要集中在此假想的层流薄层内，浓度呈线性分布，斜率等于界面上的浓度梯度 $(\partial C_i/\partial y)|_{y=0}$。如图 1-8 所示，虚线表示有效边界层的浓度分布线。有时更进一步将此设想的薄层看作为“停滞层”。

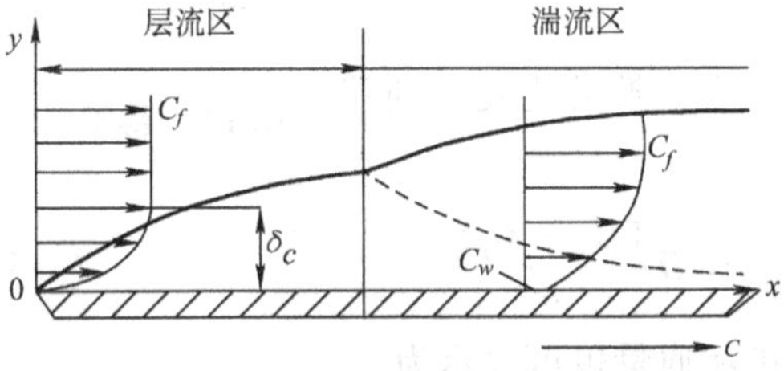

图 1-7 浓度边界层

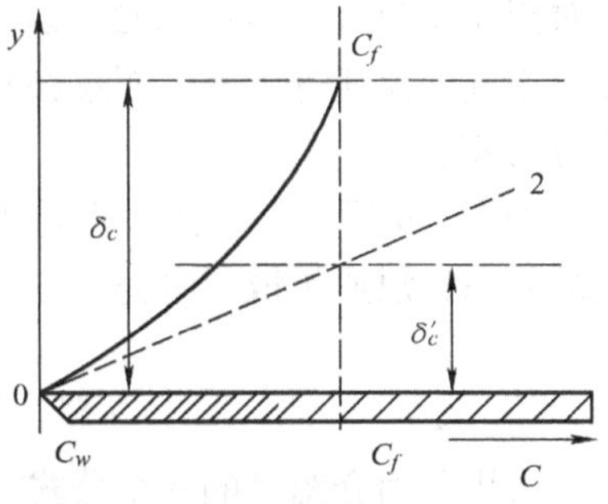

图 1-8 有效边界层

综上所述，“对流传质简化模型”概念的中心思想是：将整个对流质交换过程简化为“停滞”薄层内的定态扩散过程，而将此薄层外的对流作用仅仅作为边界层的质量补充条件。

对流传质简化模型的引入可以使我们能够采用简单积分来计算质扩散通量。根据斐克定律，在如图 1-8 所示的边界条件下积分，可以得到质扩散通量的计算式为

$$m_i = \frac{D_i}{\delta'_c}(C_f - C_w) \tag{1-56}$$

式中 D_i——扩散组分 i 在流体中的互扩散系数（m^2/s）；

C_f——扩散组分 i 在流体中的平均质量浓度（kg/m^3）；

C_w——扩散组分 i 在固体表面处的质量浓度或平衡质量浓度（kg/m^3）；

δ'_c——对流传质简化模型的“停滞层”厚度（m）。

从形式上看，式（1-56）好像反映出对流质交换过程与流体运动无关，但事实上公式中的 δ'_c，在很大程度上是由流体的流动特征所决定的，即 δ'_c 包含了对流质交换过程中的流动因素。

1.3.4 对流质交换系数的模型理论

上一节已经介绍了一种与对流质交换系数有关的“对流传质简化模型”。为了进一步说明对流质交换过程的本质，我们再介绍一些研究者提出的模型理论：薄膜理论和渗透理论。

1. *薄膜理论*

薄膜理论认为：当流体流过物体（固体或液体）表面时，形成一层薄膜，在薄膜的边界与浓度均匀的主流区流体连续接触，膜内流体与主流区流体没有扰动或混合，在薄膜上垂直于壁面的浓度梯度为定值，即浓度线性分布，薄膜内的对流质交换过程是稳态的，以分子扩散形式进行传质，壁面上空气的流速等于零，而且在接近壁面处的薄膜内空气流速也为零。

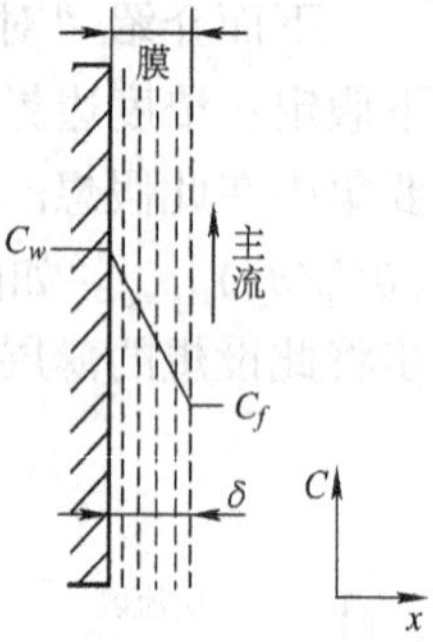

图 1-9 薄膜理论

如图 1-9 所示，在薄膜理论的假设下，按斐克定律所确定的稳态扩散质扩散通量为

$$m_i = -D\frac{\mathrm{d}C_i}{\mathrm{d}x} = D\frac{(C_w - C_f)}{\delta} \tag{1-57}$$

或用前面介绍过的一个公式，质扩散通量也可表示为

$$m_i = h_{m,i}(C_w - C_f) \tag{1-58}$$

两个公式计算同一个物理量，二者应相等。

$$m_i = D\frac{(C_w - C_f)}{\delta} = h_{m,i}(C_w - C_f) \tag{1-59}$$

则对流质交换系数 $h_{m,i}$ 可写作

$$h_{m,i} = \frac{D}{\delta} \tag{1-60}$$

2. *渗透理论*

薄膜理论虽然比较简单，但非常粗糙。实验证明，实际上在大多数情况下，在靠近表面的流体薄层中，并不是单纯的分子扩散过程，而对流质交换系数 $h_{m,i}$ 并非与扩散系数 D 呈线性关系。

鉴于此，又提出了对流质交换系数的渗透理论，渗透理论认为，当流体流过表面时，流体质点不断地穿过流体的附壁薄层向表面迁移，当流体质点与表面接触时，产生质量的传递，然后流体质点又回到主流核心中去。

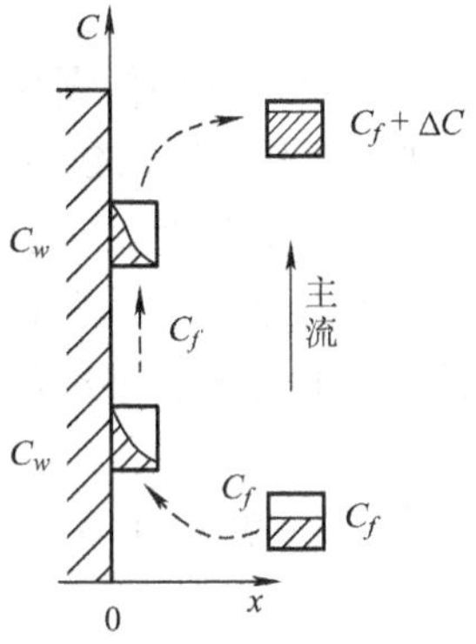

图1-10 渗透理论

如图1-10所示，若$C_w>C_f$，当流体质点又回到主流时，其组分浓度将由C_f增加到$C_f+\Delta C$。从微观角度来看，在很短的接触时间内，流体质点接受表面传递的组分，使质交换过程表现为不稳态扩散传质。

渗透理论告诉我们，在流体质点穿过流体的附壁薄层向表面迁移、与表面接触、离去的过程中，总会有新的质点补充离去的位置，这样表面上的质点就会不断更新。所以，渗透理论又被称作表面更新理论。

我们可以应用渗透理论的观点，对近壁流体的不稳态扩散传质过程进行分析，从而确定对流质交换系数h_{mi}。

将斐克定律应用于一维不稳态扩散过程，其形式将变为

$$\frac{\partial C}{\partial \tau}=D\frac{\partial^2 C}{\partial x^2} \tag{1-61}$$

初始和边界条件为

$$\tau=0,0\leqslant x\leqslant\infty \quad C=C_f$$
$$\tau>0,x=0 \quad C=C_w$$
$$\tau>0,x\rightarrow\infty \quad C=C_f$$

将边界条件代入一维不稳态扩散方程，利用积分变换求解，可得

$$\frac{C_w-C(x,\tau)}{C_w-C_f}=\mathrm{erf}\left(\frac{x}{2\sqrt{D\tau}}\right)$$

其中，$\mathrm{erf}(x)=\frac{2}{\sqrt{\pi}}\int_0^x e^{-u^2}\mathrm{d}u$，称为高斯误差函数。

继续求一阶导数，可以得到界面上的浓度梯度

$$\left.\frac{\partial C}{\partial x}\right|_{x=0}=\frac{1}{\sqrt{\pi D\tau}}(C_f-C_w)$$

经过推导可得

$$m_i|_{x=0}=\sqrt{\frac{D}{\pi\tau}}(C_w-C_f)$$

当对流质交换的时间为τ时，平均质扩散通量为

$$\bar{m}_i=\frac{1}{\tau}\int_0^\tau m_i\mathrm{d}\tau$$

将$m_i|_{x=0}$代入积分，可得

$$m_i=\frac{1}{\tau}\int_0^\tau\sqrt{\frac{D}{\pi\tau}}(C_w-C_f)\mathrm{d}\tau=2\sqrt{\frac{D}{\pi\tau}}(C_w-C_f) \tag{1-62}$$

将上式与式（1-58）式对照，可以得到对流质交换系数为

$$h_{m,i} = 2\sqrt{\frac{D}{\pi\tau}} \tag{1-63}$$

至此，我们依据薄膜理论确定了对流质交换系数 $h_{m,i}$，并且发现对流质交换系数 $h_{m,i}$ 与扩散系数 D 呈线性一次方关系，$h_{m,i} \propto D$；而依据渗透理论得到的结论却是二次方根关系，$h_{m,i} \propto D^{1/2}$。

实验证明，大多数的对流质交换过程，质交换系数 $h_{m,i}$ 与扩散系数 D 的关系都在薄膜理论和渗透理论所确定的范围之间，具体为

$$h_{m,i} \propto D^n \tag{1-64}$$

其中，$n = 0.5 \sim 1.0$

复习思考题和习题

1. 质扩散如何会有静坐标系和动坐标系之分？它们之间有何联系？

2. 碳粒在燃烧过程中从周围环境吸取 O_2，并放出 CO_2，过程反应是 $C + O_2 \rightarrow CO_2$。分析 O_2 和 CO_2 通过碳粒边界层的扩散是等质量扩散还是等摩尔扩散？

3. 如何理解动量、热量和质量传递过程的类比性？

4. 从分子运动论的观点来分析扩散系数 D 与压力 p、温度 t 的关系。并计算总压力为 1.0132×10^5Pa 温度为 25℃时，下列气体之间的扩散系数：1）氧气和氮气；2）氨气和空气。

5. 氢气和空气在总压力为 1.0132×10^5Pa 温度为 25℃的条件下作等摩尔互扩散。已知扩散系数为 0.6cm²/s，在垂直于扩散方向距离为 10mm 的二个平面上的氢气分压力为 16000Pa 和 5300Pa。试计算此二种气体的摩尔扩散通量。

参考文献

[1] Bird R B, Stewart W E, Lightfoot E N. Transport Phenomena [M], New York: John - Wiley, 1969.

[2] 章熙民，任泽霈，梅飞鸣. 传热学 [M] 3 版. 北京：中国建筑工业出版社，1993.

[3] Cussler E L. Diffusion Mass Transfer in Fluid System [M]. 2th ed Cambridge University Press, 1997.

[4] 莱德森 A L.. 工程传质 [M]. 北京：烃加工出版社，1988.

[5] Perry J H., Chiltm C H, Chemical Engineering Handbook [M]. 5th ed., McGraw - Hill, 1973.

[6] Kays W M, Crawford M E. Convective Heat and Mass Transfer, 2th ed. McGraw - Hill, 1980.

[7] 弗兰克 P 英克鲁佩勒，等. 传热的基本原理 [M]. 葛新石，王义方，郭宽良，译. 合肥：安徽教育出版社，1985.

[8] Incropera F P, Dewitt D P. Fundamentals of Heat and Mass Transfer [M]. 4th ed. New York: John - Wiley, 1996.

第2章

动量、热量和质量传递类比

流体宏观运动伴随着动量传递，同时流体也会把热量和质量从流体的一处传递到另一处。分别与动量传递、热量传递和质量传递相关的速度分布、温度分布和浓度分布也是相互联系的。我们可利用三种传递过程的类比关系，从物理上理解，并从数量上导出三者之间量与量的关系，而且还可以用一种传递过程的结果去推导与其类似的传递过程。本章我们首先给出三种传递过程的典型的微分方程，然后将传热学中的动量传递和热量传递类比的方法应用到传质过程中。

2.1 对流质交换过程的相关准则

大多数情况是流体在强制流动下的对流传质过程，而对流质交换与动量传递密切相关，其对流质交换强度必然与雷诺数 Re 密切相关。

对流质交换与对流换热类似，对流质交换相似准则必然与对流换热相似准则有可以类比的形式。下面我们要根据类比原则，将对流换热的相关准则，替换各相应物理量及几何参数，从而导出对流质交换的相关准则。

2.1.1 施密特数 *Sc*

施密特数对应于对流传热中的普朗特数 Pr。

Pr 是流体的运动粘度（即动量扩散系数）v 与物体的热扩散率 a 之比，即 $Pr=\dfrac{v}{a}$。Pr 数表示了动量传递与热量传递的相对强弱。

Sc 是流体的运动粘度 v 与流体的扩散系数 D 之比，即

$$Sc = \frac{v}{D}$$

Sc 表示了动量传递与质量传递的相对强弱。

2.1.2 舍伍德数 *Sh*

舍伍德数对应于对流传热中的努塞尔数 Nu。

Nu 数是一个待定数，它的定义式为 $Nu=\frac{\alpha l}{\lambda}$，其中包含未定的表面传热系数 α。它是以边界层导热热阻与对流换热热阻之比来表示对流换热过程强弱的准则。

Sh 数是流体的边界扩散阻力与对流质交换阻力之比，即

$$Sh=\frac{h_m l}{D}$$

Sh 数表示了对流质交换过程的强弱，Sh 数由未定的对流质交换系数 h_m，物体的互扩散系数 D 和定型尺寸 l 组成。

2.1.3 对流质交换的斯坦顿数 St_m

对流质交换的斯坦顿数 St_m 对应于对流传热中的斯坦顿数 St。

St 数是对流换热的 Nu 数、Pr 数以及 Re 数的综合准则，根据各准则的定义式，得到 St 数的公式

$$St=\frac{Nu}{Re\cdot Pr}=\frac{\alpha}{\rho c_p u}$$

与此类似，对流质交换的斯坦顿数 St_m 为

$$St_m=\frac{Sh}{Re\cdot Sc}=\frac{h_m}{u}$$

2.1.4 路易斯数 Le

路易斯数是热扩散率与扩散系数之比，即

$$Le=\frac{a}{D}=\frac{Sc}{Pr}$$

它是联系热量传输和质量传输的相似准则，体现传热和传质之间的联系。

2.2 动量、热量、质量传递方程

我们可以写出某些前提条件下的对流传热传质微分方程组。这些条件包括：二元混合物的二维稳态层流流动质交换；不计流体的体积力和压强梯度；忽略耗散热；忽略化学反应热；忽略由于分子扩散而引起的能量传递。对流传热传质微分方程组包括以下几个方程

连续性方程
$$\frac{\partial u}{\partial x}+\frac{\partial v}{\partial y}=0 \tag{2-1}$$

动量方程
$$u\frac{\partial u}{\partial x}+v\frac{\partial u}{\partial y}=\nu\frac{\partial^2 u}{\partial y^2} \tag{2-2}$$

能量方程

$$u\frac{\partial t}{\partial x}+v\frac{\partial t}{\partial y}=a\frac{\partial^2 t}{\partial y^2} \tag{2-3}$$

扩散方程

$$u\frac{\partial C_A}{\partial x}+v\frac{\partial C_A}{\partial y}=D\frac{\partial^2 C_A}{\partial y^2} \tag{2-4}$$

动量方程边界条件为

$$y=0,\quad \frac{u}{u_\infty}=0\quad 或\frac{u-u_w}{u_\infty-u_w}=0$$

$$y=\infty,\quad \frac{u}{u_\infty}=1\quad 或\frac{u-u_w}{u_\infty-u_w}=1$$

能量方程边界条件为

$$y=0,\quad \frac{t-t_w}{t_\infty-t_w}=0$$

$$y=\infty,\quad \frac{t-t_w}{t_\infty-t_w}=1$$

质量方程边界条件为

$$y=0,\quad \frac{C_A-C_{A,w}}{C_{A,\infty}-C_{A,w}}=0$$

$$y=\infty,\quad \frac{C_A-C_{A,w}}{C_{A,\infty}-C_{A,w}}=1$$

若在给定边界条件下进行分析求解，可获得质交换的准则关联式。三个方程统称为边界层传递方程，三个方程及相对应的边界条件在形式上是完全相同，类比原理的基础应该是相应的量纲一的量准则数相等。特别是当三个方程的扩散系数相等时，即 $\upsilon=a=D$ 或 $\frac{\upsilon}{a}=\frac{\upsilon}{D}=\frac{a}{D}=1$ 时，若边界条件的数学表达式形式又完全相同，则三个方程各自解的形式也将完全相同，即边界层中的无因次速度分布、温度分布和浓度分布曲线完全重合，相应的量纲一的量准则数相等。$\frac{\upsilon}{D}=1$ 时，速度分布和浓度分布曲线相重合，或速度边界层和浓度边界层厚度相等。$\frac{a}{D}=1$ 时，温度分布和浓度分布曲线相重合，或温度边界层和浓度边界层厚度相等。

υ、a、D 是三个表示传递速率的物性参数，任意两个参数的比值均为量纲一的量，它们之间的联系可以通过相应的准则体现出来。普朗特数 $Pr=\frac{\upsilon}{D}$ 表示速度分布和温度分布的相互关系，体现流动和传热之间的相互联系；施密特数

$Sc = \frac{\nu}{D}$表示速度分布和浓度分布的相互关系，体现流体的传质特性；路易斯数 $Le = \frac{a}{D} = \frac{Sc}{Pr}$表示温度分布和浓度分布的相互关系，体现传热和传质之间的联系。

与传热相类似，我们也可以用 Sh 与 Sc、Re 等数的关联式，来表示对流质交换系数与诸影响因素的关系。对流体沿平面流动或管内流动时质交换的准则关联式可以写作

$$Sh = f(Re, Sc) \tag{2-5}$$

或

$$\frac{h_m l}{D} = f\left(\frac{ul}{\nu}, \frac{\nu}{D}\right)$$

至于函数的具体形式，仍需由质交换实验来确定。

对流质交换的准则关联式常套用相应的对流换热的准则关联式，这是由于传热过程与传质过程是可以类比的。但严格讲，这种套用是近似的，因为只有在忽略某些次要因素后，表达动量传递、热量传递、质量传递的微分方程式才具有相同的形式。

2.3 三传类比规律

2.3.1 雷诺类比律

早在 1874 年，雷诺首先提出了动量传递和热量传递间存在类比关系。雷诺假设动量传递和热量传递的机理是相同的，当 Pr 数等于 1 时，在动量传递和热量传递存在类似性。平板对流换热时的雷诺类比律为

$$Nu = \frac{C_f}{2} Re Pr$$

$$\text{或 } St = \frac{Nu}{Re Pr} = \frac{C_f}{2}$$

特别地，$Pr = 1$ 时

$$Nu = \frac{C_f}{2} Re$$

式中 C_f——摩阻系数。

上述雷诺类比律还可推广到质量传递

$$Sh = \frac{C_f}{2} Re Sc \tag{2-6}$$

或

$$St_m = \frac{Sh}{Re Sc} = \frac{C_f}{2}$$

上式所表达的是动量传递与质量传递间的雷诺类比律。同样，$Sc = 1$，即 $\nu = D$ 时有

$$Sh = \frac{C_f}{2}Re \tag{2-7}$$

式（2-6）和式（2-7）表达的雷诺类比律，给我们提供了研究传质规律的新途径。我们可以通过动量传递中的摩阻系数 C_f 求出质量传递中的对流质交换系数 h_m。

雷诺类比律是建立在一个过分简化的模型基础上，在应用上具有很多局限性。另外，式（2-6）和式（2-7）中的摩擦阻力不包括形体阻力，因而不能应用于边界层分离的情况。

2.3.2　契尔顿—柯尔本类比律

我们知道，在边界层中，即使是在紊流阶段，也存在一个层流底层，雷诺类比律并未考虑层流底层的存在。后来普朗特对此进行修改，推导出普朗特类比律

$$\frac{h_m}{u_\infty} = \frac{C_f/2}{1 + 5\sqrt{C_f/2}(Sc - 1)} \tag{2-8}$$

若考虑的因素更为复杂，比如认为在边界层中，即使是在紊流阶段，紊流核心与层流底层之间还存在一个过渡层，于是冯·卡门又导出了卡门类比律

$$\frac{h_m}{u_\infty} = \frac{C_f/2}{1 + 5\sqrt{C_f/2}\{(Sc - 1) + \ln[(1 + 5Sc)/6]\}} \tag{2-9}$$

通过对试验结果进行分析，也能得到类比关系，契尔顿和柯尔本根据许多层流和紊流传质的实验结果，分别在1933年和1934年发表了如下的类比律。

$$\frac{h_m}{u_\infty} = \frac{C_f}{2}Sc^{-2/3} \tag{2-10}$$

在所有三传类比律中，这个类比律最为简明实用。其特点在于它引入了一个 Sc 数，Sc 数包括了流体重要物性。特别是当 $Sc = 1$ 时，契尔顿—柯尔本与雷诺类比律所得结果完全相同，这说明契尔顿—柯尔本是比雷诺类比律更为一般的形式。契尔顿—柯尔本类比律的适用条件是 $0.6 \leqslant Sc \leqslant 2500$ 的气体和液体。

为便于直接算出表面传热系数和质交换系数，工程应用中往往把几个相关的特征数集合在一起，用一个符号表示，称为计算因子。J_H 表示传热因子，J_D 表示传质因子。

$$J_H = \frac{\alpha}{\rho c_p u_\infty}Pr^{2/3} \tag{2-11}$$

$$J_D = \frac{h_m}{u_\infty}Sc^{2/3} \tag{2-12}$$

若将动量传递和热量传递过程进行类比，可以得到对流换热与流体摩阻系数之间的关系为

$$St \cdot Pr^{\frac{2}{3}} = J_H = \frac{C_f}{2} \tag{2-13}$$

若将动量传递和质量传递过程进行类比，可以得到对流质交换和流体摩阻系数之间的关系为

$$St_{\mathrm{m}} Sc^{\frac{2}{3}} = J_D = \frac{C_f}{2} \tag{2-14}$$

实验证明，传热因子 J_H、传质因子 J_D、摩阻系数 C_f 之间存在如下关系

$$J_H = J_D = \frac{1}{2} C_f \tag{2-15}$$

式（2-15）把三种传递过程通过一个表达式联系起来，它不仅适用于平板流动，也适用于其他没有形状阻力存在的流动。

2.3.3 热量、质量传递同时存在的类比关系

当流体流过表面，并与表面间同时存在有热量和质量交换时，我们可以应用类比律，通过表面传热系数 α 来计算对流质交换系数 h_m。

Pr 数表示物性对对流换热的影响，Pr 数的大小表示动量边界层和热量边界层厚度的相对关系；Sc 数表示物性对对流质交换的影响，Sc 数的大小表示速度边界层和浓度边界层的相对关系。另外，反映热边界层与浓度边界层厚度关系的准则为路易斯准则。

根据式（2-15），并联系式（2-11）和式（2-12），可得

$$StPr^{\frac{2}{3}} = St_{\mathrm{m}} Sc^{\frac{2}{3}}$$

$$St = St_{\mathrm{m}} \left(\frac{Sc}{Pr}\right)^{\frac{2}{3}} = St_{\mathrm{m}} Le^{\frac{2}{3}}$$

$$\frac{\alpha}{\rho c_p u} = \frac{h_m}{u} Le^{\frac{2}{3}}$$

$$h_m = \frac{\alpha}{\rho c_p} Le^{-\frac{2}{3}} \tag{2-16}$$

式（2-16）将对流换热和对流质交换通过一个表达式联系起来，这样便可以实现通过一种传递现象的已知量，来确定另一种传递现象的未知量。对气体或液体，式（2-16）成立的条件是 $0.6 < Sc < 2500$，$0.6 < Pr < 100$。

2.3.4 对流质交换的准则关联式

根据柯尔本类比律知表面对流换热和对流质交换存在 $J_H = J_D$ 的类比关系，所以我们可以将对流换热中的准则关联式应用于对流质交换计算，只需将对流换热准则关联式中的有关物理参数及准则替换成对流质交换中相对应的物理参数和

准则即可。

$$t \leftrightarrow C \quad a \leftrightarrow D \quad \lambda \leftrightarrow D$$

$$Pr \leftrightarrow Sc \quad Nu \leftrightarrow Sh \quad St \leftrightarrow St_m$$

1. 流体在管内受迫流动时的质交换

和管内受迫流动换热相类比，如果管道湿内壁流动着某种气体，当气体中某组分能被管壁的液膜所吸收，或液膜向气体蒸发，就会发生质交换过程。传热学告诉我们，在温差较小的条件下，管内湍流换热可以忽略不均匀物性场的影响，并适用下面的准则关联式

$$Nu = 0.023Re^{0.8}Pr^{0.4}$$

通过大量质交换实验，吉利兰（Gilliland）得出了如图 2-1 所示的结果，相应的准则关联式为

$$Sh = 0.023Re^{0.83}Sc^{0.44} \tag{2-17}$$

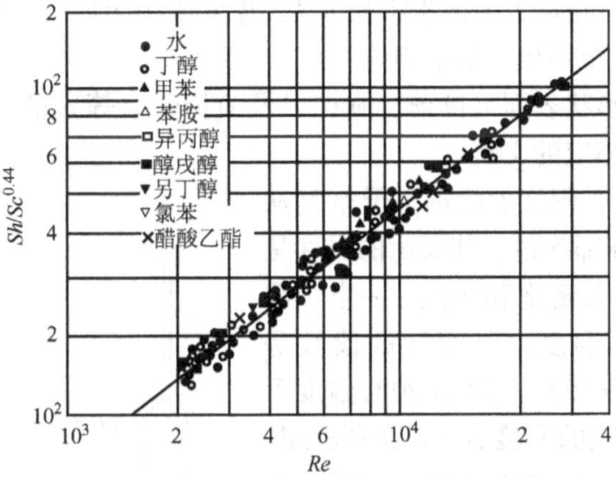

图 2-1　$Sh=f(Re, Sc)$

上面两个公式只在指数上有差异，式（2-17）的应用范围是 $2000 < Re < 35000$，$0.6 < Sc < 2.5$，准则中的定型尺寸是管壁内径，速度为管内平均流速，定性温度为空气温度[1]。

另外，还可以用类比律来计算管内流动质交换系数

$$St_m Sc^{\frac{2}{3}} = \frac{f}{8}$$

光滑管内的摩阻系数为

$$f = 0.3164Re^{\frac{1}{4}}$$

则可得准则关联式

$$\frac{Sh}{ReSc}Sc^{\frac{2}{3}} = 0.0395Re^{\frac{1}{4}}$$

即

$$Sh = 0.0395Re^{3/4}Sc^{1/3} \tag{2-18}$$

2. 流体沿平板流动时的质交换

传热学中，经过边界层理论分析，得到的沿平板流动层流换热的准则关联式为

$$Nu = 0.664Re^{1/2}Pr^{1/3}$$

相应的质交换准则关联式为

$$Sh = 0.664Re^{1/2}Sc^{1/3} \tag{2-19}$$

而沿平板流动湍流换热的准则关联式为

$$Nu = (0.037Re^{0.8} - 870)Pr^{1/3}$$

相应的质交换准则关联式应是

$$Sh = (0.037Re^{0.8} - 870)Sc^{1/3} \tag{2-20}$$

定型尺寸为沿流动方向的平板长度 L，速度采用边界层外的主流速度 u，计算所得的 h_m 是整个平板上的平均值。

对于沿其他形状表面（圆球、圆柱以及横掠管束等）的对流质交换准则关联式，可以参考相应的文献。

【例 2-1】 如图 2-2 所示，干空气从“湿球”温度计球部吹过。其指示的温度是少量液体蒸发到大量饱和蒸汽——空气混合物的稳定平均温度，温度计的读数是 20℃。假定为常压条件。给出 20℃ 温度下的物性参数：空气的密度 $\rho = 1.205\text{kg/m}^3$，空气的比热容 $c_p = 1.005\text{kJ/(kg·℃)}$，$Sc = 0.616$，$Pr = 0.703$；水的饱和蒸汽压 $P_w = 0.02338 \times 10^5\text{Pa}$，水蒸气的汽化热 $r = 2454.3\text{kJ/kg}$。试计算干空气的温度。

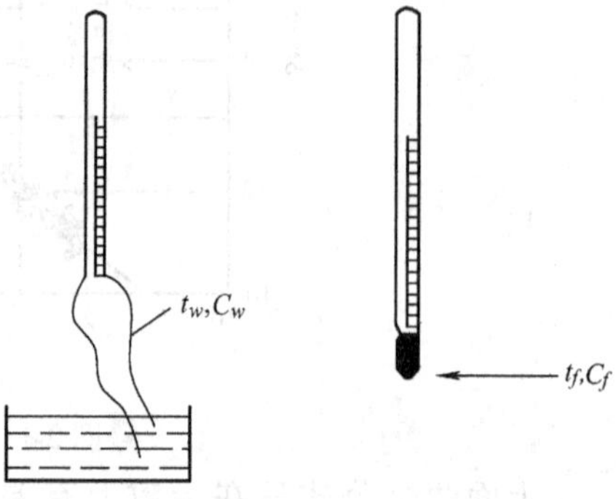

图 2-2

【解】 首先求单位时间单位面积上蒸发的水量

$$m_w = h_m(C_w - C_f)$$

水从湿球上蒸发带入空气的热量等于空气通过对流传热传给湿球的热量

$$\alpha A(t_f - t_w) = rm_wA$$

求解上式，可得干空气的温度为

$$t_f = \frac{rm_w}{\alpha} + t_w$$

根据式（2-16）

$$\frac{h_m}{\alpha}=\frac{1}{\rho c_p}\left(\frac{Pr}{Sc}\right)^{2/3}$$

整理可得

$$t_f=\frac{r}{\rho c_p}\left(\frac{Pr}{Sc}\right)^{2/3}(C_w-C_f)+t_w$$

带入已知条件

$$t_f=\frac{2454.3}{1.205\times1.005}\times\left(\frac{0.703}{0.616}\right)^{2/3}(C_w-C_f)+20$$

设 $C_f=0$，计算砂布表面的水蒸气质量浓度（密度）

$$C_w=\frac{p_w}{RT}=\left(\frac{0.02338\times10^5}{\frac{8.314\times10^3}{18}\times293}\right)\text{kg/m}^3$$

$$=1.73\times10^{-2}\text{kg/m}^3$$

则空气的干球温度为

$$t_f=\frac{2454.3}{1.205\times1.005}\times\left(\frac{0.703}{0.616}\right)^{2/3}(C_w-C_f)+20$$

$$=(2026.6\times1.092\times1.73\times10^{-2}+20)^\circ\text{C}$$

$$=58.3^\circ\text{C}$$

2.4 热质传递模型

空调领域中空气冷却器的冷却除湿、喷水室、冷却塔中水与空气的热质交换、湿球温度计的工作原理等，这些情况中存在着热质交换同时发生的问题。因而有必要分析热质交换同时进行的过程，讨论传质与传热过程的相互影响。

“流体力学”、“传热学”课程中均讨论过流体的动量传递、能量传递、质量传递这三个重要的传递过程。但这些讨论基本上都是独立看待，即认为一个传递过程和同时存在的其他传递过程互不影响。然而在工程实践中的许多情形都是同时包含着这三个传递过程并且相互影响。

2.4.1 同时进行传热与传质的过程和薄膜理论

热空气流经湿表面时同时进行传热和传质过程。依靠对流换热和辐射换热，热空气将其热量传给湿表面，湿表面上被蒸发的蒸汽连同它本身所具有焓一起传递到流动的热空气中去，不同的蒸发速率，热空气和湿表面之间的热交换及质量交换将有所不同。

一般地说，质量传递过程总是伴随热量传递过程，即使在温差为零的等温过程中，由于在传质过程中，随着质量传递，本身所具有的焓值将被带走，所以也存在热量传递。

在这种温差为零的等温过程中，由质量传递引起的在单位时间、单位面积上所传递的热量为

$$q = \sum_{i=1}^{n} N_i \mu_i c_{p,i}(t - t_0) \tag{2-21}$$

式中 N_i——组分 i 的摩尔扩散通量［kmol/（m^2·s）］；

μ_i——组分 i 的摩尔质量（kg/kmol）；

$c_{p,i}$——组分 i 的比定压热容［kJ/（kg·℃）］；

t——组分 i 的温度（℃）；

t_0——焓值计算温度（℃）。

若过程中还存在温差，则存在热量传递现象，如果传热是以导热方式进行的，则单位时间、单位面积上所传递的总热量为

$$q = -\lambda \frac{\mathrm{d}t}{\mathrm{d}y} + \sum_{i=1}^{n} N_i \mu_i c_{p,i}(t - t_0) \tag{2-22}$$

若传热是由对流引起的对流换热，则单位时间、单位面积上所传递的总热量为

$$q = \alpha \Delta t + \sum_{i=1}^{n} N_i \mu_i c_{p,i}(t - t_0) \tag{2-23}$$

对热质交换同时进行的过程，特别是当传质速率较大时，目前的理论计算一般都采用薄膜理论[2]。

利用薄膜理论，我们可以用分子扩散方程式来计算质交换速率。在二元系统中，通过静止流体层扩散的质交换系数为

$$h_m = \frac{D_{AB}}{\delta} \frac{p}{p_{B,lm}} \tag{2-24}$$

式中 $p_{B,lm}$——组分 B 的分压强的对数平均值。

则等分子互扩散的质交换系数为

$$h_m = \frac{D_{AB}}{\delta} \tag{2-25}$$

相应地，热量传递中也有表面传热系数 α

$$\alpha = \frac{\lambda}{\delta} \tag{2-26}$$

依据薄膜理论并不能计算出 δ 的值，尽管如此，在计算热质交换同时进行过程中，特别是在较大传质速率的情况和有化学反应的传质过程，薄膜理论为我们提供了一幅简明的壁面附近传质过程的物理模型。当然薄膜理论也是有缺陷的，其最大缺点就在于运用该理论得出的 h_m 与 D_{AB} 为线性一次方关系。而事实

上，在滞流层中速度和浓度分布均不是线性，而是曲线分布，如图2-3所示。总之，$h_m \propto D_{AB}^{0\sim1.0}$。在紧贴壁面处，分子扩散起主要作用，$h_m \propto D_{AB}^{1.0}$，而在湍流核心区，湍流扩散起主导作用。而且$\delta$的大小依赖于流体的流动状态，具体就是雷诺数。

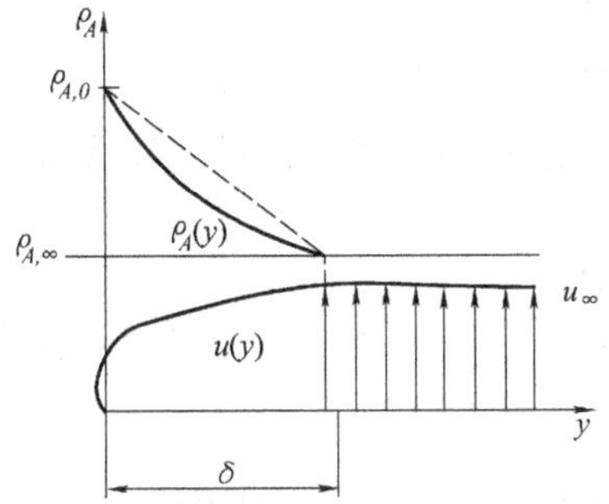

图2-3　滞流流体薄膜内实际的浓度、速度分布

2.4.2　同一表面上传质过程对传热过程的影响

根据薄膜理论，我们继续讨论同时进行传热传质的过程。

如图2-4所示，流体流过表面发生热质交换过程，流体温度为t_2，壁面温度为t_1。组分A、B分别以N_A、N_B的摩尔扩散通量从壁面向流体主流方向进行传递。假定近壁面处的滞留薄层厚度为y_0，求壁面与流体之间的热交换量。

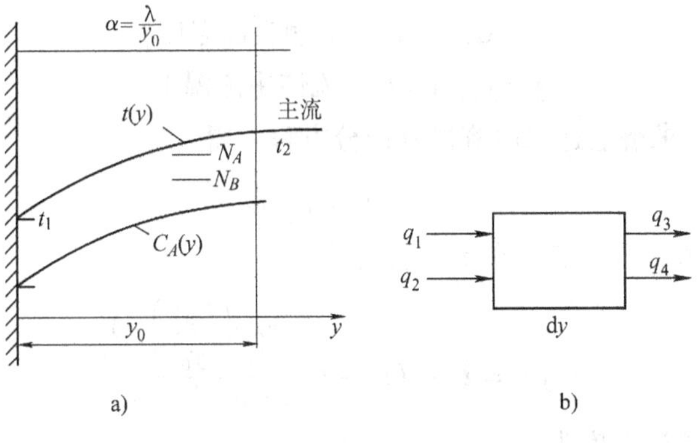

图2-4　壁面处滞流层传热传质示意图

a）滞流流体薄层中的温度、浓度分布示意图　b）微元体内热平衡

如图2-4所示，在滞流流体薄层y_0内，任意取一厚度为dy的微元体，另外两个方向均为单位长度。进入微元体的热流由两部分组成：由温度梯度产生的导热热流密度、由于分子扩散，进入微元体的传递组分A、B本身具有的焓。

由温度梯度产生的导热热流密度为

$$q_1 = -\lambda \frac{dt}{dy}$$

由于分子扩散，进入微元体的传递组分 A、B 本身具有的焓引起的传热量为

$$q_2 = (N_A\mu_A c_{p,A} + N_B\mu_B c_{p,B})(t - t_0)$$

式中　t_0——焓值计算温度；

μ_A、μ_B——组分 A、B 的摩尔质量（g/mol）。

如图 2-4b 所示，一旦达到稳定状态，进入微元体的热量应该等于流出微元体的热量

$$\lambda \frac{d^2t}{dy^2} - (N_A\mu_A c_{p,A} + N_B\mu_B c_{p,B}) \frac{dt}{dy} = 0 \tag{2-27}$$

方程等号两边同除以表面传热系数 α

$$\frac{\lambda}{\alpha}\frac{d^2t}{dy^2} - \frac{(N_A\mu_A c_{p,A} + N_B\mu_B c_{p,B})}{\alpha}\frac{dt}{dy} = 0$$

$$\alpha = \frac{\lambda}{y_0}$$

令 $\frac{(N_A\mu_A c_{p,A} + N_B\mu_B c_{p,B})}{\alpha} = C_0$，代入上式，得

$$y_0 \frac{d^2t}{dy^2} - C_0 \frac{dt}{dy} = 0$$

边界条件为

$y = 0$，$t = t_1$（接触表面温度）

$y = y_0$，$t = t_2$（流体主流温度）

令 $t = e^{my}$，求解上述二阶齐次常微分方程，得

$$t = C_1 + C_2 e^{\frac{C_0}{y_0}y}$$

将边界条件代入，得到流体在薄膜层内的温度

$$t(y) = t_1 + (t_2 - t_1)\frac{\exp\left(\frac{C_0 y}{y_0}\right) - 1}{\exp(C_0) - 1} \tag{2-28}$$

表面上的导热热流密度为

$$\begin{aligned} q_c &= -\lambda \left.\frac{dt}{dy}\right|_{y=0} \\ &= -\lambda \frac{C_0/y_0}{\exp(C_0) - 1}(t_2 - t_1) \\ &= -\frac{\lambda}{y_0}\frac{C_0(t_2 - t_1)}{\exp(C_0) - 1} \end{aligned}$$

$$= \alpha(t_1 - t_2)\frac{C_0}{\exp(C_0) - 1} \tag{2-29}$$

式（2-28）和式（2-29）告诉我们：表面上传热量、温度梯度均取决于扩散通量的大小和方向。

由式（2-28）可知，当 $C_0=0$，即质量传递不存在时，温度 t 为线性分布。其热流密度为

$$\begin{aligned} q_c &= \lim_{c_0 \to 0}\left(\alpha(t_1 - t_2)\frac{C_0}{\exp(C_0) - 1}\right) \\ &= \alpha(t_1 - t_2) \\ &= q_{c,0} \end{aligned} \tag{2-30}$$

$q_{c,0}$为质量传递不存在时，流体滞留薄层的导热热流密度。

在一般情形下

$$\frac{q_c}{q_{c,0}} = \frac{C_0}{\exp(C_0) - 1} \tag{2-31}$$

注意：q_c 并不是壁面上的总热流密度。

总热流密度应为

$$\begin{aligned} q_t &= q_c + (N_A\mu_A c_{p,A} + N_B\mu_B c_{p,B})(t_1 - t_2) \\ &= \alpha(t_1 - t_2)\frac{C_0}{\exp(C_0) - 1} + C_0\alpha(t_1 - t_2) \\ &= \alpha(t_1 - t_2)\frac{C_0}{1 - \exp(-C_0)} \end{aligned} \tag{2-32}$$

所以

$$\frac{q_t}{q_{c,0}} = \frac{C_0}{1 - \exp(-C_0)} \tag{2-33}$$

图 2-5 给出了 $q_c/q_{c,0}$，$q_t/q_{c,0}$ 与 C_0 的关系，上升的曲线为 $q_c/q_{c,0}$ 与 C_0 的关系曲线，下降的曲线为 $q_t/q_{c,0}$ 与 C_0 的关系曲线。为了表示扩散通量的大小与方向对传热的影响，引入一个无因次量阿克曼修正系数（Ackernan Correction）C_0，C_0 值有正有负，正负依赖于传质的方向。若传质方向为从壁面到流体主流方向时，C_0 为正值；反之，C_0 为负值。

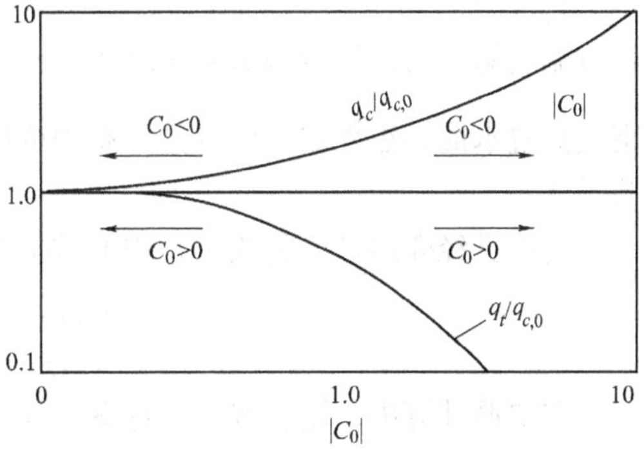

图 2-5　传质对传热的影响关系示意图

对照式（2-31）和式（2-33）可得

$$q_t(-C_0) = q_c(C_0) \tag{2-34}$$

可见，传质对壁面导热和总传热量的影响总是反向的。

如图2-5所示，当 C_0 大于零时，壁面上的总热流通量明显减少，而且当 C_0 值接近4时，壁面上的总热流通量几乎等于零。

$$\frac{q_c}{q_{c,0}} = \frac{-\lambda\left.\frac{\mathrm{d}t}{\mathrm{d}y}\right|_{y=0}}{\alpha(t_1 - t_2)} = \frac{-y_0}{(t_1 - t_2)}t'(0) \tag{2-35}$$

$t_1 - t_2$ 是常数，y_0 是受流体的流动状态决定的，取决于雷诺数。扩散通量的大小与方向影响了壁面上的温度梯度，即 t'（0）的值，从而影响了壁面上的总传热量。

2.4.3 路易斯关系式

路易斯关系式是路易斯在1927年对空气绝热冷却加湿过程中根据实验的结果得出的，后来由于提出了热质交换过程类比关系，通过理论推导出了路易斯关系式。在空调计算中，应用路易斯关系式常能使问题得到很多简化。

若雷诺数相同，根据契尔顿－柯尔本的类比律，有如下关系

$$\frac{h_m}{\alpha} = \frac{Le^{-\frac{2}{3}}}{\rho c_p} \tag{2-36}$$

当 $Le=1$ 时，上述类比律就成为路易斯关系

$$h_m = \frac{\alpha}{\rho c_p}$$

通常对气体混合物，可近似认为 $Le \approx 1$。对于本专业空调系统中常见的水—空气系统，可认为 $Le \approx 1$，所以可以使用路易斯关系式。例如水表面向空气中蒸发，在20℃时，运动粘度 $\upsilon = 15.11 \times 10^{-6}\mathrm{m^2/s}$，热扩散率 $a = 1.4 \times 10^{-6}\mathrm{m^2/s}$，经过温度修正后的扩散系数 $D = 24.5 \times 10^{-6}\mathrm{m^2/s}$，$Le = \frac{a}{D} = 0.873 \approx 1$。所以，当空气掠过水面在边界层中的温度分布和浓度分布曲线近乎相似，可以应用路易斯关系式。

前面已经介绍过，传质过程中的质扩散通量可以用下式计算

$$\begin{aligned} m_A &= h_m(C_{A,S} - C_{A,\infty}) \\ &= h_m(\rho_{A,S} - \rho_{A,\infty}) \end{aligned}$$

在空调计算中，用含湿量来计算空气中水蒸气的质扩散通量更为方便，所以我们在这里推导用湿空气的含湿量来计算的公式。在空调温度范围内，干空气的质量密度变化不大，可认为

$$\rho_{g,S} \approx \rho_{g,\infty} \approx \rho_{g,M}$$

式中　$\rho_{g,S}$——边界处干空气的密度（kg/m^3）；

$\rho_{g,\infty}$——主流处干空气的密度（kg/m^3）；

$\rho_{g,M}$——流体中干空气的平均密度（kg/m^3）。

根据含湿量、干空气密度和湿空气密度的关系，有

$$m_A = h_m\rho_{g,M}(d_{A,S} - d_{A,\infty}) = h_{md}(d_{A,S} - d_{A,\infty}) \tag{2-37}$$

式中　d_A——湿空气的含湿量（kg/kg）；

h_{md}——传质系数，又称蒸发系数［$kg/(m^2 \cdot s)$］。

注意区别我们介绍过的两个系数，对流质交换系数 h_m 和传质系数 h_{md}，它们的关系为

$$h_{md} = h_m\rho_{g,M} \tag{2-38}$$

这样我们可以把路易斯关系式写成另外一种形式

$$\frac{\alpha}{h_{md}} = c_p \tag{2-39}$$

式（2-39）也称路易斯关系式。根据这个关系式，可以得到一个非常重要的结论：在空气—水系统的热质交换过程中，当空气温度及含湿量变化很小时，表面传热系数与传质系数之比保持一定。换句话说就是当两个系数中的一个系数增大或减小时，则另一系数也相应地发生同样的变化以保持两者比值不变。

在运用路易斯关系式时，一定要注意该关系式的适用范围。路易斯关系式成立的条件：$0.6 < Pr < 60$，$0.6 < Sc < 3000$；$Le = a/D_{AB} \approx 1$。

对于分子扩散不占主导地位的紊流热质交换过程，路易斯关系式是否适用呢？

如图 2-6 所示，二平面上流体的温度分别为 t_1 和 t_2，二平面上流体的含湿量分别为 d_1 和 d_2，单位时间内平面 1 与 2 之间由于流体的湍动引起的每平方米面积上流体交换的体积为 V。从平面 1 流到平面 2 的单位面积紊流热交换量为

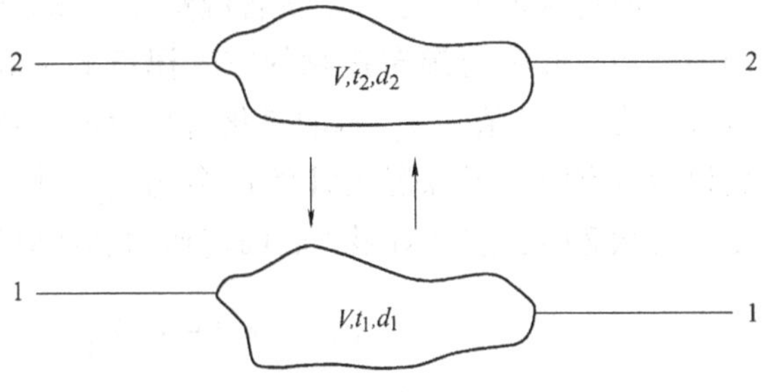

图 2-6　紊流热质交换示意图

$$q_t = \rho c_p V(t_1 - t_2)$$

还可以用紊流表面传热系数 α 来表示这一热流量

$$\alpha(t_1 - t_2) = \rho c_p V(t_1 - t_2)$$

单位面积紊流换热量为

$$m_t = \rho V(d_1 - d_2) = h_{md}(d_1 - d_2)$$

将上两式相除，可得

$$\frac{\alpha}{h_{md}} = c_p$$

可以看出，湍流时不论 a/D_{AB} 是否等于1，路易斯关系式总是成立的。这说明了在湍流传递过程中，流体间的湍流作用是主要的。对于层流区和湍流区的层流底层而言，分子扩散的作用是主要的，只有 $a/D_{AB}=1$ 时路易斯关系式才适用。

对于本专业中常见的水—空气系统，由于路易斯数近似等于1，可以使用路易斯关系式计算传质系数。

2.4.4 湿球温度的理论基础

早在1892年人们就利用湿球温度来测量湿度，当时许多人都在理论上对此现象研究过，但是他们得出的数据往往不一致，因而常引起争论。热质交换理论应用很广，其中最简单的就是湿球温度计在稳定状态下温度的计算。

如图2-7所示，湿球温度计头部被尾端浸入水中的吸液芯包裹。一方面，若空气与湿布表面存在温度差，空气向湿布表面传递热量。另一方面，当空气流过时，不饱和空气流过湿布时，湿布表面的水分蒸发并扩散到空气中去；当达到稳定状态时，两种传递的焓变相等，此时水银温度计指示的温度就是空气的湿球温度。而干球温度计是一般的温度计。

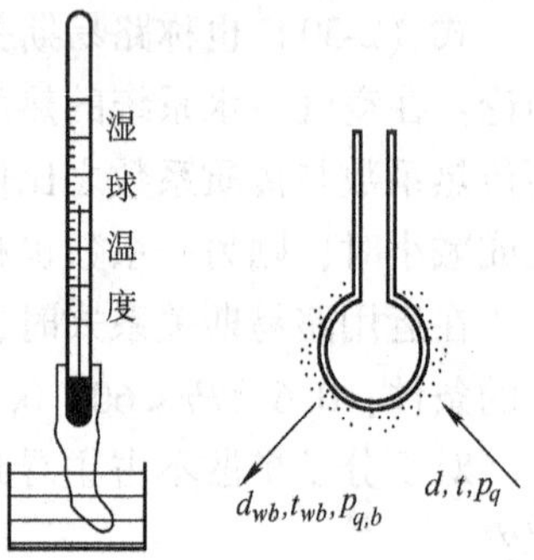

图2-7 湿球温度计

下面将从理论上推导说明含湿量与湿球温度之间的关系。假定与湿布接触的空气温度 t 为常数，含湿量为 d，焓值为 h，水的汽化潜热为 r。当空气与湿布表面之间的热量交换达到稳定状态时，湿球温度计的读数为 t_{wb}，其对应的含湿量为 d_{wb}，焓值为 h_{wb}。则稳定状态时，空气对湿布表面传递的热量应为

$$q_H = \alpha(t - t_{wb}) \frac{C_0}{1 - \exp(-C_0)}$$

稳定状态时湿布表面蒸发扩散的水分量为

$$m_A = h_{md}(d_{wb} - d)$$

根据热平衡

$$\alpha(t - t_{wb}) \frac{C_0}{1 - \exp(-C_0)} = r h_{md}(d_{wb} - d)$$

$$\frac{\alpha(t - t_{wb})}{h_{md}} \frac{C_0}{1 - \exp(-C_0)} = r(d_{wb} - d)$$

将路易斯关系式代入 $\frac{\alpha}{h_{md}} = c_p$

$$c_p(t - t_{wb}) \frac{C_0}{1 - \exp(-C_0)} = r(d_{wb} - d)$$

针对等号左边进行级数展开，并且考虑到湿球表面水分蒸发的量较小，传质速率对传热过程影响较小，只保留级数前两项近似，则可以得到

$$c_p(t - t_{wb}) = r(d_{wb} - d)$$

$$c_p t + dr = c_p t_{wb} + d_{wb} r$$

上式中，等号左边和右边分别是湿空气和饱和空气的焓值，则上式可写作

$$h = h_{wb} \tag{2-40}$$

上式说明，紧靠湿布表面的饱和空气的焓等于远离湿布的主流的空气的焓，在湿布表面进行热、质交换过程中，焓值不变。凯莉亚在1911年首先提出了这个著名的结果。对于水－空气系统，当未饱和的空气流过一定量的水表面时，尽管空气的温度下降，湿度增大，但其单位质量焓值不变。这就是焓—湿图理论基础。

在焓—湿图中，湿空气的焓是湿球温度的单一函数。实际应用中湿球温度的准确测量是极为重要的。气流的速度对热质交换过程有影响，因而对湿球温度值也有一定的影响，实验表明，当气流速度在5～40m/s范围内，流速对湿球温度值影响很小。必须注意：湿球温度受传递过程中各种因素的影响，它并非单一取决于湿空气的状态，所以湿球温度不是湿空气的状态参数。

有限量的空气和水接触，接触面积较大，接触时间足够充分，空气和水最终会达到平衡，此时对应的温度就是绝热饱和温度 t_s。在绝热的情况下，一方面，水向空气中蒸发，水分蒸发所需的热量全部来自湿空气，故湿空气的温度将降低。另一方面，由于水分的蒸发，湿空气的含湿量将增大，当湿空气达到饱和状态时，其温度不再降低，此时的温度称为绝热饱和温度，常用符号 t_s 表示。绝热饱和温度 t_s 所体现的条件一般是不常见的，实践中之所以要重视这个温度，是因为在水—空气系统中，借近似式 $t_{wb} \approx t_s$，就可利用焓湿图上的 t_s 来代替 t_{wb}。

由此可见，绝热饱和温度和湿球温度的物理概念完全不同。由于绝热饱和温度 t_s 完全取决于进口湿空气及水的状态与总量，不受其他任何因素的影响，所以 t_s 是湿空气的一个状态参数。

湿球温度与绝热饱和湿球温度作为两种极限温度，也是有联系的。实验表明，当湿空气的干球温度不是很高，而且含湿量变化较小时，湿球温度 t_{wb} 与绝

热饱和湿球温度 t_s 很接近。我们可以举个例子，若湿空气的干球温度为 50℃，含湿量为 0.0159（或 $\varphi=20\%$），此时 $\Delta t=t_s-t_{wb}=0.4$℃，若干球温度减小，两种极限温度的差值也相应减小。注意：并不是所有的介质的两种极限温度差值 Δt 大于零，对于甲苯、乙醇等一些有机化合物，湿球温度总是要比绝热饱和温度高。当然，在空调温度范围内完全有理由把这两个温度的值视作相等。

复习思考题和习题

1. 定义施密特数和路易斯数，从动量传递、传热和传质类比的观点来解释它们的物理意义。

2. 在标准状态下空气中的氨气被潮湿的圆管壁面所吸收，含氨空气是以 5m/s 的流速横向掠过湿圆管壁，如果查不到这种情况下的质交换计算式，乃从热交换与质交换的类比律出发，对相同尺寸的圆管以 5m/s 的气流作对流换热试验，测得壁面的表面传热系数 $\alpha=56\text{W}/(\text{m}^2\cdot℃)$，试计算此湿壁面吸收氨气的对流质交换系数。

3. 空气流进内径为 25mm、长 1 m 的湿壁管时的参数为：压力 1.0132×10^5Pa，温度 25℃、含湿量 3g/kg 干空气。空气的流量为 20kg/h。由于湿壁管外表面的散热，湿表面的水温为 20℃，试计算空气在管子出口处的含湿量为多少？

4. 欲测定气流的温度，但现有的温度计惟恐量程不够高，因此在温度计的头部包了一层湿纱布，然后测得温度计的读数为 35℃。试计算空气的真实温度（空气是 1.0132×10^5Pa 下的干空气）。

5. 在总压力为 1.0132×10^5Pa 的湿空气中，用一干湿球温度计测得的温度分别为 26℃ 和 20℃。已知该湿空气的 $Pr=0.74$，$Sc=0.60$，在不计辐射热的情况下，试计算湿空气的含湿量。

6. 设空气只由 O_2 和 N_2 组成，它们的分压比为 0.21∶0.79，它们的质量比是多少？

7. 容器中有温度为 25℃的 CO_2 和 N_2 的混合物，每种组分的分压均为 1×10^5Pa。试计算每种组分的物质的量浓度、质量浓度、摩尔分数和质量分数。

8. 讨论由 n 种组分组成的理想气体混合物。

a）根据已知的每种组分的摩尔分数和摩尔质量，导出确定组分 i 的质量分数的一般方程。根据已知的每种组分的质量分数和摩尔质量，导出确定组分 i 的摩尔分数的一般方程。

b）在一个包含等摩尔分数的 O_2、N_2 和 CO_2 的混合物中，每种组分的质量分数是多少？在一个包含等质量分数的 O_2、N_2 和 CO_2 的混合物中，每种组分的摩尔分数是多少？

9. 讨论一个封闭圆筒形容器中的空气，此圆筒形容器的轴线是垂直的，容器的两端保持在不同的温度。设空气的总压在容器中到处都是均匀的。

a）如果底面比顶面冷，容器内状态的特性是什么？例如，是否将存在组分（O_2 和 N_2）浓度的垂直方向的梯度？是否有空气的运动？会不会发生传质？

b）如果情况相反（即热表面是在底部），容器中状态的特性是什么？

10. 在直径 100mm 及壁厚 2mm 的钢制球形容器中储存了 10×10^5Pa 和 27℃ 的氢气。钢中氢气的物质的量浓度在内壁面已知为 1.5kmol/m^3，在外壁面可忽略不计，氢气在钢中的扩散系数近似地为 $0.3\times10^{-12}\text{m}^2/\text{s}$。

a）因通过容器壁的扩散导致氢气的质量损失的初始速率是多少？

b）容器内初始的压降速率是多少？

11. 在从气流中分离氦的过程中利用了一个塑料薄膜。在稳态条件下，薄膜中内外表面的氦的浓度已知分别为 0.02kmol/m^3 和 0.005kmol/m^3。如果薄膜厚度为 1mm，氦对塑料的二元扩散系数为 $10^{-9}m^2/s$，质扩散通量是多少？

12. 估算在 350K 和 1atm（101.325kPa）下的氨—空气和氢—空气这两种二元气体混合物的扩散系数值 D_{AB}。

参考文献

[1] Rhhsenow W M, Choi H Y. Heat, Mass and Momentum Transfer [M]. Prentice – Hall Inc, 1961.

[2] 修伍德. T K, 皮克福特. R L, 威尔基. C R. 传质学 [M]. 时均，李盘生，等译. 北京：化学工业出版社. 1988.

第3章

相变热质交换原理与设备

物质的存在通常认为有三态：固态、液态和气态，它们称为物质的相态。物质从一种相态变化到另一种相态称为相变。相变的形式有液—气相变、固—液相变、固—气相变和固—固相变。例如液体的蒸发、气体的凝结、固体的升华、固体的熔化等都是相变。物质在相变过程中在近似等温的条件下吸收或放出潜热。这一特点使得相变过程在储能领域具有广泛的应用前景。

建筑环境与能源应用工程专业中涉及的相变过程主要有热壁面上的液体沸腾现象、冷壁面上的蒸汽凝结现象和储能装置中的固—液相变过程。与本专业相关的设备中，液态沸腾现象主要发生在蒸发器和锅炉的受热面上。气体的凝结现象主要发生在冷凝器和用蒸汽加热的水加热器中。固—液相变主要用于建筑系统储能和太阳能利用领域中。本章将就这几个问题分别介绍。

3.1 液体沸腾换热

3.1.1 沸腾换热现象

在固液界面上，当固体表面温度大于相应液体压力下的饱和温度时，液体就会产生沸腾现象。例如，锅炉中水的汽化、蒸发器中制冷剂的蒸发等。固体壁面与沸腾液体之间的热量传递称为沸腾换热。沸腾换热量可以用下式计算

$$Q=\alpha\ (t_w-t_s)\ A=\alpha\Delta tA \tag{3-1}$$

式中 Q——沸腾换热量（W）；

α——沸腾表面传热系数［W/（m^2·℃）］；

t_w——壁面温度（℃）；

t_s——液体饱和温度（℃）；

Δt——壁面过热度或沸腾温差（℃）；

A——固液接触面积（m^2）。

沸腾现象首先发生在壁面处，当液体温度达到饱和温度，在壁面的凹穴、裂缝处会有蒸汽泡形成，这些气泡长大后脱离壁面，从液体中上升到自由表面后逸出。

根据空间大小沸腾分为大空间沸腾（也叫池内沸腾）和有限空间沸腾（也称受迫对流沸腾）。大空间沸腾是指液体是静止的，液体在表面附近的运动是由于自然对流及气泡生长、脱离造成的扰动所致。有限空间沸腾中流体的流动除了由于自然对流和气泡扰动所致外，还由于外力所致。

根据液体温度不同沸腾分为饱和沸腾和过冷沸腾。饱和沸腾是指液体温度超过饱和温度，固体表面上形成的气泡会在浮升力的推动下穿过液体，最终从表面上逸出。过冷沸腾是指液体的温度低于饱和温度，壁面温度高于饱和温度，固体表面上产生的气泡最后在过冷的液体中凝结，这样只在表面附近出现沸腾现象，故而又叫局部沸腾。

加热壁面沉浸在具有自由表面的液体中，液体温度大于液体压力下的饱和温度，此时发生的沸腾现象称为大空间饱和沸腾。大空间饱和沸腾产生的气泡能自由浮升，穿过液体自由表面进入容器空间。

在饱和沸腾中，沸腾温差对沸腾状态有很大的影响，随着壁面过热度的升高，会出现4个规律不同的换热区域，即自然对流区、核态沸腾区、过渡沸腾区和稳定膜态沸腾区[1]。

1. 核态沸腾汽化核心分析

在核态沸腾区，气泡的扰动对换热起着支配作用。气泡产生在汽化核心处，所以分析汽化核心的影响因素和汽化核心数目与沸腾温差之间关系，对研究核态沸腾现象及其换热规律十分重要。

壁面上的凹穴、裂缝最可能成为汽化核心，这些地方中的残留气体或蒸汽，由于表面张力的作用，难于彻底清除，它们成为产生新生气泡的有利场所。

凹穴或裂缝能够成为汽化核心的条件（推导过程见传热学）是

$$R \geqslant \frac{2\gamma}{(p_v - p_l)} \tag{3-2}$$

$$\text{或 } R \geqslant \frac{2\gamma}{(p_v - p_s)}$$

式中 R——凹穴或裂缝的当量半径（m）；

p_v——气泡内压力（Pa）；

p_l——气泡处液体压力（Pa）；

p_s——环境压力（Pa）；

γ——表面张力（N/m）。

从式（3-2）可以看出，一个气泡长大所需压力差与它的半径成反比，与表面张力成正比，半径越小的气泡，就需要较大的压强差。

在贴壁处，液体具有最大的过热度，加上凹穴、裂缝处有残留气体，此处最先满足气泡生成条件。也就是说，在壁面上只有满足气泡生成条件的地方才能成为汽化核心，气泡能够生成并不断地长大。所以，在表面上的沸腾，汽化核心首先在表面上一些微小凹坑上形成。

随着壁面过热度（$t_w - t_s$）的提高，压力差（$p_v - p_s$）也越来越大，气泡存在所需的最小半径越来越小。越来越多的凹穴和裂缝成为汽化核心，初生的气泡中有更多的气泡能够符合长大的条件，气泡数增加，沸腾现象也得到强化。有关汽化核心的近期研究成果可参考文献［2，3］。

2. 强迫对流沸腾

强迫对流沸腾包括外部强迫对流沸腾和内部强迫对流沸腾。内部强迫对流沸腾又称为两相流，这种沸腾方式的特点是在流动方向上液体迅速变为蒸汽。在前述的大容器沸腾中，流体的流动是浮力作用的结果，而强迫对流沸腾中，流体的流动是液体的直接运动和浮力共同作用的结果。

（1）外部强迫对流沸腾　流体沿加热平板流动时产生的沸腾为外部强迫对流沸腾。沸腾开始之前，热流密度可用强迫对流关系式计算。随着加热平板表面温度的升高，核态沸腾出现，引起热流密度增加，若蒸汽量较小，而且液体过冷，可用纯强迫对流和大容器沸腾的组合来估算[4~6]。

（2）内部强迫对流沸腾　水管锅炉和制冷系统的管式蒸发器中的沸腾属于内部强迫对流沸腾。由于沸腾空间有限，沸腾产生的蒸汽和液体混合在一起，形成两相流，换热机理十分复杂。

3.1.2　沸腾换热量和表面传热系数的计算

1. 大容器饱和核态沸腾的计算式

影响核态沸腾的主要因素是壁面过热度和汽化核心数，汽化核心又与壁面材料、表面状况、压力和物性有关。由于影响因素复杂，不同文献中的计算公式分歧较大。下面介绍两种计算公式：一种是适用于水的，另一种是广泛适用于各种液体的。

对于沸腾液体是水的情况，可以利用下式计算沸腾表面传热系数[7]

$$\alpha = 3.0 q^{0.7} p^{0.15} \tag{3-3}$$

或

$$\alpha = 38.7 \Delta t^{2.33} p^{0.5} \tag{3-4}$$

式中　α——沸腾表面传热系数［W/（m²·℃）］；

Δt——沸腾温差（℃）；

q——热流通量（W/m²）；

p——沸腾绝对压力（Pa）。

适用于各种液体的计算式为[8,9]

$$\frac{c_{pl}\Delta t}{rPr_l^s}=C_{wl}\left[\frac{q}{\mu_l r}\sqrt{\frac{\gamma}{g\ (\rho_l-\rho_v)}}\right]^{0.33} \tag{3-5}$$

或

$$q=\mu_l r\left[\frac{g\ (\rho_l-\rho_v)}{\gamma}\right]^{0.5}\left[\frac{c_{pl}\Delta t}{rPr_l^s C_{wl}}\right]^3 \tag{3-6}$$

式中 c_{pl}——饱和液体的比定压热容［J/（kg·℃）］；

Δt——沸腾温差（℃）；

r——汽化热（J/kg）；

Pr_l——饱和液体的普朗特数；

C_{wl}——经验常数。

q——热流密度（W/m^2）；

μ_l——饱和液体的动力粘度（Pa·s）；

γ——液体—蒸汽界面的表面张力（N/m）；

ρ_l——液体的密度（kg/m^3）；

ρ_v——蒸汽的密度（kg/m^3）；

s——经验指数，水取1，其他液体取1.7。

对于制冷剂，可使用库珀公式进行计算[24]

$$\alpha=Cq^{0.67}\mu_r^{-0.5}p_r^m\ (-\lg p_r)^{-0.55} \tag{3-7}$$

$$C=90W^{0.33}/\ (m^{0.66}\cdot K)$$

$$m=0.12-0.2\lg\ (R_a)$$

式中 μ_r——液体的摩尔质量（g/mol）；

p_r——对比压力，为液体压力与该流体的临界压力之比；

R_a——表面平均粗糙度（μm），一般工业用管材表面取 $R_a=0.3\sim0.4\mu m$。

2. 大容器膜态沸腾的计算式

对于横管外的膜态沸腾，可以用下式计算

$$\alpha=0.62\left[\frac{gr\rho_v\ (\rho_l-\rho_v)\ \lambda_v^3}{\mu_v d\ (t_w-t_s)}\right]^{0.25} \tag{3-8}$$

对于球面外的膜态沸腾，按下式计算

$$\alpha=0.67\left[\frac{gr\rho_v\ (\rho_l-\rho_v)\ \lambda_v^3}{\mu_v d\ (t_w-t_s)}\right]^{0.25} \tag{3-9}$$

式中 μ_v——蒸汽的动力粘度（Pa·s）；

λ_v——蒸汽的热导率［W/（m·K）］；

d——管外径（m）；

g——重力加速度（m/s^2）；

r——汽化潜热（J/kg）。

式（3-8）中，液体密度和汽化潜热值按液体饱和温度查取，其余物性按边界层平均温度$\frac{t_w+t_s}{2}$查取。

膜态沸腾区壁面温度较高，所以液体与壁面间的换热，除考虑膜态沸腾换热外还应考虑辐射换热，但总换热量并不是沸腾换热量和辐射换热量的简单叠加，应采用以下超越方程来计算复合表面传热系数

$$\alpha^{\frac{4}{3}}=\alpha_c^{\frac{4}{3}}+\alpha_r^{\frac{4}{3}} \tag{3-10}$$

式中 α——复合表面传热系数［W/（m²·K）］；

α_c——膜态沸腾表面传热系数［W/（m²·K）］；

α_r——辐射表面传热系数［W/（m²·K）］。

辐射表面传热系数按下式计算

$$\alpha_r=\frac{\varepsilon\sigma\ (T_w^4-T_s^4)}{(T_w-T_s)} \tag{3-11}$$

式中 ε——沸腾表面的黑度；

σ——斯蒂芬—玻耳兹曼常数。

3. 制冷剂在管束外和管内沸腾换热计算式

在空调制冷系统的蒸发器中发生的是制冷剂的沸腾换热。制冷剂的沸腾换热过程极其复杂，目前没有统一的、适用范围广的公式来计算，仅有一些经验公式可供使用。下面分不同的情况来介绍一下制冷剂沸腾表面传热系数的计算[11]。

对于光管管束上的沸腾，可用下面的公式进行估算。

当热流密度小于2100W/m² 时

氨 $$\alpha=103q^{0.25} \tag{3-12}$$

R12 $$\alpha=39.5q^{0.25} \tag{3-13}$$

R11 $$\alpha=33.8q^{0.25} \tag{3-14}$$

当热流密度大于2100W/m² 时

氨 $$\alpha=4.4\ (1+0.007t_0)\ q^{0.7} \tag{3-15}$$

R12 $$\alpha=5.32q^{0.6} \tag{3-16}$$

R11 $$\alpha=3.95q^{0.6} \tag{3-17}$$

式中 t_0 为氨的沸点。

对于氟利昂错排正三角形排列的肋管管束，可按下式计算

R12 $$\alpha=18.3q^{0.5}p_0^{0.25}\varepsilon_z \tag{3-18}$$

R22 $$\alpha=33q^{0.45}p_0^{0.25}\varepsilon_z \tag{3-19}$$

公式中表面传热系数和热流密度是针对整个肋外表面积。式中的压力单位为

10^5Pa；ε_z 为管束修正系数，它取决于热流密度、纵向的管子列数和管子的表面粗糙度，当 $2000\text{W/m}^2 \leqslant q \leqslant 6000\text{W/m}^2$，纵向管排数 $Z \leqslant 10$ 时，$\varepsilon_z = 1$，当热流密度在增加，纵向列数也大于 10，$\varepsilon_z < 1$。

当 $q = 10^3 \sim 10^4\text{W/m}^2$，$t = -30 \sim 0℃$，$\dfrac{s}{d} = 1.15 \sim 1.43$，纵向平均管列数为 15～20 时，多排管束上的平均沸腾表面传热系数也可按下式计算

氨 $$\alpha = 13q^{0.6} \tag{3-20}$$

R12 $$\alpha = 14.2q^{0.5}p_0^{0.25}\left(\frac{s}{d}\right)^{-0.45} \tag{3-21}$$

R22 $$\alpha = 16.4q^{0.5}p_0^{0.25}\left(\frac{s}{d}\right)^{-0.45} \tag{3-22}$$

制冷剂在管内沸腾时，出现复杂的两相流动，沿途不断受热，含气量、流速和流动形式不断变化。管内制冷剂沸腾放热与液体的物性、热流密度、沸腾压力、流速和管径、管长、管子布置等因素有关。

对于立管内制冷剂的沸腾表面传热系数可按下式计算

氨 $$\alpha = 4.57\ (1 + 0.03t_0)\ q^{0.7} \tag{3-23}$$

R12 $$\alpha = 100q^{0.25} \quad q < 1350\text{W/m}^2 \tag{3-24}$$

R12 $$\alpha = 7.24q^{0.6} \quad 1350\text{W/m}^2 < q < 11500\text{W/m}^2 \tag{3-25}$$

对于水平管内的沸腾表面传热系数，当进口处液体流速 $v_0 = 0.05 \sim 0.5\text{m/s}$，入口蒸汽干度 $x_1 = 0.04 \sim 0.25$，出口蒸汽干度 $x_2 = 0.9 \sim 1.0$ 时，氟利昂的沸腾表面传热系数为

R12 $$\alpha = 1600v_0^{0.42} \tag{3-26}$$

R22 $$\alpha = 2470v_0^{0.47} \tag{3-27}$$

3.2 蒸汽凝结换热

3.2.1 凝结换热现象

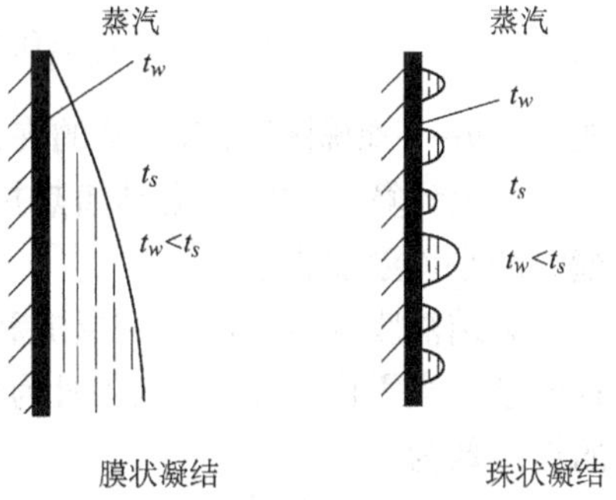

图 3-1 两种凝结形式示意图

蒸汽与低于其饱和温度的壁面接触时，由气态变为液态的现象称为凝结。凝结有两种形式：膜状凝结和珠状凝结。如果凝结液能很好地润湿壁面，它就在壁面上铺展成膜，此时的凝结形式为膜状凝结。当凝结液不能很好地润湿壁面，液体在壁面上形成一个个小的液珠，这种凝结方式称为珠状凝结。如

图 3-1 所示为两种凝结形式示意图，图中 t_w 为壁面温度，t_s 为蒸汽温度，壁面温度低于蒸汽温度。

工业上一般都实现的是膜状凝结，下面只讨论膜状凝结的分析和计算。

3.2.2 凝结换热量和表面传热系数的计算

1. 努塞尔分析解

首先介绍膜状凝结的分析解。1916 年，努塞尔首先提出了竖壁上纯净蒸汽层流膜状凝结的分析解[12]。

整个竖壁上的平均表面传热系数

$$\alpha = 0.943\left[\frac{g\rho_l^2 r\lambda_l^3}{\mu_l\ (t_s - t_w)\ l}\right]^{\frac{1}{4}} \tag{3-28}$$

式中 μ_l——液膜的动力粘度（Pa·s）；

λ_l——液膜的热导率［W/（m·℃）］；

ρ_l——液膜的密度（kg/m³）；

r——蒸汽的凝结潜热（kJ/kg）；

t_s——蒸汽的温度（℃）；

t_w——壁面的温度（℃）。

努塞尔的分析解可推广到其他表面上的膜状凝结，例如蒸汽在球面上凝结时的凝结表面传热系数可写作下式

$$\alpha_s = 0.826\left[\frac{g\rho_l^2 r\lambda_l^3}{\mu_l d\ (t_s - t_w)}\right]^{\frac{1}{4}} \tag{3-29}$$

蒸汽在水平管外表面上凝结时的凝结表面传热系数可写作下式

$$\alpha_H = 0.729\left[\frac{g\rho_l^2 r\lambda_l^3}{\mu_l d\ (t_s - t_w)}\right]^{\frac{1}{4}} \tag{3-30}$$

蒸汽在倾斜壁上的凝结表面传热系数可写作下式

$$\alpha_{qx} = 0.943\left[\frac{g\sin\theta\rho_l^2 r\lambda_l^3}{\mu_l\ (t_s - t_w)\ l}\right]^{\frac{1}{4}} \tag{3-31}$$

式中 θ——倾斜壁与水平面的夹角。

以上计算公式中，凝结潜热按蒸汽饱和温度确定，其余物性均以饱和温度和壁温的平均温度查取。

凝结液膜的流动状态有层流和湍流之分。在这里引入膜层雷诺数来判定液膜的流态，当雷诺数小于 1600 时为层流状态。对于竖壁，在距离起始点 x 处液膜的雷诺数为

$$Re = \frac{4\alpha x\ (t_s - t_w)}{\mu_l r} \tag{3-32}$$

对于水平管，膜层雷诺数为

$$Re=\frac{4\alpha\pi d\ (t_s-t_w)}{\mu_l r} \tag{3-33}$$

2. 膜状凝结实验解

实验证明，对于横管上的膜状凝结，分析解与实验数据十分吻合，所以可以用式（3-30）作为实验公式。对于竖壁，通过水蒸气的实验表明，实验数据与理论分析解有一定的差距，通过分析，采取理论解系数增加20%的方法来修正。竖壁的实验公式为

$$\alpha=1.13\left[\frac{g\rho_l^2 r\lambda_l^3}{\mu_l\ (t_s-t_w)\ l}\right]^{\frac{1}{4}} \tag{3-34}$$

3. 制冷剂的凝结放热

在制冷系统中的冷凝器内制冷剂被冷却，产生凝结放热，一般是膜状凝结，液膜层的热阻是冷凝放热的主要热阻。制冷设备中制冷剂的冷凝过程主要有以下几种：制冷剂在管壁或平板壁上的冷凝放热；制冷剂水平管束上的冷凝放热；制冷剂在水平肋管表面上的冷凝；制冷剂在水平管内的冷凝。

制冷剂在管壁、平板壁和水平管束上的凝结可以沿用前面讲过的公式，下面再介绍一下制冷剂在水平肋管上和水平管内的冷凝放热。

（1）制冷剂在水平肋管表面上的冷凝

根据肋片的结构，肋管的总外表面积 A 等于水平部分的面积 A_p 和垂直面积 A_v 之和。如图3-2所示，水平部分面积包括肋与肋之间的根部环状面积和肋顶的环状端面面积。肋管表面的总表面传热系数可表示为水平部分表面传热系数和垂直部分表面传热系数的加权平均值，用下式计算

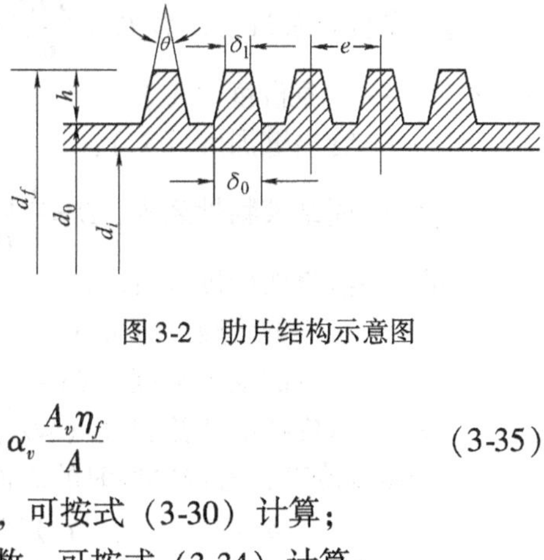

图3-2 肋片结构示意图

$$\alpha=\alpha_H\frac{A_p}{A}+\alpha_v\frac{A_v\eta_f}{A} \tag{3-35}$$

式中 α_H——水平管的凝结表面传热系数，可按式（3-30）计算；

α_v——垂直部分的凝结表面传热系数，可按式（3-34）计算；

η_f——肋片效率。

在使用式（3-34）计算竖直部分的凝结表面传热系数时，公式中的高度 l 应采用肋片的当量高度来计算。肋片的当量高度由下式求出

$$l_d=\frac{\pi}{4}\frac{(d_f^2-d_0^2)}{d_f}\eta_f \tag{3-36}$$

将式（3-36）、式（3-30）和式（3-34）代入式（3-35）得到

$$\alpha=\left[1.3\eta_f^{0.75}\frac{A_v}{A}\left(\frac{d_0}{l_d}\right)^{0.25}+\frac{A_p}{A}\right]\alpha_H=\varepsilon_f\alpha_H \tag{3-37}$$

式中，ε_f 为肋管的修正系数。当其他条件相同时，肋管的表面传热系数是光管的 ε_f 倍，一般低肋管的 ε_f 为1.2～1.4，ε_f 越大，冷凝表面传热系数越大。

（2）制冷剂在水平管内的冷凝

当气流速度不大时，管内冷凝放热可按管外冷凝放热计算。但当气流速度较大时，由于气流冲刷的作用，液膜减薄，冷凝表面传热系数将增大。当蒸汽流速较低时，凝结液主要集中在管子的底部，蒸汽则位于管子的上半部，截面形状如图3-3所示。如果蒸汽流速较高，则形成环状流动，凝结液较均匀地展布在管子的四周，中心是蒸汽，随着流动的进行，液膜厚度不断增厚直至凝结液占据整个截面。

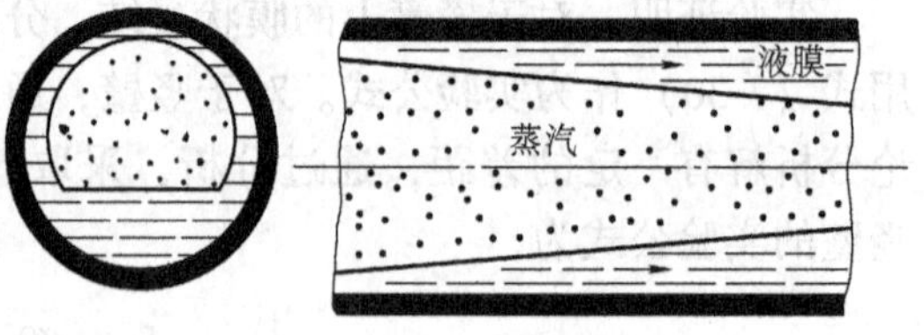

图3-3　管内凝结示意图

对于氟利昂，相对于整个管内表面面积的平均表面传热系数按下式计算

$$\alpha=0.555\left[\frac{\beta}{(t_c-t_w)\,d_i}\right]^{0.25}=0.455\left(\frac{\beta}{qd_i}\right)^{\frac{1}{3}} \tag{3-38}$$

适用条件：蒸汽雷诺数 $Re=\dfrac{\rho''vd_i}{\mu''}<3500$

式中　t_c——冷凝温度（℃）；

t_w——管内壁温度（℃）；

β——凝结液物性系数，$\beta=\dfrac{\lambda^3\rho^2gr}{\mu}$；

ρ''——蒸汽的密度（kg/m^3）；

v——蒸汽的流速（m/s）；

μ''——蒸汽的动力粘度（Pa·s）；

q——管内壁的热流密度（W/m^2）。

对于氨制冷剂，管内冷凝时的表面传热系数可按下式计算

$$\alpha=2116\,(t_c-t_w)^{-0.167}d_i^{-0.25}=86.88q^{0.2}d_i^{-0.33} \tag{3-39}$$

对于制冷剂蒸气在水平蛇形管内冷凝时，表面传热系数按下式计算

$$\alpha_t=\varepsilon_c\alpha=0.25q^{0.15}\alpha \tag{3-40}$$

式中　ε_c——蛇形管的修正系数。

3.3　固-液相变

固-液相变是指固态物质在某一温度下吸热熔化的现象。与此相反的液-固相

变，是当液态物质温度降低到相变温度以下时，放出热量，凝固成固态的现象。目前，暖通空调领域的一个热点就是利用固-液相变和液-固相变的交替进行达到储能的目的[13~19]。

随着人们生活水平的提高，人们对室内环境的舒适度要求也越来越高，同时建筑能耗所占总能耗的比例越来越大。利用固态相变材料的相变为提高室内舒适度和节约建筑能耗提供了新的可靠的途径。相变材料在温度升高时发生固-液相变吸收热量，而当温度降低时发生液-固相变放出热量，这样就可以实现在夜间充分储存冷量或热量，用来全部或部分负担白天的峰值负荷，减少建筑供暖或空调系统的能耗，同时还可缓解电网负荷峰谷差。

目前，固-液相变储热在建筑空调或供暖领域的研究主要有以下两个方面：相变建筑围护结构和空调冰蓄冷系统。相变建筑围护结构是指在建筑围护结构中添加相变材料，利用相变材料进行储热，从而减小了室内温度波动和空调或采暖系统的能耗。相变材料可以添加在墙体、地板或天棚中构成相变墙体或相变地板，近期在这方面的研究正在逐渐增多[20~24]。

空调冰蓄冷系统主要是利用夜间电力低谷时制冰储存冷量，供白天使用。为了缓解电网负荷过重、负荷峰谷差大的矛盾，世界上不少发达国家实行了电价时段分计制，峰电价格高，而谷电价格低。由于夏季空调系统能耗对电网负荷影响很大，使得能够削峰填谷的冰蓄冷空调系统的研究越来越多，冰蓄冷系统也得到了较为广泛的应用。

3.3.1 相变传热

在相变储能的应用和系统设计时，了解相变的传热规律和分析方法，对储能系统的设计和运行具有指导意义。一些相变储能装置和系统如相变墙体或地板中的传热问题可简化为一维相变问题。它是一种最为简化的模型、本质突出、求解容易，从中即可得到一些实用的结果，又可对实际问题获得一些感性认识，为复杂问题的求解奠定基础。本节主要介绍一维相变传热问题。

相变传热过程的求解方法有分析方法和数值方法。其中分析方法包括精确分析方法（如 Neumann 法、Lightfoot 积分法和 Paterson 法）和近似分析方法（如积分法、准稳态法、摄动法、热阻法和逐次逼近法）；数值方法包括有限差分法和有限元法。

精确分析法以 Neumann 法为主，近似分析方法很多。对于复杂问题，采用分析方法遇到困难时，可采用数值解法。

3.3.2 一维半无限大物体相变传热问题的求解[25]

假设一半无限大相变材料的液体，初始温度为 t_0，边界处突然被冷却，温

度 t_w 保持低于相变材料的凝固温度 t_m。假定物性不随温度变化，固相和液相密度相同。求解相变材料的温度分布和相边界的变化规律。坐标及相边界如图 3-4 所示。图中横坐标为相变材料距离被冷却界面的位移 x，纵坐标为温度。材料在 $x=0$ 处受到冷却后，此处温度保持 t_w，随着热量的传递，液体从冷却面处开始凝固，固-液相界面逐渐向远处移动，图中的竖直线为固相与液相的交界面。交界面处温度等于相变温度 t_m，在无穷远处液体的温度为初始温度 t_0。图中的曲线为固态和液态的温度分布曲线。

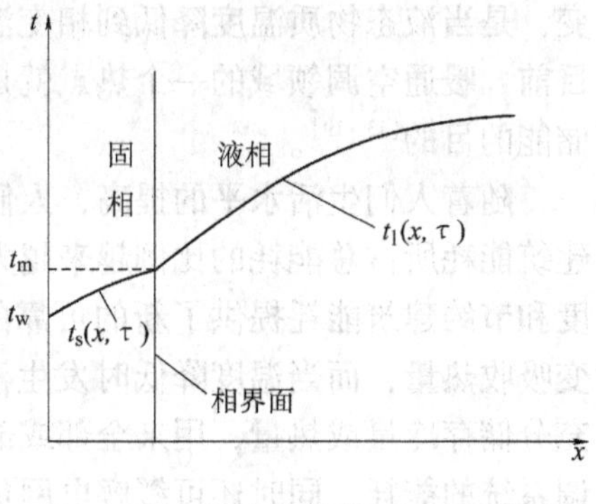

图 3-4 半无限大物体凝固过程示意图

利用 Neumann 法对这一问题求解。固相和液相的能量微分方程分别为

固相：
$$\frac{\partial t_s}{\partial \tau}=a_s\frac{\partial^2 t_s}{\partial x^2} \tag{3-41}$$

液相：
$$\frac{\partial t_l}{\partial \tau}=a_l\frac{\partial^2 t_l}{\partial x^2} \tag{3-42}$$

初始和边界条件为

$$\tau=0\quad t_s(x)=t_l(x)=t_0 \tag{3-43}$$

$$\tau>0\quad \begin{matrix} x=0,\ t_s(x)=t_w \\ x\to\infty,\ t_l(x)=t_0 \end{matrix} \tag{3-44}$$

相界面 s 处的条件为

$$x=s\quad t_s(s)=t_l(s)=t_m \tag{3-45}$$

$$x=s\quad \rho_s r\frac{\mathrm{d}V}{\mathrm{d}\tau}=\lambda_s\frac{\partial t_s}{\partial x}\bigg|_{x=s}-\lambda_l\frac{\partial t_l}{\partial x}\bigg|_{x=s} \tag{3-46}$$

式中 t_s——固态的温度（℃）；

t_l——液态的温度（℃）；

a——热扩散率（m^2/s）；

τ——时间（s）；

V——体积（m^3）；

ρ_s——固态的密度（kg/m^3）；

λ_s——固态的热导率［W/（m·℃）］；

λ_l——液态的热导率［W/（m·℃）］。

对以上固相和液相的能量方程和边界条件进行求解，可得到温度分布

$$t_s(x) = t_w + A \cdot \mathrm{erf}\left[\frac{x}{2(a_s\tau)^{0.5}}\right] \tag{3-47}$$

$$t_l(x) = t_0 + B \cdot \mathrm{erfc}\left[\frac{x}{2(a_l\tau)^{0.5}}\right] \tag{3-48}$$

式中，A、B 为待定的常数，$\mathrm{erf}(x)$ 为误差函数，$\mathrm{erfc}(x) = 1 - \mathrm{erf}(x)$。

把式（3-47）和式（3-48）代入界面温度条件式（3-45）得

$$t_w + A \cdot \mathrm{erf}(\lambda) = t_0 + B \cdot \mathrm{erfc}\left[\lambda\left(\frac{a_s}{a_l}\right)^{0.5}\right] = t_m \tag{3-49}$$

令 $\lambda = \frac{s(\tau)}{2(a_s\tau)^{0.5}}$，它显示了相界面的移动规律，也可表示为

$$s(\tau) = 2\lambda(a_s\tau)^{0.5} \tag{3-50}$$

$$A = \frac{t_m - t_w}{\mathrm{erf}(\lambda)},\quad B = \frac{t_m - t_0}{\mathrm{erfc}\left[\lambda\left(\frac{a_s}{a_l}\right)^{0.5}\right]}$$

把 A、B 公式代入式（3-47），式（3-48）得出相变材料内温度分布

固相
$$\frac{t_s - t_w}{t_m - t_w} = \frac{\mathrm{erf}\left[\frac{x}{2(a_s\tau)^{0.5}}\right]}{\mathrm{erf}(\lambda)} \tag{3-51}$$

液相
$$\frac{t_l - t_w}{t_m - t_0} = \frac{\mathrm{erfc}\left[\frac{x}{2(a_l\tau)^{0.5}}\right]}{\mathrm{erfc}\left(\lambda\left(\frac{a_s}{a_l}\right)^{0.5}\right)} \tag{3-52}$$

将以上两式代入式（3-46），得出相边界移动规律

$$\frac{Ste}{\sqrt{\pi}\lambda}\left[\frac{\exp(-\lambda^2)}{\mathrm{erf}(\lambda)} - \frac{\Gamma\Phi\exp\left(-\lambda^2\frac{a_s}{a_l}\right)}{\mathrm{erfc}\left[\lambda\left(\frac{a_s}{a_l}\right)^{0.5}\right]}\right] = 1 \tag{3-53}$$

其中

$$Ste = \frac{c_s(t_m - t_w)}{r},\quad \Gamma = \frac{\lambda_l}{\lambda_s}\left(\frac{a_s}{a_l}\right)^{0.5},\quad \Phi = \frac{t_0 - t_m}{t_m - t_w}$$

式（3-53）为超越方程，相变界的位移包含在参数 λ 中，λ 一般由作图或迭代法解出。若 Ste 以及 $\Gamma\Phi Ste$ 很小，也可由级数展开得到

$$\lambda \approx 0.5\left\{\left[2Ste + (\Gamma\Phi Ste)^2\right]^{0.5} - \Gamma\Phi Ste\right\} \tag{3-54}$$

如果是固-液溶化过程，若忽略液相自然对流，解法与上述凝固问题的解法完全相同。固-液溶化过程的相界面移动规律为

$$s(\tau) = 2\lambda(a_l\tau)^{0.5}$$

$$\frac{Ste}{\sqrt{\pi}\lambda}\left[\frac{\exp\ (-\lambda^2)}{\text{erf}\ (\lambda)}-\frac{\Gamma\Phi\exp\left(-\lambda^2\dfrac{a_1}{a_s}\right)}{\text{erfc}\left[\lambda\left(\dfrac{a_1}{a_s}\right)^{0.5}\right]}\right]=1$$

$$Ste=\frac{c_1\ (t_w-t_m)}{r},\ \Gamma=\frac{\lambda_s}{\lambda_1}\left(\frac{a_1}{a_s}\right)^{0.5},\ \Phi=\frac{t_m-t_w}{t_0-t_m}$$

其他类型问题的求解方法可参阅文献［25］。

3.4 相变热质交换设备和系统

本专业中涉及的相变热质交换设备包括供热系统用的汽水换热器、制冷系统用的冷凝器、蒸发器等，相变热质交换系统包括相变围护结构和空调冰蓄冷系统。本节简单介绍制冷系统中的蒸发器和冷凝器[26]，以及相变围护结构和冰蓄冷系统，汽水换热器将在第4章中介绍。

3.4.1 冷凝器

冷凝器是将高温高压制冷剂蒸汽冷却使之液化的设备。根据冷却剂种类不同，冷凝器分为水冷冷凝器、空冷冷凝器、水-空气冷却冷凝器以及靠制冷剂蒸发或其他工艺介质进行冷却的冷凝器。空调制冷系统主要使用前三种冷凝器。

1. 水冷式冷凝器

水冷式冷凝器是用水冷却高压气态制冷剂，使之冷凝。制冷剂蒸汽在冷凝器中的降温包括三个阶段：降低过热、冷凝和再冷。冷却水可以使用河水或井水。由于自然界中水的温度比较低，水冷式冷凝器可以得到较低的冷凝温度，有利于提高制冷系统的制冷能力和运行经济性。制冷装置中多采用这种冷凝器。

常用的水冷式冷凝器有壳管冷凝器、壳-盘管冷凝器、套管式冷凝器和板式冷凝器。

（1）立式壳管冷凝器　如图3-5所示为立式壳管冷凝器示意图。冷却水是从上部通入管内，吸收热量后排入下部水池。冷凝器顶部有配水箱，通过配水箱将冷却水均匀分配到每根钢管，钢管顶部装有一个带斜槽的导流管嘴。冷却水通过斜槽沿切线方向流入管中，并以螺旋线状沿管内壁向下流动，在钢管内形成一层水膜，可以提高冷却效果，同时也可节省水量。

制冷剂蒸汽从中部进入管束外空间，为了使气体易于与管束各根管的外壁接触，管束中可留汽道。冷凝后的液体沿管外壁流下，聚积于冷凝器的底部，从出液管流出。

立式壳管冷凝器垂直安装，占地小；无冻结危险，可安装在室外；冷却水从上而下直通流动，便于清除铁锈和污垢，对冷却水水质要求不高。但冷却水用量大，体形比较笨重，多用于大中型氨制冷系统中。

（2）卧式壳管冷凝器　如图3-6所示为卧式壳管冷凝器示意图。高温高压的制冷剂蒸汽由上部进入管束外部空间，冷凝后的液体由下部排出。卧式壳管冷凝器筒体两端管板的外面用带有隔板的封盖封闭，从而把全部管束分割成几个管组，冷却水从一端封盖的下部进入后，顺序通过每个管组，最后从同一端封盖上部流出。这样提高了管内冷却水的流速，增加了换热系数，同时由于流程较长，冷却水温差大，减少了冷却水量。

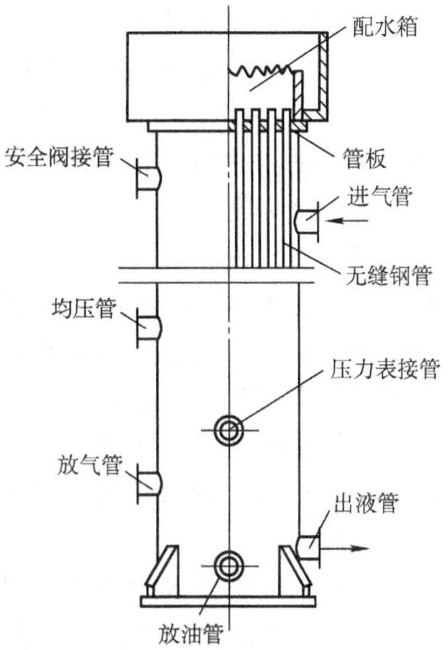

图3-5　立式壳管冷凝器

卧式壳管冷凝器的优点是传热系数较高，冷却水量小，操作管理方便，但冷却水水质要求高。目前，除了大、中、小型氨制冷系统外，氟利昂制冷系统也多采用这种冷凝器。

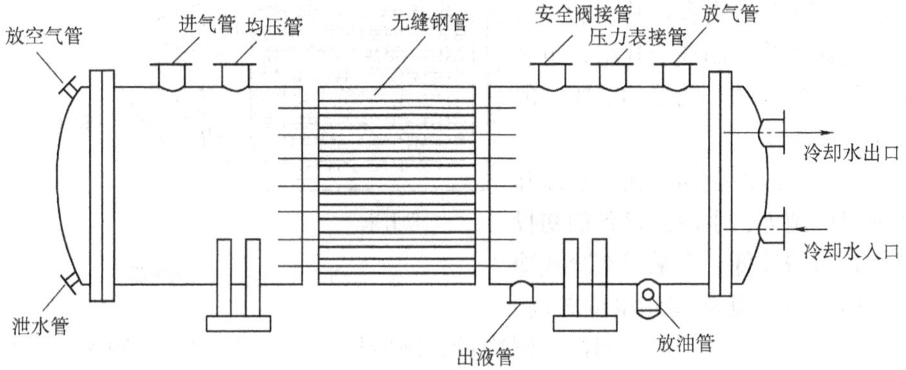

图3-6　卧式壳管冷凝器

（3）套管式冷凝器　如图3-7所示为套管式冷凝器示意图。套管式冷凝器外管多为无缝钢管，管内套有一根或几根纯铜管或低肋铜管。内外管套在一起后，用弯管机弯成圆螺旋形。

冷却水在内管流动，下进上出，高压制冷剂蒸汽从上部进入外套管内，冷凝液从下部流出。套管式冷凝器进行逆流式换热，传热效果好，传热系数可达1100W/（m^2·K）。套管式冷凝器可以套放在全封闭制冷压缩机的周围，节省制冷机组的占地。

2. 空冷式冷凝器

空冷式冷凝器是利用空气来冷却制冷剂蒸汽，而不使用冷却水。制冷剂在空冷式冷凝器中的传热过程包括降低过热、冷凝和再冷三个阶段。

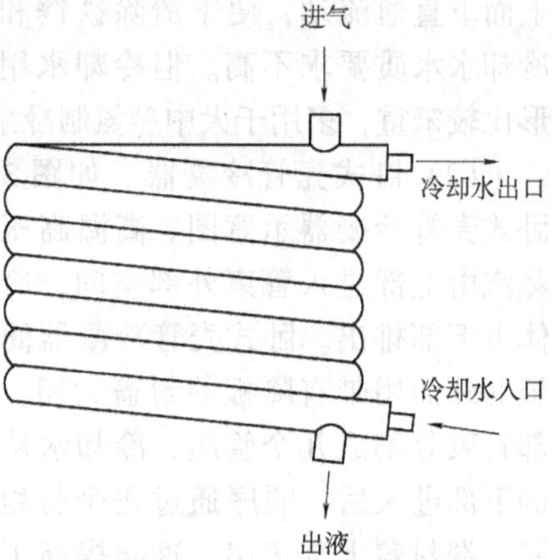

图 3-7 套管式冷凝器

根据空气流动情况，空冷式冷凝器包括自然对流式和强迫对流式两种。如图 3-8 所示为一强迫对流式空冷式冷凝器。制冷剂蒸汽从上部进入肋管内，冷凝液从下部流出。依靠风机使空气以 2～3m/s 的迎面风速横向掠过肋管束，吸收管内制冷剂放出的热量。

空冷式冷凝器采用肋管的目的是强化空气侧的换热，因为空气与管束间的传热系数比制冷剂冷凝传热系数要小的多。肋管通常采用铜管铝片、钢管钢片或铜管铜片。肋片大多为连续整片，制成肋片组，也有采用螺旋绕片的。肋片的节距一般为 1.5～3mm。

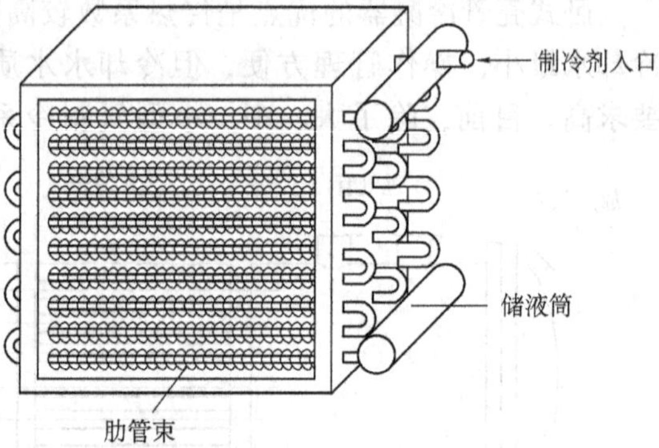

图 3-8 空冷式冷凝器

与空冷式冷凝器相比，在冷却水充足的地方，水冷式设备的初投资和运行费较低。当采用空冷式冷凝器时，由于夏季室外温度较高，冷凝温度较高，为了获得同样的制冷量，制冷压缩机的容量需大 20%，同时该系统的运行费也较高。空冷式冷凝器多用于小型制冷机组和移动式制冷机组以及缺水严重地区的中型氟利昂系统。

在采用空冷式冷凝器时应注意防止冬季运行时压力过低，因冷凝压力过低会引起蒸发器前液压差不足，从而使蒸发器缺液，制冷能力降低。

3. 蒸发式冷凝器

水冷式冷凝器需要耗费大量的冷却水，随着国民经济的迅速发展，节约用水显得十分重要，尤其是在缺水地区，在有些情况下有必要采用蒸发式冷凝器。

如图 3-9 所示为蒸发式冷凝器，有吸入式和压送式两种。通风机设在盘管上部，吸入来自盘管的空气，称为吸入式蒸发冷凝器；通风机设在盘管下部的侧面，向盘管压送空气，称为压送式蒸发冷凝器。吸入式蒸发冷凝器传热效果好，但风机在高温高湿条件下运行，易于发生故障。

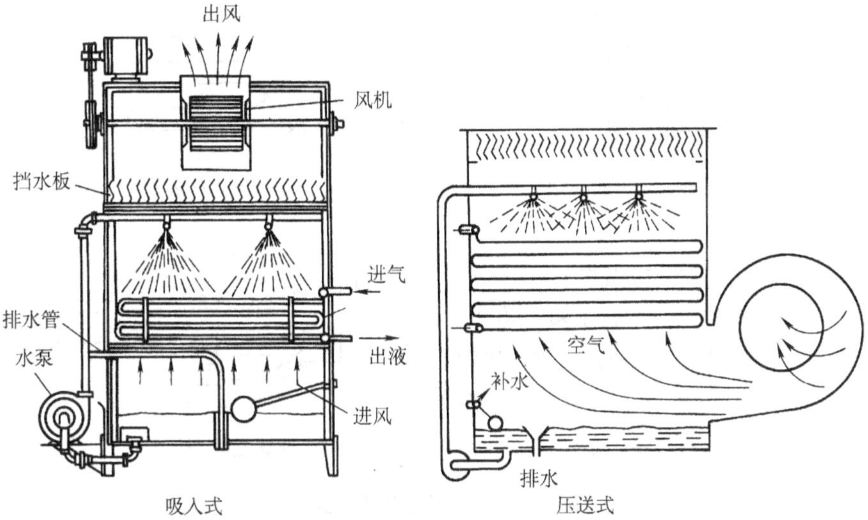

图 3-9 蒸发式冷凝器

来自制冷压缩机的制冷剂蒸汽从上部进入盘管内，冷凝后的液态制冷剂从盘管下部流出。冷却水由盘管上部的喷嘴流出，淋洒在盘管外表面上，水吸收了制冷剂的排热后，部分水蒸发成水蒸气，部分水落入下部的水槽内，经水泵再送至喷嘴，循环使用。室外空气依靠风机的动力从下部进入，向上流经盘管，强化了盘管外表面的放热，还可及时带走蒸发形成的水蒸气，加速水分蒸发，提高冷凝效果。为了防止未蒸发的水滴被空气带走，在喷水管的上部装有挡水板。

蒸发式冷凝器基本上是利用水的汽化来带走制冷剂蒸汽冷凝放出的热量，冷凝器所消耗的水是用来补充散失的水量，它比水冷式冷凝器的冷却水用量要小得多。蒸发式冷凝器所需传热面积约为水冷式的 2 倍，冷凝温度可以保持在 35 ~ 37℃以下。综合考虑蒸发式冷凝器的初投资与水冷式冷凝器和冷却塔组合使用时的费用相比较，蒸发式冷凝器是经济的。

3.4.2 蒸发器

蒸发器是利用制冷剂的汽化来冷却空气或水、盐水等液体的装置，是制冷循环的主要环节之一。根据供液方式不同，蒸发器分为四种：满液式蒸发器、非满液式蒸发器、循环式蒸发器和淋激式蒸发器，如图 3-10 所示。

1. 满液式蒸发器

满液式蒸发器内充满了液态制冷剂，可使传热面尽量与制冷剂液体充分接触。这种蒸发器沸腾传热系数较高，但充入的制冷剂量大，而且若采用能溶于润滑油的制冷剂如氟利昂 12，则润滑油难于返回压缩机。

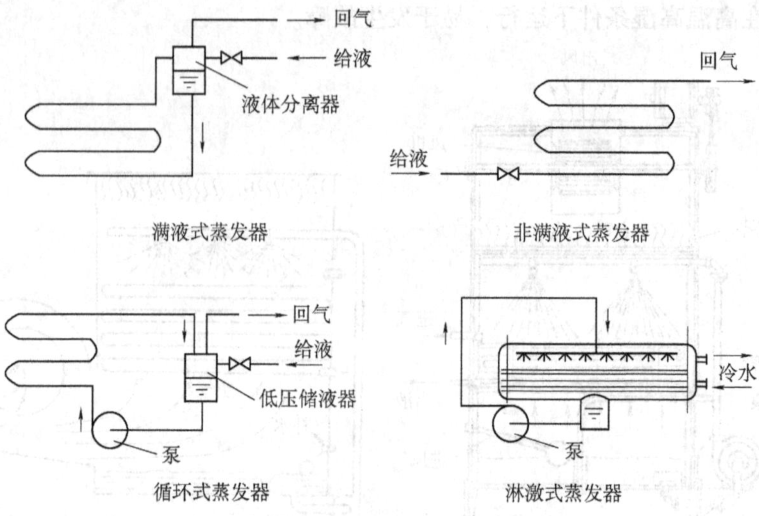

图 3-10　蒸发器的形式

满液式蒸发器有卧式壳管蒸发器和水箱式蒸发器。

(1) 卧式壳管蒸发器　为了降低被冷却介质水或盐水的温度，制冷系统中多采用卧式壳管蒸发器，如图 3-11 所示。蒸发器的筒体由钢板焊成，筒体两端各焊有管板，板间焊接或胀接多根水平传热管。侧管板的外面各装有带隔板的封盖，靠隔板将水平管束分成几个管组，通入的被冷却介质顺序地沿各管组流过，以便提高管中的水流速度，增强传热。

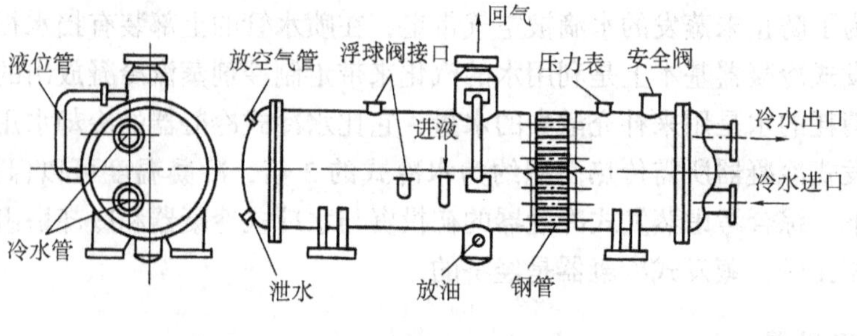

图 3-11　卧式壳管蒸发器

液态制冷剂经膨胀阀降压后，从筒体的下半部进入，充满管外空间，受热后形成的气泡不断地上升至液面，传热表面基本上都是与液态制冷剂接触，属于满液式蒸发器。制冷剂在汽化时，形成大量气泡，使其液面高于静止时的液面，为了避免未汽化的液体被带出蒸发器，充液量应该不要浸没全部传热面。在一般情况下，对于氨制冷剂，充液高度约为筒径的 70% ~ 80%；对于氟利昂制冷剂，充液高度为筒径的 55% ~ 65%。吸热后的气态制冷剂流经筒体顶部的液体分离器，然后被吸入制冷压缩机。

卧式壳管蒸发器结构紧凑，制造工艺简单，金属耗量小，传热性能好。在氟利昂制冷系统中，目前多使用卧式壳管蒸发器，为了提高传热系数，用低肋铜管代替光滑钢管。

卧式壳管蒸发器有两个缺点：使用时必须经常注意蒸发压力的变化，以免蒸发压力过低，使被冷却的水结冻，胀裂传热管；蒸发器的容水量小，运行过程中热稳定性差，水温波动大。水箱式蒸发器可避免以上缺点。

(2) 水箱式蒸发器　如图3-12所示为立管式冷水箱示意图。水箱由钢板焊制而成，其中装有两排或多排管组，每排管组又由上集管、下集管和介于其间的许多立管组成。上集管的一端焊有液体分离器，分离器下面有一根立管与下集管相通，使分离下来的液体流回下集管。下集管的一端则焊有集油罐，集油罐的上端接有均压管与回气管相通。

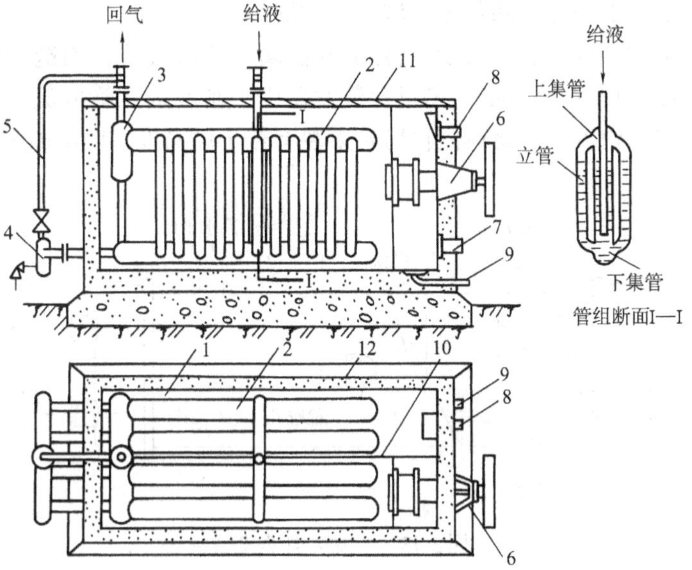

图3-12　立管式冷水箱

1—水箱　2—管组　3—液体分离器　4—集油罐　5—均压管　6—螺旋搅拌器
7—出水口　8—溢流口　9—泄水口　10—隔板　11—盖板　12—保温层

节流后的低压液态制冷剂从上部穿过中间一根较粗的立管进入蒸发管组，进液管几乎伸至下集管，保证液体直接进入下集管，并能较均匀地分配到各根立管。立管内充满液态制冷剂，其液面几乎达到上集管。制冷剂蒸汽上升至上集管，经液体分离器分液后，被制冷压缩机吸回。立管式蒸发器由于制冷剂是由下部进入，上部流出，循环良好，沸腾放热系数较高。

被冷却介质从上部进入水箱，从下部流出。为了保证介质在箱内以一定速度循环，箱内装有纵向隔板和螺旋搅拌器。水箱上部还装有溢水口，底部装有泄水口，以备检修时放水。

立管式水箱冷凝器传热效果良好，当用以冷却淡水时，传热系数可达500～550W/（m^2·K）；冷却盐水时，传热系数可达400～450W/（m^2·K）。目前氨制冷系统多使用这种蒸发器。

但立管式冷水箱制造工艺复杂，若采用螺旋盘管代替立管，可以减小加工量，也保证了良好的传热效果。

2. 非满液式蒸发器

对于R12这样的溶于润滑油的制冷剂，使用上述的满液式壳管蒸发器，会导致润滑油难于返回压缩机。在长期运行后，蒸发器内会积存大量的氟利昂和润滑油混合液，会降低系统的制冷能力。此外，满液式蒸发器需充入大量的液态制冷剂，氟利昂价格昂贵，使得投资较大。因此，对于氟利昂制冷系统最好采用非满液式蒸发器。下面介绍两种非满液式蒸发器。

（1）干式壳管蒸发器　干式壳管蒸发器属于非满液式，构造与壳管式蒸发器类似，如图3-13所示。在干式壳管蒸发器中，制冷剂在管内流动，而载冷剂在管束外的空间内流动，筒体内横跨管束装有若干块隔板，以增加载冷剂横掠管束的流速。

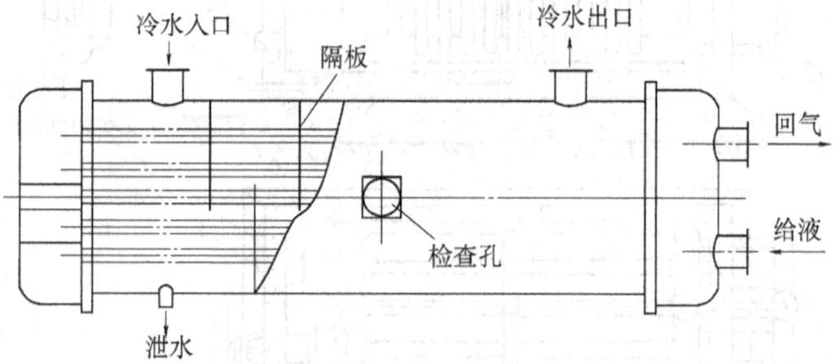

图3-13　干式壳管蒸发器

经膨胀阀减压后的液态制冷剂，从下部进入管组，随着在管内流动，制冷剂不断吸收载冷剂的热量，并逐渐汽化，直到完全变成饱和蒸汽或过热蒸汽后，从上部接管流出，回到压缩机。这种蒸发器的传热面几乎全部都是与干度不同的湿蒸汽接触，所以属于非满液式蒸发器。干式壳管蒸发器充液量小，为了保证系统正常运转，充液量为管内容积的40%左右。只要管内制冷剂的流速大于4m/s，就可保证润滑油顺利返回压缩机。此外，由于载冷剂在管束外，冷损失较少，还可以减缓冻结的危险。

干式壳管蒸发器传热效果良好，传热系数约为500～550W/（m^2·K）。

（2）直接蒸发式空气冷却器　冷库中多采用安装在顶棚下或墙壁面的排管来

直接冷却库内的空气，排管可以用光管或用片距为8～12mm的肋片管。对于氨制冷系统多采用满液式或循环式，而氟利昂系统多为非满液式或循环式。这种冷排管的空气侧为自然对流换热，因此传热系数很低。

为了增强传热，多采用强迫对流的直接蒸发式空气冷却器。它的优点是不用载冷剂，直接靠液态制冷剂的蒸发来冷却空气，冷损失少，房间降温速度快；结构紧凑，机房占地面积小；管理方便，易于实现运行过程自动化。

直接蒸发式空气冷却器的构造如图3-14所示。它主要有蒸发管、肋片、分液器和毛细管组成。空气调节用直接蒸发式空气冷却器一般由4排、6排或8排肋管组成，管材一般采用直径为10～16mm的铜管，外套连续整体铝片。铝片可以是平板型或波纹型，片厚0.2～0.3mm，片节距为2～3mm。蒸发温度较低时，应采用更大一些的片节距。

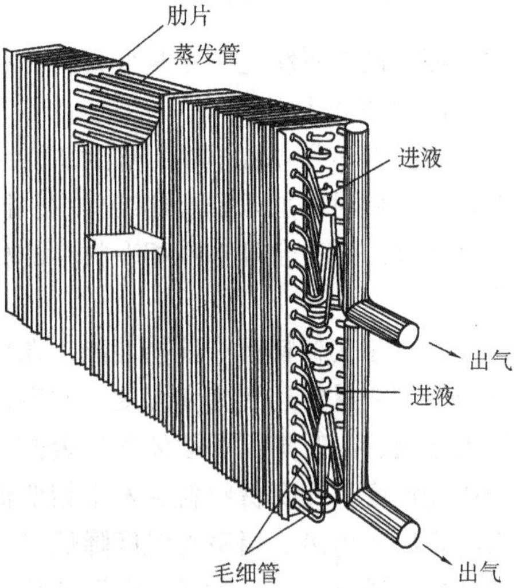

图3-14　直接蒸发式空气冷却器

分液器与毛细管是保证液态制冷剂能够均匀分配给各路肋管的主要部件。由于来自膨胀阀的制冷剂是湿蒸汽，当安装不当时，会导致某些肋管通过的气态制冷剂多，液态制冷剂少，影响传热效果。分液器的作用就是解决分液不均的问题。

目前常用的分液器包括离心式分液器、碰撞式分液器和降压式分液器，如图3-15所示。

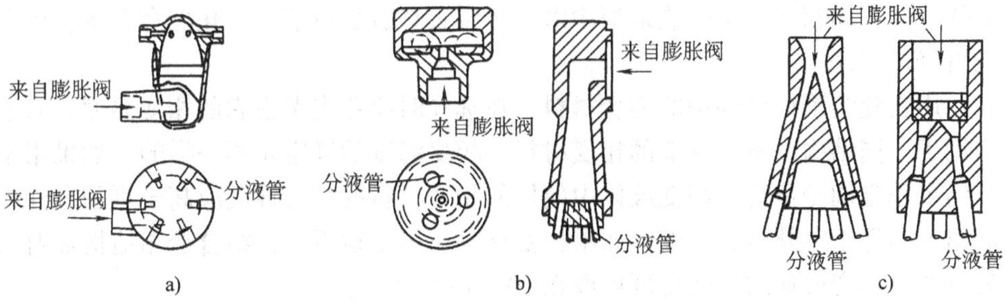

图3-15　分液器示意图

a）离心式分液器　b）碰撞式分液器　c）降压式分液器

在离心式分液器中，来自膨胀阀的制冷剂沿切线方向进入一小室，得到充分混合的气液混合物从小室顶部沿径向送至各路肋管。在碰撞式分液器中，来自膨胀阀的制冷剂以高速进入分液器后，与壁面碰撞使之形成均匀的气液混合物，然后再进入各路肋管。在降压式分液器中，制冷剂通过缩口，增加流速以达到气液充分混合，克服重力影响，从而保证制冷剂均匀地分配给各路肋管。

在制冷剂通过各路肋管时，从外部流过的空气中吸收热量，逐渐变成干度较大的湿蒸汽、饱和蒸汽直至过热蒸汽，最后从总管中排出。

3.4.3 相变储能系统

相变储能系统是利用相变材料的相变储存能量，达到节能的目的。

1. 相变围护结构

(1) 相变围护结构的节能原理　相变围护结构主要包括相变墙体和相变地板。把相变材料加入到墙体结构中，构成相变墙体，它可降低室内温度波动，提高舒适度。通过合理选择相变材料的相变温度，相变墙体可以用于节约夏季空调冷负荷。

由于相变材料具有蓄热性能，在夏季室外温度较高时，接收到太阳辐射使墙体中的相变材料达到相变温度，发生相变，把部分太阳能储存在相变材料中而不传入室内，同时降低了墙体的外表面温度。即或没有太阳辐射，只要温度超过它的相变温度，相变材料就会发生相变把热量储存起来，减少了由室外通过围护结构向室内的传热。当室外温度降低时，相变材料再次发生相变，放出热量。若再结合夜间通风，可大大减少空调负荷。

相变墙体在夜间充分蓄存冷量，用来全部或部分负担白天的峰值负荷，可以使建筑空调系统不用或少用能，大大减少空调系统规模，有效降低空调系统的初投资和运行维护费用，为空调系统的发展开辟新的空间。

若把相变材料加入到地板中，就构成了相变地板。相变地板通常结合低温地板辐射采暖系统，具有室温波动小，节约能源的优点。尤其是可以利用谷电进行储热，在夜间相变材料吸收地板中电加热装置释放的电能，溶化储存热量，到白天再释放出来。

用在建筑围护结构中的相变材料，在选择时应首先考虑它的相变温度。对于应用于不同结构、不同季节的相变材料，相变温度的确定是不一样的。如果用于节约夏季空调冷负荷，相变墙体中使用的相变材料的相变温度应高于夏季室外最低温度而低于室外最高温度。如果相变材料应用于地板中，结合低温地板辐射采暖方式，相变材料的相变温度可取在 20～40℃之间。

相变围护结构如若应用到实际中，关键解决的技术和问题包括相变温度的确定，相变材料的选择，相变材料与建筑材料的结合，相变材料在建筑结构中的比例，节能效果，稳定性和寿命等。

(2) 相变材料的种类和性能　目前最有前途的用于墙体和地板中的相变储能

材料包括固液相变材料石蜡和固-固相变材料多元醇。石蜡是目前应用较广的相变材料之一，其相变温度可调，且范围广；相变潜热大，材料无过冷、性能稳定。但其在相变过程中有液相生成，在实际应用中需要用容器封装，或制成定形相变材料使用。

定形相变材料由固液相变物质和保证材料不流动和可加工性的载体支撑材料按一定比例组合而成。它在发生相变前后保持固态，形状不变。石蜡与高聚乙烯制成的定形相变材料，能够较灵活的与建筑结构结合。

固-固相变材料由于在相变前后均能维持原来的形状（固态），引起了人们的极大兴趣。它具有相变体积变化小、无相分离、无泄漏、相变前后性态不变等优点，但固-固相变材料的相变温度较高，适用于中高温的储热。如果应用于低温储能领域，可将两种或多种多元醇按不同比例进行混合，形成“合金”，降低其相变温度。如果相变温度合适，多元醇用于建筑物围护结构中是更理想的储能材料。

（3）相变材料与建筑材料的结合方式　相变材料如何作为组元引入现有建筑结构中是开发相变节能建筑结构的关键问题之一。实现相变材料和建筑材料的融合可以有以下几个方法：①将相变材料吸入多孔建筑材料中。②将相变材料与建筑材料直接混合。③将相变材料吸入分割好的特殊硅中，形成柔软可以自由流动的干粉末，再与建筑材料相混合。④利用封接剂将相变材料密封在建筑材料中。⑤将相变材料密封在合适的容器内，置于建筑结构内。⑥把相变材料制成定形相变材料，直接置于建筑围护结构中。

较好的方法是将相变材料吸入多孔建筑材料中，或直接与建筑材料混合，或制成定形相变材料置于建筑中。其优点在于结构简单，性质均匀，易于制成各种形状和大小的建筑构件，以满足不同的需要。目前，该种方式已成为储热相变材料在建筑节能方面应用的热点。

可以吸纳相变材料的建筑材料包括水泥构件、石灰板、水泥-沙-石灰合成砖、多孔墙板等。制作时可以把建筑构件浸在相变材料溶液中，吸收饱和后使溶剂蒸发即可使用。此种方式的优劣及效果主要取决于建筑材料对相变材料的相容性、吸收能力和稳定性。

多元醇类相变材料可以采用这种方法与建筑材料结合。多元醇材料溶于水和酒精，酒精是易于挥发的，可以把多孔建筑构件浸于多元醇酒精溶液中，待吸收饱和后，酒精蒸发完毕，则多元醇相变材料与建筑材料较好地结合在一起，且由于在使用温度范围内，多元醇发生固-固转变，无液态生成。不会出现泄漏现象。

也可以把相变材料与建筑材料如混凝土、水泥等按一定比例直接混合，制成砌块或板材供建筑上使用。多元醇类相变材料和石蜡类相变材料可以使用这种方法与建筑材料结合，但最好采取密封措施进行密封，例如使用封接剂。

使用石蜡或石蜡混合物与支撑材料高聚乙烯制成定形相变材料用于建筑围护结构中，也是具有广阔的发展前景。例如把定形相变材料制成块状，置于地板或墙体中的混凝土层中。

2. 空调冰蓄冷系统

我国近年来部分地区已经实行电价分计制，使得空调冰蓄冷系统在短时间内得到了很大的发展。冰蓄冷系统就是利用夜间的谷电制冰，供白天使用，减少了白天的耗电量。

(1) 冰蓄冷系统的种类　冰蓄冷系统的分类主要是根据制冰方式来分的。制冰方式有两种：静态制冰和动态制冰。静态制冰是在冷却管外或盛冰容器内结冰，冰本身始终处于相对静止状态。动态制冰是指有冰晶、冰浆生成，它们处于运动状态。

静态制冰系统简单，目前是空调冰蓄冷系统的主要使用方法。但它也有缺点：冰层的增厚使热阻增大，导致制冷机的性能系数 COP 降低；一些系统中还出现冰块的相互粘连导致水路堵塞。

目前，冰蓄冷研究的主要目标是动态制冰技术。动态制冰方式有多种，其中冰水混合浆技术受到关注。冰水混合浆可采用管道输送，采用换热器换热，但该制冰技术还需进一步完善。

(2) 制冰方法　静态制冰方法有管外制冰、管内制冰和密闭容器制冰。管外制冰是被制冰的介质（如水）在管簇外流动，管内通冷媒，通过冷媒的直接蒸发，使介质结冰。管内制冰是被制冰介质在管内，冷媒在管外，通过冷媒的直接蒸发或用盐水循环冷却使管内水结冰。密闭容器制冰是指在球形、圆柱形或平板形容器内通过盐水循环冷却使水在容器内结冰。

动态制冰方法包括间接换热法和直接换热法。间接换热法又包括收获制冰、液态水制冰和过冷却制冰。收获制冰法是让水或水溶液从圆柱形的内或外表面、或竖板冷却表面流下，利用冷媒直接蒸发或盐水循环冷却来使水降温结冰。液态水制冰是让水溶液从冷却面自然流下、或水溶液在管内强制流动、或水溶液在蒸发器内离心流动，依靠冷媒直接蒸发或盐水循环冷却来制冰。过冷却制冰是利用换热器使水和冷媒换热，降温后制冰。

直接换热法是冰晶制冰法。由低沸点冷媒在水中蒸发产生冰晶或与水不相容的低温高密度液态在水层边喷射而获得显然利用，从而制冰。

(3) 静态制冰系统

1) 制冷剂直接蒸发制冰系统。如图 3-16 所示为直接蒸发制冰系统示意图。它的工作原理是在夜间电力负荷低时，开启制冷机，制冷剂进入蓄冰池内的制冰盘管中，直接蒸发，吸收管外蓄冰池内溶液的热量，使液体结冰。在盘管外表面形成 50mm 左右厚的冰层，将冷量储存起来。到了白天空调系统运行时，部分冷负荷由蓄冰池内的冰水混合物负担。白天运行工况下，制冷系统的制冷剂不在蓄冰池内蒸发冷却，而在并联蒸发器内蒸发，冷却空调系统回水。被冷却的回水进入热交换器，由蓄冰池内的冰水再次冷却后供空调系统使用。

最常见的储冰系统有：冰桶式储冰系统和盘管水槽储冰系统。

冰桶式储冰系统是目前被广泛使用的一种，如图3-17所示。使用的制冷设备为一般的压缩式冷水机组，系统专用的设备为特制的储冰桶，冰桶为满载清水的容器，桶内设有盘管。制冰时，低于0℃的低温溶液（如乙二醇溶液）通过盘管循环，由于整个盘管泡在水中，低温溶液便使清水在盘管外结冰，结冰所需时间视溶液及流量而定，一般在6~10h之间。

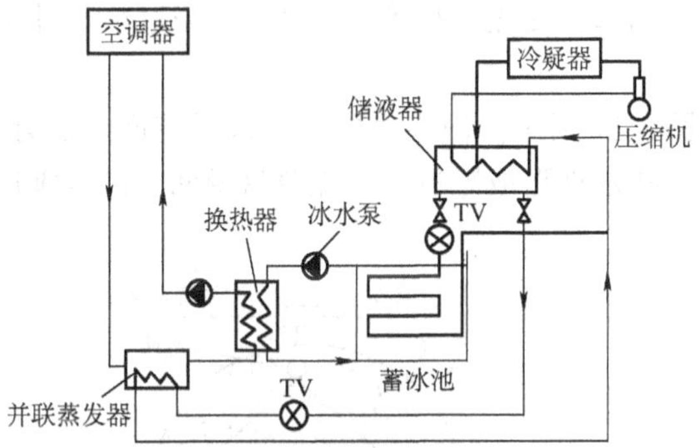

图3-16 直接蒸发制冷系统

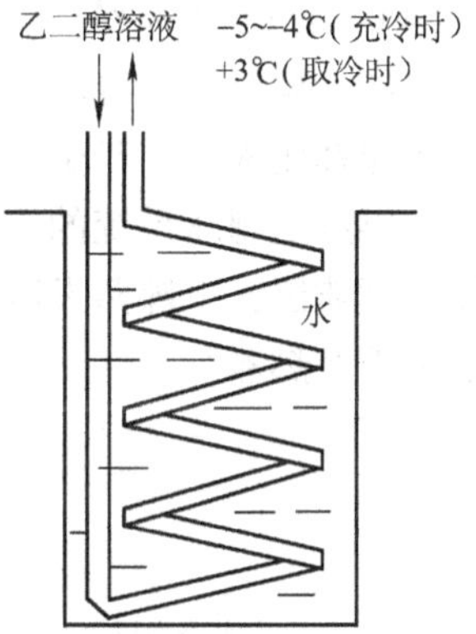

图3-17 储冰桶

供冷时，较高温度的溶液通过盘管循环，与盘管外的冰进行热交换，溶液可降温。小型空调系统可直接以溶液通过空气处理设备，较大型的空调系统或高层建筑应设置热交换器，将循环的冷水与溶液分离，可降低冰桶内盘管的压力。

盘管水槽系统的作用原理与冰桶式类似，所用的冷冻设备亦为可在低温操作的压缩式冷水机组。如图3-18所示。该系统将一些特制的盘管置于水槽中，储冰时以低温溶液（如乙二醇）通过盘管，使水槽内的水结冰。供冷时，较高温度的溶液通过盘管，与盘管外的冰进行热交换，降低溶液温度。

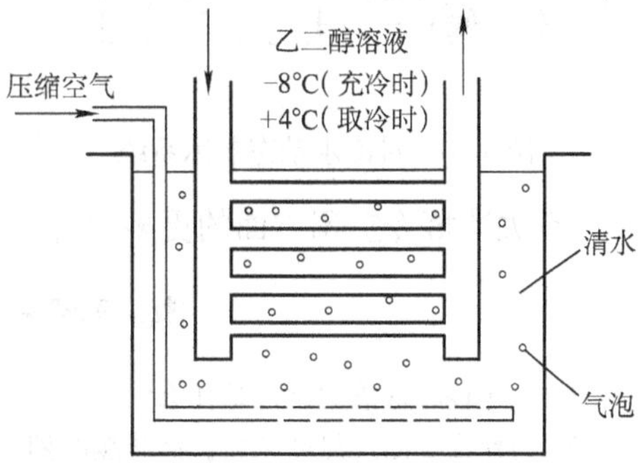

图3-18 盘管水槽系统

该系统的缺点在于占地面积大，结冰时间长，压缩空气容易产生腐蚀性等，因此阻碍了它的发展和使用。

2）冰球冰槽式蓄冷系统。如图3-19所示为该系统示意图。它是利用一个盛有冰球的蓄冷罐来进行蓄冷。冰球外壳由高密度聚乙烯制成，里面装有水，使用乙二醇溶液作为载冷剂。乙二醇溶液从蓄冷罐中冰球间流过，与冰球进行冷量交换。载冷剂在管外流动，蓄冷体在球内。冰球式由于结构简单，可靠性高，水阻力小，技术要求低，换热性能好，已逐渐受到人们的青睐。

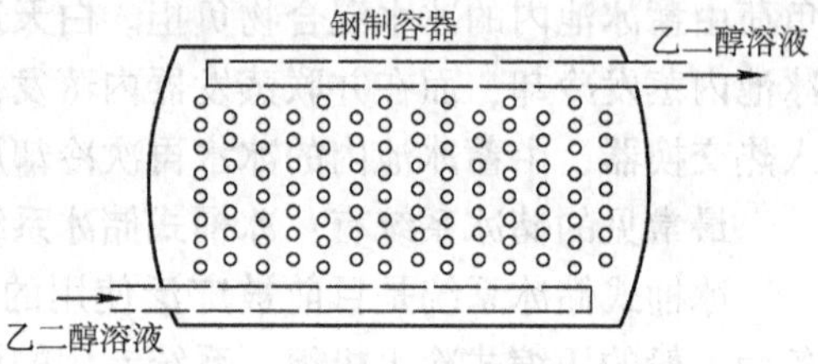

图3-19 冰球冰槽式系统

（4）动态制冰系统　流动过冷水动态制冰系统的示意图如图3-20所示。低温盐水进入换热器，冷却通过换热器的水，使之过冷到0℃以下，当过冷水冲击到过冷却释放板时，产生冰晶。

冷媒蒸发制冰系统的示意图如图3-21所示。液态冷媒和空调系统回水混合，经过喷嘴喷出，冷媒蒸发吸热，使一些水珠形成冰粒，冷媒蒸汽返回，冷水则进入空调用换热器。

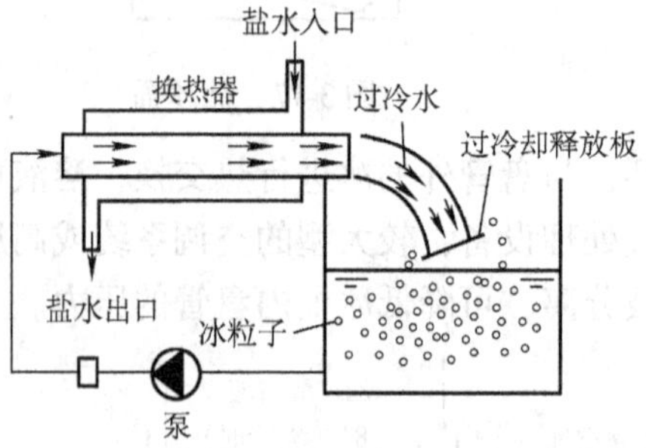

图3-20 过冷水动态制冰系统

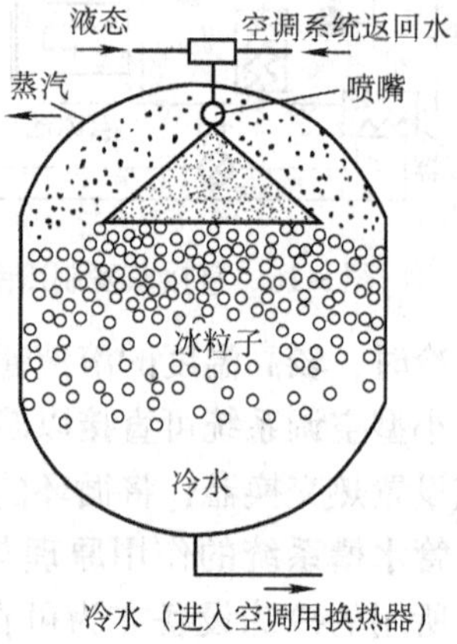

图3-21 冷媒蒸发制冰系统

有关冰蓄冷空调方面的更多内容参阅文献［27～30］。

复习思考题和习题

1. 汽化核心形成的条件是什么？
2. 为什么壁面过热度越大，沸腾越剧烈？
3. 为什么不凝结气体的存在对沸腾换热是有利的？
4. 为什么在换热表面上造成多孔结构可以强化沸腾换热？
5. 为什么不凝结气体的存在对凝结换热是不利的？
6. 一台卧式蒸汽热水器，黄铜管外径 $d=20$mm，表面温度为70℃，水蒸气压力为4.76

$\times 10^5$Pa，蒸汽为饱和蒸汽，热水器上垂直列上共有14根管，求凝结传热系数。

7. 压力为1个标准大气压的水蒸气在水平圆管上凝结，圆管外径为40cm，壁温为96℃，求每米长管的换热量及凝结蒸汽量？

8. 100℃的饱和水蒸气在外径60mm，高1m，表面温度为60℃的竖管表面上凝结，求凝结液量？

9. 若管子水平放置，则凝结水量如何变化？

10. 水平冷凝器内，干饱和蒸气表压为0.99×10^5Pa，管外径为16mm，长为2.5m，已知第一排每根管的换热量为30.5kW，试确定第一排管的凝结换热系数及管壁温度？

参考文献

[1] Laboontzov D A. Heat exchange at bubble boiling of liquids [J], Thermal Energy, 1959, (12): 19~26.

[2] 施明恒，甘永平，马重芳. 沸腾传热 [M]. 北京：科学出版社，1990.

[3] 陈钟欣. 传热学专题讲座 [R]. 北京：高等教育出版社，1989.

[4] Frank P Incropera, David P Dewitt, Fundamentals of Heat and Mass Transfer [M], 4th e d. USA: John Wiley & Sons, Inc., 1996.

[5] Collier J G, Thome J R. Convective Boiling and Condensation [M]. 3rd ed. Oxford: Clarendon Press, 1994.

[6] Darabi J, Salehi M, Saeedi M H, etal. Review of Available Correlations for Prediction of Flow Boiling Heat Transfer in Smooth and Augmented Tubes [I]. ASHRAE Trans, 1995. 101.

[7] 伊萨琴科 B П. 传热学 [M]. 王丰，冀守礼，周筠清，等译. 北京：高等教育出版社，1987.

[8] Rohsenow W M. "Boiling." In: Rohsenow WM, Hartnett J P, Ganic E N. eds. Handbook of Heat Transfer [M], Fundamentals, 2nd ed. 1985.

[9] Incropera F P, De Witt D P. Introduction to heat transfer [M]. 3rd ed. New York: John Wiley & Sons, 1996.

[10] Cooper M G. Saturation Nuclcate Pool Boiling a Simple Correlation [J]. Int. Chem Engng Symp Ser. 1984.

[11] 彦启森. 空气调节用制冷技术 [M]. 北京：中国建筑工业出版社，1985.

[12] Nusselt W. Die Oberflachencondensation Des Wasserdamphes [J]. VDI, 1916, 60: 541~569.

[13] 张寅平，康艳兵，江亿. 相变和化学反应储能在建筑供暖空调领域的应用研究 [J]. 暖通空调，1999，29 (5)：34.

[14] Hirayama Y, Jolly S, Batty W J. Investigation of thermal energy storage within building thermal mass in northern Japan through dynamic building and building services simulation [C]. Proceedings of the 7th Inter Conference on Thermal Energy Storage. Sapporo, Japan: 1997: 355.

[15] Hokoi S, Kuroki T. Use of phase change material to control indoor thermal enviroment [C]. Proc of 7th Inter Conf on Thermal Energy Storage. Sapporo, Japan, 1997: 337.
[16] Onishi J, Soeda H, Mizuno M. Numerical simulation of distributed heat storage system in a residential room with a massive wall [C]. Proc of 7th Inter Conf on Thermal Energy Storage. Sapporo, Japan: 1997: 343.
[17] T Miura, K Suzuke. Computer analysis of the cooling load in an office building through applied thermal storage by air supply through the ceiling plenum [C]. Proc of 7th Inter Conf on Thermal Energy Storage. Sapporo, Japan, 1997: 181.
[18] Vier Py, Pegis Olives, Sylvain Mauran. Paraffin/Porous-graphite-matrix composite as a high and constant power thermal storage material [J]. Heat and Mass Transfer, 2001, 44 (14): 2727.
[19] Xiao Min, Feng Bo, Gong Kecheng. Preparation and performance of shape-stabilized phase change thermal storage materials with high thermal conductivity [J]. Energy Conversion & Management, 2002, 43 (1): 103.
[20] Yan Quanying. An Applied Research on Phase-Change Material Building Mass [C]. Proceedings of the 3rd international symposium on heat transfer and energy conservation. Guangzhou: South china university of technology press, 2004: 1285.
[21] 叶宏，程丹鹏，葛新石，等．定形相变储能式地板辐射采暖系统数值模型的实验验证及参数分析 [J]．太阳能学报，2004，25 (2)：189
[22] 闫全英，王威．低温定形相变材料用在相变墙体中的可行性研究 [J]．新型建筑材料，2005，(1)．
[23] 李峥嵘．相变墙体在空调降温中的应用 [J]．暖通空调，2001，31 (2)：41.
[24] 闫全英，王威，于丹．相变储能材料应用于建筑围护结构中的研究 [J]．材料导报，2005.9.
[25] 张寅平，胡汉平，孔祥东．相变储能-理论与应用 [M]．合肥：中国科学技术大学出版社，1996.
[26] obert A. Parsons. ASHRAE Handbook [M]: 1996 HVAC Systems and Equipment, Chapter 35.
[27] 华泽钊，刘道平等．蓄冷技术及其在空调工程中的应用 [M]．北京：科学出版社，1997.
[28] 严德隆，张维君．空调蓄冷应用技术 [M]．北京：中国建筑工业出版社，1997.
[29] 胡兴邦，朱华等．储冷空调系统原理、工程设计及应用 [M]．杭州：浙江大学出版社，1997.
[30] 张寅平，丘国佺．冰蓄冷研究的现状和展望 [J]．暖通空调，1997，27 (6)：25~30.

第 4 章

4

空气与水热质交换原理与设备

为满足空调房间送风温、湿度的要求，在空调系统中必须有相应的热质处理设备以便能对空气进行各种热质处理，达到所要求的送风状态。本章将专门介绍空气与水进行热质交换的原理与设备，主要包括空气与水表面的热质交换、空气与水接触时的状态变化、空气与固体表面的热质交换、混合式热质交换设备以及间壁式热质交换设备等内容。

4.1 空气与固体表面之间的热质交换

4.1.1 空气与光管固体表面之间的热质交换

在空调工程中，常用表面式空气冷却器来冷却、干燥空气。空气冷却器有光管式和肋片管式两类。首先介绍空气与光管式冷却器表面进行热质交换的情形。如图 4-1 所示，湿空气进入冷却器内，当冷却器表面温度低于湿空气的露点温度时，湿空气中的水蒸气就要凝结，从而在冷却器表面形成一层流动的水膜。紧靠水膜处为湿空气的边界层，这时可以认为与水膜相邻的饱和空气层的温度与冷却器表面上的水膜温度近似相等。因此，湿空气的主体部分与冷却器表面的热交换是由于湿空气的主流与凝结水膜之间的温差（$t-t_i$）而产生的，质交换则是由于湿空气主流与凝结水膜相邻的饱和空气层中的水蒸气的分压力差，即含湿量差（$d-d_i$）而引

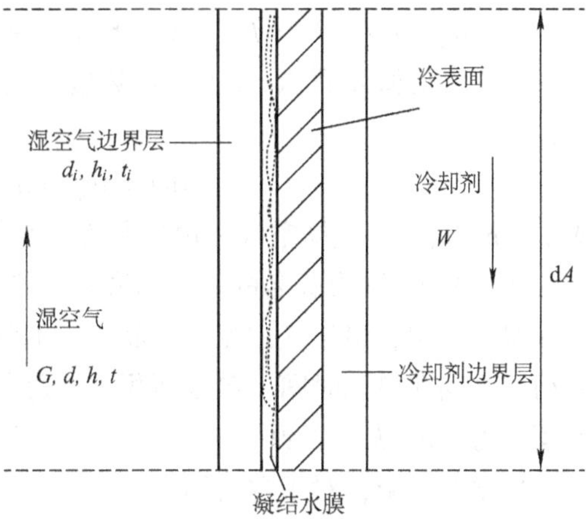

图 4-1 湿空气的冷却与减湿

起的。

如图4-1中所示的湿空气的水膜在无限小的微元面积 dA 上的热、质交换量，可以表示为

$$Gc_p\mathrm{d}t=\alpha\ (t-t_i)\ \mathrm{d}A \tag{4-1}$$

$$G\mathrm{d}d=h_{md}\ (d-d_i)\ \mathrm{d}A \tag{4-2}$$

式中 G——湿空气的质量流量（kg/s）；

d、d_i——湿空气主体和紧靠水膜饱和空气层的含湿量（kg/kg）；

t、t_i——湿空气主体和凝结水膜的温度（℃）；

c_p——湿空气的比定压热容［J/（kg·℃）］；

h_{md}——湿空气侧的传质系数［kg/（m^2·s）］；

α——湿空气侧的表面传热系数［W/（m^2·℃）］。

假定水膜和金属表面的热阻可忽略不计，则单位面积上冷却剂的传热量为

$$\alpha_w\ (t_i-t_w)\ =Wc_w\frac{\mathrm{d}t_w}{\mathrm{d}A} \tag{4-3}$$

式中 α_w——冷却剂侧的表面传热系数［W/（m^2·K）］；

t_w——冷却剂侧的主流温度（℃）；

c_w——冷却剂的比热容［J/（kg·K）］；

W——冷却剂的质量流量（kg/s）。

根据热平衡原理，可得

$$\alpha_w(t_i-t_w)=\alpha(t-t_i)+h_{md}(d-d_i)r=h_{md}\left[\frac{\alpha c_p(t-t_i)}{h_{md}c_p}+(d-d_i)r\right]$$

对于水-空气系统，根据路易斯关系式，$\frac{\alpha}{h_{md}}=c_p$，上式可改写为

$$\alpha_w\ (t_i-t_w)\ =h_{md}\ [c_p\ (t-t_i)\ +\ (d-d_i)\ r]\ =h_{md}\ (h-h_i) \tag{4-4}$$

如果考虑微元面积 dA 上的传热量，则热质交换同时存在的情况下总传热量为：

$$\mathrm{d}Q_z=h_{md}\ (h-h_i)\ \mathrm{d}A \tag{4-5}$$

式中 h、h_i——主体空气和边界层饱和空气的比焓（kJ/kg）。

式（4-5）即为著名的麦凯尔方程。它清楚地说明湿空气在冷却表面进行冷却降湿过程中，湿空气主流与紧靠水膜饱和空气焓差是空气与水进行热质交换的驱动力。其在单位时间、单位面积上的总传热量，可近似等于传质系数 h_{md} 与焓差驱动力（$h-h_i$）的乘积。

根据热平衡，对于空气侧有

$$G\mathrm{d}h=h_{md}\ (h-h_i)\ \mathrm{d}A \tag{4-6}$$

由式（4-6）、式（4-1）可得

$$\frac{\mathrm{d}h}{\mathrm{d}t}=\frac{c_p h_{md}}{\alpha}\cdot\frac{h-h_i}{t-t_i}=\frac{h-h_i}{t-t_i} \tag{4-7}$$

这就是湿空气在冷却降湿过程中的过程线斜率。

由式（4-4）可得

$$\frac{h_i-h}{t_i-t_w}=-\frac{\alpha_w}{h_{md}}=-\frac{\alpha_w c_p}{\alpha} \tag{4-8}$$

这就是连接点（h，t_w）与（h_i，t_i）的连接线的斜率。此式说明当空气冷却器确定后，已知空气和冷却剂流速，$-\alpha_w/h_{md}$就为定值。显然，当t_w一定时，表面温度t_i仅与空气进口的焓有关。

由式（4-3）、式（4-6）可得：

$$\frac{\mathrm{d}h}{\mathrm{d}t_w}=\frac{h_{md}}{\alpha_w}\cdot\frac{h-h_i}{t_i-t_w}\cdot\frac{Wc_w}{G}=\frac{Wc_w}{G} \tag{4-9}$$

这是表示h与t_w之间关系的工作线斜率。

式（4-7）、式（4-8）与式（4-9）使我们能很快地在h-t图上，作出湿空气在空气冷却器冷却减湿过程中的温度与焓的变化曲线。

图4-2是一个典型的水-空气系统的h-t图。PQ为饱和线，表示冷表面上饱和空气的状态，E点的坐标为（h，t），表示湿空气进口的状态点，M为湿空气出空气冷却器的状态点，则曲线EM即为湿空气在冷却减湿过程中的过程线。图中B点的坐标为（h，t_w），因此当空气冷却器有关参数和湿空气进口状态确定后，B点也就确定了。过B点作斜率为Wc_w/G的工作线，再过B点作斜率为$-\alpha_w/h_{md}$的直线，交饱和线PQ于C，则C点的坐标为（h_i，t_i），BC线称为连接线。连接E、C两点，由式（4-7）可知，直线EC就是过程线在初始点E上的切线。然后在切线上，离开E点很小一段距离找出新的工作点F，重复上述过程，最后把所有的工作点连接起，得到过程线EM，对应湿空气的出口状态一般很接近饱和状态。

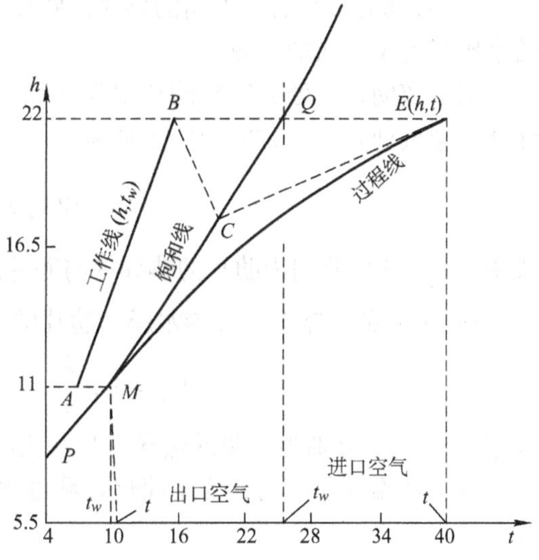

图4-2 麦凯尔方程所表示的湿空气的冷却减湿过程

图 4-2 并未给出需要的空气冷却器的冷却表面积、出口空气的含湿量及凝结水的量，但这些值可根据出口湿蒸汽的状态求得。因为知道湿空气的干、湿球温度就可求得其含湿量，再通过质量平衡，即可求出凝结水的量。所需要的冷却表面积可从式（4-6）求得

$$A = \frac{G}{h_m}\int\frac{\mathrm{d}h}{h - h_i} \tag{4-10}$$

4.1.2 空气与肋片管固体表面之间的热质交换

空调设备中的表面式空气冷却器，往往采用肋片这种扩展换热面积的形式来强化冷却减湿过程，这就产生了空气与肋片表面之间的热质交换。为了使问题简化起见，下面仅讨论如图 4-3 所示的等截面直杆肋片，且假定：

1）热、质传递过程是稳态的。

2）肋片的热导率、肋根温度 $t_{F,B}$ 均为定值。

3）金属肋片只有 x 方向的导热，肋片外的水膜只有 y 方向的导热。

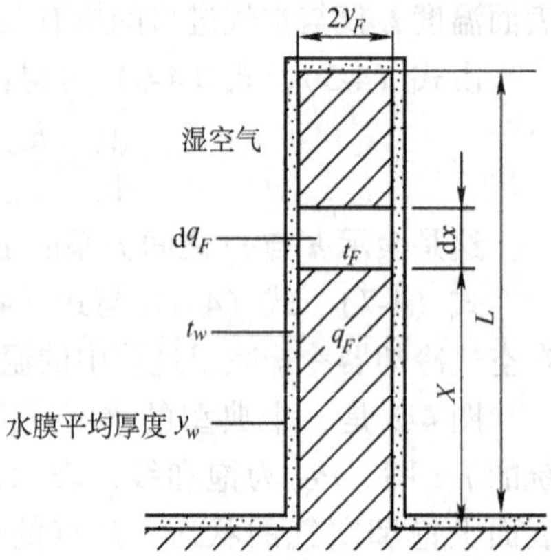

图 4-3 肋片示意图

对于离肋根 x 处分割出的长度为 $\mathrm{d}x$ 的微元体，金属肋片在 x 方向的导热量为

$$q_F = 2\lambda_F y_F \frac{\mathrm{d}t_F}{\mathrm{d}x} \tag{4-11}$$

式中，λ_F、$2y_F$ 分别为肋片的热导率与肋片厚度，而下标 F 表示金属肋片。

在 $\mathrm{d}x$ 的微元体上，凝结水膜与肋片的传热量为

$$\mathrm{d}q_F = -2\frac{\lambda_w}{y_w}(t_w - t_F)\,\mathrm{d}x \tag{4-12}$$

式中，λ_w、y_w 分别为水膜的热导率与水膜厚度，而下标 w 表示水膜。

在空调温度范围内，为了简化计算过程，饱和空气的焓可近似用下式来表示为

$$h_w = a_w + b_w t_w \tag{4-13}$$

将式（4-13）代入式（4-12）可得

$$\mathrm{d}q_F = -\frac{2\lambda_w}{b_w y_w}(h_w - h_F)\,\mathrm{d}x \tag{4-14}$$

在 $\mathrm{d}x$ 的微元体上，湿空气和水膜的总传热量为

$$\mathrm{d}q_F = -2h_{md}(h - h_w)\,\mathrm{d}x = -\frac{2\alpha}{c_p}(h - h_w)\,\mathrm{d}x \tag{4-15}$$

式中 h_{md}——传质系数；

α——湿空气侧的表面传热系数。

由式（4-14）、式（4-15）得

$$h_w - h_F = -\frac{\mathrm{d}q_F}{\mathrm{d}x} \cdot \frac{b_w y_w}{2\lambda_w} \tag{4-16}$$

$$h - h_w = -\frac{\mathrm{d}q_F}{\mathrm{d}x} \cdot \frac{c_p}{2\alpha} \tag{4-17}$$

式（4-16）、式（4-17）相加，得

$$h - h_F = -\frac{b_w \mathrm{d}q_F}{2\mathrm{d}x}\left(\frac{y_w}{\lambda_w} + \frac{c_p}{b_w \alpha}\right)$$

令 $h_D = \left(\frac{y_w}{\lambda_w} + \frac{c_p}{b_w \alpha}\right)^{-1}$，上式可变为

$$\mathrm{d}q_F = -\frac{2h_D}{b_w}(h - h_F)\mathrm{d}x = -\frac{2h_D}{b_w} \cdot \Delta h_F \cdot \mathrm{d}x \tag{4-18}$$

由式（4-11）可得

$$q_F = \frac{2\lambda_F y_F}{b_w} \cdot \frac{\mathrm{d}h_F}{\mathrm{d}x} = -\frac{2\lambda_F y_F}{b_w} \cdot \frac{\mathrm{d}\Delta h_F}{\mathrm{d}x} \tag{4-19}$$

由式（4-18）、式（4-19）可得

$$\frac{\mathrm{d}^2 \Delta h_F}{\mathrm{d}x^2} = \frac{h_D}{\lambda_F y_F} \cdot \Delta h_F \tag{4-20}$$

上式的边界条件为 $x=0$，$\Delta h_F = \Delta h_{F,B}$

$$x = L,\ \frac{\mathrm{d}\Delta h_F}{\mathrm{d}x} = 0$$

如果湿肋的肋效率为

$$\Phi_w = \frac{h - h_{F,m}}{h - h_{F,B}} = \frac{\Delta h_{F,m}}{\Delta h_{F,B}} \tag{4-21}$$

式中，$h_{F,m}$、$h_{F,B}$分别为温度为肋片平均温度 $t_{F,m}$与肋根温度 $t_{F,B}$所对应的饱和湿空气的焓。

由式（4-20）的解可得

$$\Phi_w = \frac{\tan(pL)}{pL} \tag{4-22}$$

式中，$p = \sqrt{\frac{h_D}{\lambda_F y_F}}$

通过上述的分析计算，可以发现湿肋的肋效率与干肋的肋效率具有完全相同的形式，因此在计算湿肋的肋效率时，就可借鉴干肋肋效率的有关数值与图表，所不同的是用 h_D 来代替 α。

4.2 空气与水直接接触时的热质交换

当空气遇到敞开的水面或飞溅的水滴等与水直接接触的状况时，便与水表面之间发生热质交换。这时，根据水温的不同，可能仅发生显热交换，也可能既有显热交换又有潜热交换，即发生热交换的同时伴有质交换（湿交换）。

显热交换是由于空气与水之间存在温差，因导热、对流和辐射作用而进行换热的结果。而潜热交换则是空气中的水蒸气凝结（或蒸发）而放出（或吸收）汽化潜热的结果。总热（全热）交换量是显热交换量和潜热交换量的代数和。

如图4-4所示，当空气与水直接接触时，在贴近水表面的地方或水滴周围，由于水分子作不规则运动，形成了一个温度等于水表面温度的饱和空气边界层，而且边界层内水蒸气分子的浓度或水蒸气分压力取决于边界层的饱和空气温度。在边界层周围，水蒸气仍作不规则运动，结果不断地有一部分水分子进入边界层，同时也有一部分水蒸气分子离开边界层回到水中。

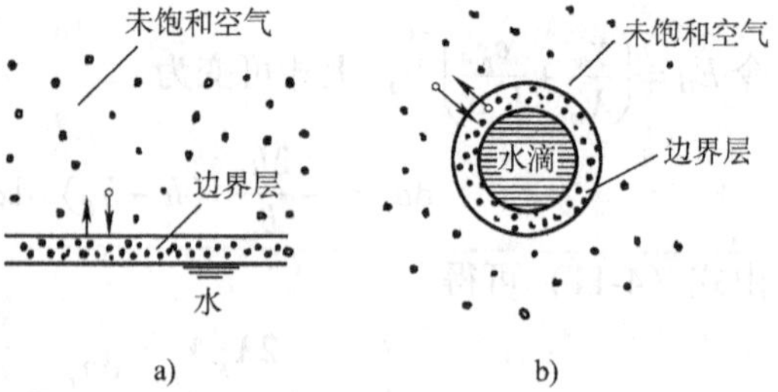

图4-4 空气与水直接接触时的热质交换
a）敞开的水面 b）飞溅的水滴

空气与水之间的热湿交换和远离边界层的周围空气（主体空气）与边界层内饱和空气间温差及水蒸气分压力差的大小有关。

如果边界层内空气温度高于主体空气温度，则由边界层向周围空气传热；反之，则由主体空气向边界层传热。

如果边界层内水蒸气分压力大于主体空气的水蒸气分压力（即边界层内水蒸气分子浓度大于主体空气中水蒸气分子浓度），则由边界层进入主体空气中的水蒸气分子数多于由主体空气进入边界层的水蒸气分子数，结果水蒸气分子将由边界层向主体空气迁移，主体空气中的水蒸气分子数将增加；反之，则水蒸气分子将由主体空气向边界层迁移，主体空气中的水蒸气分子数将减少。我们通常遇到的“蒸发”与“凝结”现象，就是这种水蒸气分子迁移作用的结果。在蒸发过程中，边界层中减少了的水蒸气分子由水面跃出的水分子补充；在凝结过程中，边界层中过多的水蒸气分子将回到水面。

从上面的分析可以看出：在主体空气与边界层之间，如果存在水蒸气分压力差（即水蒸气浓度差），水蒸气分子就会从分压力高的区域向分压力低的区域转移，从而产生质交换。也就是说，分压力差（即浓度差）是产生质交换的推动力，正如温度差是产生热交换的推动力一样。

空气与水之间的显热交换取决于边界层与主体空气之间的温度差；而质交换（湿交换）以及由它引起的潜热交换，则取决于二者之间的水蒸气分压力差，或者说取决于二者之间的水蒸气分子浓度差。

当空气与水在一微元面积 dA（m^2）上接触时，若空气温度变化为 dt，含湿量变化为 dd，则显热交换量为

$$dQ_x = \alpha(t - t_b)dA \tag{4-23}$$

式中 α——空气与水表面间的表面传热系数［W/（m^2·℃）］；

t、t_b——主体空气和边界层空气温度（℃）。

湿交换量为

$$dW = h_{md}(d - d_b)dA \tag{4-24}$$

式中 h_{md}——空气与水表面间的传质系数［kg/（m^2·s）］；

d、d_b——主体空气和边界层空气的含湿量（kg/kg）。

潜热交换量为

$$dQ_q = rdW = rh_{md}(d - d_b)dA \tag{4-25}$$

式中 r——温度为 t_b 时水的汽化潜热（J/kg）。

因为总热交换量 $dQ_z = dQ_x + dQ_q$，于是，可以写出

$$dQ_z = [\alpha(t - t_b) + rh_{md}(d - d_b)]dA \tag{4-26}$$

通常把总热交换量与显热交换量之比称为换热扩大系数或称析湿系数，即

$$\xi = \frac{dQ_z}{dQ_x} \tag{4-27}$$

如果把总热交换量和显热交换量的公式带入式（4-28），则换热扩大系数也写作

$$\xi = \frac{dQ_z}{dQ_x} = \frac{h_{md}(h - h_b)}{\alpha(t - t_b)} = \frac{h - h_b}{c_p(t - t_b)}$$

式中 h、h_b——主体空气和边界层空气的比焓（kJ/kg）；

由于空气与水之间的热湿交换，空气与水的状态都将发生变化。从水侧看，若水温变化为 dt_w，则总热交换量也可写成

$$dQ_z = Wc_{wp}dt_w \tag{4-28}$$

式中 W——与空气接触的水量（kg/s）；

c_{wp}——水的比定压热容［kJ/（kg·K）］。

在稳定工况下，空气与水之间热交换量总是平衡的，即

$$dQ_x + dQ_q = Wc_{wp}dt_w \tag{4-29}$$

所谓稳定工况是指在换热过程中，换热设备内任何一点的热力学状态参数都不随时间变化的工况。严格地说，空调设备中的换热过程都不是稳定工况。然而

考虑到影响空调设备热质交换的许多因素变化（如室外空气参数的变化，工质的变化等）比空调设备本身过程进行得更为缓慢，所以在解决工程问题时可以将空调设备中的热质交换过程看成稳定工况。

在稳定工况下，可将表面传热系数和质交换系数看成沿整个热交换面不变，并等于其平均值。这样，如能将式（4-23）、式（4-25）、式（4-26）沿整个接触面积分即可求出 Q_x、Q_q 及 Q_z。但在实际条件下接触面积有时很难确定。以空调工程中常用的喷水室为例，水的表面积将是尺寸不同的所有水滴表面积之和，其大小与喷嘴构造、喷水压力等许多因素有关，因此难于计算。

随着科学技术的发展，利用激光衍射技术分析喷水室中水滴直径及其分布情况，并得出具有某一平均直径的粒子总数已成为可能，从而为喷水室热工计算的数值解提供了可能性。

4.3 空气热质处理设备

在空气调节工程中，为了实现不同的空气处理方案，需要使用不同的空气处理设备，其中最常用的是各种热湿交换设备。作为热、湿交换的介质有水、蒸汽、液体吸湿剂和制冷剂。根据各种热、湿交换设备的工作特点不同，可将它们分成两大类：间壁式热质交换设备和混合式热质交换设备。

4.3.1 间壁式热质交换设备

间壁式热质交换设备是指冷热流体被壁面隔开，两种介质在各自的流道内流动进行换热，彼此不接触、不掺混。间壁式热质交换设备按照构造分为管壳式、肋片管式、板式、板翅式、螺旋板式等。按照功能在本专业中主要使用的有散热器、汽水换热器、水水换热器、空气加热器和空气冷却器。

1. 散热器

散热器用在室内采暖系统中，它的功能是将蒸汽或热水所携带的热量，通过散热器壁面传给房间内空气。在19世纪末我国才开始出现热媒采暖系统，使用的散热器主要是铸铁散热器，（如铸铁四柱、五柱等柱型散热器）和壁挂式散热器（如长翼型、圆翼型散热器等），以及M-132型散热器。随着集中热水供热和高温水采暖的普及，又出现了承压能力较高的钢串片和钢制散热器。到了20世纪90年代，我国已形成了钢制、铸铁、铝制、非金属材料四大类散热器。

作为室内采暖系统的散热设备，散热器应满足以下基本要求：传热系数大，散热性能好。通常采用在外壁上加肋片增加外壁散热面积，提高散热器周围空气流动速度和增加散热器向外辐射强度等途径来强化传热；经济性好。单位传热量所耗金属量越少，经济性越好，通常用散热器金属热强度来作为散热器经济性的一个指标；实用性强。散热器应便于组合，结构尺寸小，生产工艺简单，卫生美观，使用寿命长。

散热器的种类主要分以下四大类：

铸铁类：主要有大60、四柱-813、M-132、长翼型、圆翼型、方翼型等；

钢制类：主要有钢制串片型及对流型、钢制扁管型、钢制板型、钢制柱型、钢制组合管型、钢制辐射板型、热管型、电热型等；

铝制品类：主要有铝制扁管型、铝制板型、铸铝柱翼型等；

非金属类：主要有塑料散热器、混凝土板散热器、陶瓷散热器等。

下面就常见的散热器的结构和性能作一介绍。

（1）铸铁柱型散热器　铸铁柱型散热器传热系数大、型式美观、不易积灰、单片面积小、容易组成所需要的散热面积，防腐性好、使用寿命长，但造价较高，金属热强度低、片与片间的接口多、承受压力比钢制散热器低。

这种散热器多用于民用建筑中，如住宅和公共建筑中，有些工业厂房也有采用这种柱型散热器。

铸铁柱型散热器是呈柱状的单片散热器，如图4-5所示。外表面光滑，每片各有几个中空的立柱相互连通。根据所需散热面积的大小，可把各个单片组装在一起形成一组散热器。

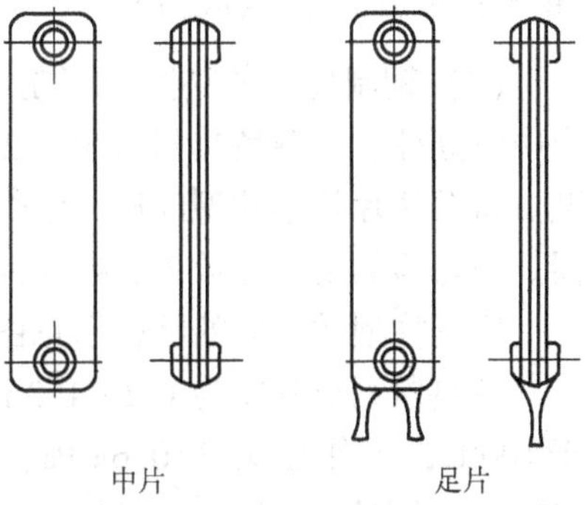

图4-5　柱型散热器示意图

铸铁散热器的材料包括普通灰铸铁和稀土灰铸铁。普通灰铸铁散热器若以热水作为热媒时，热媒温度应低于130℃，工作压力不超过0.5MPa；若以蒸汽为热媒时，工作压力不超过0.2MPa。稀土灰铸铁散热器若以热水作为热媒时，热媒温度应低于130℃，工作压力不超过0.8MPa；若以蒸汽为热媒时，工作压力不超过0.2MPa。

（2）铸铁长翼型散热器　长翼型散热器的外表面具有许多竖向肋片，外壳内部为一扁盒状空间。这种散热器利用肋化来增加外表面积，具有很高的肋化系数。由于肋片不直接接触热媒，而且肋片两面均都散热，故表面温度较低，传热系数明显低于柱型散热器。

长翼型散热器的材质为普通灰铸铁，当热媒温度为热水时，温度低于130℃，工作压力为0.4MPa；热媒为蒸汽时，工作压力为0.2MPa。

长翼型散热器的结构示意图如图4-6所示。

（3）铸铁圆翼型散热器

圆翼型散热器是一根内径为75mm的管子，外面带有许多圆形肋片的铸件。

管子两端配置法兰，可将树根组成平行叠置的散热器组。

圆翼型散热器具有散热面积大，加工制造容易的优点。但承压能力小，易积灰，不易清扫。现在圆翼型散热器已很少使用。

圆翼型散热器的材质为普通灰铸铁，当热媒为热水时，温度低于150℃，工作压力为0.6MPa；热媒为水蒸气时，工作压力为0.4MPa。

圆翼型散热器的结构示意图如图4-7所示。

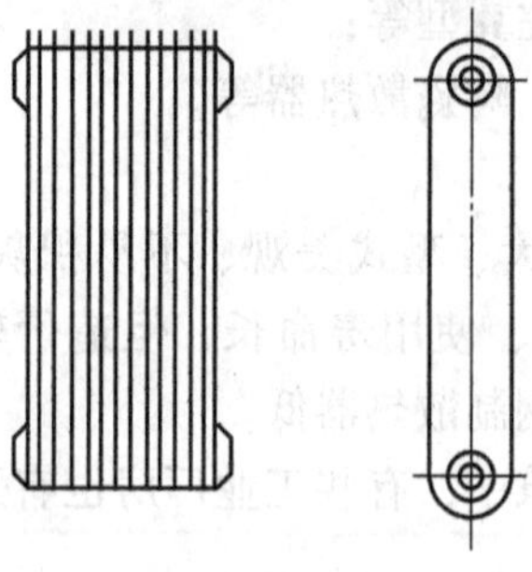

图4-6　长翼型散热器示意图

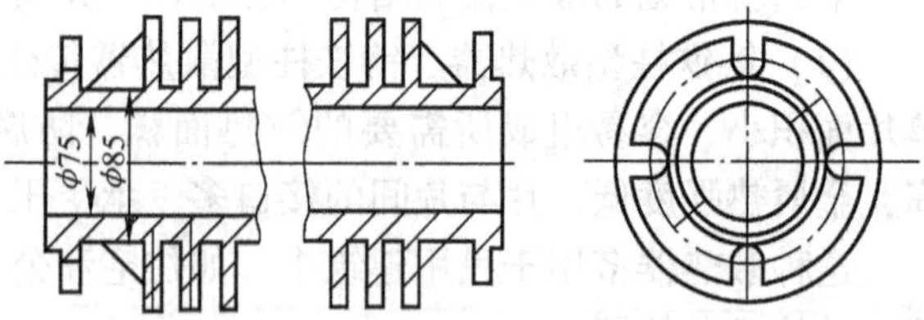

图4-7　圆翼型散热器示意图

（4）钢制柱型散热器　钢制柱型散热器与铸铁柱型散热器相似，每片有几个中空立柱。这种散热器采用1.2～1.5mm厚的冷轧钢板冲压延伸形成片状半柱型。将两片片状半柱型经压力滚焊复合成单片，单片之间经气体弧焊连接成散热器。散热器的组合片数为3～20片。

钢制柱型散热器的结构示意图如图4-8所示。

散热器钢板厚度为1.2～1.3mm时，热媒温度低于100℃，工作压力为0.6MPa，热媒温度为110～150℃，工作压力为0.46MPa；当钢板厚度为1.4～1.5mm时，热媒温度低于100℃，工作压力为0.8MPa，热媒温度为110～150℃，工作压力为0.7MPa。

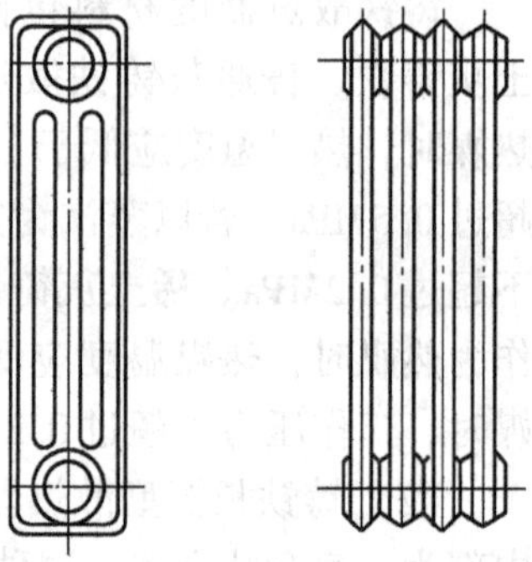

图4-8　钢制柱型散热器的结构

（5）钢制板型散热器　钢制板型散热器由面板、背板、进出水口接头、放水门固定套及上下支架组成。背板有带对流片和不带对流片两种板型。面板、背板多用1.2～1.5mm厚的冷轧钢板冲压成形，在面板直接压出呈圆弧形或梯形的散热器水道。水平联箱压制在背板上，经复合滚焊形成整体。为增大散热面积，在背板后面焊上0.5mm的冷轧钢板对流片。钢制板型散热器的结构如图4-9所示。

钢制板型散热器适合进行工业自动化生产，热工性能良好，金属热强度低于钢制串片型散热器，高于扁管及柱型散热器。

散热器钢板厚度为1.2～1.3mm时，若热媒温度低于100℃，工作压力为0.6MPa，若热媒温度为110～150℃，工作压力为0.4MPa；散热器的钢板厚度为1.4～1.5mm时，若热媒温度低于100℃，工作压力为0.8MPa，若热媒温度为110～150℃，工作压力为0.7MPa。

图4-9　钢制板型散热器的结构

（6）闭式钢串片对流散热器　闭式钢串片对流散热器由钢管、钢片、联箱及管接头组成。钢管上的串片采用0.5mm的薄钢片，串片两端折边90°形成封闭形。许多封闭垂直空气通道，增强了对流放热能力，同时也使串片不易损坏。

闭式钢串片式散热器规格以高×宽表示，其长度可按设计要求制作。

闭式钢串片式散热器的结构和尺寸如图4-10所示。

（7）钢制扁管型散热器

钢制扁管型散热器是采用52mm×11mm×1.5mm（宽×高×厚）的水通路扁管叠加焊接在一起，它两端加上断面35mm×40mm的联箱制成。扁管型散热器外形尺寸是以52mm为基数，形成三种高度规格：416mm（8根），520mm（10根）和624mm（12根）。长度由600mm开始，以200mm为进位至2000mm共八种规格。

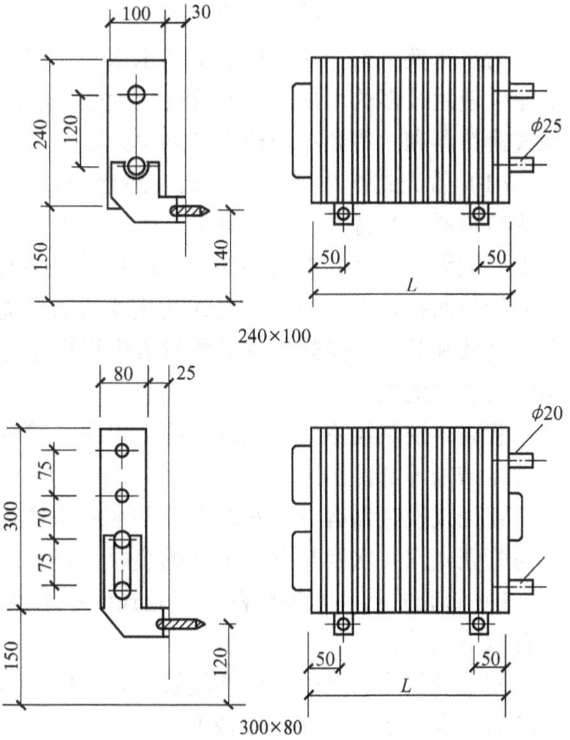

图4-10　闭式钢串片式散热器的结构和尺寸

扁管散热器的板型有单板、双板。单板带对流片和双板带对流片四种结构形式。单双板扁管散热器两面均为光板，板面温度较高，有较多的辐射热。带对流片的单、双板扁管散热器，每片散热量比同规格的不带对流片的大，热量主要以对流方式传递。

钢制扁管型散热器的结构和尺寸如图4-11所示。

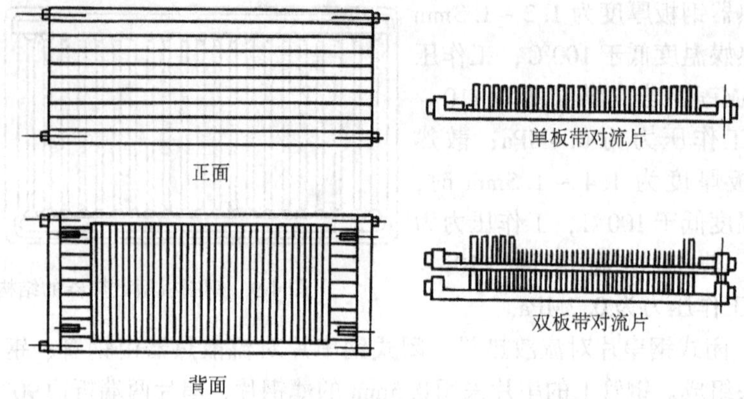

图 4-11 钢制扁管型散热器的结构和尺寸

2. 水加热器

水加热器是利用热媒对水进行加热的设备。所使用的热媒包括蒸汽和热水。以蒸汽作为加热介质的水加热器称为汽水换热器；以热水作为加热介质的水加热器称为水水换热器。汽水换热器和水水换热器广泛用于供暖、空调系统中。在本专业中使用较多的水加热器有管壳式换热器、螺旋板式换热器、板式换热器、容积式换热器和一些新型换热设备如单元组合式换热器和半即热式换热器[1~6]。

(1) 管壳式换热器 管壳式换热器是目前应用最广泛、技术上最成熟的传统的换热器。其特点是制作容易、生产成本低、选材范围广泛、适应性强、换热量大、能承受较高的温度和压力，维护管理方便，不宜泄漏。但传热系数较低，所需传热面积较大。由于管壳式换热器的诸多优点，使它能在近代出现的各种新型、高效和紧凑型换热器的竞相发展中得以生存，至今在热能动力工程领域的使用仍占主导地位。

管壳式换热器主要由壳体、换热管束、管板、前端管箱（又称顶盖或封头）和后端结构等部件组成。

管壳式换热器有汽—水换热器和水—水换热器两类。当加热的热媒为蒸汽时称为管壳式汽—水换热器；加热的热媒为热水时称为管壳式水—水换热器。

1) 管壳式汽—水换热器。管壳式汽—水换热器常用于蒸汽供热系统中，主要有以下几种：

固定管板式：换热器的两端管板和壳体连为一体、结构比较简单、紧凑、不宜结垢、容易清洗，如图 4-12 所示。

浮头式：两端管板只有一端与壳体固定，另一端则可相对于壳体滑动，该端称为浮头。浮头式换热器结构复杂、造价高、笨重、材料消耗量大，如图 4-13 所示。

U 形管式：只有一个管板、管子两端均固定于同一管板上，这类换热器的

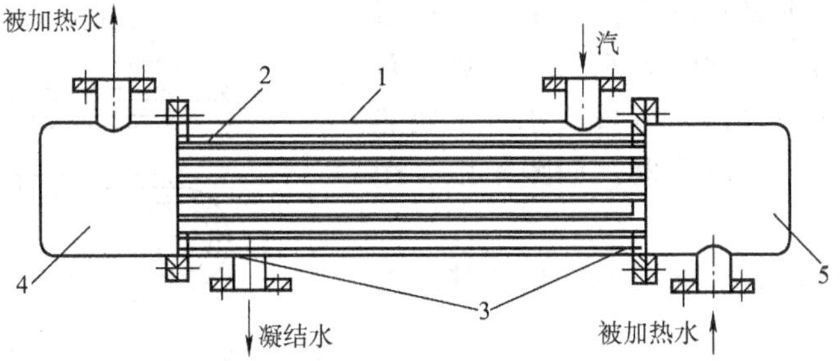

图 4-12　固定管板式汽—水换热器

1—外壳　2—管束　3—固定管板　4—前水室　5—后水室

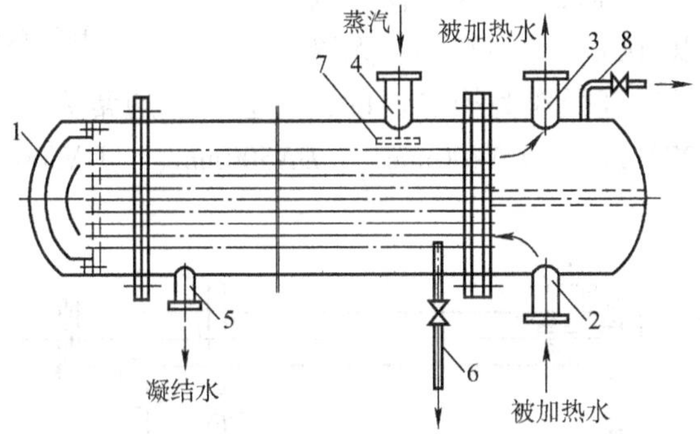

图 4-13　浮头式管壳汽—水换热器

1—浮头　2—被加热水入口　3—被加热水出口　4—蒸汽入口

5—蒸汽出口　6—汽侧排气口　7—挡板　8—水侧排气口

特点是管束可以自由伸缩、管程为双管程、流程较长、流速较高、传热性能较好、承压能力强、便于维修和清洗，如图 4-14 所示。

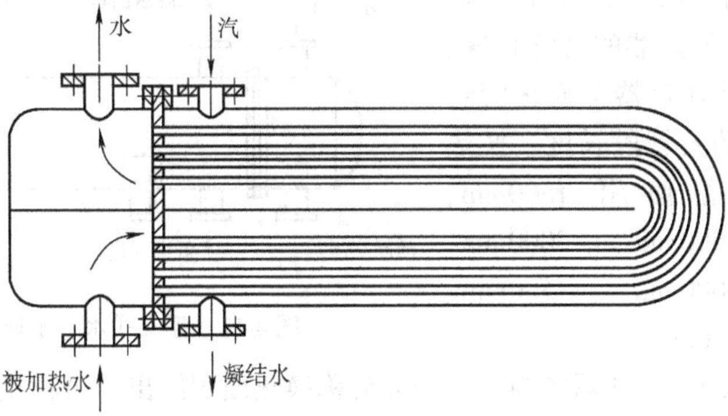

图 4-14　U 形管管壳式汽—水加热器

2）管壳式水—水换热器。管壳式水—水换热器常用于热水供暖系统、低温水空调系统及某些连续性用热水的生产工艺用水。对于生活热水供应，应配备贮水罐。在蒸汽供热系统中，凝结水冷却也使用水水换热器。管壳式水—水换热器有套管式水—水换热器、分段式水—水换热器和浮头式水—水换热器，如图4-15～图4-17所示。

管壳式换热器标准系列产品的基本参数如下：

换热器壳体直径*DN*：以公称直径*DN*作为换热器壳体直径。对于卷制壳体，以壳体内直径作为换热器的公称直径，以400mm为基础，以100mm为进级档；无缝钢管壳体，以钢管外直径作为换热器的公称直径。通常壳体直径有下列标准：*DN*159mm、*DN*273mm、*DN*400mm、*DN*500mm、*DN*600mm、*DN*700mm、*DN*800mm。

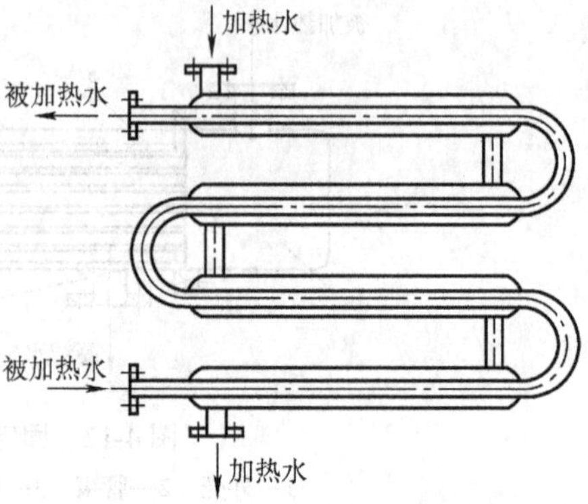

图4-15　套管式水—水换热器

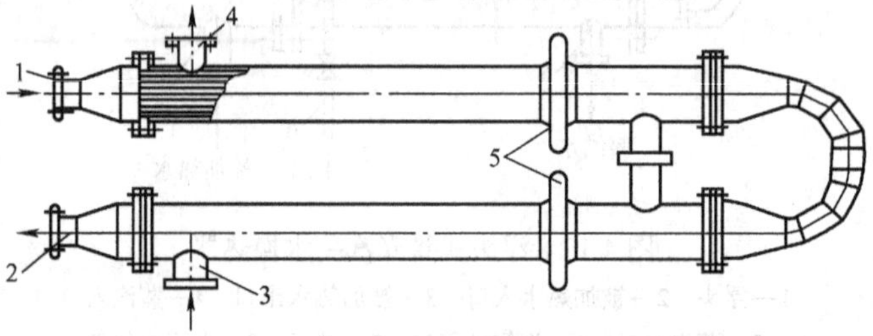

图4-16　分段式水—水换热器

1—加热水入口　2—加热水出口　3—被加热水（回水）入口　4—被加热水（回水）出口　5—膨胀节

换热器的公称长度*L*：以换热器的长度作为换热器的公称长度。但对于U形管换热器其换热管长度为U形管的直管段长度。换热管长度推荐使用1500mm、2000mm、2500mm、3000mm、4500mm、6000mm、7500mm、9000mm、12000mm。

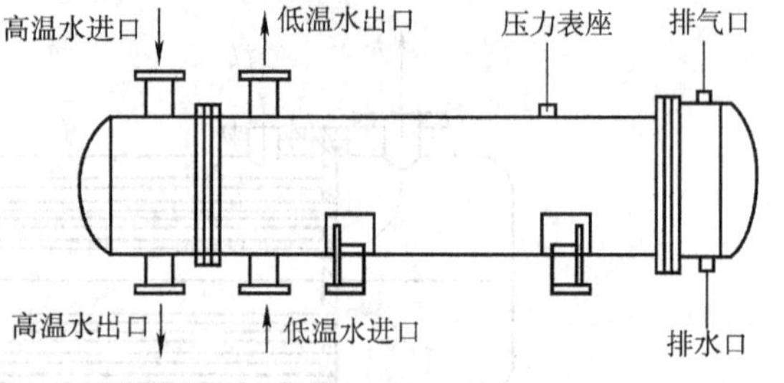

图4-17　浮头式水—水换热器

换热面积*A*：换热器的换热面积以公称换热面积给出。公称换热面积系指实际换热面积经圆整后的整数值换热面积。

管径及管壁厚：管径指换热管外直径。

管壳式换热器的规格和性能可参考《暖通空调常用数据手册》或其他设计手

册。

（2）螺旋板式换热器 螺旋板式换热器是近几十年来广泛使用的换热设备，具有传热效率较高，结构紧凑的优点。螺旋板式换热器有汽—水换热器和水—水换热器两种。这两类换热器结构如图4-18和图4-19所示。

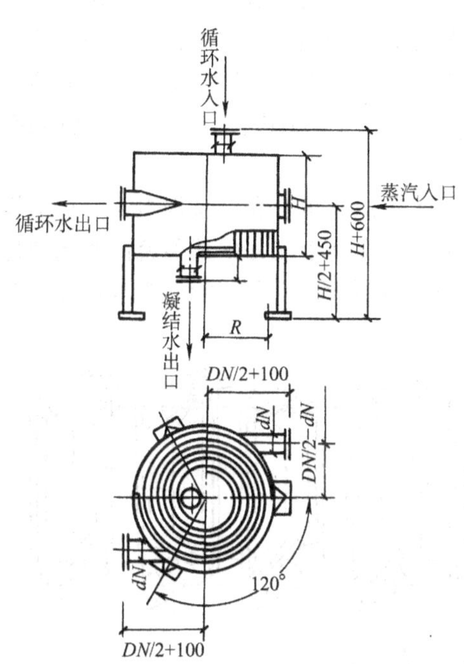

图4-18 汽—水螺旋板式换热器

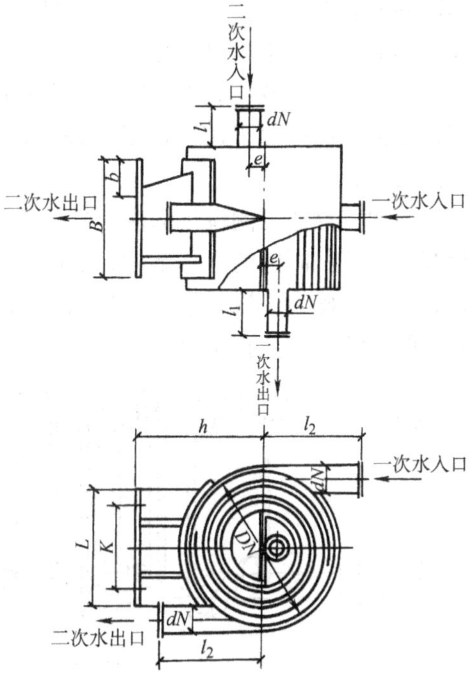

图4-19 水—水螺旋板式换热器

螺旋板式换热器近年来工程上使用较少。螺旋板式换热器的规格和性能可参考《暖通空调常用数据手册》或其他设计手册。

（3）板式换热器 板式换热器是一种传热效率高、结构紧凑的新型换热器。它具有以下优点：传热系数高，可达2000～7000W/（m^2·℃）；流动阻力小；占地面积小，每立方米空间内传热面积可达150～200m^2；拆装方便，即可以拆洗，不会串液；调节方便，即很容易改变流量；板片采用不锈钢或钛板压制，耐腐蚀，耐高温。

板式换热器在结构上采用特殊的波纹金属板为换热板片，使换热流体在板间流动时，能够不断改变流动方向和速度，形成激烈的湍流，以达到强化传热的效果。由于传热板片采用$\delta=0.6\sim1.2$mm的薄板，大大提高了换热能力。一般总传热系数达2500～5000W/（m^2·℃），最高达7000W/（m^2·℃），比管壳式换热器高3～5倍。当一次水和二次水逆流换热时，可以获得非常接近的出水温度。

板式换热器多用于水-水换热，两侧压力不宜相差过大，最高水温不宜超过150℃。板式换热器要定期进行维护，包括拆洗和更换垫片。由于板片间间隙较小，对水质要求高，一旦形成水垢，水力工况与热力工况将大大恶化。

板式换热器主要由换热板、密封圈、盖板和紧固装置组成。换热板是板式换热器的核心部分。换热板片之间用垫片密封，形成水流通道。垫片采用优质合成橡胶制成，耐一定高温有弹性。由于传热板片紧密排列，板间距较小，而板片表面经冲压成形的波纹又大大增加了有效换热面积，所以单位容积中所容纳的换热面积很大，占地面积比同样换热面积的管壳式换热器小许多。同时，金属耗率小，质量轻。

板式换热器两侧流体的流程配合灵活，有单流程组合和多流程组合。每个板片有四个孔，同侧的上、下两孔通同一种流体。在整个流程中某种流体的流向是同方向的，此为单流程组合，如图4-20所示。在整个流程中某种流体的流向是变化的，此为多流程组合，如图4-21所示。

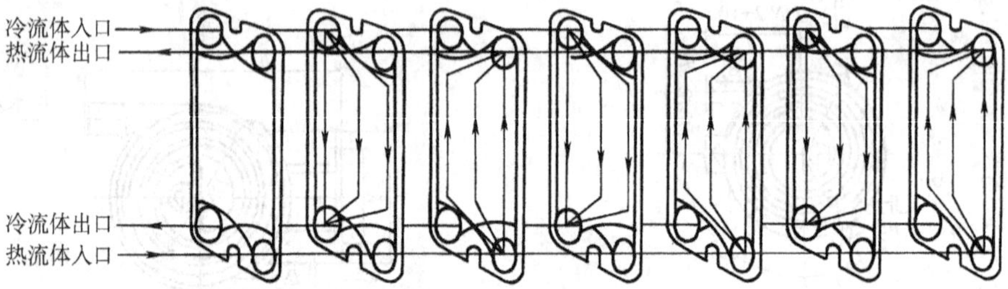

图4-20　单流程组合方式

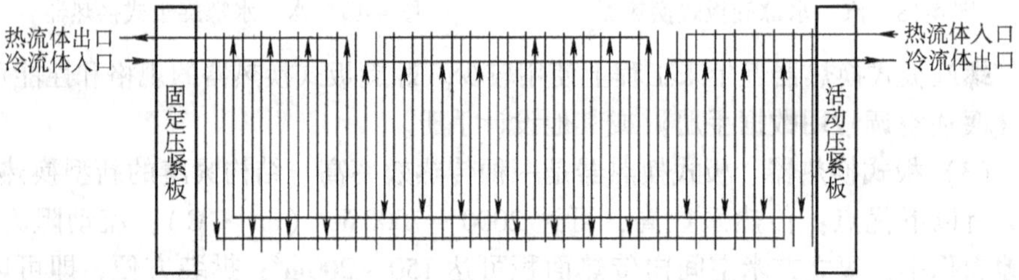

图4-21　多流程组合方式

板式换热器的外形如图4-22所示。

(4) 容积式换热器　容积式换热器既是换热器又是储水箱，多用于生活热水用户。容积式换热器主要由罐体和加热排管两部分组成。换热器有卧式、立式两种，如图4-23和图4-24所示。

(5) 单元组合式换热器　单元组合式换热器是一种适合现代供热发展需要的新型换热设备，它是在吸收20世纪90年代国际先进技术基础上研制而成的。设备采用了多单元立体组合的模块化设计，每个单元具有较小的贮水容积，能迅速补充热量，使供热量与需热量达到动态平衡。此类换热器采用了全铜质浮动盘管作为换热元件进行强化传热，使被加热水处于湍流状态，从而提高了换热效果。

单元组合式换热器结构紧凑、组合方便、换热效率高、适用范围广、自动除垢、节省能源、被加热水温升快，可依用户需求配备先进的温度调节阀，热水出水温度可自动调节，出水温度稳定。它可用于一般工业及民用建筑的生活热水供应及空调、采暖系统，尤其适用于大型热力站和发电厂的热电联供热交换系统。

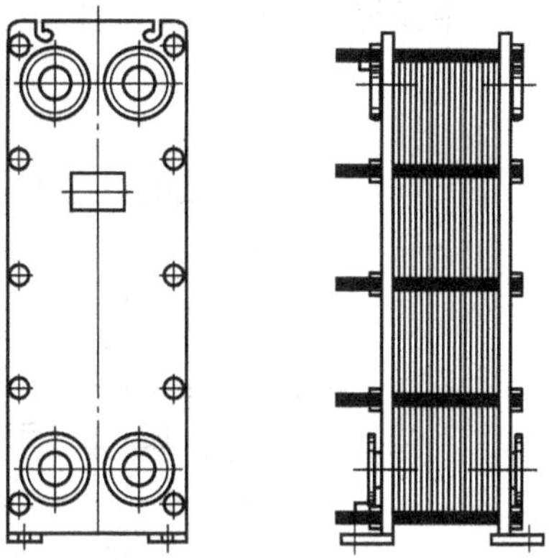

图4-22　板式换热器

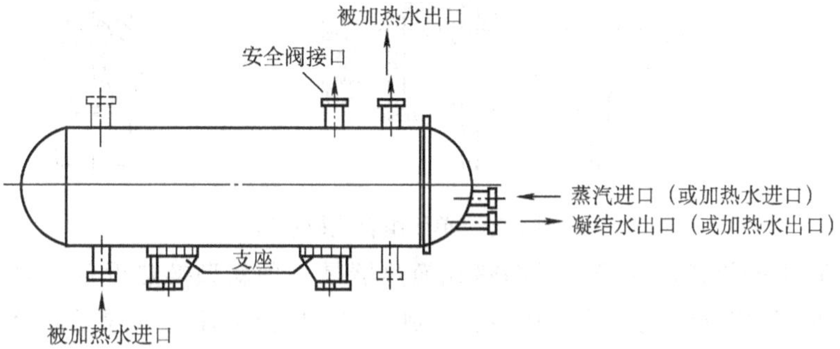

图4-23　卧式容积式换热器

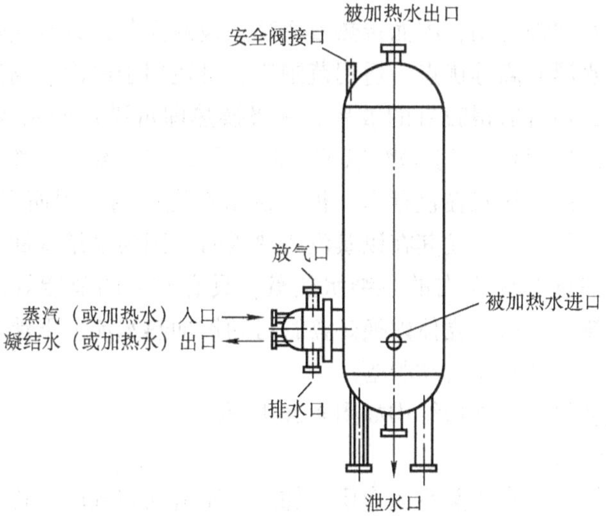

图4-24　立式容积式换热器

单元组合式换热器如图 4-25 所示。

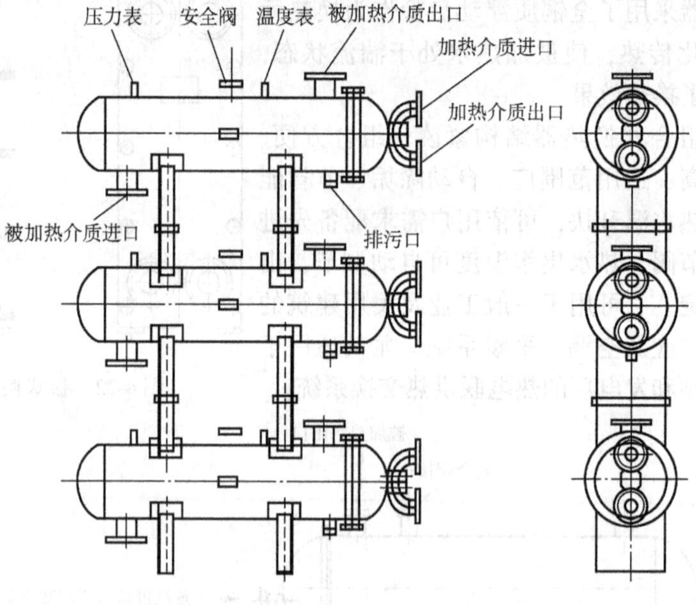

图 4-25　单元组合式换热器

（6）半即热式换热器　半即热式换热器是一种新型换热设备，它是在吸收 20 世纪 90 年代国际先进技术基础上研制而成，广泛应用于一般工业及民用建筑的生活热水、采暖和空气调节等系统。

半即热式换热器由于在换热管束内外采取了强化传热措施以及盘管上下浮动，使被加热水加强扰动，因而传热效率高、换热充分，具有换热量大，热媒温降大，被加热水温升高等优点。适用范围广，可适用于蒸汽、高温水、低温水三种不同的热媒，均可取得较好的效果。一级换热即可满足使用要求。在汽-水换热时，凝结水温度可降低到 50℃ 以下，简化了系统，给安装维修带来了方便。节能效果显著，由于热媒在盘管内，被加热水在壳体内，因而壳体表面温度低，散热损失小，节约能源，尤其在以蒸汽为热媒时，因为凝结水回水温度低，能回收约占整个换热量 15% 左右的凝结水热量，具有较大的节能效益。体积小，占空间小，易于搬运。由于壳体内换热盘管可随被加热水流上下浮动及盘管的热胀冷缩，盘管外壁积结水垢自动脱落。

半即热式换热器的外形结构如图 4-26 所示。

3. 空气加热器

空气加热器是以水或蒸汽为介质，加热强制流动空气的装置。空气与加热介质不混合，通过壁面进行传热。空气加热器常用在通风系统中和空调再热、新风预热或室温调节加热中。热媒宜采用热水或蒸汽。当用于进行室温调节时，其精

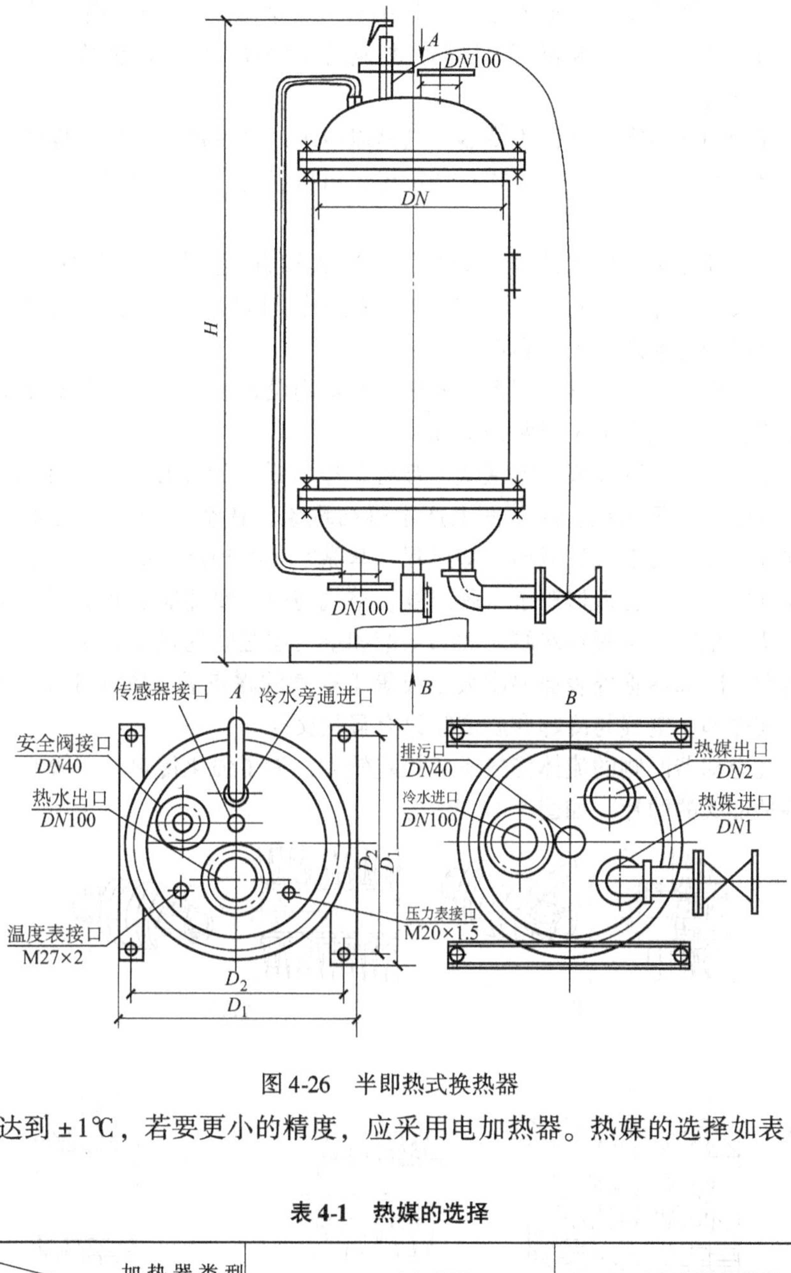

图 4-26　半即热式换热器

度最小达到 ±1℃，若要更小的精度，应采用电加热器。热媒的选择如表 4-1 所示。

表 4-1　热媒的选择

室温允许波动值 \ 加热器类型	一、二次加热器	室温调节加热器
≤ ±1℃	低压蒸汽、热水	电加热器
±1℃	高压蒸汽、低压蒸汽、热水	低压蒸汽、热水
≥ ±1℃	高压蒸汽、低压蒸汽、热水	

空气加热器按换热管形式分为：套片式、绕片式、轧片式和镶嵌式。按基管材料分为：钢管、铜管和铝管。按肋片材料分为钢片、铜片和铝片。

4. 空气冷却器

空气冷却器通常又称作表冷器。它是以冷水或制冷剂为介质，冷却空气的装置，主要用在空气处理、组合式空调机组、风机盘管、冷凝机组、吊顶风机、冷库中。

空气冷却器按使用的冷媒不同分为水冷式和直接蒸发式；按换热管形式分为：套片式、绕片式、轧片式和镶嵌式。按基管材料分为：钢管、铜管和铝管。按肋片材料分为钢片、铜片和铝片。

水冷式空气冷却器是空调系统处理空气常用设备。根据冷媒的温度不同，空气冷却器有湿工况和干工况两种情况。

当空气冷却器管外表面温度低于被处理空气的露点温度，空气不仅被冷却，而且空气中的水蒸气在金属壁面上产生凝结现象，在空气冷却器表面上形成水膜，这种过程称为空气的减湿冷却过程。紧靠空气冷却器表面形成的水膜处有一层饱和空气层，温度近似等于水膜温度。空气与空气冷却器表面水膜之间的热质交换可认为是空气与紧靠水膜表面那层饱和空气层之间的热质交换。

当空气冷却器管外表面温度大于或等于空气的露点温度而小于空气温度时，空气只被冷却，空气与冷却介质之间只有显热交换。

空气冷却器两侧的流体传热系数相差较大，为了强化传热，一般要在空气侧加装各种形式的肋片。如图 4-27 所示。

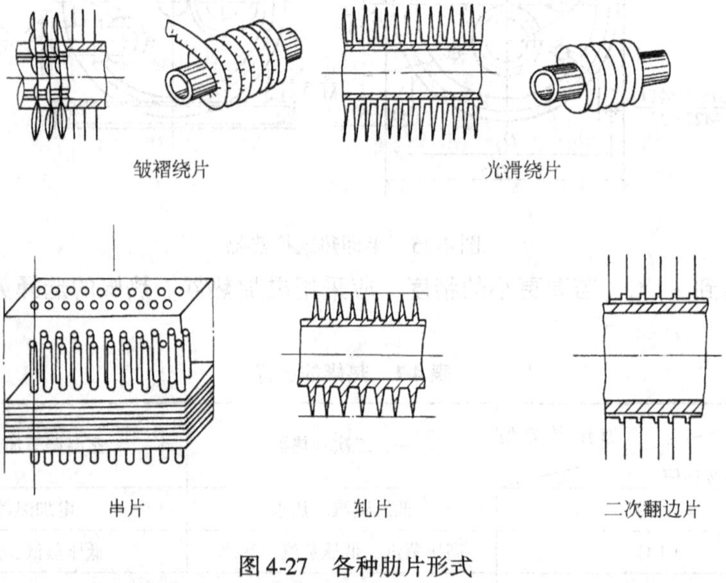

图 4-27　各种肋片形式

4.3.2 混合式热质交换设备

混合式热质交换设备是冷热流体直接接触进行热传递或质传递的设备。这种传热方式避免了传热间壁及其两侧的污垢热阻，只要流体间的接触情况良好，就有较大的传热速率。凡是允许流体相互混合的场合，可以采用混合式热交换器，如空气的冷却除湿，汽水混合加热等。根据用途不同，本专业中常用的混合式热质交换设备主要有喷水室、冷却塔、喷射泵和汽水混合加热器。下面对这几种热质交换设备做一介绍[7,8]。

1. 喷水室

(1) 喷水室的用途　喷水室主要用于对空气加热、冷却、除湿或加湿处理，根据喷洒的水温不同，可以实现多种过程，如加热加湿（水温大于空气温度）、冷却减湿（水温小于空气露点温度）、等温加湿（水温等于空气温度）和绝热加湿过程（水温等于湿球温度）。但喷水室对水质要求高、占地面积大、水泵耗能多。目前在一般建筑中，喷水室已不常使用或仅作为加湿设备使用。但是在以调节湿度为主要目的的纺织厂、卷烟厂等仍大量使用。

(2) 喷水室的结构　喷水室有下列类型：卧式、立式，单级、双级，低速、高速。下面以一个应用较广泛的单级、卧式、低速喷水室为例来说明喷水室的结构。

喷水室主要由前挡水板、后挡水板、各种管道、喷嘴和滤水器等组成，如图4-28所示。

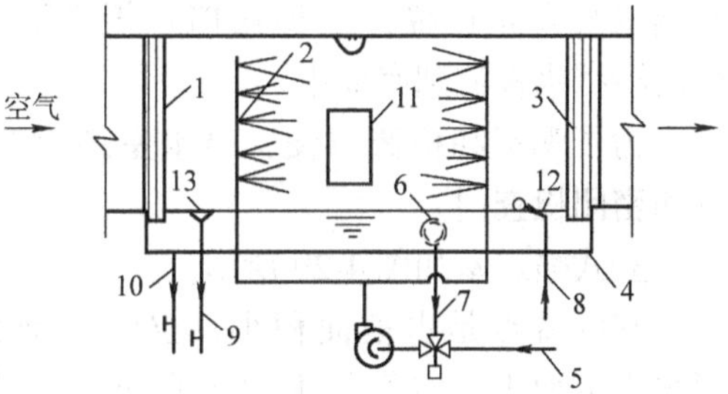

图4-28　卧式喷水室结构示意图

1—前挡水板　2—喷嘴与排管　3—后挡水板　4—底池　5—冷水管　6—滤水器　7—循环水管　8—补水管　9—溢水管　10—泄水管　11—检查门　12—浮球阀　13—溢水器

前挡水板的作用是阻挡飞溅的水滴、使进风均匀，所以也称作均风板。后挡水板的作用是防止空气中夹带水滴，进入后面的系统。被处理空气经前挡水板进入喷水室，与排管上喷嘴喷出的水滴相遇，空气与水之间进行热交换或质交换，然后经后挡水板流走。喷嘴中的水由供水排管中喷出，与空气进行热质交换后，落入底池中。

喷水室中通常设置一到三排喷嘴，最多可设置四排喷嘴。喷水方向根据与空气流动方向相同或相反分为顺喷、逆喷和对喷。当设置一排喷嘴时，通常使水与空气流动方向相反，即逆喷方式。当设置两排喷嘴时，通常采用对喷方式。当设置三排喷嘴时，采用一顺两逆的方式为好。

喷水室中的各种管道主要包括循环水管、溢水管、补水管和泄水管。

循环水管与底池相连，使落入底池中的水能够重复使用。在循环水管和底池之间设有滤水器，目的是清除水中杂物，防止喷嘴堵塞。

溢水管与底池相连，当底池中水位超过允许水位后，通过溢水管排除多余的水。溢水管和底池之间设有溢水器，在溢水器的喇叭口上有水封罩可将喷水室内、外空气隔绝，防止喷水室内产生异味。

补水管的作用是补充底池中失去的水。当喷水室处理空气的过程是加湿过程时，底池中的水会不断地减少，或者由于其他原因如泄漏也可引起水位降低。为了保持底池水位维持在要求水位，应设置补水管并通过浮球阀控制自动补水。

泄水管是在检修、清洗或为防冻，需要把喷水室中的水全部排掉时使用的。泄水管装在底池的底部，设有阀门，当需要泄水时，打开阀门把池内的水全部排到下水道。

喷嘴是喷水室中最重要的部件。原苏联 Y-1 型离心喷嘴曾被广泛使用，随后又引进了瑞士 Luwa 型、德国 LTG 型离心喷嘴及法国 BTL-1 型直流式喷嘴。近年来，国内研制出了几种新型喷嘴，如 PX-1 型、PY-1 型、FD 型、FL 型及 FKT 型。

挡水板也是影响喷水室处理空气效果的重要部件。它由多折的或波浪型的平行板组成。当空气中带有水滴时，经过挡水板的曲折通道，由于惯性作用，水滴与挡水板发生碰撞，聚集在挡水板表面形成水膜，然后沿挡水板流到底池中。

为了观察和检修方便，喷水室还设有防水照明灯和密闭检查门。

立式喷水室如图 4-29 所示。

它的特点是占地面积小，空气流动自下而上，喷水由上而下，空气与水的热质交换效果好。立式喷水室适用于处理风量小或空调机房层高允许的地方。

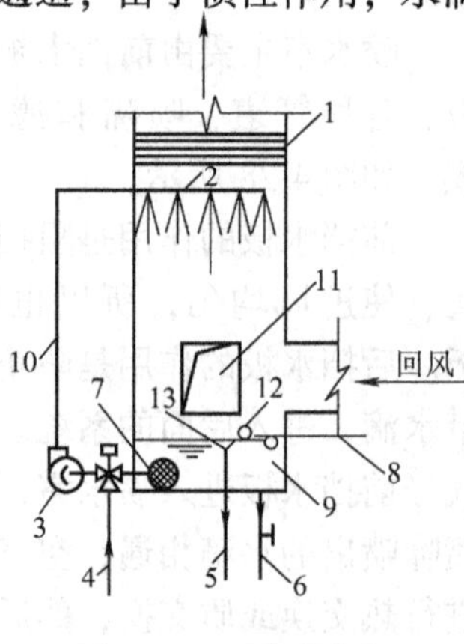

图 4-29 立式喷水室结构示意图

1—挡水板 2—喷嘴与排管 3—水泵 4—冷水管 5—溢水管 6—泄水管 7—底池 8—补水管 9—循环水管 10—供水管 11—新风口 12—浮球阀 13—溢水器

双级喷水室能够使水重复使用，水的温升大、水量小，能够使空气达到较大的焓降，但占地面积大，水系统复杂。双级喷水室处理后的空气接近饱和状态。双级喷水室适用于使用天然冷源或空气要求焓降大的场合。

(3) 喷水室处理空气的特点　在喷水室处理空气过程中，被处理的空气与喷嘴中喷出的小水滴表面进行直接接触，进行热质交换。空气与水滴表面之间的热质交换实际上是空气与紧靠水滴表面的一层饱和空气层之间的热量和质量交换。

喷水室中空气与水直接接触时，在假想情况下，即水量无限，接触时间无限的条件下，空气的状态变化是一条直线，水温不变，空气可以被处理到饱和状态，且温度等于水的温度，如图 4-30a 所示。

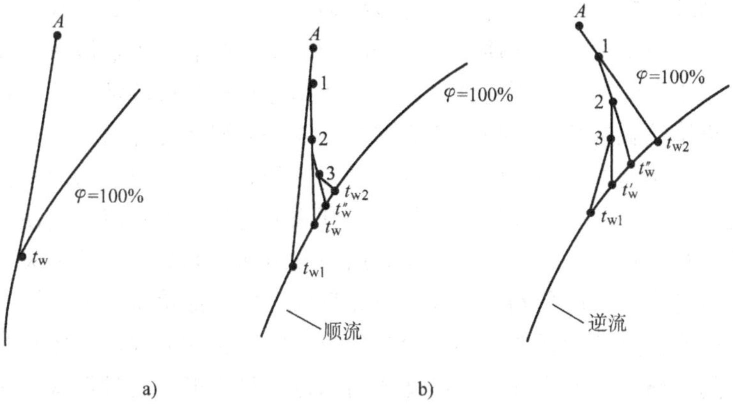

图 4-30　用喷水室处理空气的假想和理想情况
a）假想情况　b）理想情况

在理想情况下，即水量有限，接触时间无限，则空气的状态变化是一条曲线，水温也在不断的变化，空气可以被处理到饱和状态，空气的终温等于水温，如图 4-30b 所示。

但是，在实际的喷水室中，喷水量是有限的，接触时间也是有限的，空气的状态和水温是不断变化的，空气不可能被处理到饱和状态，空气的状态变化也是一条曲线。

尽管如此，在实际工作中，人们关心的是空气的终状态，对如何达到这个状态的过程不感兴趣，所以仍然可以用连接空气初状态和终状态的直线来表示空气的状态变化过程。这样，在喷水室中，空气的处理过程，假设是一个冷却减湿过程，可以用图 4-31 来表示。

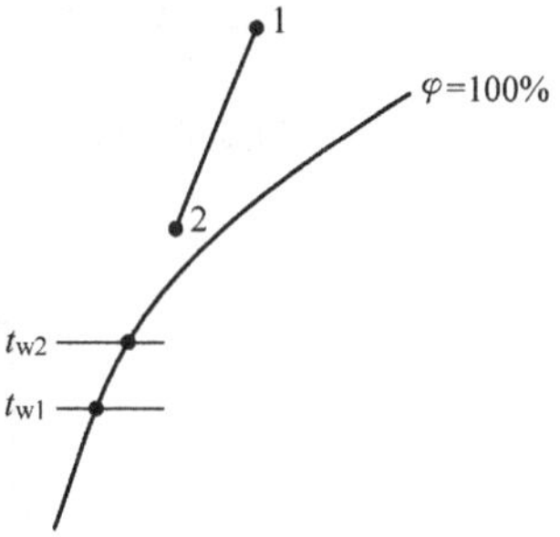

图 4-31　喷水室处理空气的实际过程

由于水与空气的接触时间不够充分，所以空气的终状态也往往达不到饱和。对于单级喷水室，空气的终相对湿度一般能达到 95%，用双级喷水室处理空气时，空气的终相对湿度能达到 100%。习惯上称这种空气状态为“机器露点”。

2. 冷却塔

(1) 冷却塔的形式　冷却塔是用自然通风或机械通风的方式，利用冷空气将温度较高的水进行冷却然后再循环使用的设备。例如热力发电厂或核电站中的循环水、合成氨生产中的冷却水，以及工厂中使用的冷却水，经冷却塔降温之后再循环使用，大大节约了水量。

根据循环水在塔内是否与空气直接接触，冷却塔分为干式冷却塔和湿式冷却塔。干式冷却塔是把循环水通入安装于冷却塔中的散热器内被散热器外的空气冷却，它适用于水源奇缺而不允许水分流失或循环水有污染的情况。湿式冷却塔中空气与水直接接触进行热交换。我们这里主要讲述湿式冷却塔。

根据空气流动的动力不同湿式冷却塔包括开放式冷却塔、风筒式自然通风冷却塔和机械通风冷却塔。开放式冷却塔是利用风力和自然对流作用使空气进入冷却塔对水进行冷却，所以冷却效果受到风力和风向的影响，水的流失也比其他形式要大。风筒式冷却塔是利用高大的风筒形成自然对流使空气流进塔内，与水接触进行热交换，这种形式的冷却塔冷却效果稳定。机械通风冷却塔是利用鼓风机或抽风机的机械动力使空气进入冷却塔与水进行热交换，这种形式的冷却塔冷却效果好稳定可靠。

根据水与空气流动方向的不同湿式冷却塔分为逆流式和横流式。水与空气逆向流动的冷却塔为逆流冷却塔；水与空气垂直交叉流动的冷却塔为横流式冷却塔。

各种形式冷却塔的结构示意图如图 4-32 所示。

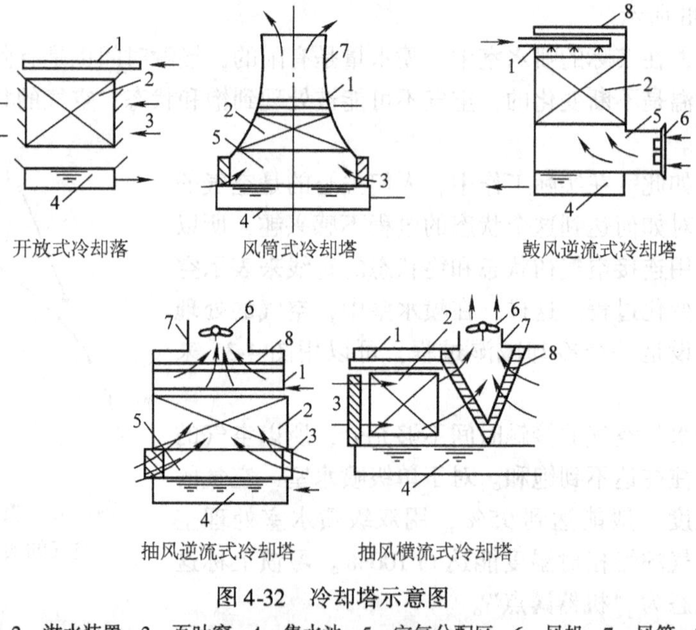

图 4-32　冷却塔示意图

1—配水系统　2—淋水装置　3—百叶窗　4—集水池　5—空气分配区　6—风机　7—风筒　8—收水器

(2) 冷却塔的结构 冷却塔主要包括以下几个部分：淋水装置、配水系统和通风筒。它们的不同结构形成了不同形式的冷却塔。

1) 淋水装置，又叫填料。它的作用在于使进入塔内的热水尽可能形成细小的水滴或水膜，以增加水与空气的接触面积，延长接触时间，加强热水与冷空气之间的热质交换。

淋水装置应具有较大的接触面积和良好的亲水性，制造简单，经久耐用，安装方便，易于检修，价格便宜。在选择淋水装置时，应考虑以上因素。

根据水的状态，淋水装置分为点滴式、薄膜式和点滴薄膜式三种。

点滴式淋水装置是用水平的或倾斜布置的三角形或矩形板条按一定间距排列而成，如图4-33所示，图中根据板条的形状和排列方式，有四种不同的方式。板条之间的间距会影响散热面积和冷却效果。减少板条之间的距离可以增大散热面积，但增加了空气阻力，减小了溅散效果。通常取板条间的横向间距为150mm，纵向间距为300mm。风速的高低也对冷却效果产生影响，在机械通风方式中，风速取1.3~2m/s，自然通风方式中风速取0.5~1.5m/s。

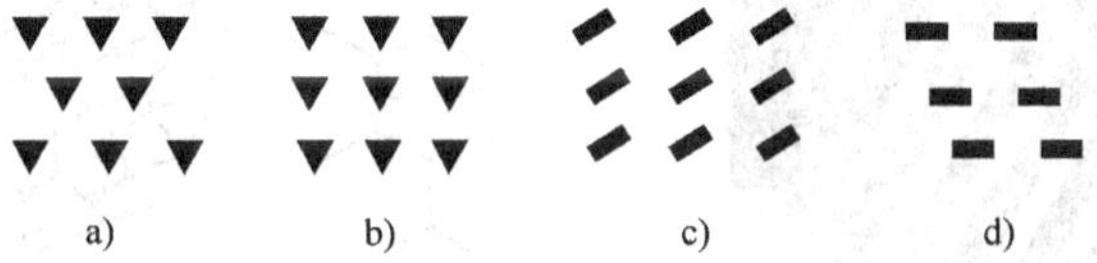

图4-33 点滴式淋水装置板条布置
a) 棋盘式 b) 方格式 c) 倾斜式 d) 阶梯式

薄膜式淋水装置是利用间隔很小的平膜板、凹凸形波板、网格形膜板形成多层空心体，水沿着其表面形成缓慢的水流，冷空气流经多层空心体间的空隙，形成水与气之间的接触面。水的散热主要有三种方式：水膜表面散热、网格间隙中的水滴表面散热和溅散而成的水滴散热。其中第一种方式占主导地位。

图4-34所示为四种薄膜式淋水装置。

点滴薄膜式中常用的一种淋水装置是铅丝水泥网格板，如图4-35所示。它是用16~18号铅丝作筋制成的方格孔的网板，方格的大小是50mm×50mm×50mm。层与层之间的间距也为50mm。需要冷却的热水以水滴形式淋洒下去。

2) 配水系统，其作用在于将水均匀地分配到整个淋水面积上，提高淋水装置的冷却能力。配水系统有槽式、管式和池式，如图4-36所示。

槽式配水系统由水槽、管嘴及溅水碟组成。水从配水槽下部的管嘴流出落到溅水碟上，溅成很多的小水滴射向四周，以达到均匀布水的目的。

管式配水系统由配水管、喷水管、布水器和喷嘴组成。水从管道上的喷嘴中喷出，随着喷水管的旋转，喷出的水滴形成旋转均匀分布在四周。

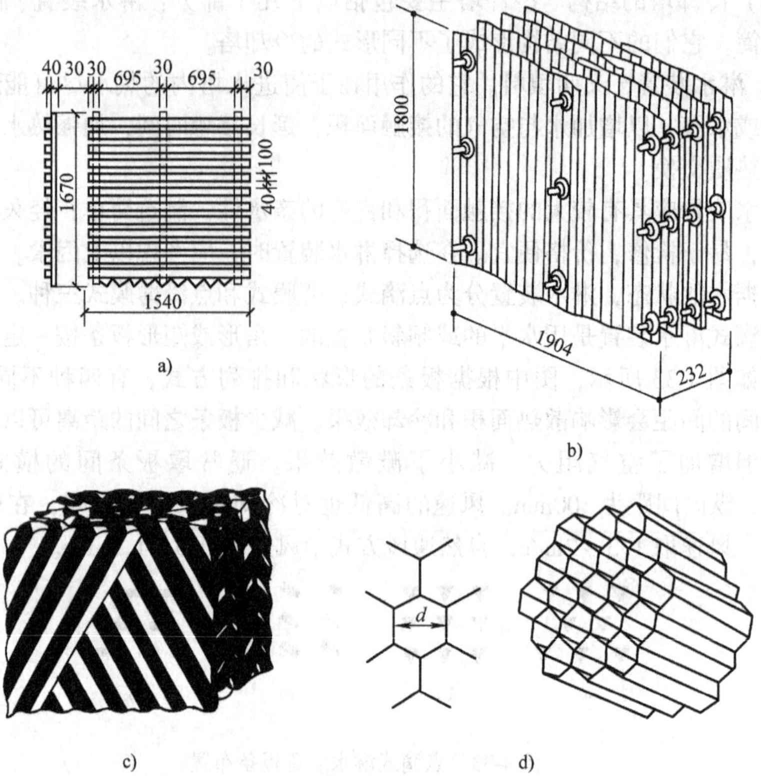

图 4-34　薄膜式淋水装置

a）小间距平板淋水填料　b）石棉水泥板淋水填料　c）斜波交错填料　d）蜂窝淋水填料

池式配水系统主要由进水管、配水池或管嘴、喷嘴组成。在配水池的底部均匀地开孔或者装设喷嘴或管嘴，水经进水管流入配水池，然后从配水池底部的孔或管嘴流出洒到淋水装置上。配水池一般安装在淋水装置的正上方。为保证出水均匀，配水池的深度应不小于100mm。

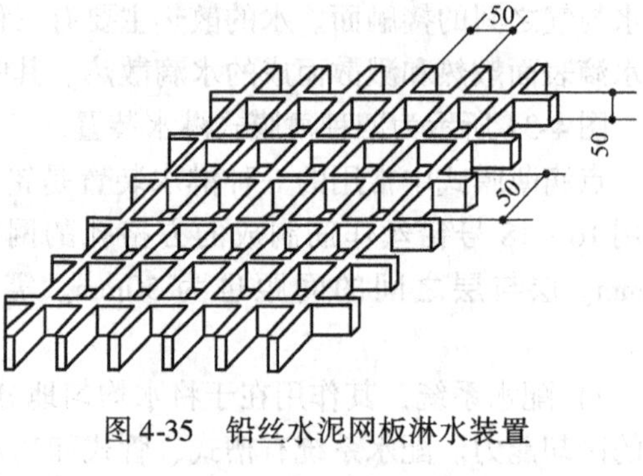

图 4-35　铅丝水泥网板淋水装置

3）通风筒，是冷却塔的外壳，气流的通道。如图 4-37 中的 7 所示，它还包括通风机的进风口和上部的扩散筒。通风筒的截面一般是圆锥形或抛物线形，这样可以保证进出风平缓，防止风筒口产生涡流。

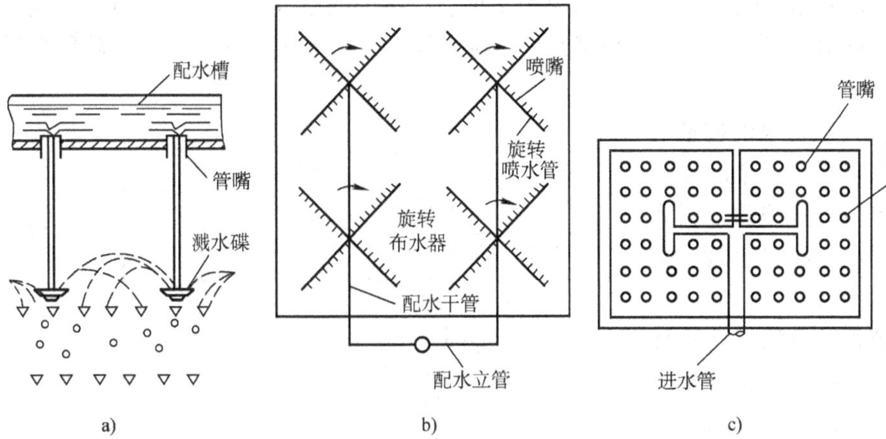

图4-36　配水系统
a）槽式　b）管式　c）池式

通风筒的高度与通风方式有关。对于自然通风方式，通风筒的高度很大，有的可达150m，而机械通风方式的通风筒一般在10m左右。

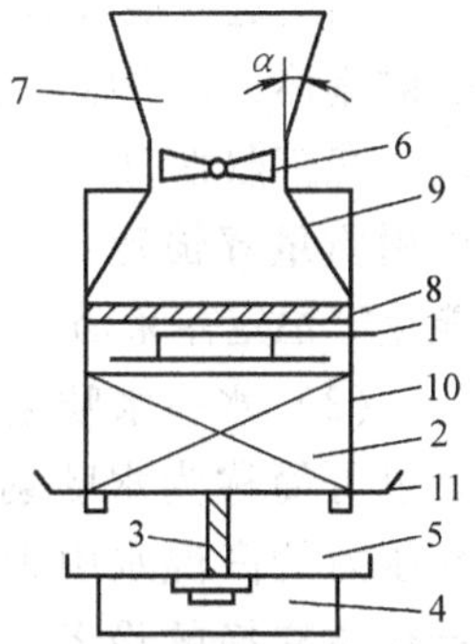

图4-37　冷却塔示意图
1—布水器　2—填料
3—隔墙　4—集水池
5—进风口　6—风机
7—风筒　8—收水器
9—风伞　10—塔体
11—导风板

3. 喷射泵

（1）喷射泵的类型和用途　喷射泵是利用喷管把压力较高的流体喷出，形成高速低压流体，使其压力低于被引射流体的压力，这样就把被引射流体吸入混合室混合，进行热质交换，再一起进入扩压管，达到同样的压力和温度后流出喷射泵。

喷射泵构造简单，工作可靠，造价较低，在热质交换过程中不直接消耗机械能，所以喷射泵被广泛应用于工程实践中。

根据喷射泵中流体的相态不同，喷射泵分为水—水型、汽—水型、汽—汽型和水—气型。进入喷射泵的压力较高的流体称为工作流体，压力较低的流体称为被引射流体。

喷射泵被广泛应用于供热系统中。例如水—水喷射泵和汽—水喷射泵可以用在集中供热系统中，作为室内供暖系统与外网的连接装置。当外网的温度不符合采暖用户要求，或外网的热媒为蒸汽时，可以采用喷射泵把来自外网的热水或蒸汽与用户的回水进行混合，降低温度后再送入用户。在这种情况下，喷射泵起到了换热器和循环水泵的双重作用。汽—汽喷射泵通常是用高压蒸汽抽引低压蒸汽，形成中压蒸汽，它可用在提高工业废气或凝结水回收系统中二次汽的压力，扩大气体应用范围。水—气喷射泵用来抽引设备内的空气，如真空除氧器中利用高压水抽引空气，在设备内形成真空的喷射泵。水—水喷射泵和汽—水喷射泵是较常用的设备。

(2) 喷射泵的构造和工作原理　喷射泵的主要部件包括工作喷管、引入室、混合室和扩散管，如图4-38所示。

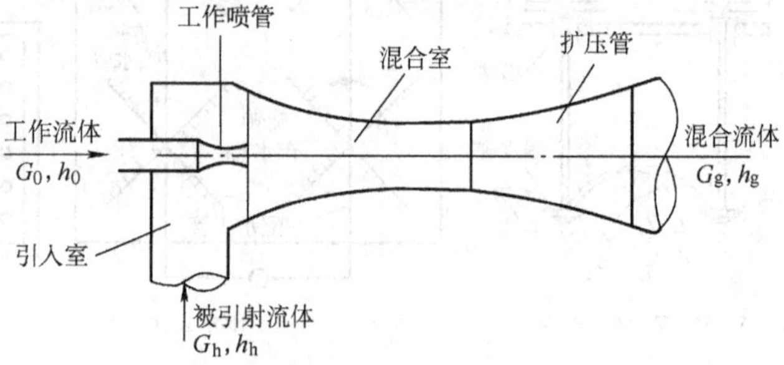

图4-38　喷射泵示意图

较高压力的工作流体进入工作喷管，在其中进行膨胀，压力降低而速度升高，势能转变为动能，并以很高的流速从喷管中喷出，在引入室处造成低压，将被引射流体吸入引入室，然后进入混合室，在其内进行热质交换。同时工作流体把一部分动能传给被引射流体，在沿喷射泵流动过程中，工作流体与被引射流体混合后的速度渐趋均衡，在扩散管内，动能转变为势能，压力升高后进入用户。喷射泵内发生的过程可用质量守恒定律、动量守恒定律和能量守恒定律来描述。

(3) 水—水喷射泵　水—水喷射泵也可简称为水喷射器。它是利用较高压力的高温水引射低压的低温水进行热质交换的设备。它的组成主要是喷管、引入室、混合室和扩压管。喷管多为渐缩喷管，混合室做成等截面的圆筒形。

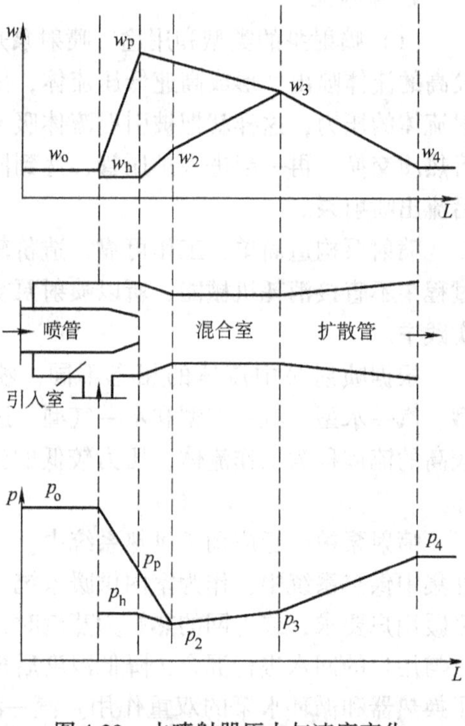

图4-39　水喷射器压力与速度变化

在水喷射泵工作时，如图4-39所示，具有压力 p_o，速度 w_o 的工作流体进入喷嘴，在截面不变的一段内，压力速度保持不变，在渐缩段，热水的势能转变为很大的动能，此时压力降低到 p_p，速度升高到 w_p，从喷嘴中高速喷出，进入引入室，利用造成的低压抽引被引射流体。被引射流体进入引入室后速度升高到 w_2，压力降低到 p_2，而工作流体的速度降低，压力升高到p_2，此时工作流体和被引射流体压力基本相等，进入混合室。在混合室中，进行热质交换和动量交换。工作流体的速度降低到w_3，压力升高到p_3。被引射流体的速度升高到w_3，压力升高到p_3。在混合室的出口，两种流体的速度和压力达到相等，进入扩压管内。在扩压管内，速度降低到w_4，压力升高到p_4。

（4）汽—水喷射泵　汽—水喷射泵也可简称为蒸汽喷射泵。蒸汽喷射泵的结构和工作原理与水喷射泵基本相同。二者的区别在于热质交换的介质不同，除此之外，喷射泵中工作喷管和混合室的类型不同。

蒸汽喷射泵的工作喷管有渐缩形和渐缩渐扩形两种，它所采取的形式根据喷嘴后蒸汽压力与喷嘴前蒸汽压力的比值来确定。如果喷嘴后蒸汽压力与喷嘴前蒸汽压力的比值小于临界压力比，喷嘴做成渐缩渐扩形；如果喷嘴后蒸汽压力与喷嘴前蒸汽压力的比值大于临界压力比，则做成渐缩形。工作流体为过热蒸汽时，临界压力比为0.546，工作流体为饱和蒸汽时，临界压力比为0.577。

蒸汽喷射泵的混合室有渐缩形和圆筒形两种。圆筒形混合室在进口和出口处的压力是不相等的，出口压力略大于进口压力。而渐缩形混合室可认为是等压流动，进口压力与出口压力相等。蒸汽喷射泵的混合室多设计为渐缩形。

4. 汽水混合加热器

汽水混合加热器是利用蒸汽直接与水混合，对水实施加热的设备。汽水混合加热器主要有喷管、壳体、网板、垫圈和填料等部分组成，被加热水沿轴向通过喷管时，蒸汽沿垂直于轴向的进口进入加热器，从喷管外侧经管壁上倾斜小孔喷入喷管与被加热水混合，并将汽化热传给被加热水，凝结水与被加热水混合流出加热器。QSH型汽水混合加热器，如图4-40所示。

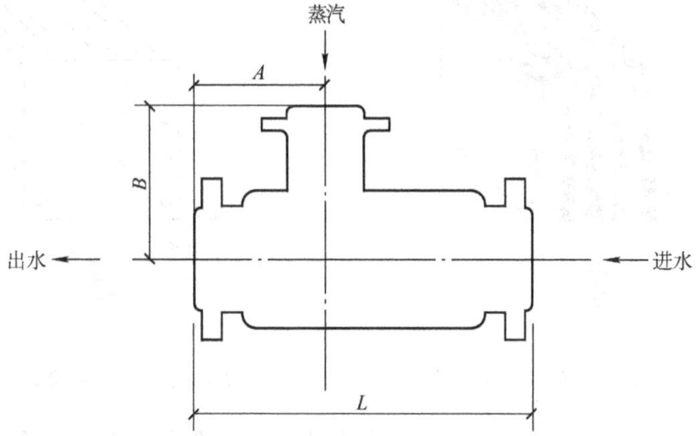

图4-40　QSH型汽水混合加热器示意图

汽水混合加热器多用在热水供暖系统中。在设计时应注意以下几点：在接近汽水混合加热器的蒸汽管道上装设止回阀；低温水采暖系统的汽水混合加热器装在水泵进口侧，高温水采暖系统的汽水混合加热器装在水泵的出口。

5. 间接式蒸发冷却器[9]

依靠水的蒸发来冷却空气的设备称为蒸发冷却器，它分为直接蒸发冷却式和间接蒸发冷却式。直接蒸发冷却是空气与水直接接触进行冷却的方式，例如喷水室和淋水填料层，此类设备的特点已在前文中有述。间接蒸发冷却是通过壁面把水蒸发的冷量传给被冷却的空气。间接蒸发冷却器主要有两类：板式和管式。

板式间接蒸发冷却器如图 4-41 所示。它由几块板平行放置组成，相邻的两个通道，一个通过被冷却空气（也称为一次空气），另一个通过辅助空气（也称为二次空气）及喷淋水，在此通道内水蒸发吸热，从而把另一侧的被冷却空气冷却。图中黑色通道代表迎风方向是封闭的，白色表示通道是敞开的。

管式间接蒸发冷却器如图 4-42 所示。管内是被冷却的一次空气，管外是二次辅助空气和喷淋水。当管内通过待冷却的一次空气时，被管外的二次空气和喷淋水蒸发吸热而冷却。

间接蒸发冷却器中的一次空气和二次空气可以都是室外空气，也可以用排风作为二次空气。当室内排风的比焓小于室外空气的比焓时，宜采用排风作为二次空气。间接蒸发冷却器目前被广泛使用在空调系统中，用来冷却新风，同时还可以利用排风的余冷。例如，本书在第 5 章将要介绍的固体吸附除湿空调系统和溶液除湿空调系统中。

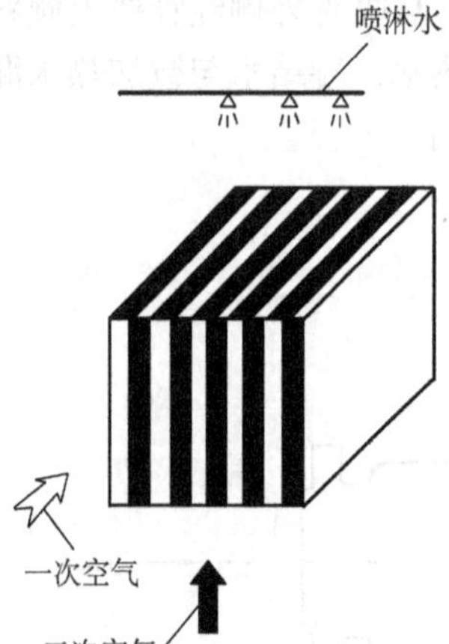

图 4-41　板式间接蒸发冷却器

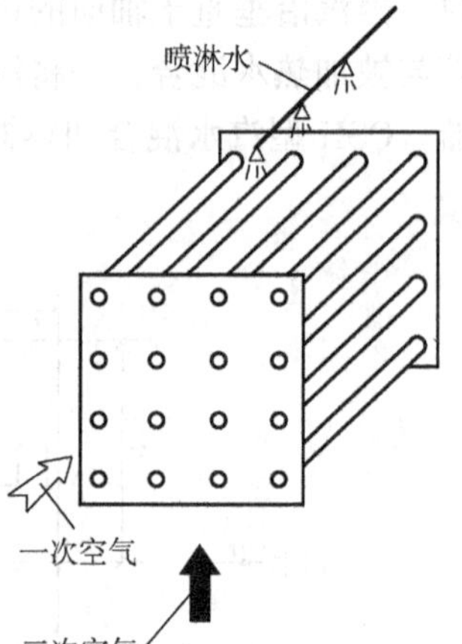

图 4-42　管式间接蒸发冷却器

间接式蒸发冷却器中被处理空气的状态变化过程是一个等湿冷却过程，另一侧的二次空气被水喷淋，根据喷水温度的不同，可实现不同的状态变化过程，相关内容可参阅文献［10］。如图 4-43 所示是间接蒸发冷却器内空气处理过程的 *h*-

d 图，一次和二次空气均采用室外新风，喷淋水的温度等于二次空气的湿球温度，可实现等焓加湿过程。被处理空气与冷却介质二次空气及喷淋水是通过壁面进行传热，而壁温往往大于被处理空气的露点温度，所以被处理空气中水蒸气不会凝结，空气只被降温。

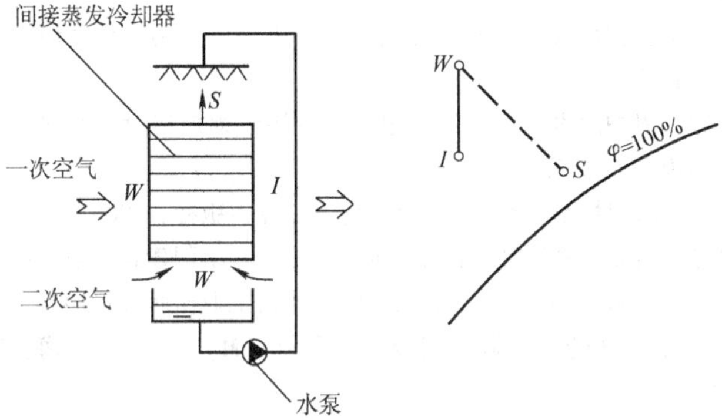

图 4-43　间接蒸发冷却器示意图和空气处理过程

复习思考题和习题

1. 选择散热器时应考虑哪些因素？

2. 喷水室处理空气时，假想情况、理想情况和实际情况的含义是什么？

3. 在焓湿图上绘制用喷水室对空气进行冷却减湿的理想过程。分顺流和逆流两种情况。

4. 在焓湿图上绘制用喷水室对空气进行加热加湿的理想过程。分顺流和逆流两种情况。

5. 喷射泵有哪些类型？举例说明各种喷射泵的用途？

6. 已知通过空气冷却器的风量为 5000kg/h，冷却前的空气状态为干球温度 $t=27$℃、湿球温度 $t_s=20$℃，冷却后的空气状态为 $t=15$℃、$t_s=14$℃，试问空气冷却器吸收了多少热量？

7. 需将干球温度 $t=35$℃、相对湿度 $\varphi=60\%$ 的室外空气处理到 $t=22$℃、$\varphi=50\%$，为此先通过空气冷却器减湿冷却，再通过加热器加热。如果空气流量是 $7200\text{m}^3/\text{h}$，试求：①除去的水汽量；②冷却器的冷却能力；③加热器的加热能力。

8. 对风量为 1000kg/h，状态为干球温度 $t=16$℃、相对湿度 $\varphi=30\%$ 的空气，用喷蒸汽装置加入了 4kg/h 的水汽，试问处理后的空气终态是多少？如果加入了 10kg/h 的水汽，这时终态又是多少？会出现什么现象？

9. 已知室外空气状态为干球温度 $t=21$℃、含湿量 $d=9\text{g/kg}$，送风状态要求 $t=20$℃、含湿量 $d=10\text{g/kg}$，试在 h-d 图上确定空气处理方案。如果不进行处理就送入房间有何问题（指余热、余湿量不变时）？

参考文献

[1]　贺平，孙刚. 供热工程 [M]. 北京：中国建筑工业出版社，1993.

[2] 建筑工程常用数据系列手册编写组．暖通空调常用数据手册［M］．2版．北京：中国建筑工业出版社，2002.
[3] 陆耀庆．供热空调设计手册［M］．北京：中国建筑工业出版社，1993.
[4] 李先洲，李景田．暖通空调规范实施手册［M］．北京：中国建筑工业出版社，1999.
[5] 工业锅炉房实用设计手册编写组．工业锅炉房实用设计手册［M］．北京：机械工业出版社，1990.
[6] 燃油燃气锅炉房设计手册编写组．燃油燃气锅炉房设计手册［M］．北京：机械工业出版社，1998.
[7] 张立志．除湿技术［M］．北京：化学工业出版社，2005.
[8] 连之伟．热质交换原理与设备［M］．北京：中国建筑工业出版社，2001
[9] 陆亚俊．暖通空调［M］．北京：中国建筑工业出版社，2002.
[10] 陈沛霖，岳效芳．空调与制冷技术手册［M］.2版．上海：同济大学出版社，1990.

第 5 章 干燥剂除湿原理与设备

5.1 常用除湿方法

除去湿空气中水分的方法大概可分为以下五种：冷却法除湿、液体吸收剂除湿、固体吸附剂除湿、转轮法除湿以及膜法除湿。也可用多种方式组合这五种方法，构成新的除湿系统。具体采用哪种方法，要根据被处理空气的风量、风压、温度和空气的含湿量，结合具体的应用背景进行选择。表 5-1 列出各种除湿方法的特性[1]。

表 5-1 空气除湿方法的性能比较

除湿方法	冷却法除湿	液体吸收剂除湿	固体吸附剂除湿	转轮法除湿	膜法除湿
分离原理	冷凝	吸收	吸附	吸附	渗透
除湿后露点/℃	0 ~ -20	0 ~ -30	-30 ~ -50	-30 ~ -50	-20 ~ -40
设备占地面积	中	大	大	小	小
操作维修	中	难	中	难	中
空气量/ (m^3/min)	0 ~ 30	100 ~ 2000	0 ~ 2000	0 ~ 200	0 ~ 100
生产规模	小 ~ 大型	大型	中 ~ 大型	小 ~ 大型	小 ~ 大型
主要设备	冷冻机、空气冷却器	吸收塔、泵、换热器	吸附塔、换热器、切换阀等	转轮除湿器、换热器	膜分离器、换热器
能耗大小	大	大	大	大	小

5.1.1 冷却法除湿

冷却法除湿是利用湿空气被冷却到露点温度以下，将冷凝水脱除的除湿方法，又称为露点法。由于用冷冻机作为冷却的手段，所以又叫做冷冻除湿。使用空气冷却器除湿或喷水室除湿的方法属于冷却法除湿。该法的除湿原理已在第4章讲述，这里不再赘述。

当处理空气出口露点温度在0℃以下时，冷凝水会在盘管表面结冰，并将随着时间的增长不断地增厚，以至于堵塞盘管肋片之间的间隙，妨碍传热和空气流通，使除湿不能继续进行。因此，使用这种方法进行低露点除湿时，必须增加除霜装置。而且空气冷却器产生的冷凝水易产生霉菌，从而影响室内空气质量。

喷水室除湿是通过在喷水室中直接喷淋冷水，空气与冷水接触后结露脱除水分的除湿方式。作为冷源使用的冷水可以是地下的井水，也可以是由制冷机人工制取的冷水，具体采用何种方案由当地气象条件和除湿空气的终了状态综合决定。

这种除湿法虽有其独特的优点，但也有一些缺点：仅为降低空气温度，冷媒温度无需很低，但为了除湿，冷媒温度须较低，一般为7~12℃，从而降低了制冷机的COP，而且由于除湿后的空气温度过低，往往还需将空气加热到适宜的送风状态；由于冷媒温度较低，使一些直接利用自然冷源的空调方式无法应用（如利用深井水作冷源，其温度在15℃左右）。这些缺点使其不仅浪费了能源，还增加了对环境的污染。

5.1.2 液体吸湿剂除湿

液体吸湿剂除湿是利用某些吸湿性溶液吸收空气中的水分而将空气脱湿的方法。它又称液体吸收法，简称液体除湿。

液体吸湿剂大量地吸收水分以后，吸收液的浓度变稀，除湿能力也随之降低。因此，需要将稀溶液加热浓缩进行再生。稀溶液被加热后，水分蒸发，溶液变浓，溶液恢复吸湿性后再被送往除湿部重复使用，溶液不停在吸湿和再生之间循环，除湿过程连续进行。

液体除湿的优点是：传热表面即使降到0℃以下也不会结霜。有人已经证明，在-85℃以下的低温状态下，氯化锂除湿装置仍能使用；另外除湿盐溶液具有杀菌性，所以用它能制造无菌空气。氯化锂溶液能杀死葡萄球菌、链球菌、肺炎杆菌、大肠杆菌、变形菌、绿脓杆菌等。液体除湿的主要问题是，若溶液流速选得不合适，则将产生溶液飞沫，并随空气一起进入管道。用玻璃纤维过滤器能捕捉99.9%的飞沫，但0.3μm的微小粒子仍然会被空气流带走。

但液体吸湿溶液会腐蚀金属，当它们随空气一起运动时会产生不良的影响。所以，液体除湿的飞沫问题是需要小心处理的一个问题。

5.1.3 固体吸附剂除湿

固体吸附剂除湿是利用某些固体吸附剂吸湿的方法。这种方法又称为固体床吸附法，简称固体除湿。某些固体吸附剂对水蒸气有强烈的吸附作用，当湿空气流过由这些吸湿剂堆积而成的吸附床时，空气中的水蒸气就被脱除，达到除湿目的。

固体床吸附法又包括固定层吸附法和动态吸附法。固定层吸附是让处理空气强制流过填充床，如图 5-1 所示。用固定吸附层进行吸附操作时，在吸附层的另一端开始出现吸附质痕迹的点称为“吸附透过点”。吸附质的饱和带在吸附剂层中移动，饱和带的顶端（透过曲线）到达吸附层的另一端的点就是吸附透过点。其后，如果仍然继续进行吸附，高浓度的吸附质就会慢慢地从“柱”中出来，最终流出来的是和入口浓度完全一样的气体。这时吸附剂完全和入口浓度相平衡。

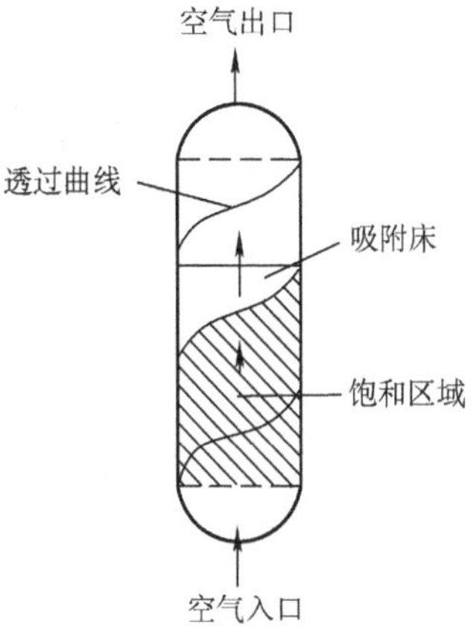

图 5-1　固体吸附剂吸湿

在实际操作中，在到达透过点或在这之前，固定层吸附装置就已经停止吸附操作了，要切换至再生操作。图 5-1 中阴影线画到的区域表示吸附饱和区域。

吸附完成后，需要将吸附床进行加热再生，这种吸附—再生过程是一个缓慢的过程。由于吸附床热导率很小，吸附床的加热和冷却都不易进行，而吸附过程是放热过程，放出的热将影响到吸湿剂对水分的吸附，最终导致吸附床填充量大，效率低。为了实现吸附床的快速加热与冷却，减小填充量，常在吸附床内部装设加热、冷却盘管与肋片，实现吸附床的快速强制加热与冷却，使吸附与再生过程快速进行，从而提高吸附剂利用效率，减小填充量。

图 5-2 所示为一种连续动态吸附除湿装置流程。湿润空气通过两个吸附床中的一个，吸附并除去空气中的水分，而另一床进行再生脱附，水分脱附使已经达到饱和状态的吸附剂得到再生。当空气不断通过吸附床时，吸附剂会达到饱和点，通过湿度计监测出口空气湿度，在达到饱和点之前就将空气切换到已再生过的吸附床，因此能进行连续的除湿。由于动态吸附除湿的循环时间往往很快，吸附热如不及时排走，会影响到吸附的继续进行。为了缩短循环时间，减小吸附床填充量，在吸附床中设置加热/冷却盘管，实现吸附床的强制加热与冷却。吸附床中装设冷却盘管，流过盘管中的介质为冷却水或冷空气。再生床盘管中的介质为热水或热空气，用来加热再生吸附剂。

在图 5-2 所示的系统中，通过四通阀的切换，两个吸附床交替工作于除湿模式和再生模式，在吸附床中安装肋片管，在肋片之间填充颗粒状吸湿剂。吸附床工作于除湿模式时，盘管中间流过冷却水，用来带走吸附热，保证吸附过程正常进行。这种系统的除湿空气出口温度较高，需要加一空气冷却器来降温，再送往房间。这种除湿过程是一动态过程。

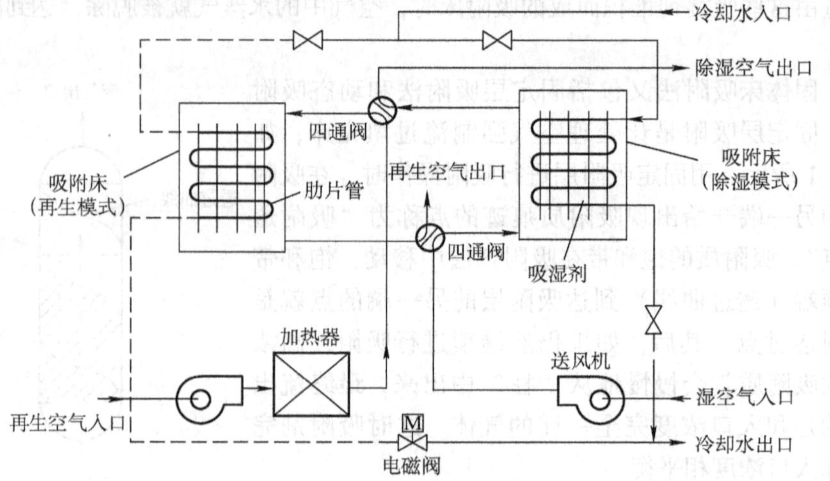

图 5-2　吸附除湿装置流程图

5.1.4　转轮除湿法

转轮除湿法是利用转轮机除湿的方法。转轮除湿机是利用固体吸湿剂做成的转轮进行旋转除湿的设备，最近十几年这种设备得到快速发展。图 5-3 是除湿转轮结构示意图。转轮上布满蜂窝状的流道，空气流过这些流道时，与流道壁进行热湿交换，流道壁本身含有固体吸湿剂，它被空气冷却时，其对应的水蒸气分压力变得小于被处理空气的水蒸气分压力，空气中的水蒸气就被吸附到吸湿剂中，与此同时转轮本身的显热和吸附产生的吸附热使空气温度升高。随着转轮的旋转，这部分流道的吸湿量逐渐趋于饱和，当这些吸湿后的流道旋转到再生区时，热的再生空气流过，含有固体吸湿剂的流道壁受热，其对应的水蒸气分压力高于再生空气中的水蒸气分压力，将吸湿剂中的水分驱离出来。随着转轮的旋转和脱附的进行，蜂窝状的吸湿剂流道恢复了吸湿能力，又被旋转到除湿区，这样周而复始，除湿过程得以连续进行。

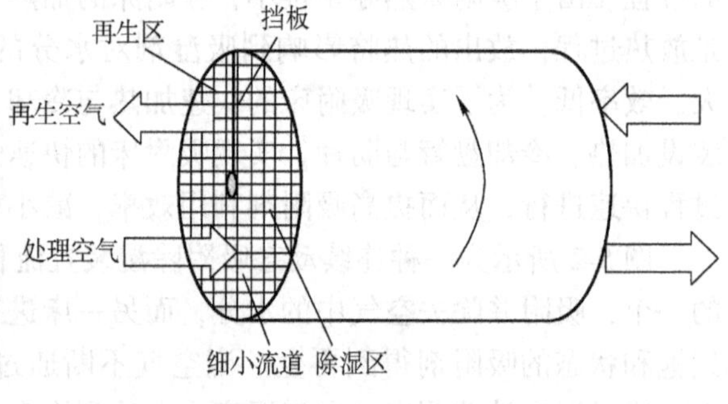

图 5-3　除湿转轮结构示意图

图 5-4 所示为转轮法除湿流程示意图。这种除湿机主要由除湿转轮、传动机构（传动带或齿轮）、外壳、风机、再生用电加热器（或以蒸汽作热媒的空气加

热器或其他余热加热器）以及控制器件所组成。

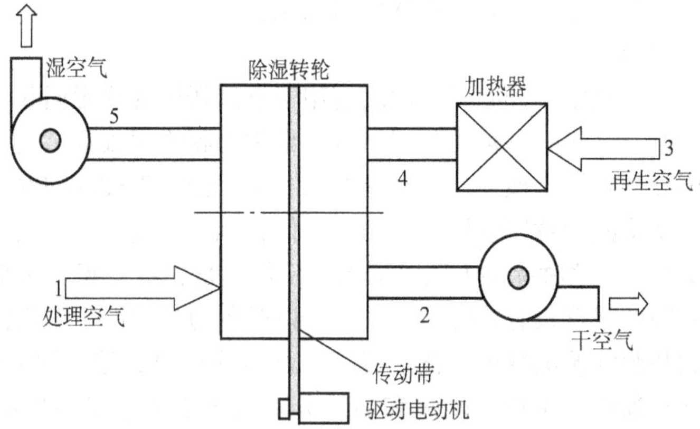

图5-4　转轮法除湿流程示意图

目前转轮法除湿在空调除湿领域得到很快的发展，定型后商品化的设备已经可以在市场上获得。

5.1.5　膜法除湿

膜法除湿是利用除湿膜进行除湿的方法。膜科学技术是一门新兴的高分离、浓缩、提纯、净化技术。随着膜技术的发展，它在除湿领域也得到研究和应用，并且方兴未艾。除湿膜一般是采用亲水性膜。膜的种类可以是有机膜、无机膜和液膜。膜的形态可以是平板式，也可以是具有很高装填密度的中空纤维式。随着材料科学和膜制备技术的提高，具有更高渗透特性、更高机械强度的新型膜将不断涌现。目前常用的除湿膜有聚乙烯醇膜、赛璐纷膜、藻酸膜、壳聚糖膜、芳香聚酚亚胺膜、聚丙烯腈和醋酸纤维素膜。膜法除湿的研究领域主要集中在三个方面：压力除湿、膜法全热回收和膜湿泵。

1. 压力除湿

要使水蒸气透过膜，必须在膜的两端产生一个浓度差，然后利用水蒸气与空气中的其他成分在浓度差作用下选择性透过的机理实现除湿。压力法就是强制使水蒸气在膜两侧压差作用下，从膜的一侧透过到另一侧，实现除湿，如图5-5所示。

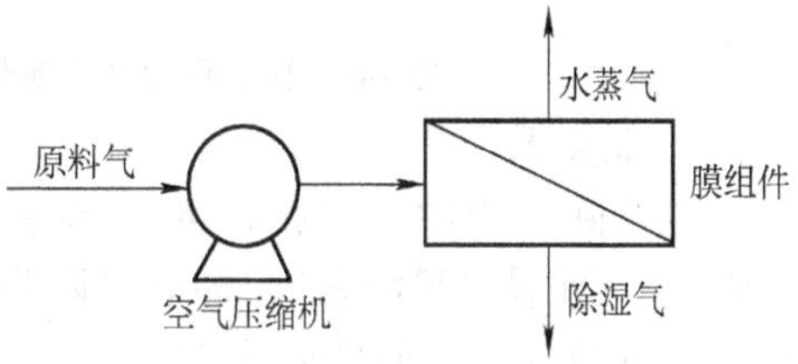

图5-5　膜压缩除湿系统示意图

从外界来的新鲜空气经压缩机加压后进入膜组件，由于进气侧总压提高，其中水蒸气的分压也相应提高，水蒸气在膜进出侧压力差的作用下，优先透过膜而散发到环境中去，处理后被干燥的空气进入室内或其他工业生产场合。为了将渗透侧的水蒸气及时带走，可以在渗透侧引入吹扫气。

2. 膜法全热回收

最近几年，一些学者开始将除湿膜应用于空调新风的热湿回收，并用透湿膜做成全热交换器。这是一种被动除湿技术，也称为膜焓回收器。它是利用透湿膜做热湿交换媒介的空—空换热器，空调新风和排风分别流过膜的两侧，同时交换湿和热，使空调房间的焓得到回收，从而降低新风空调负荷。其在新风处理中的应用如图 5-6 所示。这种除湿方法具有的突出优点是，由于膜两侧都处于大气压附近，所以对膜的强度没有特殊的要求，可以避免为达到一定的高强度而牺牲透过度，所以它是膜除湿的发展方向。夏天，新风往往热且湿，回风相对冷且干，利用膜全热交换器后，可以让新风和回风分别通过膜全热换热器中透湿膜的两侧，使它们交换湿和热，这样新风中的部分显热和潜热就可被带走，从而降低了空调系统的负荷，达到节能目的；冬天，新风往往冷且干，而回风却热且湿，通过膜全热交换器，可以把排气中的这部分热和湿回收回来，从而降低供热和加湿负荷，达到节能目的。这种全热回收方法可以节约夏季空调负荷 20%左右。

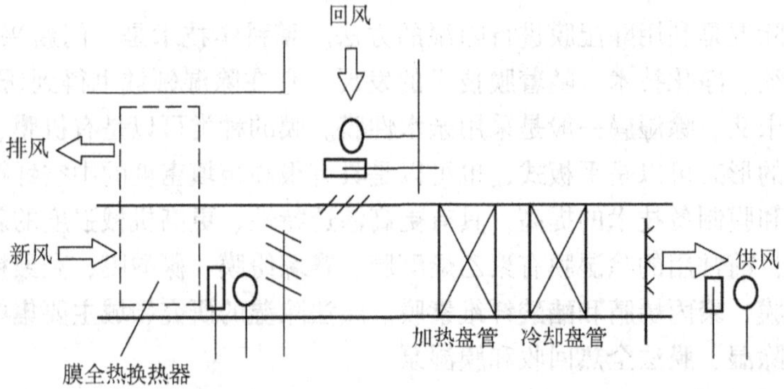

图 5-6 基于膜的全热换热器在空调新风处理中的应用

3. 膜湿泵

在实际工程中，往往需要实现水蒸气由低湿气流向高湿气流的传递，即“湿泵”。所谓“膜湿泵”，即靠膜两侧气流的温度差实现水蒸气由低湿气流向高湿气流的传递。其原理如图 5-7 所示。处理空气（如新风）流经膜的一侧，在另一侧高温气流（称为驱动气流，可以是新鲜空气或排风经加热后获得）作用下，水蒸气由处理空气进入驱动气流，最后排入环境中。除湿后的气流流经热交换器，降温后供室内或其他工业场合使用；驱动气流经热交换器加热后，温度升高，再经过加热器进一步加热，达到一定的温度后，进入膜组件，驱动并带走水蒸气。加热器可以由余热驱动，实现节能。

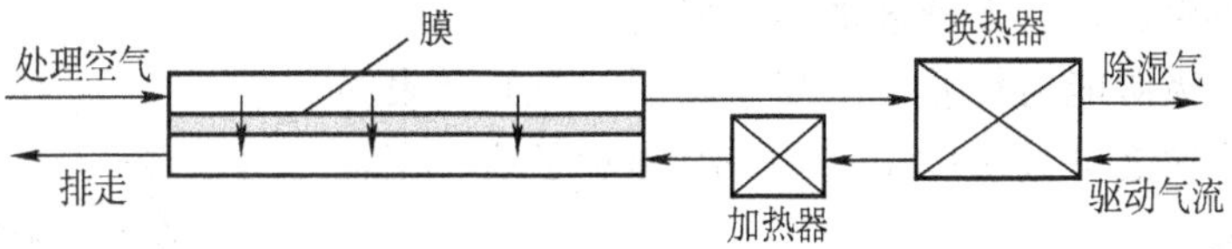

图 5-7 膜湿泵的原理

由于温度越高，膜对水的吸附量越小，导致驱动气流侧的膜表面的水分浓度小于处理气流侧膜表面的水分浓度，从而引起膜内水从处理气流侧表面向驱动气流侧表面的扩散。这样一来，处理空气中的水蒸气就不断地被吸附到驱动气流侧表面，并向驱动气流侧扩散，然后在驱动气流侧表面向驱动气流解吸出来。这个过程不断进行，使处理空气中的湿度不断降低，达到除湿的目的，这一原理也叫热渗透过程。水蒸气传递方向是逆水蒸气分压力方向进行。膜两侧温差越大，越有利于水蒸气渗透。

本章主要讨论固体吸附剂除湿和液体吸收剂除湿的干燥剂除湿原理与设备[2,3]。

5.2 干燥剂除湿过程

5.2.1 干燥循环

干燥剂的吸湿和放湿是由干燥剂表面的蒸汽压与环境空气的蒸汽压差造成的：当前者较低时，干燥剂吸湿，反之放湿，两者相等时，达到平衡，既不吸湿，也不放湿，图 5-8 显示了干燥剂吸湿量与其表面水蒸气分压间的关系：吸湿量增加，表面水蒸气分压也随之增加。图 5-9 显示了温度对干燥剂表面水蒸气分压的影响。当表面水蒸气分压超过周围空气的水蒸气分压时，干燥剂脱湿，这一

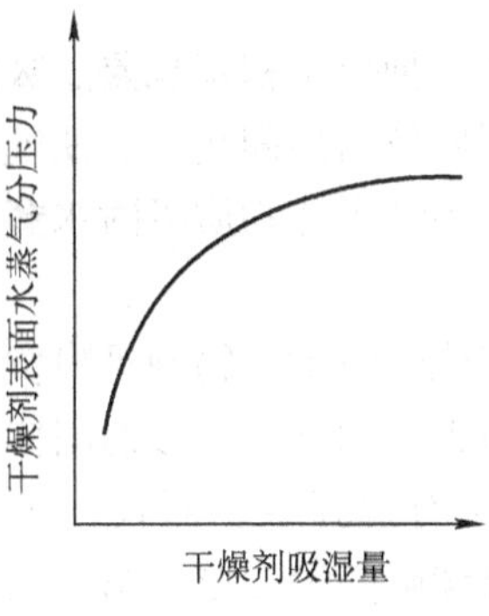

图 5-8 干燥剂表面水蒸气分压与其吸湿量的关系

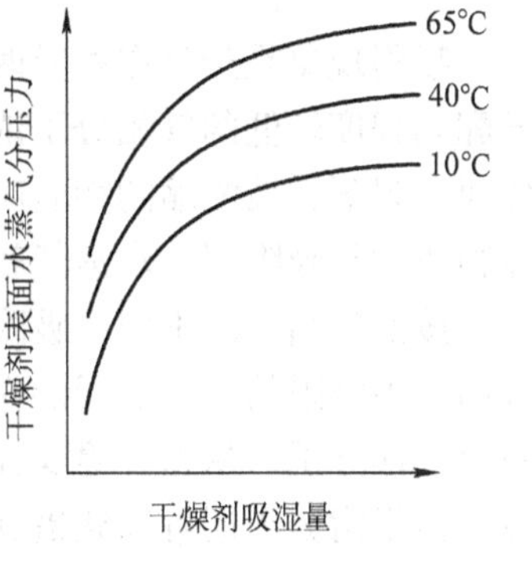

图 5-9 干燥剂吸湿量与水蒸气分压及温度的关系

过程称为再生过程。干燥剂加热干燥后，它的蒸汽压仍然很高，吸湿能力较差。冷却干燥剂、降低其表面水蒸气分压使之可重新吸湿。图 5-10 显示了这一完整的循环过程。

5.2.2 干燥除湿的优点

利用吸附或吸收材料降低空气中的含湿量，是一种常用的除湿方法，具有一些其他除湿方式（如低温露点除湿、加压除湿）没有的优点，即吸附除湿既不需要对空气进行冷却，也不需要对空气进行压缩。另外吸附除湿噪声低且可以得到很低的露点温度。

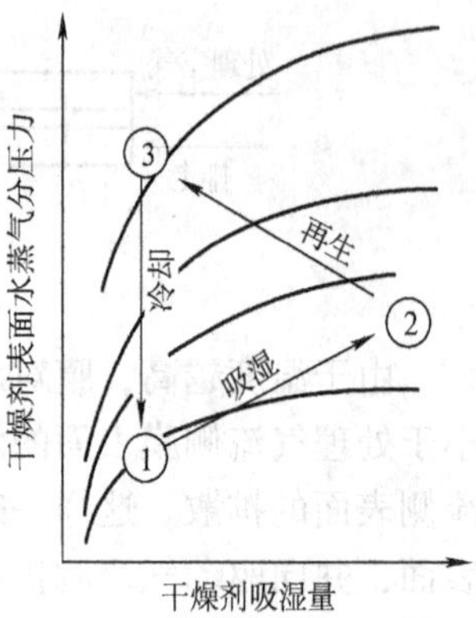

图 5-10 干燥循环示意图

国际空调界近年来流行一种除湿概念——独立除湿（Independent dehumidification），即对空气的降温与除湿分开独立处理，除湿不依赖于降温方式实现。这一领域目前是空调研究中较为活跃的领域。典型的独立除湿方式主要采用吸收或吸附方式，这样所要求的冷源只需将空气温度降低到送风温度即可。

5.3 固体吸附除湿原理及方法

固体吸附除湿是一种经常采用的除湿方法，吸湿剂饱和后需要加热再生，这个过程可以利用余热进行，有利于减轻对电网的依赖。最初使用的固体吸附剂除湿，吸附剂往往是一次性使用，能耗虽不高，但除湿剂消耗大，价格贵。近 50 年来，随着吸附技术的发展，吸附剂实现了重复再生使用，价格得到降低，其在空气除湿中的应用越来越受到重视。

5.3.1 吸附与吸附等温线

吸附现象是产生在相异两相的边界面上的一种分子积聚现象。吸附就是把分子配列程度较低的气相分子浓缩到分子配列程度较高的固相中。使气相浓缩的物体叫吸附剂，被浓缩的物质叫吸附质。例如，当某固体物质吸附水蒸气时，此固体物质就是吸附剂，水蒸气就是吸附质。

按照作用力的不同，吸附分为物理吸附与化学吸附。物理吸附发生时，固体表面与被吸附的分子之间的作用力是范德华引力。因此，一般的固体表面都可以吸附气体分子。从这个意义上说，物理吸附没有选择性，而且，在吸附了单层后，被吸附分子还可以凭借其分子间作用力继续吸附第二层、第三层分子等，形成多分子层吸附。实际用于物理吸附的吸附剂往往对吸附质有一定程度的选择性，这一般是因为对吸附剂的微孔通道进行控制，或对吸附剂的微孔表面进行了特殊化学处理的缘故。

化学吸附指吸附质与吸附剂之间的作用力与化合物原子间的化学键相似，起因是被吸附分子与固体表面分子（原子）间的化学作用，在吸附过程中发生电子转移或共有、原子重排以及化学键的断裂与形成等过程。化学吸附一般是单分子层吸附，吸附剂与吸附质之间有较强的选择性，而且差异较大。

本节主要讨论物理吸附，即由吸附剂和吸附质分子之间称为范德华引力的吸附力所引起的可逆吸附现象。

吸附剂的吸附特性可以用吸附等温线来表示。吸附等温线的表达式有著名的Langmuir、Freundllch、BET等多种表达形式。对于吸湿材料，平衡吸湿量可以用下式表示，即

$$\frac{W}{W_{max}} = \frac{\varphi}{C + (1 - C)\varphi} \tag{5-1}$$

式中　W——单位质量吸湿剂平衡时所吸附的水分［kg（水分）/kg（吸湿剂）］；

W_{max}——100%相对湿度下的最大吸湿量［kg（水分）/kg（吸湿剂）］；

C——吸附等温线的形状因子；

φ——相对湿度。

按照吸附等温线的不同形状，人们将各种吸附等温线划分为Ⅰ型（包括ⅠE和ⅠM型）、Ⅱ型（或线性）和Ⅲ型（包括ⅢM和ⅢE）五种，如图5-12所示。它们对应的形状因子分别是C＝0.01，0.1，1.0，10，100。从图5-11可以看出，分子筛具有的吸附等温线属于Ⅰ型，硅胶属于线性，而活性铝和离子交换树脂属于Ⅲ型。不同的工艺过程要求的材料吸湿特性不同。对于除湿过程，Ⅰ型吸湿材料比较有利；而对于空调新风与排风之间的热湿回收，Ⅲ型材料比较有利。

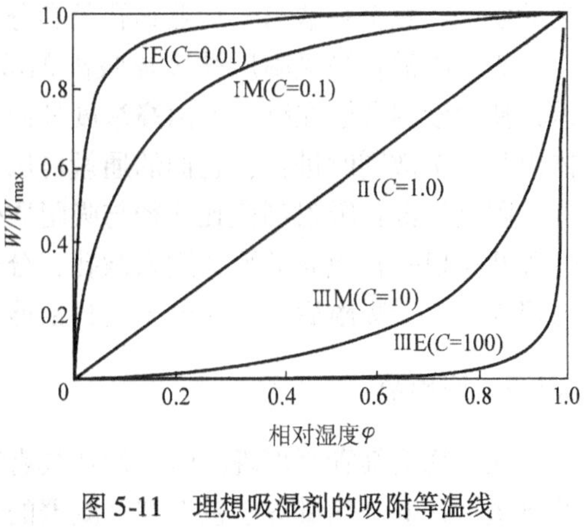

图5-11　理想吸湿剂的吸附等温线

使用固体吸湿剂的空气除湿过程可以看作是等焓升温过程，为了得到温度较低的空气，还应对干燥后的空气进行冷却处理。以硅胶为例，其除湿处理过程如图5-12所示。如果需要将状态1的空气处理到状态2，则令其通过硅胶层。当潮湿空气通过硅胶层时，其中的水蒸气被吸附，同时放出吸附热（可以近似认为等于汽化热）将空气加热。因此，保持了硅胶层前后空气焓的不变，而温度上升，如图5-12中1-1′所示。为了得到温度较低的空气，还需对状态1′的空气进行降

温处理。为了得到状态 2 的空气，通常需要由状态 1′先等湿冷却到状态 2′，然后再绝热加湿到状态 2，此过程即经常采用的除湿制冷过程。为了实现吸附床的快速循环，常在吸附床中装备肋片管并通冷水进行冷却来强化吸附床的传热。

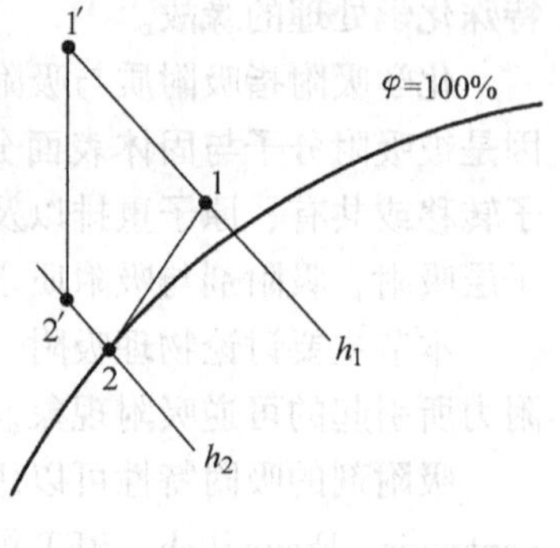

图 5-12 固体吸湿剂绝热除湿过程

对于吸附机理是物理吸附的吸附剂来说，其内部由大量孔隙组成。大孔和中孔属于主流通道，微孔主要起储留水分的作用。发生吸附过程的内部表面积的 95% 左右归微孔所有。在吸附过程中，水分在吸附剂内部的扩散阻力主要来自微孔中的扩散。

吸附质在多孔介质中的扩散，根据孔的大小和形状不同，一般分为四种形式的扩散，即分子扩散、努森扩散、表面扩散和限制扩散。

分子扩散：当毛细孔径远大于吸附质分子平均自由程时，主要是分子与分子间发生碰撞，而分子与壁面间的碰撞阻力可以忽略。分子扩散的有效扩散系数不仅与一般分子系数有关，还与多孔介质的孔隙率及毛细孔的复杂程度有关。

克努森（Knudsen）扩散：如果气体压力很低或毛细孔径很小，当分子平均自由程远大于毛细孔径时，分子与壁面碰撞的机会多于分子之间的碰撞。由分子运动学知，克努森数与平均毛细孔径和分子运动速度有关。

表面扩散：当吸附质被固体吸附剂吸附后，由于沿固体壁面有一定的浓度差，使得吸附分子在壁面上由高浓度处向低浓度处扩散。一般认为表面扩散与固体内气体扩散同时进行，它们的通量可以相加。

限制扩散：吸附剂微孔孔径与吸附质分子相同或非常相近，这时分子的扩散过程几乎以一种填充的形式进入微孔，分子的运动只能沿孔的一个方向，扩散阻力很大。由于吸附后吸附质分子的自由能大大减小，吸附热非常大，不易脱附。

5.3.2 吸附热

在研究毛细管凝聚现象时，发现具有毛细管的物体本身要放出相当于凝结热的热量。这部分热量等于被毛细管凝聚的物质的单位游离热量。实际上吸附放出的热量更多，这是因为在吸附现象中，作用在吸附剂表面的力比和凝聚现象有关的范德华引力大。没有吸附物质的吸附剂，吸附吸附质时的吸附热最大，随着吸附物质的增大，吸附热要减小。吸附热的最高值是凝结热的两倍。如果把吸附过程分为许多微小的阶段，各个阶段放出的吸附热是微分吸附热（q_d）。将微分吸附热累计起来，取平均值就获得吸附过程的平均吸附热，称为积分吸附热（q_i）。用公式表示积分吸附热同微分吸附热之间关系为

$$q_i = \frac{1}{W}\int_0^W q_d \mathrm{d}W \tag{5-2}$$

另外一种吸附热，称为等量吸附热，可以直接从 Clausius-Cla-peyron 方程计算获得

$$q_{st} = RT^2\left(\frac{\partial \ln p_v}{\partial T}\right)_W \tag{5-3}$$

式中　q_{st}——等量吸附热（kJ/kg）；

p_v——水蒸气分压力（Pa）；

R——气体常数［kJ/（kg·K）］；

T——温度（K）；

W——吸附量（kg）。

由于吸湿剂吸湿时的吸附热大于水的汽化热，这意味着严格来说实际除湿和再生过程并非等焓过程。目前使用的大多数吸湿剂的吸附热比水的汽化热大5%～10%，所以通常情况下就用水的汽化热来近似代替。

5.3.3　吸附时的传质

在吸附除湿操作中，传质速度是决定吸附床尺寸的一个重要因素。吸附时的传质速度一般认为是由下列机理决定的：①在吸附剂颗粒外流体边界层内的对流传质；②在吸附剂颗粒内部被吸附物质的分子扩散；③在吸附点进行吸附反应。

在吸附时，气体先通过气膜到达颗粒表面，然后才向颗粒内扩散。脱附时则逆向进行。扩散过程可用图5-13所示的机理来表示。

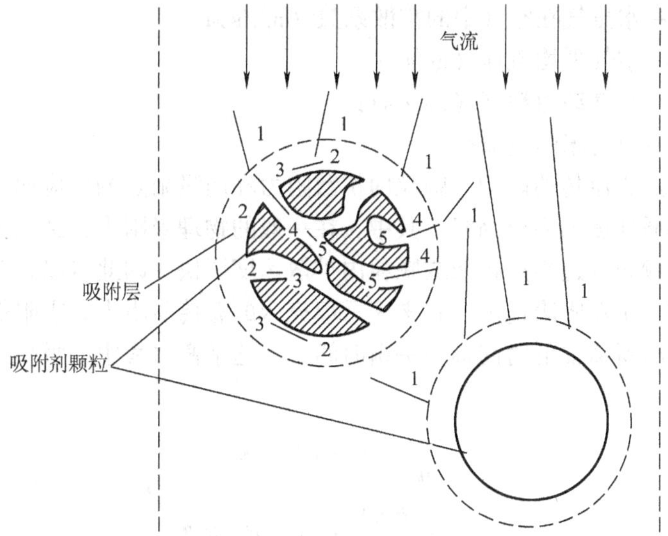

图5-13　吸附质在吸附剂上的扩散

按照传质学理论，总的传质阻力是上述各项传质阻力的和，所以总的传质速度是由速度最慢的一项决定的。

在固定层吸附操作中，当流体流经吸附剂颗粒的表面时，在粒子外面就会产生一层边界层，颗粒外表面单位面积上的质扩散通量由下式表示

$$m_V = h_m \rho_a (d - d_s) \tag{5-4}$$

式中 m_V——水分的质扩散通量［kg/（m^2·s）］；

h_m——对流质交换系数（m/s）；

ρ_a——干空气密度（kg/m^3）；

d——颗粒外空气主流的含湿量（kg/kg）；

d_s——颗粒表面与空气的平衡含湿量（kg/kg），由表面吸附量和材料吸附等温线决定。

对流质交换系数可用卡巴莱（Carbarry）公式计算，即

$$Sh = 1.15 Re^{0.5} Sc^{1/3} \tag{5-5}$$

$$Sh = \frac{h_m d_p}{D_{Va}}$$

$$Re = \frac{d_p u \rho_a}{\mu_a \varepsilon}$$

式中 Sc——施密特数；

Sh——舍伍德数；

Re——雷诺数；

d_p——吸附剂直径（m）；

D_{Va}——水蒸气在空气中的扩散系数（m^2/s）；

u——空气平均流速（m/s）；

μ_a——空气动力粘度（Pa·s）；

ε——填充床的空隙率。

颗粒外边界层传质阻力、颗粒内扩散阻力和向吸附点的反应速度阻力的合力是决定总传质速度的主要因素。其中，在一般的物理吸附中，到达吸附点时被吸附的速度比颗粒外边界层扩散或颗粒内扩散速度要快，因此可以忽略不计。在工程上，常用一个总吸附速度公式来表示填充床的总传质阻力。吸附剂与湿空气达到气固平衡时所需要的时间称为平衡时间，到达平衡过程中的吸附速度可以用下式表示，即

$$\frac{\mathrm{d}w}{\mathrm{d}t} = K_s a_p (W - w) \tag{5-6}$$

$$K_s a_p = \frac{60 D_{s0}}{d_p^2} \exp(-E_a / R_0 T) \tag{5-7}$$

式中 w——瞬时吸附量（kg/kg）；

W——在某一温度、水蒸气分压力下的平衡吸附量（kg/kg）；

t——开始吸附后的时间（s）；

$K_s a_p$——总传质系数（1/s）；

D_{s0}——表面扩散系数（m^2/s），对于硅胶—水，$D_{s0}=2.54\times10^{-4}$；

E_a——活化能（J/mol），可取值为4.2×10^{-4}；

R_0——摩尔气体常数，此处取8.314J/（mol·℃）。

如图5-14所示为硅胶—水蒸气的吸附速度曲线。可以看出，吸附过程在吸附开始阶段非常迅速，而随着吸附量的增加，吸附速度趋缓，要达到平衡时的最大吸附量往往需要较长的时间。

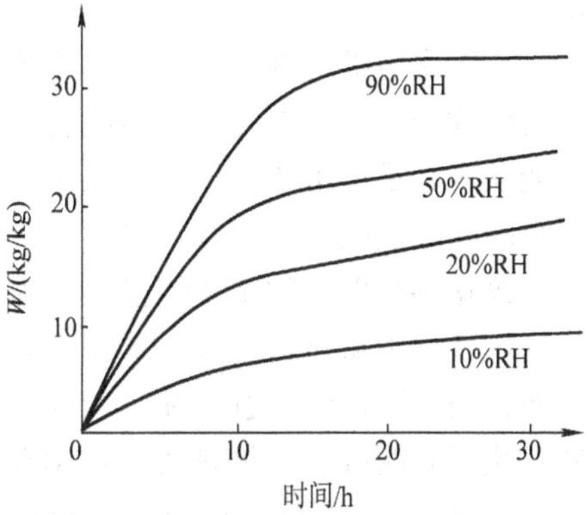

图5-14 硅胶—水蒸气的吸附速度曲线

5.3.4 常用固体吸附除湿剂

固体吸附剂用于吸附水蒸气时，常将固体吸附剂称为干燥剂或吸湿剂。常用的固体吸湿剂有硅胶、氧化铝、分子筛等极性吸附剂和活性碳等非极性吸附剂。极性吸附剂具有亲水性，非极性吸附剂具有憎水性。如图5-15所示为常见吸附剂的吸附等温线。

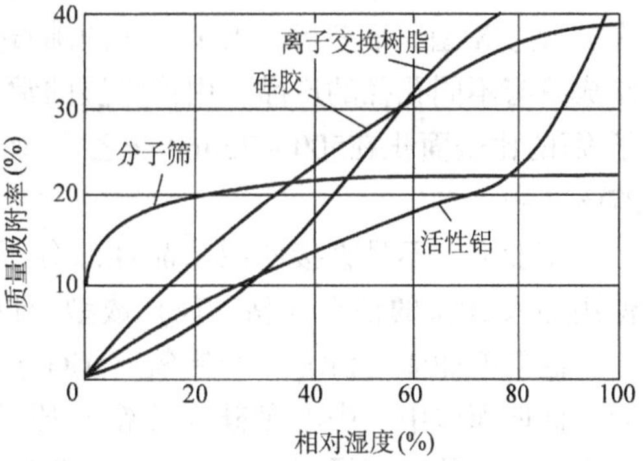

图5-15 常见吸附剂的吸附等温线

硅胶（$SiO_2\cdot xH_2O$）是一种无毒、无臭、无腐蚀性的半透明结晶体，不溶于水。硅胶的孔隙率多达70%，平均密度约650kg/m^3，比表面积在100～1000m^2/g之间，吸湿能力可达其质量的30%。目前国产的硅胶有粗孔、细孔、原色和变色之分。粗孔硅胶易饱和，吸湿时间短。细孔硅胶可维持较长的吸湿时间。原色硅胶在吸湿过程中不变色，而变色硅胶由于掺杂了氯化钴，原本是蓝色，吸湿后由蓝色逐渐转变为红色，变色后说明硅胶已经失去吸湿能力，需要再生。硅胶的再生方法是用150～180℃的热风加热，让其吸附的水分蒸发出去。

活性氧化铝对水有较强的亲和力，在一定的操作条件下，它的干燥精度可达露点 -70℃以下，而它的再生温度比分子筛低很多。活性氧化铝还经常用作工业催化剂。工业上，活性铝是用三水合铝、$Al(OH)_3$ 或三水铝矿经热脱水或热活化形成。

与大多数吸附剂相反，活性炭的独特表面性质是由于其表面具有氧化物基团和无机物杂质，故而是非极性或弱极性的。活性炭也具备一定的吸水能力，所以不能认为它是憎水的，但是有机化合物和非极性或弱极性化合物要比水更优先强烈吸附在它表面上，所以一般不用它来除湿。

氯化钙是白色的多孔结晶体，略有苦咸味，吸湿能力较强，但吸湿后就潮解，最后变为氯化钙溶液。氯化钙对金属有强烈的腐蚀作用，使用起来不如硅胶方便，但因其价格便宜，加热后也能再生和重复使用，所以应用比较普遍。常用的氯化钙有两种，一种是工业纯氯化钙，纯度为70%，吸湿量可达自身质量的100%；另一种是无水氯化钙，纯度为95%，吸湿量可达自身质量的150%。由于工业纯氯化钙的价格只是无水氯化钙的15%左右，因此使用工业纯氯化钙比较经济。

沸石分天然沸石和合成沸石（分子筛）两类，后者的价格较贵，但其堆积密度比天然沸石高，而且导热性能比较好。沸石是铝硅酸盐的化合物，具有极强的亲水性，其对水的亲和性与所含的Si/Al比例的大小有关，比值越小，亲水性越好。沸石分子筛是一种合成的硅铝酸盐晶体。根据晶体骨架结构的不同可以分为A型、X型、Y型等。人工合成的沸石分子筛具有大小比较均匀的微孔，可以制成具有不同孔径的产品，用作除湿的常有4A、5A、10X和13X分子筛。5A分子筛的比表面积在500～750m^2/g之间，孔隙率约为0.32，最大吸水量在21.5%～27%之间。

工业上，不是直接使用结晶性的分子筛粉末（1～10μm）作为成品，而是使用加入20%的粘土（粘合剂）成型为粒状的制品。

硅氧四面体（SiO_4）和铝氧（AlO_4）四面体是构成沸石分子筛的最基本单元。此四面体中，中心是硅（或铝）原子，它的周围有四个氧原子，硅氧四面体由其顶点的氧原子互相联结起来，此氧原子“共用”，使相邻的两个四面体通过它联结，起着“氧桥”的作用。除硅氧四面体外，还有铝氧四面体也用氧原子互相联结。几个硅（铝）氧四面体通过“氧桥”相互联结形成首尾相接的环——多元环，例如四个四面体构成四元环。各种多元环联结成复杂、中空的多面体——晶穴。这些多面体再排列，构成沸石分子筛的骨架。这些多面体为中空的笼，笼有α、β、γ等各种形式，如图5-16所示。其中β笼是构成A型、X型和Y型沸石晶体骨架结构的基础。

A 型分子筛结晶构造是，所有四面体的各个点上都是一个硅四面体或是一个铝四面体，组合形成了八面体台。当把这些八面体台堆积成简单的正方形时就在中心部分形成一个直径 1.15nm 的空洞，这个空洞与所有六个面的切口相通，八个氧离子围绕在切口的周围。在这个氧八元环的附近，有可能交换的金属阳离子。当使用钠作为金属阳离子时，这个氧八元环就形成为朝向构造物内部的孔直径为 0.42nm 的“窗”。可用下面的分子式表示这个结晶结构。

$$Na_{12}[(AlO_2)_{12}]\cdot(SiO_2)_{12}]\cdot xH_2O$$

用钾离子代替钠离子时，就形成孔直径约为 0.3nm 的细孔，成为 0.3nm 分子筛；使用钙离子时则形成 0.5nm 的细孔，称为 0.5nm 分子筛。

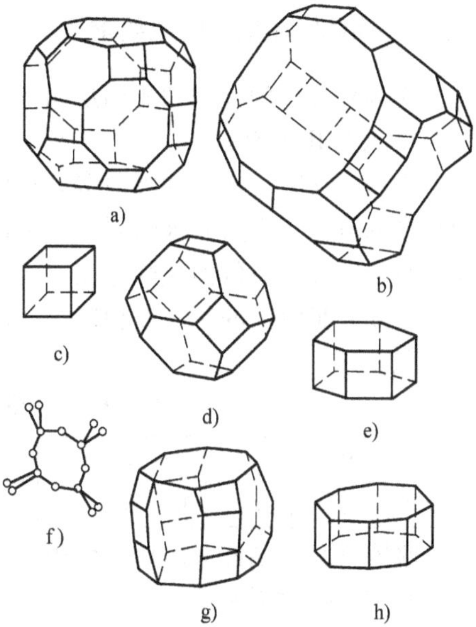

图 5-16　沸石中的几种晶穴结构

a) α 笼　b) 八面沸石笼　c) 立方体笼　d) β 笼　e) 六角柱笼　f) 四元环　g) γ 笼　h) 八角柱笼

13X 型分子筛的结晶构造为，按四面体堆积方式排列作为基础的钠笼形，六方连接六元环，即形成了 12 元氧原子环。这种环具有朝向构造物内部的孔直径为 0.9～1nm 的“窗”。靠具有与 A 型同样数量的正电荷的阳离子使全部电荷处于平衡状态。X 型分子筛的化学式为

$$Na_{86}[(AlO_2)_{86}]\cdot(SiO_2)_{106}]\cdot xH_2O$$

分子筛具有的主要性质有：分子筛作用；吸湿作用；极性效果；离子交换特性和催化剂的作用。在合成沸石的吸附特性中最有特征的现象是分子筛作用，其原因是它具有立体网络结构，具有均一的细孔。即只有比这个细孔小的分子才能通过孔路“窗”，然后在细孔内部被吸附。

一般合成沸石的吸附等温线是 I 型，即 Langmuir 型（图 5-12），因此在非常低的水蒸气分压下，沸石也能达到饱和吸附量。用沸石吸附水蒸气是它的典型应用。在水蒸气分压力很低时也能达到很高的吸附量，这是合成沸石的特征之一。作为干燥剂而使用的沸石的主要类型是 A 型。当使用孔径 0.3nm 的 3A 型沸石进行脱湿操作时，仅能吸附除去 0.28nm 的水以外的极微量物质。即如果利用分子筛的作用进行气体、液体吸湿操作时，就能避免用硅胶和活性铝等不具备分子筛作用的吸附剂所产生的共吸附问题，而只能够吸附水分，不吸附其他气体，所以分子筛的选择性吸附能力强。

5.3.5 固体吸附剂的性能要求

作为除湿用的吸附剂要满足如下要求。

1. 大的比表面积

水蒸气在除湿剂上的吸附多为物理吸附，即所有气体都会因其与固体表面之间存在的范德华引力而被吸附。由于这种吸附通常只发生在固体表面几个分子直径的厚度区域，单位面积固体表面所吸附的气体量非常小，因此用作除湿的吸附剂，必须有足够大的比表面积以弥补这一不足。表5-2列出几种常用吸附剂的比表面积。

表5-2 几种常用吸附剂的比表面积

吸附剂种类	硅胶	活性氧化铝	分子筛
比表面积/ (m^2/g)	300~800	100~400	400~750

吸附剂具有如此大的比表面积，是因为它具有发达的微孔结构。

2. 足够的机械强度

由于颗粒本身的质量及工艺过程中气体的反复冲刷，压力的频繁变化，温度的周期性波动，这些都会对吸附剂造成冲击。如果吸附剂没有足够的机械强度和耐磨性，实际运行中会产生吸附剂颗粒破碎粉化现象。除破坏吸附床层的均匀性、使除湿效果下降外，生成的粉末还会堵塞管道和阀门，将使整个除湿装置的生产能力大幅度下降，因此要求吸附剂具有良好的物理力学性能。

3. 颗粒大小均匀

吸附剂的外形通常为球形和短柱形，也有其他无定形颗粒的，其颗粒直径通常为40目（40孔/in）到1.5cm，但是固定床用吸附剂颗粒一般为直径1~10mm左右。吸附剂颗粒大小均匀，可使流体通过床层时分布均匀，避免产生流体返混现象，提高除湿效率。

吸附剂的颗粒大小及形状还将影响固定床的压力降，因此应适当选择。

4. 选择性吸附能力强

应保证吸附剂只对空气中的水蒸气吸附，而对空气中的其他气体成分不吸附，这样才能实现除湿的要求。

5. 具有一定的商业规模和合理的价格

除湿用吸附剂由于使用量大及连续性，因此要求具有商业化生产规模及稳定的物理、化学性质。同时由于在工程上大量使用，其价格的合理性也是重要参数之一。

5.3.6 静态吸附除湿

在实际应用中，固体吸附除湿有静态除湿和动态除湿两种方式。

所谓静态吸附除湿，是指吸附剂和密闭空间内的静止空气接触时，吸附空气中水蒸气的方法，也可以说是间歇操作方法。设计的任务是选择合适的吸附剂以使密闭空间内的水分量达到要求的水分量，或计算出达到平衡的时间。

已知密闭空间的容积为 V（m^3），容器内水蒸气的密度为 ρ_0（kg/m^3），将 m（kg）吸附剂放入容器后，水蒸气密度变为 ρ_1，平衡吸附量为 q_0（%），若吸附剂最初完全没有吸附任何水分，则由质量平衡可得

$$mq_0 = V(\rho_0 - \rho_1) \tag{5-8}$$

该式表示达到平衡时的吸附量 q_0 和水蒸气密度的关系。

若吸附剂和空间有足够大的接触面积，并且空间内的空气被充分搅拌，则 2～4h 后即完全平衡。图 5-17 是接触空气处于不搅拌状态时各种吸附剂达到平衡的时间。把吸附剂的粒子放在恒温槽内，当吸附室内空气中的水分时，可得到如图所示的对应于不同相对湿度的吸附曲线。吸附量达到平衡的时间与粒子大小、有无粘结剂、细孔的分布等有关，相接触的空气流速等对它也有很大的影响。

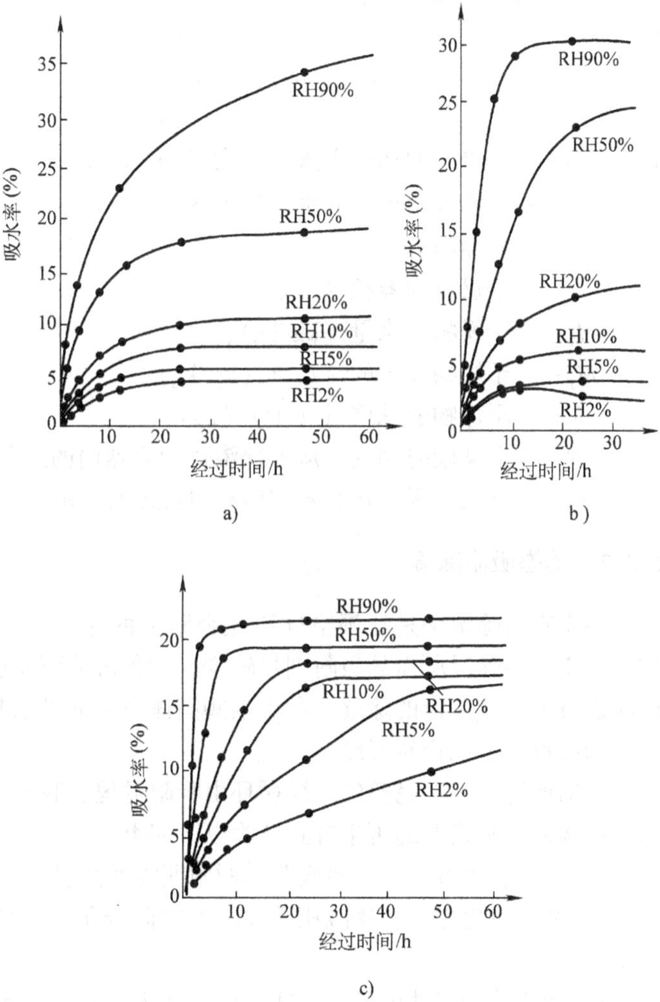

图 5-17　吸附剂的吸附平衡时间

a）铝胶　b）硅胶　c）合成沸石

实验室内经常使用的干燥器的形状如图 5-18 所示。在做铝胶和硅胶的吸水性能实验时，将在各种湿度下能够调节平衡的稀硫酸放人干燥器底

部，被测的吸附剂放在密闭的干燥器内，这样吸附剂就不受室外空气湿度的影响。若每隔一段时间取出吸附剂并称重，即可得到如图 5-17 所示的吸水率曲线。

根据式（5-8）知，要使密闭容器内的水蒸气密度降为ρ_1（kg/m^3），所需的吸附剂量m（kg）为

$$m = \frac{V(\rho_0 - \rho_1)}{q_0} \tag{5-9}$$

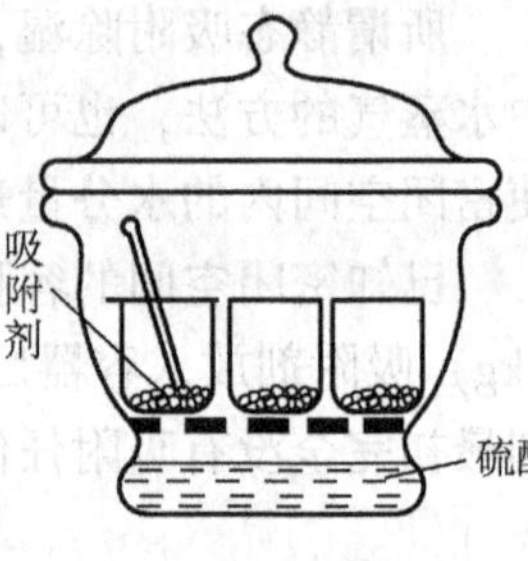

图 5-18　干燥器

上式中代入从吸附平衡曲线求出的与ρ_1相对应的吸附量q_0，就能求出必须的吸附剂量。若存在外部渗透水分时，则可用下式计算m

$$m = \frac{(\rho_0 - \rho_1)(V - v) + (M_1 - M_2)W + R}{q_0} \tag{5-10}$$

式中　ρ_0——容器内的初始水蒸气密度（kg/m^3）；

ρ_1——放入吸附剂后的水蒸气密度（kg/m^3）；

V——容器内容积（m^3）；

v——干燥物的容积（m^3）；

M_1——干燥物含水量（kg/kg）；

M_2——干燥物要求的含水量（kg/kg）；

W——干燥物的总质量（干）（kg）；

R——在某段时间内，从外部渗透到容器内的水分量（kg）；

q_0——与放入吸附剂后容器内相对湿度对应的平衡吸附量（kg/kg）。

5.3.7　动态吸附除湿

动态吸附除湿法是让湿空气流经吸附剂的除湿方法。与静态吸附除湿法相比，动态吸附除湿所需的吸附剂量较少，设备占地面积也小，花费较少的运转费就能进行大空气流量的除湿。利用某些固体吸附剂可以制成固体除湿器，以控制空气的露点温度或相对湿度。

如前所述，一个完整的干燥循环由吸附过程、脱附过程或称再生过程以及冷却过程构成。吸附剂的再生方式分为以下四类：

1）加热再生方式：供给吸附质脱附所需的热量。

2）减压再生方式：用减压手段降低吸附分子的分压，改变吸附平衡，实现脱附。

3）使用清洗气体的再生方式：借助通入一种很难被吸附的气体，降低吸附质的分压，实现脱附。

4）置换脱附再生方式：用具有比吸附质更强的选择吸附性物质来置换已被

吸附的吸附质而实现脱附。

在实际应用中，1）和3）方式组合的再生加热法用得最多，2）和3）组合的非加热再生方式用得也较多。但设计除湿设备时，只有当压力为4～6个大气压的空气除湿时才采用非加热再生法。对接近大气压的空气除湿时，则较多采用加热再生法。

按照除湿的方式可分为冷却除湿和绝热除湿，冷却除湿是在除湿的同时通过冷却水或空气将吸附热带走，保持近似等温除湿；而绝热除湿则近似等焓过程，即被除湿的处理气流含湿量降低的同时，温度会升高，气流的焓值基本不变。

动态吸附除湿法选择吸附剂的标准是要求空气压力损失小、具有适当的强度不致粉末化、具有足够大的吸附容量，还希望吸附剂粒水分的移动速度快，热导率高，以便能尽快地达到平衡状态。反复加热再生后，吸附剂受热劣化，吸湿性能降低。此外，大气中的油分等附着在吸附剂粒表面上并且炭化，也是妨碍吸附的主要原因。因此在设计时预先要增加一些考虑劣化量的吸附剂填充量。

5.4　固体吸附除湿设备

5.4.1　固体吸附除湿器

固体吸附除湿器按工作方式不同，可分为固定式和旋转式。固定式如吸附塔采用周期性切换的方法，保证一部分吸附剂进行除湿过程，另一部分吸附剂同时进行再生过程。旋转式则是通过转轮的旋转，使被除湿的气流所流经的转轮除湿器的扇形部分对湿空气进行除湿，而再生气流流过的剩余扇形部分同时进行吸附剂的再生。被除湿的处理气流和再生气流一般逆流流动。转轮式除湿器可以连续工作、操作简便、结构紧凑、易于维护，所以在空调领域应用较多。图5-19为转轮除湿机示意图。图5-20所示为转轮除湿过程在 $h-d$ 图上的表示。图中1-2

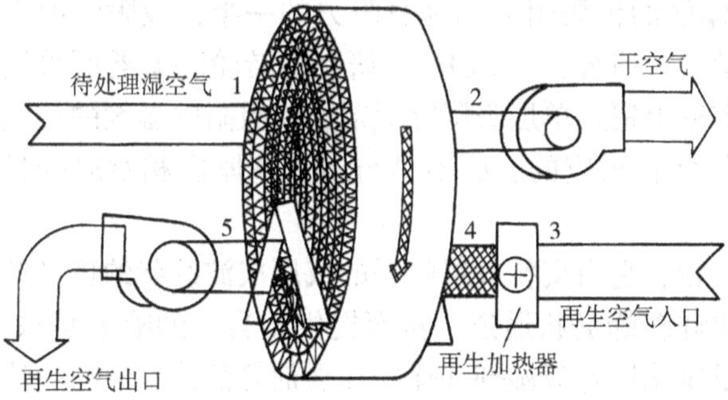

图5-19　转轮除湿机示意图

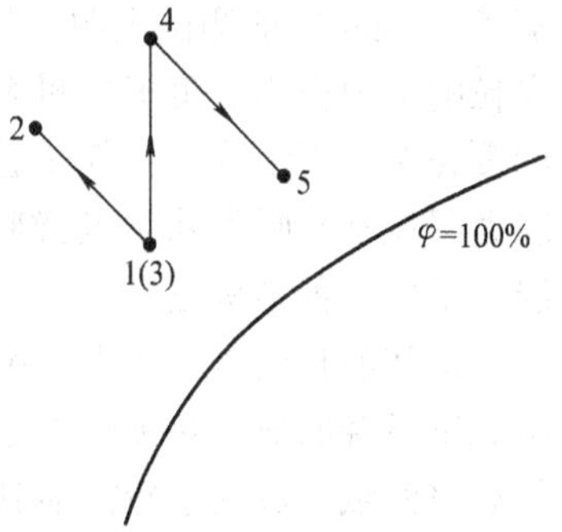

图5-20　$h-d$ 图表示的转轮除湿过程

是被处理空气经过除湿器的状态变化过程，近似绝热减湿过程；3－4是再生空气经过再生加热器后的状态变化过程，4－5是再生空气对转轮脱湿的状态变化过程，近似绝热加湿过程。

除湿转轮被加工成密集的蜂窝状孔道，湿交换面积很大（3000m^2 吸湿面积/m^3 体积）。因此，当需要除湿的被处理空气通过除湿转轮的除湿区时，能充分与吸湿剂接触，使空气中所含的水蒸气大部分被除湿转轮中的吸湿剂吸收并放出吸附热。通过除湿转轮吸湿区的被处理空气湿度降低，温度升高，从除湿转轮的另一侧流出。

用作再生的空气经加热器加热到预定的温度，以被处理空气流动的反方向流入除湿转轮，并从旋转着的除湿转轮再生区的蜂窝状通道中通过，吸湿剂温度升高，从而使其所含水分汽化并被热的再生空气带走，从除湿转轮的另一侧流出。

转轮式除湿器的内部结构按吸附除湿剂的布置可分为三种形式，如图5-21所示。

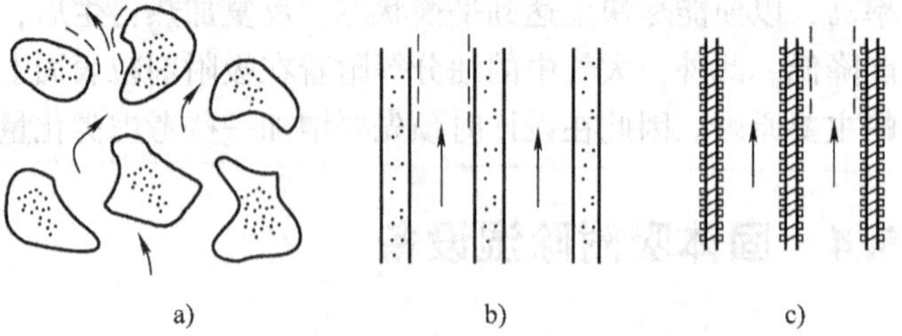

图5-21 除湿轮中吸附除湿剂的不同排列结构图
a）堆积床结构 b）ⅡT平板结构 c）UCLA覆盖层结构

早期的转轮除湿器内部结构设计采用“堆积床”（Packed bed）结构，即吸附除湿剂微粒堆积于除湿器中，这种结构因吸附除湿剂微粒间的水蒸气扩散而导致固体吸附除湿剂侧阻力较大。美国伊利诺伊工学院（ⅡT）研制的转轮除湿器所采取的“平板结构”即：含有9μm的硅胶微粒的Teflon网做成平板结构，处理气流从这些平板间通过。这种结构中水蒸气的传质阻力由三部分组成：气体侧阻力，Teflon网板的阻力和吸附除湿剂微粒的阻力。对某平板结构的转轮除湿器（板厚0.7mm，通道宽度3.1mm）的测试表明：气体侧的传质阻力约为总阻力的一半，吸附除湿剂微粒的阻力很小。美国加州大学洛杉矶分校（UCLA）研制的转轮除湿器所采用的覆盖层平板结构为：气流通道壁上覆盖单层吸附除湿剂，使吸附除湿剂的传质阻力降低到与吸附除湿剂微粒尺寸相对应的、而不是与通道壁厚度相对应的量级，所以这种结构更好。

最初的转轮是氯化锂除湿转轮，它由交替放置的平的或压成波纹状的玻璃纤维滤纸卷绕而成。在纸轮上形成许多蜂窝状通道，从而提供相当大的吸湿面积，然后将滤纸做成的纸轮浸渍到以氯化锂等吸湿剂和保护加强剂等液体配成的溶液中，在滤纸上形成氯化锂吸湿剂，待滤纸烘干后，吸湿纸内所含的氯化锂晶体在吸收处理空气中的水分后形成结晶水。加热时，氯化锂脱附出其中的结晶水而获得再生。氯化锂转轮能获得较低的露点，它的另一特点是价格便宜。它的缺点是吸湿纸遇到液态水会遭受破坏，所以处理空气的相对湿度不能接近100%。目前，除氯化锂转轮外，硅胶转轮和分子筛转轮也得到发展，陶瓷材料也相继得到应用。

在实际应用中，固体吸附除湿器除了用于空气除湿外，还可利用空—空换热器进行余热回收，以节约再生热量或电能消耗，如图5-22所示，进入转轮前的再生空气先经过空-空再生加热器吸收从转轮出来的再生空气的余热，升温后再经过二级加热器继续加热升温后进入转轮。如果与风冷或水冷冷凝器配合使用，则除湿器可用于不便排放热湿废气的场所，其流程如图5-23所示。从转轮出来的再生空气废气，进入空冷冷凝器，被外界空气冷却，再生空气废气温度降低，其中的水蒸气凝结出来，然后进入再生加热器加热升温后进入转轮脱附。

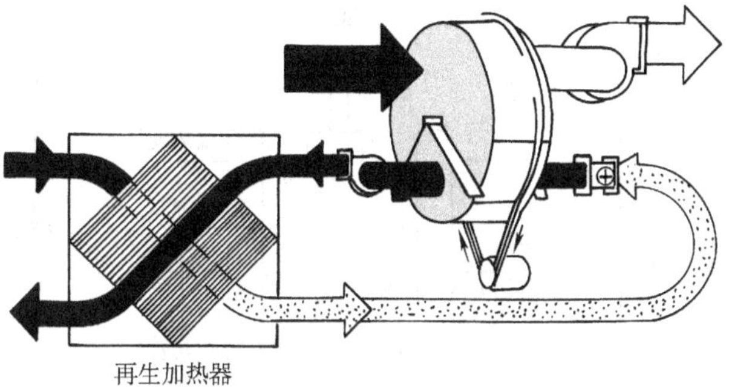

图5-22　回热的吸附除湿器流程图

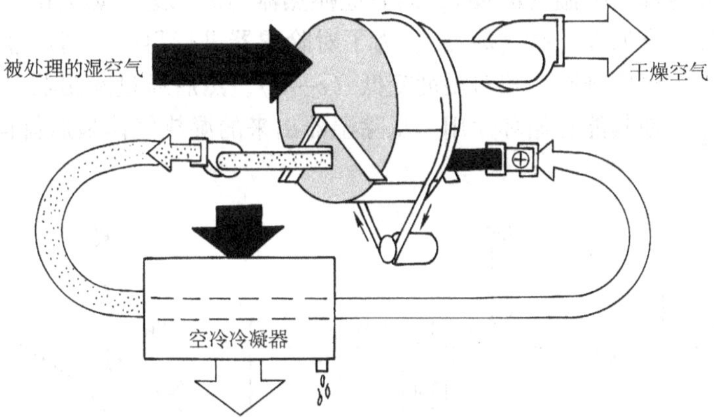

图5-23　带空冷冷凝器的吸附除湿器流程图

5.4.2　固体吸附除湿空调系统

常见的有全新风除湿空调系统、全回风除湿空调系统和Dunkle型除湿空调系统。各系统的结构流程图及在$h-d$图上的表示如图5-24、图5-25和图5-26所示。

如图5-24所示的全新风除湿空调系统中，环境空气即新风经过除湿器被除湿并产生温升（$f \to g$），然后气流通过换热器和蒸发冷却器降温达送风状态（$g \to h \to i$）；而室内回风从蒸发冷却器另一侧流出后，经换热器2和加热器3加热，相对湿度变低（$c \to d$），然后通过除湿器对其中的除湿剂干燥再生，使其能够循环使用，从除湿器出来的湿热气体最后排向大气（$d \to e$）。

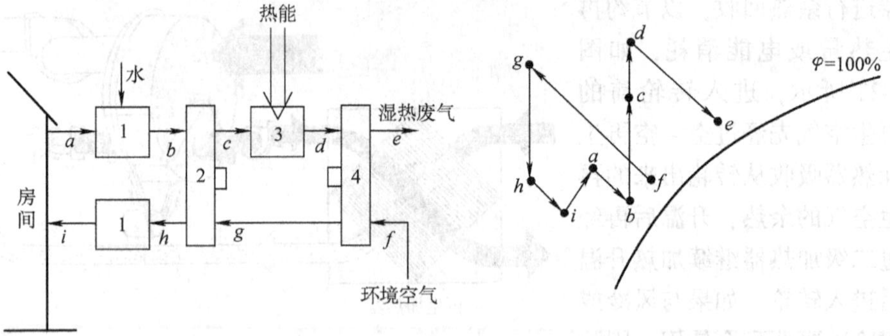

图5-24 全新风除湿空调系统工作原理和 $h-d$ 图

1—蒸发冷却器 2—换热器 3—加热器 4—除湿器

如图5－25所示的全回风除湿空调系统中，房间的回风经除湿器除湿，且温度升高（$f \to g$），然后气流通过换热器和蒸发冷却器降温达送风状态（$g \to h \to i$）；新风经蒸发冷却器降温（$a \to b$），然后经换热器与回风进行热交换，降低回风温度，而新风本身温度升高（$b \to c$），为了对除湿器进行再生，新风经过第二级加热器3加热，温度升高，相对湿度变低（$c \to d$），然后通过除湿器对其中的除湿剂干燥再生，使其能够循环使用，从除湿器出来的湿热气体最后排向大气（$d \to e$）。

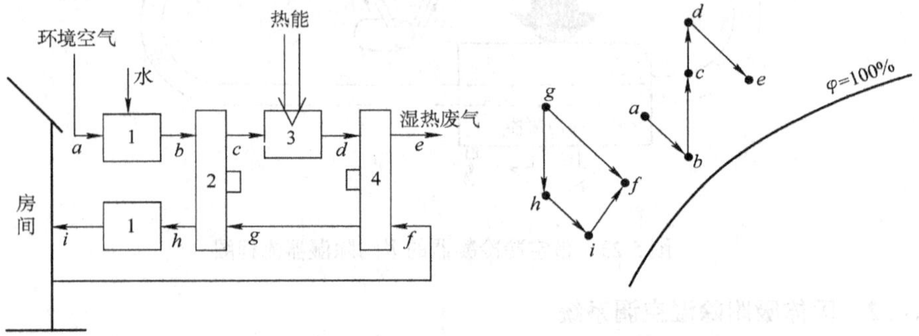

图5-25 全回风除湿空调系统工作原理和 $h-d$ 图

1—蒸发冷却器 2—换热器 3—加热器 4—除湿器

如图5-26所示的Dunkle循环综合了全回风和全新风型除湿循环的特点。

Dunkle 循环系统与新风型和回风型系统的不同之处是增加了一个显热换热器 3。

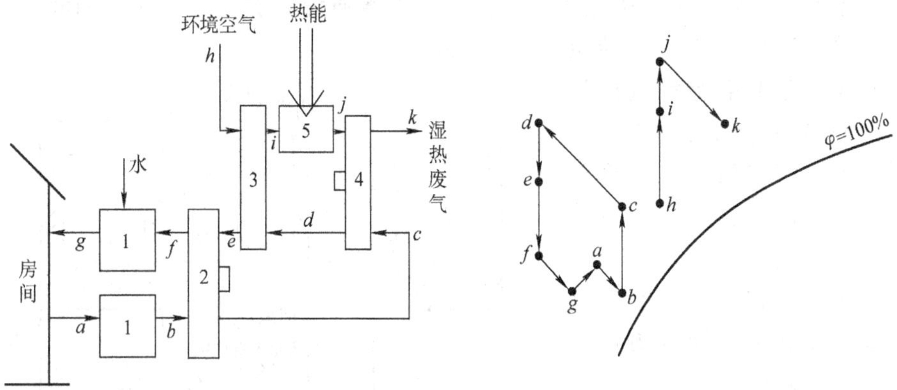

图 5-26　Dunkle 除湿空调系统工作原理和 $h-d$ 图

1—水蒸发器　2、3—换热器　4—除湿器　5—加热器

5.5　液体吸收除湿原理及方法

液体除湿可以靠低品味热能再生，如太阳能、地热能、发动机余热等都可以用来再生吸湿剂液体，它是一种节能的绿色除湿方式。由于空气直接同除湿溶液接触，除湿溶液具有杀菌作用，而且可以吸附空气中的部分杂质，对新风有净化作用。1955 年 Lof 就用三甘醇溶液作为除湿剂进行太阳能除湿实验，之后各国的研究人员做了大量工作，在除湿剂、除湿器、除湿循环和传热传质机理方面进行了有益探索。

5.5.1　液体吸收除湿原理和特征

图 5-27 和图 5-28 为目前广泛使用的液体吸收式空气除湿装置。其中图 5-27 为内冷型，这种除湿机体型小，但处理空气量大。整个装置分为吸收部（即除湿部）和再生部（即加热部）。在吸收部内，用喷嘴将液体吸湿剂从冷却

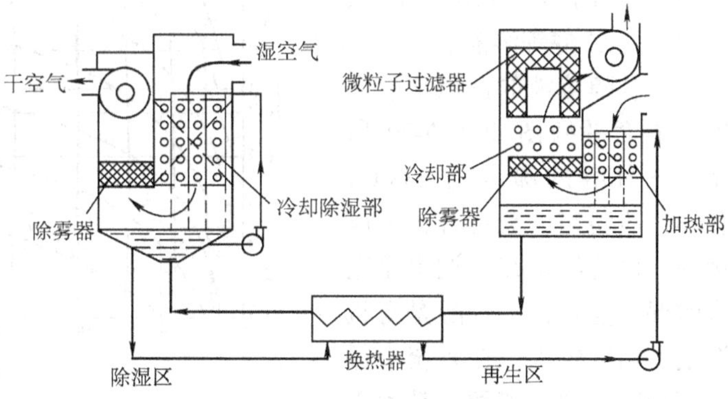

图 5-27　液体内冷型除湿装置流程

肋管的上部均匀地向下喷淋，空气与液体吸湿剂接触后即被除湿。在吸收部应该使液体表面和湿空气的接触面积尽量大，以增强传质能力。空气流和液体有顺流、逆流和交叉流的气液接触方式。在上部湿空气的流动方向与液体的流动方向相同，是顺流接触。在下部湿空气从下向上流动，与液体的流动方向相反，是逆流接触。在空气转向时，空气流动方向又和液体流动方向垂直，是交叉流动。

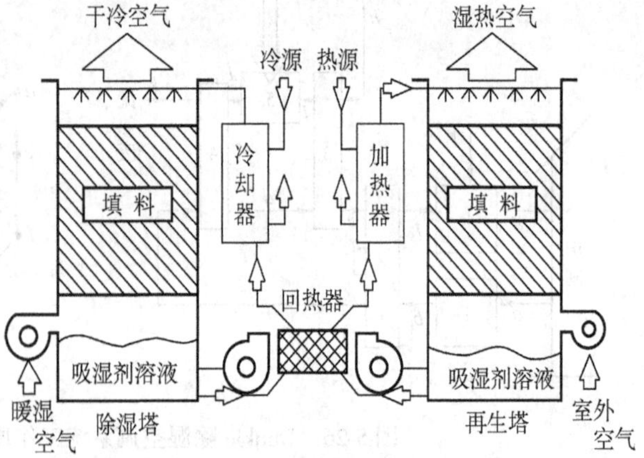

图 5-28 绝热填料型液体除湿系统

图 5-28 为经常采用的绝热填料型，除湿浓溶液从填料塔上部喷淋，处理空气与溶液在填料塔中进行热质交换，吸收空气中的水分进行除湿，除湿后的稀溶液温度升高，这对溶液的除湿能力有一定影响。

大量地吸收水分以后，吸收液的浓度变稀，除湿能力也随之降低，因此需要将稀溶液送往再生部加热浓缩。稀溶液被加热后，水分蒸发，溶液变浓，溶液恢复吸湿性后再被送往除湿部重复使用。再生部比除湿部小，并且水分脱离吸收液后将随同再生部的空气排出室外。

5.5.2 常用液体除湿剂

在空调工程中，最早被使用的液体除湿剂是三甘醇，目前常用的有 LiBr、LiCl、$CaCl_2$、乙二醇等溶液。

三甘醇溶液的蒸汽压、温度、浓度平衡图如图 5-29 所示。三甘醇的沸点为 238℃，化学性质稳定，无毒性，无腐蚀性，以前经常在空调上用它来除湿。但是，三甘醇是有机溶剂，粘度较大，在系统中循环流动时有部分滞留，粘附于系统表面，从而影响了系统的

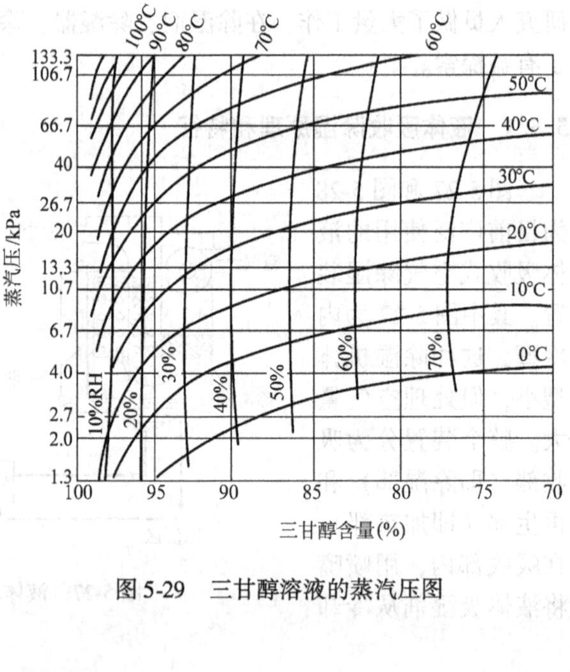

图 5-29 三甘醇溶液的蒸汽压图

稳定工作，所以三甘醇在液体除湿的应用中受到一些限制。乙二醇性能较好，但易挥发，容易进入空调房间，对人体造成危害。而现在研究较多就是 $CaCl_2$、LiBr、LiCl 等水溶液，它们都各有特点。图 5-30、图 5-31 和图 5-32 分别为 $CaCl_2$、LiBr、LiCl 水溶液的蒸汽压、温度与质量浓度的平衡图。

图 5-33 所示为三种溶液平衡蒸汽压的比较。除湿溶液的蒸汽压是浓度和温度的函数。此图表明，在相同温度和相同的质量浓度的条件下，LiCl 溶液比 LiBr 溶液和 $CaCl_2$ 溶液的水蒸气压低，若处理空气可以达到更低的相对湿度。但 LiBr 溶液和 $CaCl_2$ 溶液比 LiCl 溶液更容易再生。从图 5-31，LiBr 溶液溶解度大，要想得到比 LiCl 溶液更低的蒸汽压，需要溶液浓度更大。此外，选择除湿剂质量浓度时，要考虑结晶带来的限制，所以，LiCl 溶液一般采用 30% ~45% 含量范围，此时再生温度比 LiBr 溶液低，能更有效地利用低温热源。

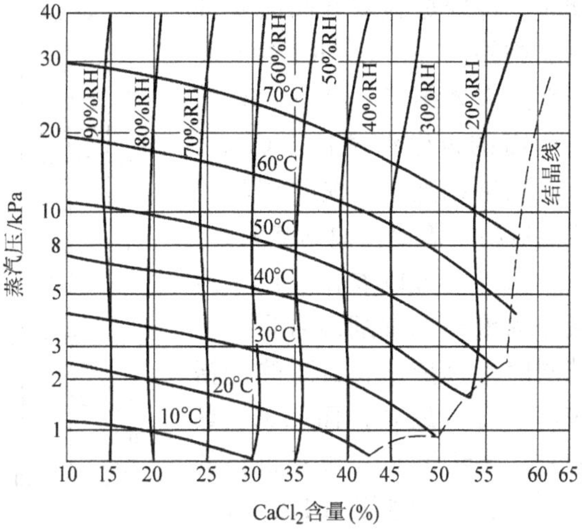

图 5-30 $CaCl_2$ 溶液的蒸汽压图

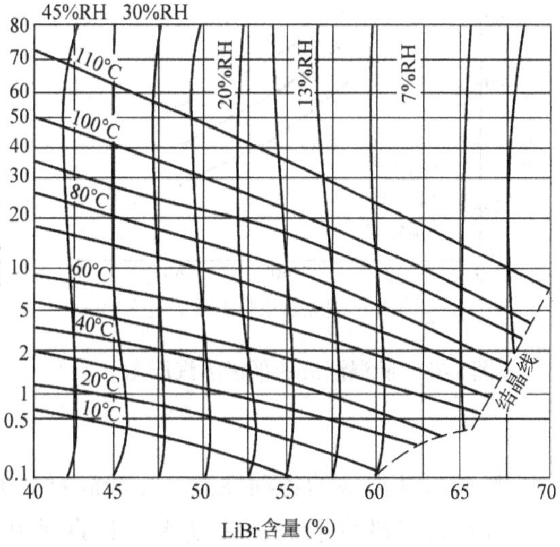

图 5-31 LiBr 溶液的蒸汽压图

选择除湿剂除了考虑本身的除湿性能，还要考虑除湿剂在除湿器及再生器的器壁上有无腐蚀性。$CaCl_2$、LiBr、LiCl 等都属于非氧化性卤素盐，其溶液对碳钢以及铜材料具有一定的腐蚀性，溶液与材料表面接触时发生氧去极化腐蚀。碳钢以及铜材料的腐蚀与溶液的 pH 值密切相关，如图 5-34 所示。在相同的物质的量浓度下，三者溶液 pH 值的大小顺序是：LiBr > LiCl > $CaCl_2$。由图可知，LiCl 是中性盐，溶液 pH 值为 7.0；$CaCl_2$ 溶液偏酸性，对金属的腐蚀性较大。当溶液 pH 小于 7 时，金属腐蚀速度增大，特别是温度升高时腐蚀更加剧烈。LiBr 和 LiCl 溶液腐蚀性能大体相当，但是 LiBr 溶液所需的再生温度比 LiCl 高，所以腐蚀剧烈，在溴化锂吸收式制冷机中需要设抽真空装置。

从以上可以看出，LiCl 溶液作为液体除湿剂最合适。但若同时考虑成本，LiCl 的价格较高，LiBr 最贵，而 $CaCl_2$ 最便宜，大约是 LiCl 市场价格的 1/20，所以单纯使用 LiCl 溶液性价比不是最高。

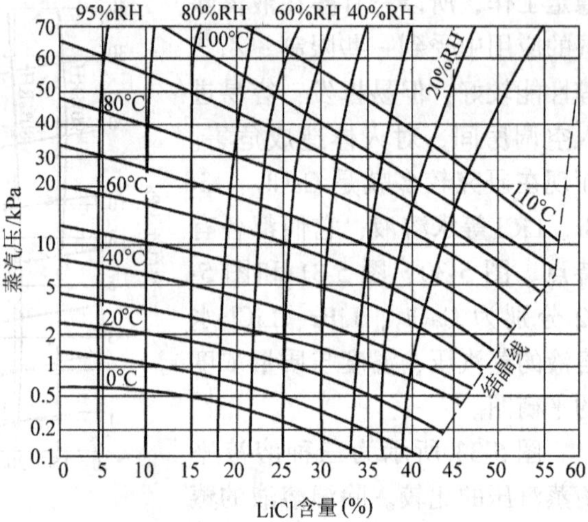

图 5-32　LiCl 溶液的蒸汽压图

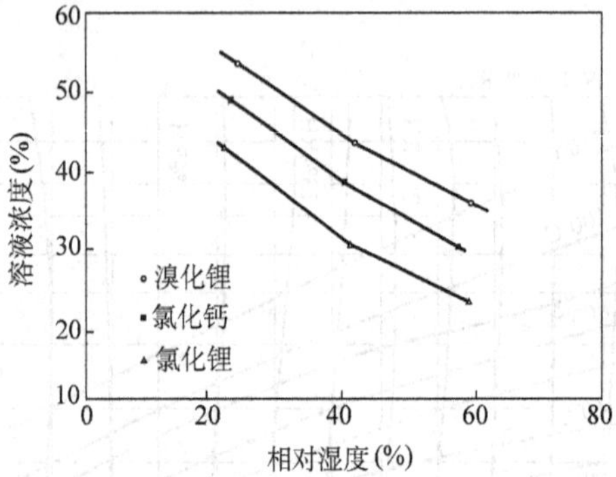

图 5-33　除湿溶液的平衡蒸汽压图

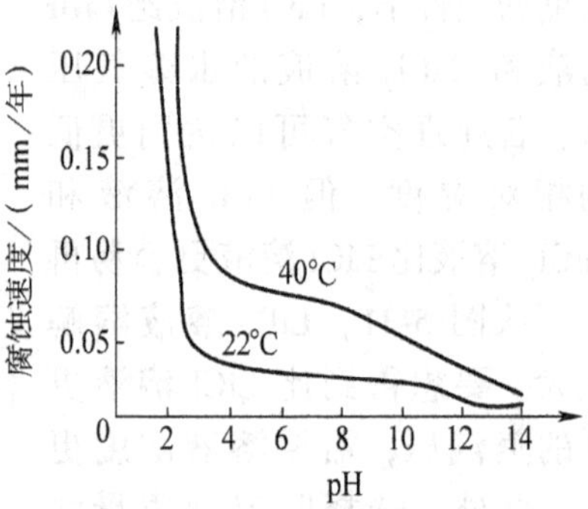

图 5-34　碳钢的腐蚀速度与溶液 pH 值的关系

鉴于 LiCl 溶液的各项性能都比较满意，但价格昂贵。而 $CaCl_2$ 溶液要便宜得多，但它的溶解性不好，粘度大，长期使用有结晶现象，且吸湿能力也不如 LiCl。很多学者曾提出用 LiCl 和 $CaCl_2$ 混合物溶液作为除湿剂，既可保证性能，又可使成本降低。$ZnCl_2$ 也可作为液体除湿系统的除湿剂，价格便宜且容易购买。因为 $CaCl_2$ 具有腐蚀性并随空气入口状态和溶液浓度而有不稳定现象，$ZnCl_2$ 同样具有腐蚀性且粘性较大。所以有人采用 $CaCl_2$ 和 $ZnCl_2$ 的混合物溶液（摩尔比为 1∶1），这种混合物由于复杂的四氯化合物的形成，在很大范围内有较低的粘度和较高的溶解度，溶液饱和含量可达 50%，表现出比单一成分的除湿剂溶液更好的特性。

各种除湿剂按照何种比例混合来获得高性价比的除湿溶液，这是今后进一步研究的内容。众多的金属卤盐溶液的除湿性能和物理性能越来越被人们关注，如何改进传统的除湿剂的性价比和寻找性能更优良的除湿剂，将可能成为影响液体除湿系统的重要因素之一。

5.5.3　液体除湿剂的性能要求

通过上面的除湿原理介绍可知：在除湿过程中，除湿剂的特性对除湿系统性能有重要影响，直接关系到系统的除湿效率和再生温度。除湿剂的特性主要包括物理性质——溶解度、蒸汽压、密度和粘度等；热力学性质——比热容和传热传质特性等。理想的除湿剂应具备以下性质。

1）溶解度高。在除湿器的工作条件下有较高的溶解度，以减小除湿剂的耗用量。

2）具有选择性。除湿剂要对空气中水分有良好吸收能力的同时，对混合气体中其他组分基本上不吸收或吸收甚微，否则不能实现有效分离。

3）挥发性小。在除湿器的工作条件下有较低的蒸汽压，以减少除湿剂的挥发损失。

4）粘性小。在操作温度下除湿剂的粘度要低，以改善除湿塔内的流动状况，提高吸收速率，降低泵的功耗，减小传热阻力。

5）较低的水蒸气压。除湿溶液的除湿性可以用它的水蒸气压的大小来衡量。

6）除湿剂还应尽可能的无毒性、无腐蚀性、不易燃、不发泡、冰点低、价格便宜、并具有化学稳定性。

除湿剂的选择，应综合考虑以上因素。

5.5.4　液体吸收除湿传热传质过程

下面以具有代表性的逆流填料式液体除湿系统为例，分析除湿/再生塔内的能量、质量平衡关系。将填料层中的传热传质过程抽象为如图 5-35 所示的模型，吸湿溶液与空气在虚线表示的两相界面处发生热质传递。

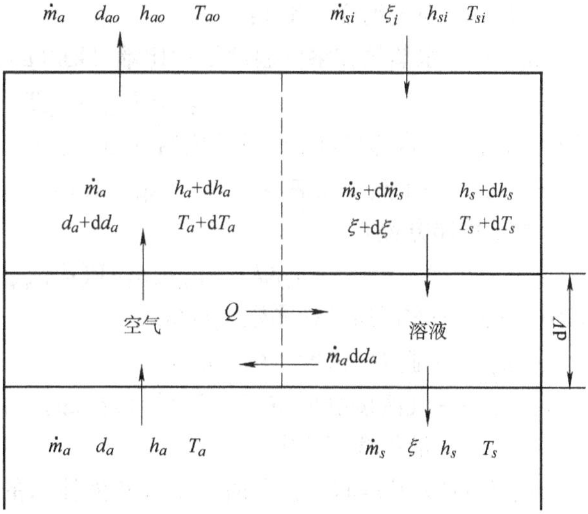

图 5-35　填料层液—气传热传质过程物理模型

假定：除湿、再生过程

是绝热的；传热和传质阻力主要取决于气相，液相阻力可以忽略；填料被充分浸润，传热传质界面相同；塔的轴向没有扩散。

根据能量和质量守恒定律，可以建立下述一维数学模型。

微元体积 dV 内的热量和质量平衡有

$$\dot{m}\mathrm{d}h_s + h_s\mathrm{d}\dot{m}_s = \dot{m}_a\mathrm{d}h_a \tag{5-11}$$

$$\mathrm{d}\dot{m}_s = \dot{m}_a\mathrm{d}d_a \tag{5-12}$$

式中 $\dot{m}_s$——除湿溶液质量流量（kg/s）；

h_s——溶液的比焓（kJ/kg）；

$\dot{m}_a$——处理空气质量流量（kg/s）；

h_a——空气的比焓（kJ/kg）；

d_a——空气的含湿量［kg（水蒸气）/kg（干空气）］。

将式（5-12）在整个除湿塔高度上积分，有

$$\dot{m}_s = \dot{m}_{si} - \dot{m}_a(d_{ao} - d_a) \tag{5-13}$$

式中，下标“i”和“o”分别表示进口和出口。

按照传热方程有

$$\dot{m}_a\mathrm{d}h_a = KA_V\mathrm{d}V(T_s - T_a) + h_{v,T_s}m_a\mathrm{d}d_a \tag{5-14}$$

式中 K——传热系数［kW/（m^2·℃）］；

A_V——单位体积传热面积（m^2/m^3）；

dV——微元体积（m^3）；

T_s——溶液温度（℃）；

T_a——空气温度（℃）；

h_{v,T_s}——水蒸气在溶液温度下的比焓（kJ/kg），其计算式为

$$h_{v,T_s} = h_{v,0} + c_{pv}T_s \tag{5-15}$$

式中 $h_{v,0}$——水蒸气在0℃时的比焓（kJ/kg）；

c_{pv}——水蒸气比热容［kJ/（kg·℃）］；

质量传递方程有

$$\dot{m}_a\mathrm{d}d_a = h_m\rho_mA_V\mathrm{d}V(d_{\mathrm{interface}} - d_\alpha) \tag{5-16}$$

式中 h_m——对流质交换系数（m/s）；

ρ_m——湿空气密度，（kg/m^3）；

$d_{\mathrm{interface}}$——气液接触面空气含湿量（kg/kg），由溶液温度、浓度与溶液汽—液平衡图决定。

选择0℃为基准状态，此时干空气和液体水的比焓都为0。除湿溶液的比焓是该溶液在0℃、浓度为ξ时的比焓与溶液温度与比热容的乘积的和，即

$$h_s = c_{ps}T_s + h_{0,\xi} \tag{5-17}$$

式中 c_{ps}——溶液比热容[kJ/(kg·℃)];

$h_{0,\xi}$——溶液在0℃,浓度为ξ时的比焓(kJ/kg)。

$$dh_s = c_{ps}dT_s \tag{5-18}$$

湿空气的比焓写成如下形式

$$h_a = c_{pm}T_a + d_a h_{V,0} \tag{5-19}$$

式中 c_{pm}——湿空气比热容[kJ/(kg·℃)];

$h_{V,0}$——水蒸气在0℃时的比焓(kJ/kg)。

上式右面第一项是湿空气的比热容与空气温度乘积,第二项是水蒸气在0℃时的比焓与含湿量乘积。

定义传热单元数

$$NTU = \frac{KA_V V_T}{\dot{m}_a c_{pm}} \tag{5-20}$$

传质单元数

$$NTU_m = \frac{h_m A_V V_T}{\dot{m}_a} \tag{5-21}$$

式中 V_T——除湿塔总体积(m^3)。

路易斯数

$$Le = \frac{\alpha}{h_m \rho_m c_{pm}} \tag{5-22}$$

将式(5-12)代入式(5-11)有

$$dh_s = \frac{1}{\dot{m}_s}(\dot{m}_a dh_a - h_s m_a dd_a) \tag{5-23}$$

再将式(5-13)代入式(5-23)有

$$dh_s = \frac{\dot{m}_a dh_a - h_s \dot{m}_a dd_a}{\dot{m}_{si} - \dot{m}_a(d_{a0} - d_a)} \tag{5-24}$$

将上式分子分母同除以$\dot{m}_a$后获得

$$dh_s = \frac{dh_a - h_s dd_a}{\dot{m}_{si}/\dot{m}_a - (d_{a0} - d_a)} \tag{5-25}$$

将式(5-14)、式(5-16)、式(5-22)组合起来并简化为

$$\dot{m}_a dh_a = h_m \rho_m A_V dV[c_{pm} Le(T_s - T_a) + h_{v,T_s}(d_{\text{interface}} - d_a)] \tag{5-26}$$

将式(5-18)代入式(5-25)有

$$dT_s = \frac{1}{c_{ps}}\left[\frac{dh_q - c_{ps}T_s dd_a}{m_{si}/\dot{m}_a - (d_{a0} - d_a)}\right] \tag{5-27}$$

式（6-16）可以写成

$$\dot{m}_a \mathrm{d}h_a = h_m \rho_m A_V \mathrm{d}V Le\left[(h_{\text{interface}} - h_a) + \left(\frac{1}{Le} - 1\right)h_{vs}(d_{\text{interface}} - d_a)\right] \tag{5-28}$$

式中　$h_{\text{interface}}$——气液交界面处与溶液平衡的空气的比焓（kJ/kg）。

将式（5-28）和式（5-16）及式（5-21）联立起来，经化简后有

$$\frac{\mathrm{d}h_a}{\mathrm{d}V} = \frac{NTU_m Le}{V_T}\left[(h_{\text{interface}} - h_a) + \left(\frac{1}{Le} - 1\right)h_{vs}(d_{\text{interface}} - d_a)\right] \tag{5-29}$$

$$\frac{\mathrm{d}d_a}{\mathrm{d}V} = \frac{NTU_m}{V_T}(d_{\text{interface}} - d_a) \tag{5-30}$$

式（5-29）和式（5-30）就构成了除湿塔的传热传质控制方程，求解这两个方程可以获得除湿塔出口空气比焓和含湿量。为了计算方便，Stevents 等人做了进一步简化，下面简要介绍这种方法。

除湿塔的热质传递过程类似于冷却塔的热质传递过程，溶液在塔中的质量流量变化很小可以忽略不计，路易斯数可以假定为 1，则式（5-27）和式（5-29）分别简化为

$$\frac{\mathrm{d}T_s}{\mathrm{d}V} = \frac{1}{c_{ps}} \times \frac{(\mathrm{d}h_a/\mathrm{d}V)\dot{m}_a}{\dot{m}_{si}} \tag{5-31}$$

$$\frac{\mathrm{d}h_a}{\mathrm{d}V} = \frac{NTU_m}{V_T}(h_{\text{interface}} - h_a) \tag{5-32}$$

空气与溶液保持平衡时的比热容称为平衡比热容，定义为

$$c_{eq} = \frac{dh_{a,eq}}{\mathrm{d}T_s} \tag{5-33}$$

类似于换热器分析中的热容比，也定义一个除湿塔中的热容比

$$m^* = \frac{\dot{m}_a c_{eq}}{\dot{m}_{si} c_{ps}} \tag{5-34}$$

将这些定义代入式（5-31），有

$$\frac{\mathrm{d}h_{a,eq}}{\mathrm{d}V} = m^* \frac{\mathrm{d}h_a}{\mathrm{d}V} \tag{5-35}$$

在除湿塔的操作参数范围内，可以认为 c_{eq} 是一定值，则式（5-32）～式（5-35）类似于对一个湿热换热器的分析，适用非常熟悉的逆流换热器效率公式

$$\varepsilon = \frac{1 - e^{-NTU_m(1-m^*)}}{1 - m^* e^{-NTU_m(1-m^*)}} \tag{5-36}$$

空气出口的比焓

$$h_{ao} = h_{ai} + \varepsilon(h_{\text{interface}} - h_{ai}) \tag{5-37}$$

为了获得出口空气的湿度，先假定一个等效传热传质过程，在这个过程中溶液保持一个恒定的“有效温度”，在这个假定条件下，对式（5-32）进行积分可以获得出口空气的比焓为

$$h_{a,eq,eff} = h_{ai} + \frac{h_{ao} - h_{ai}}{1 - e^{-NTU_m}} \tag{5-38}$$

这就是该有效温度下，传热传质过程导致的出口空气的焓，称为有效平衡焓。

利用所获得的有效平衡焓，在水蒸气—溶液平衡线上，在温度为 T_s 下可以找到空气的含湿量 $d_{T_s,wq,eff}$。对式（5-30）进行积分可以获得出口空气的含湿量。

$$d_{ao} = d_{T_s,eq,eff} + (d_{ai} - d_{T_s,eq,eff})e^{-NTU_m} \tag{5-39}$$

计算出口状态的计算步骤为：

1）利用式（5-21）计算除湿塔的 NTU_m。

2）利用式（5-33）计算操作条件范围内的平衡比热容。

3）利用式（5-34）计算热容比。

4）利用式（5-36）计算焓交换效率。

5）利用式（5-37）计算空气出口状态的焓。

6）利用空气与溶液的热平衡关系，计算溶液出口状态的焓。

7）利用式（5-38）计算有效平衡焓。

8）利用获得的有效平衡焓与蒸汽—溶液平衡图，计算有效平衡含湿量 $d_{T_s,wq,eff}$。

9）利用式（5-39）计算空气出口含湿量。

10）利用热量、质量平衡式，计算溶液出口流量、浓度、温度和空气出口温度值。

5.6 液体吸收除湿设备

5.6.1 蜂窝式除湿机

蜂窝式除湿机是使用浸有氯化锂的石棉制转轮的旋转干式除湿机。图5-36是这种除湿机的外形，图5-37是除湿机内空气的流程图，图5-38是它的构造图。处理空气通过过滤器后进入转轮，从构造图上可知，转轮是把石棉瓦楞纸重叠卷成蜂窝圆柱体形的纸芯，然后浸渍氯化锂。当处理空气通过转轮时，其水分被氯化锂的结晶体吸收而变为干燥空气。转轮以每小时5转的低速旋转。其上部

约 1/3 的部分是再生区。吸收了水分的转轮即进再生区，与再生空气（加热空气）接触，脱附放出氯化锂结晶中的水分而获得再生。

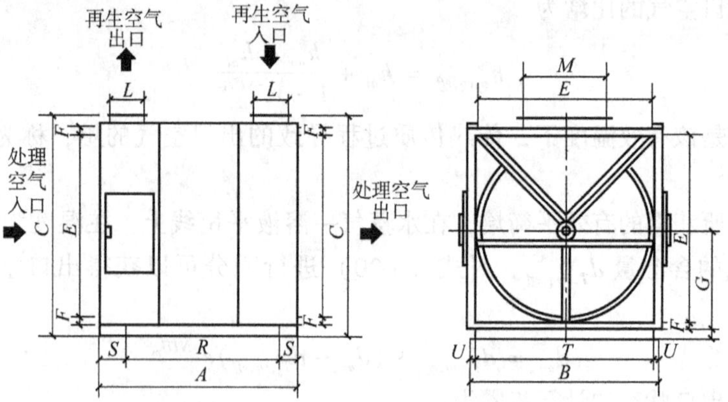

图 5-36　蜂窝式除湿机外形图

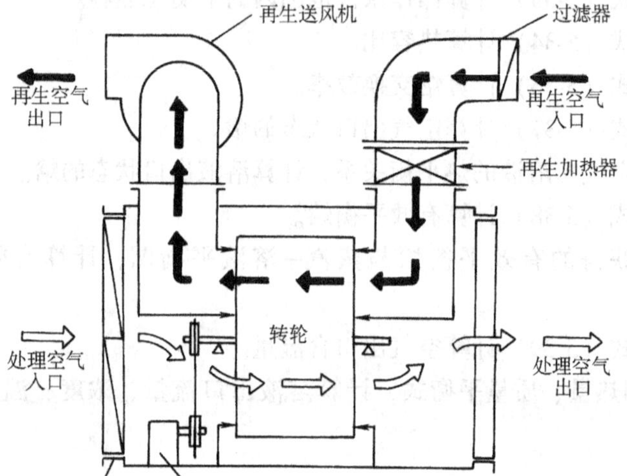

图 5-37　蜂窝式除湿机流程图

蜂窝式除湿机的特点为：

1）没有吸湿剂的飞沫损失。

液体吸收式除湿机的最大缺点是飞沫带液损失，而这种除湿机完全没有飞沫，因此不需要补充吸湿剂。

2）能连续地获得低露点的干燥空气。

氯化锂的吸湿性能很好，即使吸收了水分，其化学性能也不会变化。而且只要通过加热就能简单地放出已经吸收的水分。由于具有这种特性的转轮是旋转

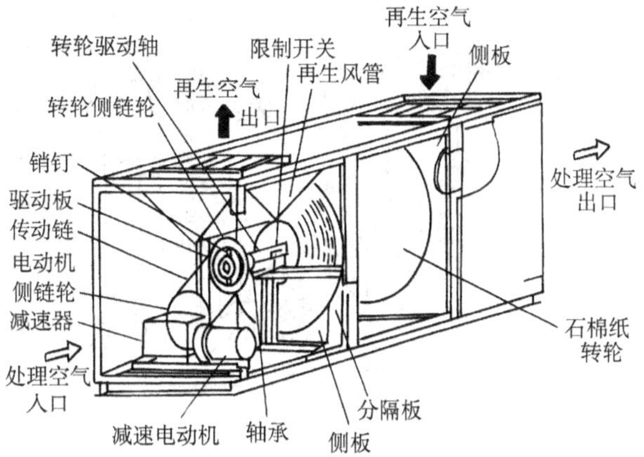

图 5-38 蜂窝式除湿机构造图

的，除湿和再生连续进行，所以能保持出口空气的露点稳定。

3）构造简单、管理方便。

机体本身是由低速旋转的转轮、再生加热器、除湿用送风机和再生风机组成，构造非常简单，所以运转和维护都很方便。

5.6.2 氯化锂除湿装置

图 5-39 是液体吸收剂与被处理空气呈逆流流动的除湿装置的系统图。装置分为吸收部 *A* 和再生加热部 *B*，为增加气液接触面积，将波纹板（聚氯乙烯制）分别填充在 *A*、*B* 塔内。从设在聚氯乙烯波纹板填充部上方的集管均匀地供给作为除湿液的 40% 氯化锂水溶液。由于已对表面进行了不会产生飞沫的处理，所以液体沿着表面成膜状流下。其实体结构如图 5-40 所示。

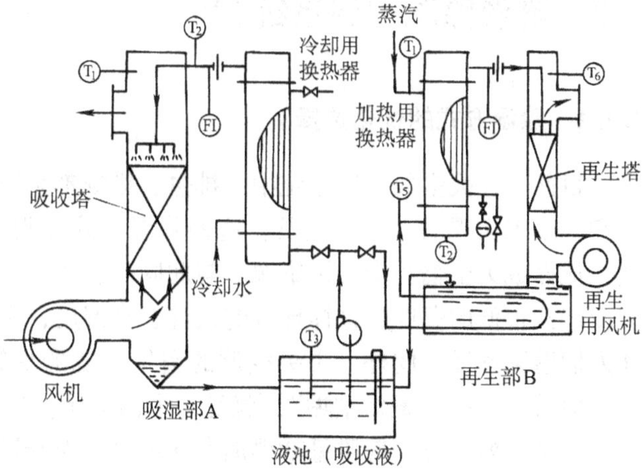

图 5-39 液体吸收除湿装置的流程图

液体吸收式除湿装置也可用于增湿。例如使用能把空气相对湿度处理到 60% 的吸收液，当处理空气的相对湿度在此以上时就除湿；当空气相对湿度在 50% 以下时即增湿。今后的发展方向是使除湿装置小型化，为此必须对其构造和除湿液进行改革和作深入的研究。

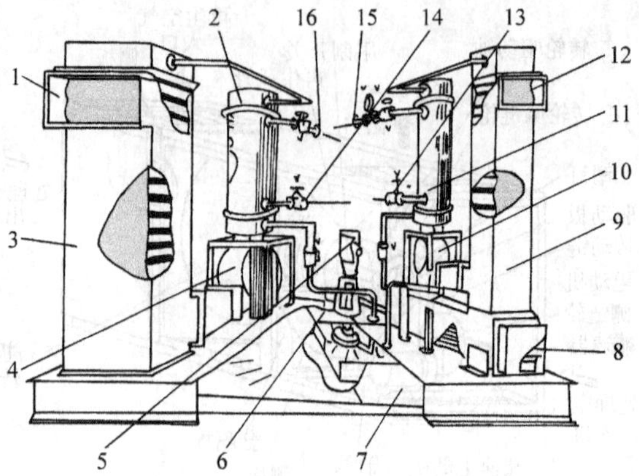

图 5-40 液体吸收除湿装置的组装图

1—处理空气出口 2—冷却器 3—吸湿塔 4—送风机 5—循环泵 6—调节器 7—液池 8—预热器 9—再生塔 10—风机 11—加热器 12—再生排气口 13—凝结水出口 14—冷却水入口 15—蒸汽入口 16—冷却水出口

相对于固体吸附材料，由于液体具有流动性，采用液体吸湿材料的传热传质设备比较容易实现；另外，液体除湿过程容易被冷却，从而实现等温的除湿过程，不可逆损失可以减小。所以采用液体吸收除湿的方法有可能达到较好的热力学效果[4,5]。

5.7 溶液除湿空调系统[6-11]

5.7.1 除湿方式的优化选择

目前，在大多数空调系统中，排热、排湿都是通过空气冷却器对空气进行冷却和冷凝来实现的。前已述及，这种除湿方式使得空调管面潮湿，容易产生霉菌，从而成为生物污染的污染源。与此同时，为了满足除湿的要求，还需要把空气冷却到很低的温度，这样导致的低温、高湿度，不仅会造成能源的浪费，还会让人们感到不适。此外，中央空调的空气过滤器尽管有时起到了净化空气的作用，但其本身就“藏污纳垢”，就是一个污染源。这些污垢一经挥发，容易产生二次污染。要解决空气质量就得加大新风量，而新风量的增加意味着高能耗。污染源和高耗能是目前中央空调存在的和亟待解决的问题，并正被越来越多的人所认识。

除了以上的问题外，冷却除湿方法还存在空气处理过程的显热与潜热比与室内热湿负荷不匹配的问题。通过冷却方式对空气进行除热、除湿，其吸收的显热与潜热比只能在一定的范围内变化。而建筑物实际需要的显热与潜热比却在较大的范围内变化。室内的湿负荷产生于人体，当室内人数不变时，潜热量不变，但显热却随着气候、室内设备状况等的不同大幅度变化。或者室内人数有可能大幅度变化，但很难与显热量的变化呈正比。室内的显热与潜热的比值是不断变化的，而空气冷却除湿处理过程的显热与潜热比值基本固定不变，对于这种不匹配问题，往往是仅满足室内温度的要求，而不顾湿度的要求，造成室内相对湿度过高或过低。在某些情况下，为协调热湿之间的矛盾，还需要对降温除湿后的空气进行再热，造成不必要的能源浪费。最好的方法是寻找新的除湿方式，实现不依赖于降温的独立除湿方式。

独立除湿方式的一种方法是转轮除湿，在前面我们已经介绍过。该除湿过程近似认为是等焓除湿过程，空气湿度降低的同时温度升高，可进一步利用高温冷源如天然冷源对空气进行降温处理，实现了除湿与降温的独立控制。除湿的动力可以是低品位热源。但由于除湿过程非等温过程，转轮表面与空气间的湿度差和温度差都很不均匀，造成很大的不可逆损失，导致热能利用效率低，这可能是由于转轮结构本身决定的难以克服的缺陷。

另一种独立除湿的方式是空气与具有吸湿能力的盐溶液接触，达到除湿目的。溶液式除湿与转轮除湿机理完全相同，不同之处在于用溶液代替了固体转轮，同时溶液除湿还具有净化空气的作用。这一方式在国外至少已有50年的历史，由于可以改变溶液浓度、温度和气液比，它与转轮除湿相比，还可实现对空气的加热、加湿、降温、除湿等各种处理过程。但是由于除湿和再生过程中空气和溶液产生了大的温度变化，导致其能源利用率甚至低于转轮，这就制约了它诸多优点的发挥。要想提高它的性能，必须使吸湿和再生两个过程在接近等温的状态下进行。采取的措施之一可以是使空气-溶液接触表面同时作为换热表面，在表面的另一侧接入冷水或热水，实现吸收或补充相变热的目的，从而实现接近等温的吸湿和再生过程。或者采用带有中间换热器的溶液-空气热湿交换单元，实现等温状态下的减湿和加湿处理。

目前，一种较好的空气除湿方法是经过改进的溶液除湿方法，应用于空调系统中具有广阔的发展前景。本节下面将要介绍使用溶液除湿的空调系统。

5.7.2 溶液除湿空调系统的特点

溶液除湿空调系统是利用液体吸收剂对空气进行除湿的空调系统。液体除湿系统以前在应用过程中出现了诸多问题，如使用的溴化锂、氯化锂溶液对管道、设备有强腐蚀性；而一些有机的溶液如三甘醇有挥发性，有机物弥漫在空气中，会危害人体健康。由于稀释和再生过程都为变温过程，不可逆、损失大，导致该类系统的效率很低，产出冷量与消耗的再生热量的比（能效比）一般在0.3左右。但上述的问题现在已经基本得到了解决，即使用塑料材料可以防止盐溶液的腐蚀，而且成本较低。盐溶液不会挥发到空气中污染室内空气，并通过调整工艺流程，可以得到接近等温的除湿与再生过程，从而实现较高的能效比。

目前溶液除湿型空调系统正在逐渐得到应用。该空调方式健康、环保、节能，并能有效控制湿度，高效回收热量，降低空气污染，更有利于空气净化，而且耗能会大大低于常规的中央空调系统。它取消传统中央空调系统的潮湿表面，不用或者少用空气过滤器，用 70 ~ 80℃ 的热水作为空调的动力，满足人们日常生活中加大新风量的要求，还可利用余热而不增加能耗。整个设备各个部件构造简单，节省了初投资。

5.7.3 溶液除湿空调系统的工作原理

1. 集中再生的溶液除湿空调系统

集中再生是指由再生器统一制备并向各新风机组提供浓溶液的方式。如图 5-41 所示为带有排风热回收的溶液除湿空调系统新风机组的空气处理过程和功能段的示意图。它可用于冬夏两季。溶液在送风处理单元和排风处理单元间循环。在夏季工况下，浓溶液首先与排风进行接触，降温之后进入送风处理单元对新风除湿，实现全热回收。为使送风进一步冷却和除湿，最后一级除湿装置使用的是再生器提供的浓溶液，浓溶液和 18 ~ 21℃ 的冷水进行热交换，降温后对空气进行进一步降温除湿，并达到所要求的送风参数。而当室外湿度低于要求的送风湿度时，停止排风侧的喷淋，送风侧改为喷水降温，停止最后一级的降温除湿。在冬季工况下，仍利用上下间的溶液循环实现排风的全热回收，而最后一级改为喷水加湿，换热器内也改为通热水来满足送风的温度要求。

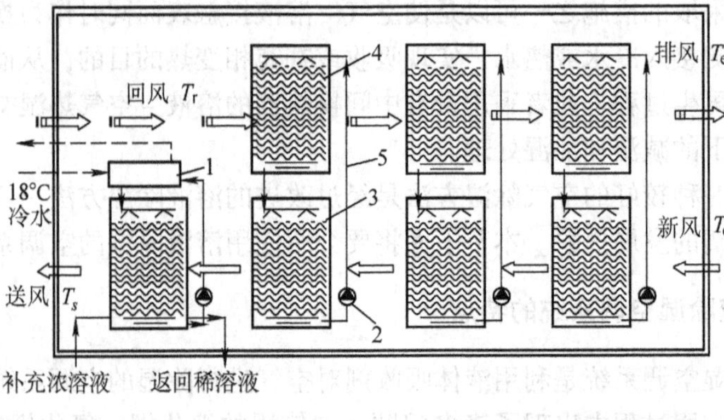

图 5-41 溶液除湿空调系统除湿部分示意图（溶液循环实现热回收）

1—换热器 2—溶液泵 3—送风处理单元 4—回风处理单元 5—溶液输送管道

如图 5-42 所示是另一种带有排风热回收的空气处理单元。上部 3 个单元对排风喷循环水，把排风的冷量传递给循环水，循环水通过板式换热器冷却新风除湿单元中的溶液。下部3个单元逐级对新风减湿,浓溶液从左侧进入,稀释后从右侧排出。由于依靠排风不能对送风充分冷却,空气送入室内之前还可利用18～21℃的冷水进行进一步冷却。在过渡季时,室外湿度低于要求的送风湿度时,停止对排风的热回收,降低溶液浓度,直至转换为直接喷水降温加湿。在冬季,上部排风侧改为溶液循环,对排风进行除湿,使其潜热转换为显热来加热送风。稀释后的溶液进入下部与干燥的室外空气接触,进行再生,同时对空气进行加热加湿,然后在末端的空气换热器再利用热水进一步升温,以满足室内送风温度的要求。

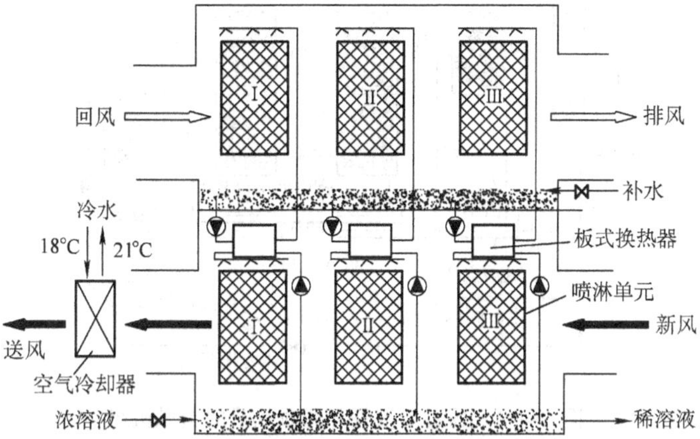

图5-42　溶液除湿空调系统除湿部分示意图（通过喷水对排风热回收）

集中再生的液体除湿空调系统将溶液除湿系统的空气处理部分和再生部分开，并且多个空气处理单元共用一个再生器。如图5-43所示为整个空调系统的示意图。集中的再生器可采用多级回热的形式以提高其效率。浓溶液分出各个支路通往各个空气处理单元，吸湿后的稀溶液通过管路流回再生器再生，如此循环。溶液的回路带有储液灌，起到了蓄能调峰的作用。末端的空气处理单元有两股空气流过，即被处理的送风4和起冷却作用的排风1，被处理的空气在处理单元中被液体吸收剂除湿并冷却，放出

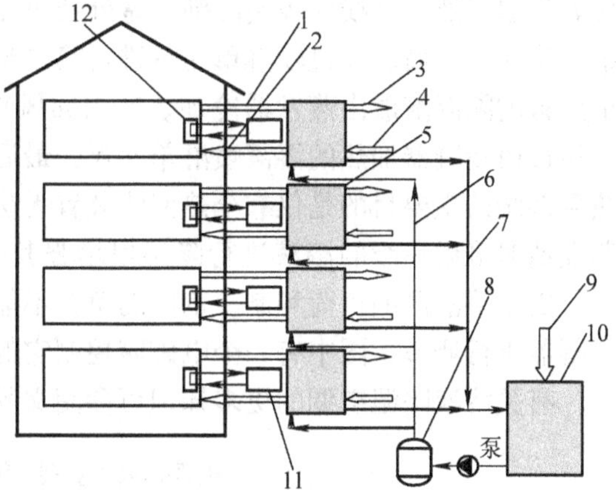

图5-43　集中再生的液体除湿空调系统

1—冷却空气进口　2—送风　3—湿热排风
4—被处理空气进口　5—空气处理模块　6—浓溶液
7—稀溶液　8—储液灌　9—再生热源
10—再生器　11—间接蒸发制冷模块
12—空气冷却器

的热量被排风吸收，排到大气中。被处理的空气进入空气冷却器，可以进一步冷却温度较高的送风达到适宜的送风温度。空气冷却器中使用的冷却水通过制冷模块 11 用蒸发冷却的方法得到。

2. 独立的带有热泵的新风机组

溶液再生装置也可不集中设置，而由各台新风机组独立利用排风对溶液进行再生。采用小型热泵，用其制冷端对送风进一步冷却，制热端则提供溶液再生的热源。如图 5-44 所示为通过溶液循环回收热量的新风机组示意图。

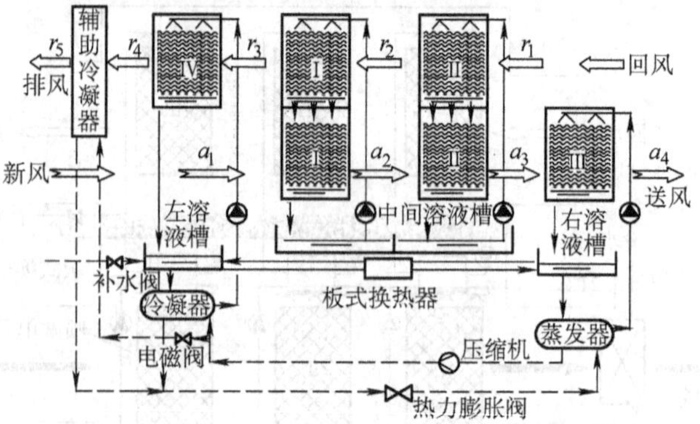

图 5－44　通过溶液循环回收热量的新风机组

新风机组由两级溶液全热回收装置（图中的 I 和 II）和热泵系统组成。实线代表除湿溶液，虚线代表制冷剂。室外新风先经过溶液全热回收装置 I 和 II 进行第一步除湿，而后经过喷淋单元 III 进行第二步除湿和降温，然后送入室内。喷淋单元 III 的除湿溶液由蒸发器冷却。室内回风首先经过溶液全热回收装置 I 和 II，再经过由冷凝器加热的溶液喷淋单元 IV，最后经过辅助冷凝器后排到室外。设置热泵系统的主要目的是仅靠全热回收装置无法达到送风温度和湿度的要求，加入蒸发器对最后一级的溶液进行降温以增强其除湿能力，从而得到适宜的送风参数。由于溶液侧的负荷和制冷剂侧的负荷不能很好的匹配，系统中加入一个辅助冷凝器进行调节，图中有一个电磁阀控制它的启停。

有关溶液除湿空调的更多知识可参阅文献［6-11］。

复习思考题和习题

1. 简述常用除湿技术的原理与特点。
2. 干燥循环的三个过程及其运行条件是什么？
3. 简述常用固体吸附剂及其特点。
4. 吸附剂的再生方式分为哪几类？
5. 转轮除湿的特点及其过程在 $h-d$ 图上是如何表示的。
6. 液体吸收剂的性能要求有哪些？在空调工程中常用的液体吸收剂有哪些？

参考文献

[1] 张立志．除湿技术［M］．北京：化学工业出版社，2005.

[2] 连之伟．热质交换原理与设备［M］．北京：中国建筑工业出版社，2001.

[3] 许为全．热质交换过程与设备［M］．北京：清华大学出版社，1999.

[4] 路沿魁．空气调节设计手册［M］．北京：中国建筑工业出版社，1995.

[5] 代彦军，王如竹．混合式除湿空调节能特性研究［J］．工程热物理学报．2003，24（2）：45-48.

[6] 江亿，李震，陈晓阳，等．溶液除湿空调系列文章溶液式空调及其应用［J］．暖通空调，2004，34（11）：88-97.

[7] 李震，江亿，陈晓阳，等．溶液除湿空调及热湿独立处理空调系统［J］．暖通空调，2003，33（6）：26-29.

[8] 刘晓华，李震，江亿．溶液全热回收装置与热泵系统结合的新风机组［J］．暖通空调，2004，34（11）：98-102.

[9] 陈晓阳，江亿，李震．湿度独立控制空调系统的工程实践［J］．暖通空调，2004，34（11）：103-109.

[10] 张伟荣，曲凯阳，刘晓华，等．溶液除湿方式对室内空气品质的影响的初步研究［J］．暖通空调，2004，34（11）：114-117.

[11] 谢晓云，江亿，陈晓阳，等．利用盐溶液制备冷水的冷水机组［J］．暖通空调，2004，34（11）：110-113.

第6章 空气射流及燃料燃烧时的热质交换原理与设备

6

空气射流和燃料燃烧时发生的热质交换也是本专业中经常见到的现象。空气射流是创造室内良好空气品质常用的方法。处理后的空气通过送风口以射流的型式送入室内，与室内空气混合，同时进行动量交换、热量交换和质量交换，从而保证了舒适的室内环境。燃料的燃烧是热源使用的主要产热方式，例如燃料在锅炉中的燃烧，它涉及固体燃料、液体燃料和气体燃料的燃烧，在燃烧过程中伴有强烈的热质交换现象。

6.1 空气射流的热质交换

6.1.1 空气射流的种类

空气经孔口管嘴或条缝等形式的喷嘴向周围气体喷出所形成的流动称为射流。送风射流进入室内对室内空气气流组织具有重要的影响。空气射流按流态不同，可分为层流射流和湍流射流；按进入空间的大小不同，可分为自由射流和受限射流；按送风温度与室温的差异，可分为等温射流和非等温射流；按喷嘴形状不同，可分为圆射流和扁射流等。在本专业涉及的空调系统中，送风速度较大，送风温度与室内空气温度不同，所以射流均属于紊流非等温受限（或自由）射流[1]。下面对几种射流形式作一简单介绍。

1. 等温自由射流

等温自由射流是指将温度等于环境空气温度的空气喷射到比射流自身体积大得多的空间中，此时射流可不受限制地扩大。射流以一定速度送入室内，与室内空气之间发生动量交换，但没有显热量的交换。若送风射流里水蒸气的浓度（或分压力）与室内空气中水蒸气的浓度（或分压力）不等，则射流与室内空气还会存在着质量交换及由此引起的能量交换。

图6-1为圆断面射流的示意图。喷嘴为圆形，直径为 d_0，射流出口速度为 v_0。射流从喷嘴中喷出后，由于湍流的横向脉动和涡流的出现，射流边界与周围气体不断发生横向动量交换，卷吸周围空气，因而射流流量逐渐增加，断面不断扩大，整个射流呈扩散的锥体状。射流速度因与周围空气的动量交换而不断下降，当射流边界层扩展到轴心时，射流发展到了主体段，随着射程的继续增大，速度继续减小，直至消失。射流分起始段和主体段。轴心处速度等于 v_0 的部分称为起始段。轴心速度小于 v_0 的部分为主体段。在整个射程中，射流静压与周围空气静压相同，沿程动量不变。

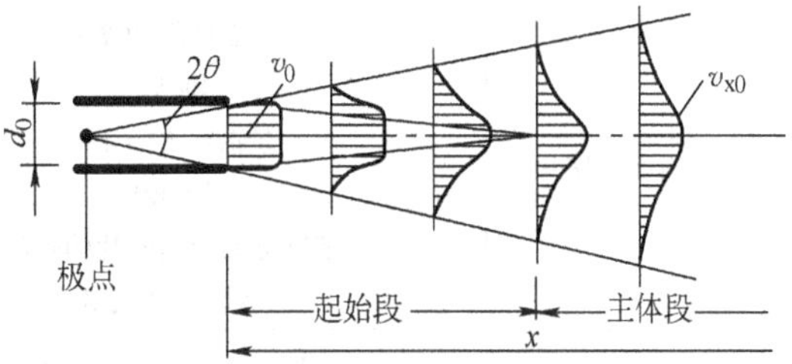

图6-1　自由射流示意图

起始段长度一般很短，空调中主要用的是主体段，所以这里主要介绍主体段的射流规律。在主体段中，射流轴心的速度小于出口速度，逐渐衰减，直至为0。主体段射流轴心的速度可按式（6-1）计算

$$\frac{v_{x0}}{v_0} = \frac{0.48}{\frac{ax}{d_0} + 0.147} \tag{6-1}$$

射流横断面直径计算公式为

$$\frac{d_x}{d_0} = 6.8\left(\frac{ax}{d_0} + 0.147\right) \tag{6-2}$$

式中　v_{x0}——射程 x 处的射流轴心速度（m/s）；

v_0——射流出口速度（m/s）；

x——射流断面至喷嘴的距离（m）；

d_0——喷嘴直径（m）；

d_x——射程 x 处的射流直径（m）；

a——喷嘴湍流系数。

从式（6-1）可以看出：当喷嘴结构形式一定，即 a 为定值时，轴心速度 v_{x0} 随着射程 x 的加大而减小，随着喷嘴直径 d_0 及出口速度 v_0 的增加而增加。v_{x0} 大说明射流衰减慢、射程长。而 a 值增大时，v_{x0}/v_0 将变小，因而射流消失快。因此，在实际应用中，如欲使射流射程长，则可减小喷嘴的 a 值（选择适宜的喷嘴结构形式或使喷嘴做得光滑些），加大喷嘴直径 d_0 或是提高喷嘴出口速度 v_0。

喷嘴湍流系数 a 值是反映喷嘴断面上速度不均匀程度的因素，其值取决于喷嘴结构形式。a 值的大小直接影响到射流扩散情况，a 值小，即气流横向脉动

小，扩散角也就小；当 a 值一定时，射流按一定的扩散角扩展，射流几何形状也就一定了。表 6-1 列出了几种喷嘴形式湍流系数的实验值，可供参考。

表 6-1　喷嘴湍流系数 a 值

喷　嘴　形　式		湍流系数 a
圆断面射流	收缩极好的喷嘴	0.066
	圆　管	0.076
	扩散角 8°~12°	0.09
	矩形短管	0.1
	带有可动导向叶片的喷嘴	0.2
	活动百叶风格	0.16
平面射流	收缩极好的平面喷嘴	0.108
	平面壁上的锐缘斜缝	0.115
	具有导叶加工磨圆边口的通风管纵向缝	0.155

对于圆断面自由射流来说，实验得出的湍流系数 a 和扩散角 θ 存在如下关系

$$\tan\theta = 3.4a \tag{6-3}$$

式（6-1）仅适用于圆射流，当喷嘴为方形或矩形时，可用喷嘴的当量直径进行计算，但当喷嘴两邻边之比大于 10 时，射流扩散仅能在垂直于长边的平面内进行，此时就需按流体力学的平面射流（扁射流）公式进行计算。

平面射流的 a 值见表 6-1，此时湍流系数和扩散角之间的关系为

$$\tan\theta = 2.44a$$

其射流特征与圆射流相似，但由于运动的扩散被限定在垂直于长边的平面上，因此速度衰减、流量增加均较圆射流慢。

2. 非等温自由射流

射流出口温度与周围空气温度不相同的自由射流，称为非等温射流或温差射流。送风温度低于室内空气温度者为冷射流，高于室内空气温度者为热射流。

相应地，当水蒸气含量或有害气体等含量与周围空气中含量不相同时的射流，称为浓差射流。

在这样的射流中，射流与室内空气的掺混不仅引起动量的交换，也带来了热量的交换和质量的交换。由于热量的交换较之动量交换快，射流的温度扩散角大于速度扩散角，温度衰减比速度衰减快，因此，温度边界层（如图 6-2 中的虚线）比速度边界层（如图 6-2 中的实线）发展得快些、厚些。浓度扩散与温度扩散相似，扩散边

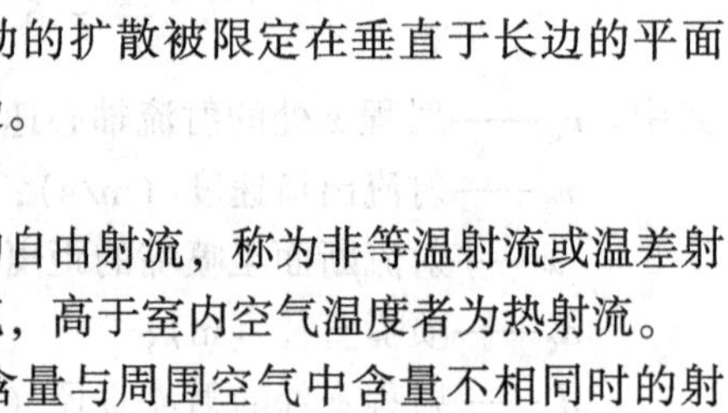

图 6-2　温度边界层与速度边界层的对比

界可认为是重合的。

但在实际应用中，为了简化起见，可认为温度、浓度内外的边界与速度内外的边界相同，所以温度边界层或浓度边界层的截面半径、流量、轴心温度或浓度等都可使用动量交换时推导得出的公式。在距离喷嘴出口为 x 的任一截面上的温度分布、浓度分布与速度分布的关系由实验得出

$$\frac{\Delta T_x}{\Delta T_m}=\frac{\Delta c_x}{\Delta c_m}=\left(\frac{v_x}{v_{x0}}\right)^{0.5}=1-\left(\frac{y}{R}\right)^{1.5} \tag{6-4}$$

式中　ΔT_x——主体段内，射流某横断面上距离轴心为 y 的某点与周围空气之温度差（K）；

ΔT_m——主体段内，射流某横断面上射流轴心与周围空气的温度差（轴心温差）（K）；

Δc_x——主体段内，射流某横断面上距离轴心为 y 的某点与周围空气的浓度差（kg/m^3）；

Δc_m——主体段内，射流某横断面上射流轴心与周围空气的浓度差（轴心浓差）（kg/m^3）；

v_x——主体段内，射流某横断面上距离轴心为 y 的某点的速度（m/s）；

y——射流任一截面处某点距轴心的距离（m）；

R——同一截面上射流半径（m）。

在送风温差不大时（空调基本属于此种情况），非等温射流的沿程速度变化规律仍可使用等温射流的速度变化规律，即式（6-1）。

非等温射流的轴心温度衰减式为

$$\frac{\Delta T_m}{\Delta T_0}=\frac{T_{x0}-T_n}{T_0-T_n}=\frac{0.35}{\dfrac{ax}{d_0}+0.147} \tag{6-5}$$

式中　ΔT_0——射流出口处与周围空气之温度差（送风温差）（K）；

T_{x0}——射流某横断面上的轴心温度（K）；

T_n——射流周围空气温度（K）；

T_0——射流出口温度（K）。

浓差射流的规律与温差射流相同，所以温差射流的轴心浓度衰减式为

$$\frac{\Delta c_m}{\Delta c_0}=\frac{c_{x0}-c_n}{c_0-c_n}=\frac{0.35}{\dfrac{ax}{d_0}+0.147} \tag{6-6}$$

式中　Δc_0——射流出口处与周围空气之浓度差（kg/m^3）；

c_{x0}——射流某横断面上的轴心浓度（kg/m^3）；

c_n——射流周围空气浓度（kg/m^3）；

c_0——射流出口射流浓度（kg/m^3）。

在非等温射流中，由于射流与周围空气温度不同，导致密度不同，射流所受浮力与重力不平衡而发生射流弯曲现象。冷射流向下弯，热射流向上弯。但它们仍可视作以中心线为轴的对称射流，因此研究射流轴心的轨迹即可知射流的弯曲程度。

喷嘴轴心线与水平方向成 α 角放置时，喷嘴喷出射流的情况，如图 6-3 所示，射流轴线的坐标可由式（6-7a）得到

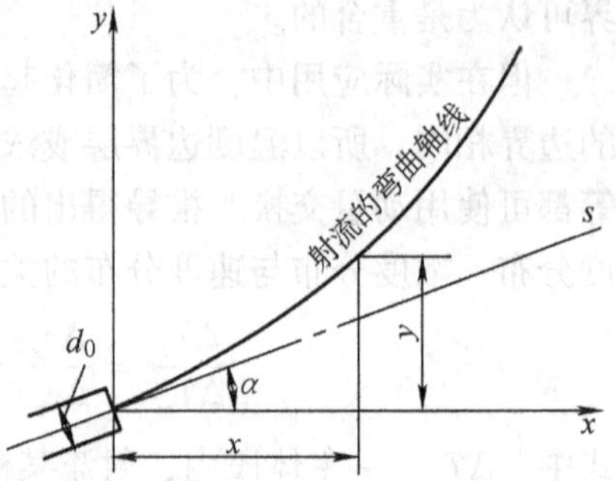

图 6-3 弯曲射流的轴线轨迹示意图

$$\frac{y}{d_0} = \frac{x}{d_0}\tan\alpha + Ar\left(\frac{x}{d_0\cos\alpha}\right)^2\left(0.51\frac{ax}{d_0\cos\alpha} + 0.35\right) \tag{6-7a}$$

若喷嘴水平放置，则轴心的轨迹可由式（6-7b）确定

$$\frac{y}{d_0} = Ar\left(\frac{x}{d_0}\right)^2\left(0.51\frac{ax}{d_0} + 0.35\right) \tag{6-7b}$$

式中，Ar 为阿基米德数，表征浮力和惯性力的无因次比值，计算式为

$$Ar = \frac{gd_0(T_0 - T_n)}{v_0^2 T_n} \tag{6-8}$$

式中 g——重力加速度（m/s^2）。

由式（6-7）可见，Ar 是决定射流弯曲程度的主要因素。阿基米德数随着送风温差的提高而增大，随着出口流速的增加而减小。Ar 值大，则随射程 x 变化的 y 值变化也大，即射流弯曲大。当 $|Ar| < 0.001$ 时，可忽略射流的弯曲而按等温射流计算。

3. 受限射流

在空调送风系统中，还常见到受限射流。当射流边界层的扩展受到房间边壁影响时，就成为受限射流。空调房间对于送风射流大多不是无限空间，气流扩散不仅受着顶棚的限制，而且受着四周壁面的限制，出现与自由射流完全不同的特点，这种射流称为“受限射流”或“有限空间射流”（一般认为送风射流的断面积与房间横断面之比大于1：5者为“受限射流”）。

受限射流分为贴附和非贴附两种情况。如送风口贴近顶棚时，射流在顶棚处不能卷吸空气，因而流速大、静压小，而射流下部流速小、静压大，使得气流贴附于顶面流动，这样的射流就是受限射流，也被称为“贴附射流”，如图 6-4a 所示。贴附射流可近似地视为完整射流的一半，其规律不变，因此可按风口断面加倍、出口流速不变的完整射流进行计算，如图 6-4b 所示。也就是说，计算中只

需将自由射流公式的送风口直径 d_0 代以 $\sqrt{2}d_0$；对于扁射流，可将风口宽度 b 代以 $2b$。由于贴附射流仅一面卷吸室内空气，故其速度衰减较慢，同室内空气的热量交换和质量交换也需要较长的时间才能充分进行，射程较同样喷口的自由射流长。此外，当射流为冷射流时，气流下弯，贴附长度将受影响。贴附长度与阿基米德数 Ar 有关，Ar 愈小则贴附长度愈长。

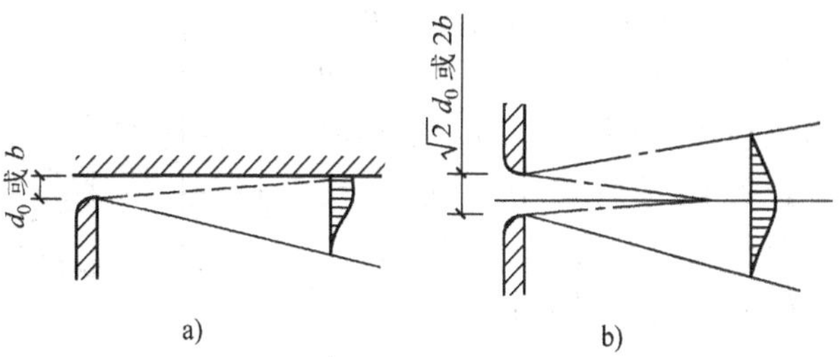

图6-4 贴附射流示意图

当送风口位于房间高度中部时（$h=0.5H$），射流为非贴附情况，射流区呈橄榄形，在其上下形成与射流流动方向相反的回流区。当送风口位于房间高度上部时（$h\geqslant0.7H$），射流贴附于顶棚，房间上部为射流区，下部为回流区。

受限射流的气流分布比较复杂，且随模型尺寸而变化。图6-5中的模型实验结果表明，当送风口高度 $h\geqslant0.7H$、模型宽度 $B\leqslant3.5H$ 时，如图6-5a所示，射流贴附于上部，回流在下部；当送风口高度不变而 $B>4H$ 时，射流占据模型中间部分的整个高度，迫使回流靠近两旁。当送风口高度 $h=0.5H$、$B\leqslant3H$ 时，如图6-5b中，射流在上部，回流在下部（实验为热射流）；当 $B>4H$ 时，射流在中间，回流在两旁。在实际工程中，当射流占据房间中部的整个高度时，工作区流速就不应按转折面处的回流速度值来考虑，而应以射流平均速度考虑。

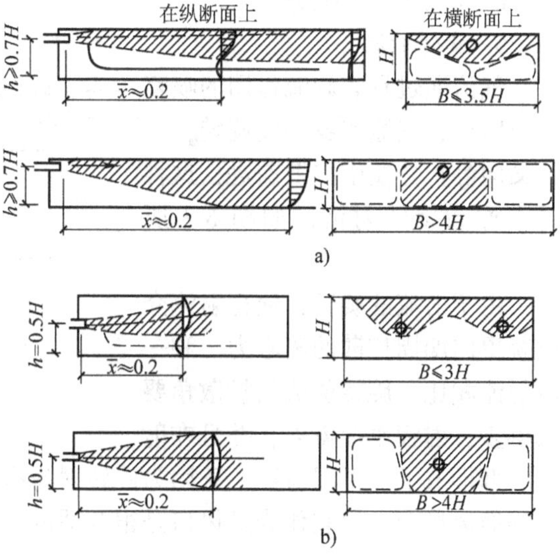

图6-5 非贴附射流的气流分布示意图

4. 平行射流

在空调送风中常常会遇到多个送风口自同一平面沿平行轴线向同一方向送出的平行射流。由于平行射流间的相互作用，其流动规律不同于单独送出时的流动规律，由此引起不同的速度分布、温度分布和浓度分布。两个相同的平行射流，向同一方向流动，气流出口后开始按自由射流规律发展，到两射流边界相交后，互相干扰并重叠，形成一个双重射流，如图 6-6 所示。设两送风口中心距离为 $2a$，坐标原点选在两送风口中心连线上，距两送风口各为 a。x 轴平行于两射流轴线，y 轴通过两风口中心，z 轴与 x、y 轴垂直。这样在任意空间点上，由两个射流相互作用形成的气流速度 v 用式 (6-9) 确定

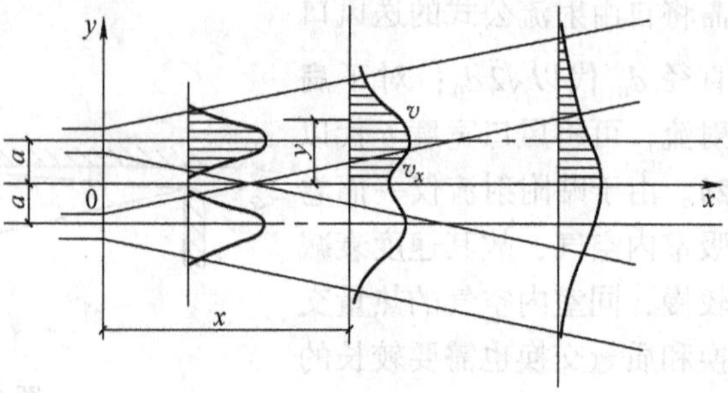

图 6-6 平行射流

$$v^2 = v_1^2 + v_2^2 \tag{6-9}$$

式中 v_1，v_2——单独送出时，两个射流各自的流速。

在一般情况下，平行射流的轴线速度比单独自由射流同一距离处的轴线速度大。距离愈大，差别愈显著。

5. *旋转射流*

气流通过具有旋流作用的喷嘴向外射出，气流本身一面旋转，一面又向静止介质中扩散前进，这种射流称为旋转射流，如图 6-7 所示。

由于射流的旋转，使得射流介质获得向四周扩散的离心力。和一般射流相比，旋转射流的扩散角要大得多，射程也短得多，并且在射流内部形成了一个回流区。正因为旋转射流有如此特点，所以，对于要求快速混合的通风场合，用它作为送风口是很合适的。

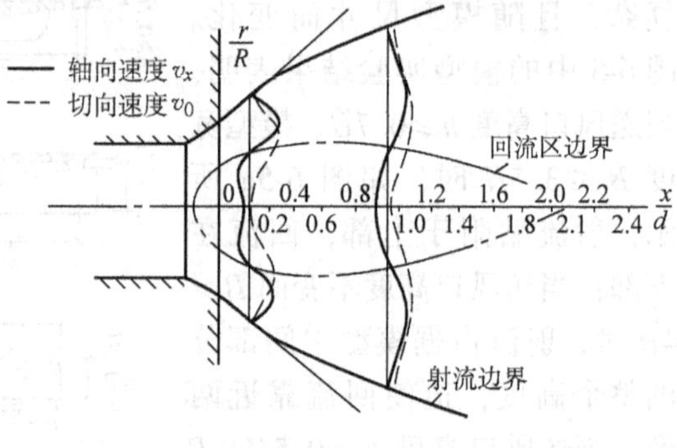

图 6-7 旋转射流速度图

6.1.2 送风口形式与送风参数

1. *送风口形式*

送风口形式及其湍流系数大小，对射流的发展及流型的形成都有直接影响。根据空调精度、气流形式、送风口安装位置以及建筑装修的艺术配合等方面的要求选择不同形式的送风口。送风口的形式繁多，下面只对几种常用的典型送风口的形式及特点作一简要介绍。

(1) 侧送风口　在房间内横向送出气流的风口叫侧送风口。这类风口中，用得最多的是百叶风口。百叶风口中的百叶做成活动可调，既能调节风量，也能改

变方向。为了满足不同的调节性能要求，可将百叶做成多层，每层有各自的调节功能。除了百叶风口外，还有格栅送风口和条缝送风口，这两种风口可以与建筑装饰很好地配合。

（2）散流器 散流器是安装在顶棚上的送风口，自上而下送出气流。散流器的形式很多，有盘式散流器（气流呈辐射状送出，且为贴附射流）、片式散流器（设有多层可调散流片，使送风或呈辐射状，或呈锥形扩散），也有将送回风口结合在一起的送、吸式散流器；另外，还有适用于净化空调的流线型散流器。

（3）孔板送风口 空气经过开有若干小孔的孔板而进入房间，这种风口形式叫孔板送风口。孔板送风口的最大特点是送风均匀，气流速度衰减快。因此，最适用于要求工作区气流均匀，区域温差较小的房间，如高精度恒温室与平行流洁净室。

（4）喷射式送风口 喷射式送风口是一个渐缩圆锥台形短管，如图6-8所示。它的渐缩角很小，风口无叶片阻挡，噪声低，湍流系数小，射程长。这种送风口适用于大空间公共建筑，如体育馆、电影院以及大的生产车间等场合。

（5）旋流送风口 图6-9是旋流送风口的一种形式。空调送风经旋流叶片切向进入集尘箱，形成旋转气流由格栅送出。送风气流与室内空气混合好，速度衰减快，这种送风口很适合于电子计算机房的地面送风。

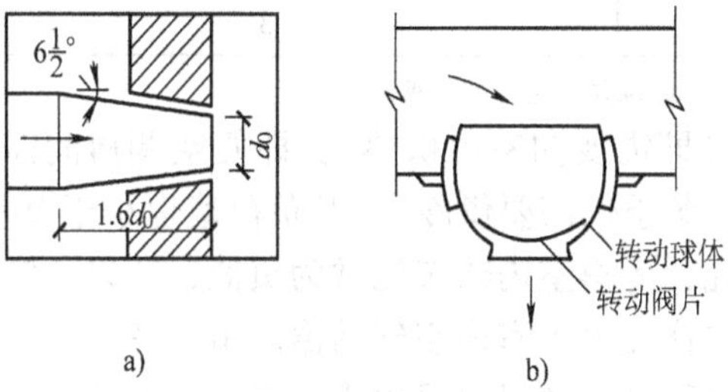

图6-8 喷射式送风口

a）圆形喷口 b）球形转动风口

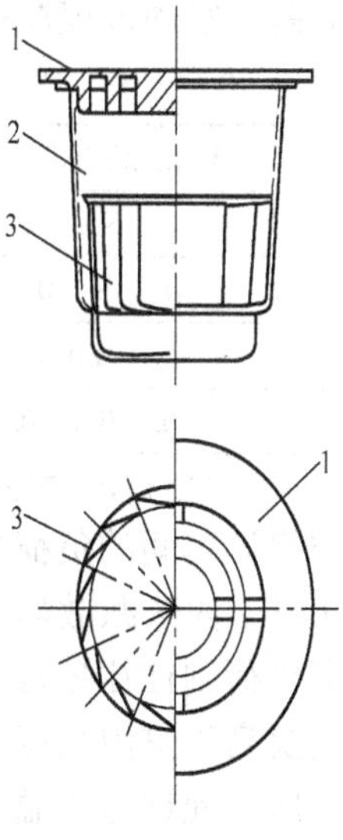

图6-9 旋流送风口

1—出风格栅 2—集尘箱 3—旋流叶片

2. 送风状态

影响房间气流组织及室内热质交换效果的因素，除了前面介绍的风口形式外，还有空气的送风状态或送风参数。室内空气温度与送风温度之差简称为送风温差。当反映室内热湿变化过程的热湿比线一定时，送风温差愈小，则送风状态点与室内状态点就愈近，在达到同一室内状态的情况下，室内送风量也就愈大，在风口数量和面积不变时，送风速度也就愈大，这时送风气流与室内空气的动量交换加剧；但由于送风温差较小，它们之间的热量交换并不剧烈，所以房间内温度分布的均匀性和稳定性都较好。然而，其结果将会使空气的处理设备和输送设备都较大，工程初投资及运行费用也将增大。反之，经济性好。但从室内空调效果看，当送风温差增大时，若室内条件保持不变，则夏季送风温度必然较低，送风气流会给人造成一种冷风感，且由于送风量减小还可能不满足室内换气量的要求，室内工作区温度分布的均匀性和稳定性都会变差，这在空调房间内一般是不允许的。因此，合理确定送风温差是空调设计不可忽视的重要问题，现行的采暖通风与空气调节设计规范中按空调室内温度允许波动范围规定了送风温差的选择范围，如表6-2所示。送风温差的确定与送风方式关系很大，所以确定空调房间的送风温差时，必须和送风方式联系起来考虑，在满足舒适和工艺要求的前提下，应尽量选较大的送风温差。需要说明的是表6-2是工业性空调送风温差的选择范围。对于舒适性空调，为保证舒适效果，当送风高度小于或等于5m时，送风温差不宜大于10℃，当送风高度大于5m时，送风温差不宜大于15℃。确定了送风温差，室内温度减去送风温差即可求得送风温度。

表6-2　送风温差

室温允许波动范围/℃	送风温差/℃
$>\pm1.0$	≤15
±1.0	6~10
±0.5	3~6
$\pm$（0.1~0.2）	2~3

注：生活区或工作区处于下送气流的扩散区时，送风温差应通过计算确定。

冬季空调房间的负荷常为热负荷（即需要向室内供热），即便空调房间需要冷负荷（对于内热源散热量大的房间，冬季仍需要供冷），其负荷值也小于夏季，而室内湿负荷则往往冬夏季相同，因此，冬季室内热湿比常为负值，所以，空调送风温度要高于室内温度，送风焓值也往往大于室内空气焓值。由于冬季一般是送热风，所以允许送风温差比较大，使得冬季送风量可以小于夏季，但此时温度分布不易均匀，而且必须是在满足室内气流组织及换气量要求的前提下才可以减小送风量。即便如此也要注意，送风温度一般不能高于45℃。

6.1.3　回风口空气流动规律和回风口形式

送风口的空气流动规律是射流的流动规律，回风口与送风口的空气流动规律是完全不相同的。送风射流以一定的角度向外扩散，而回风气流则从四面八方流向回风口，流线向回风口集中形成点汇，等速面以此点汇为中心近似于球面，如图6-10所示。

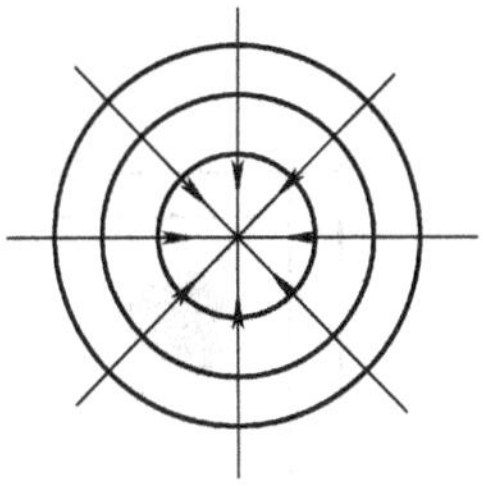

图6-10　回风点汇图

由于通过点汇作用范围内各球面的流量都相等，故有

$$\frac{u_1}{u_2}=\frac{\dfrac{L}{4\pi r_1^2}}{\dfrac{L}{4\pi r_2^2}}=\frac{r_2^2}{r_1^2} \tag{6-10}$$

式中　L——流向点汇的流量（m^3/s）；

u_1、u_2——任意两个球面上的流速（m/s）；

r_1、r_2——这两球面距点汇的距离（m）。

由式（6-10）可以看出，在吸风气流作用区内，任意两点间的流速变化与距点汇的距离平方成反比。这就使点汇速度场的气流速度迅速下降，使吸风所影响的区域范围变得很小。

点汇处的空气流动规律可近似应用于实际的回风口，图6-11为回风不受限时的速度实测图。图中当$u_x/u_0=50\%$时，从曲线查出$x/d_0=0.22$，即回流速度为回风口速度的一半时，此点至回风口距离仅为$0.22d_0$。和射流相比较，根据射流式（6-1）得知，当$u_x/u_0=0.5$时，$x\approx 11d_0$（d_0指圆喷嘴直径），即射流速度衰减为出口速度的一半时，此点至送风口距离可以达到$11d_0$。由此可见，送风射流较之回风气流的作用范围大得多，因而在空调房间中，气流流型及温度与浓度分布主要取决于送风射流。

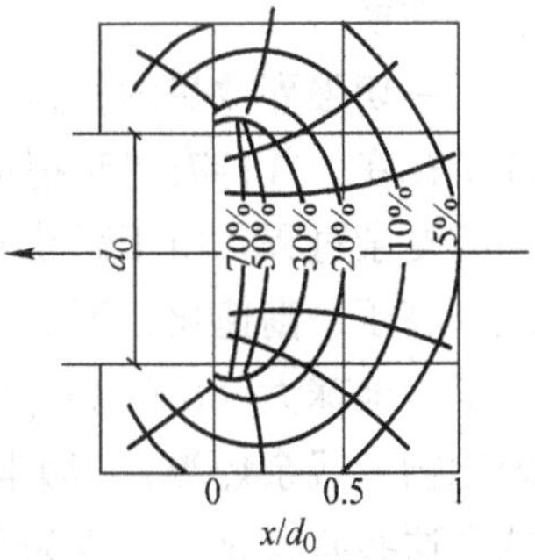

图6-11　回风口速度分布图

如前所述，吸风口附近气流速度急剧下降，对室内气流组织和热质交换效果影响不大，因而回风口构造比较简单，类型也不多。最简单的就是在孔口上装金属网，以防杂物被吸入。图6-12就是一种矩形网式回风口。为了适应建筑装饰的需要可以在孔口上装各种图案的格栅。为了在回风口上直接调节回风量，可以像百叶送风口那样装活动百叶。图6-13是活动篦板式回风口。双层篦板上开有长条形孔。内层篦板左右移动可以改变开口面积，以达到调节回风量的目的。

回风口的形状和位置根据气流组织要求而定。当设在房间下部时，为避免灰尘和杂物被吸人，风口下缘离地面至少为0.15m。在空调工程中，风口均应能进行风量调节，若风口上无调节装置，则应在支风管上加以考虑。

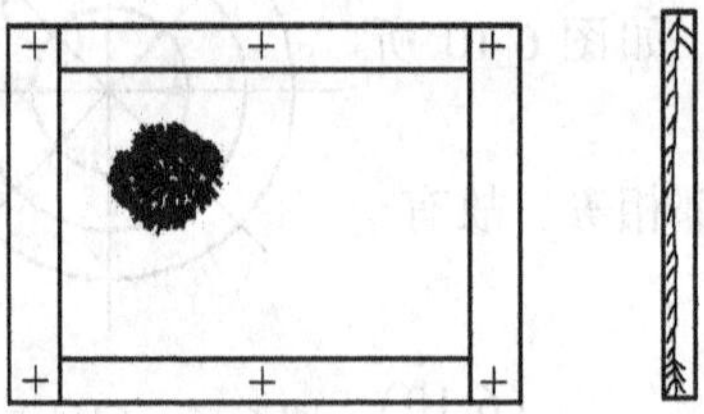

图 6-12　矩形网式回风口

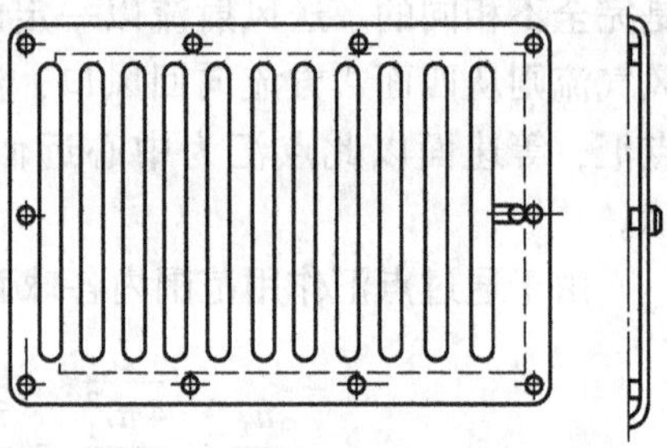

图 6-13　活动篦板式回风口

6.2　燃料燃烧时的热质交换

燃料的燃烧包括固体燃料、液体燃料和气体燃料的燃烧。燃料在燃烧过程中伴有强烈的热质交换现象。本节介绍与本专业有关的几种典型燃烧方式下发生的热质交换。

一切强烈放热的快速反应，其中有基态和激发态的自由基以及原子、电子、离子存在，并伴有光辐射的都称为“燃烧”，它是一个受多种物理和化学因素控制的复杂过程。由于燃烧科学技术的不断发展，要求燃烧过程越来越趋向于高温、高压、高速化，即要求燃烧过程不断强化和趋于高能量水平。然而，燃烧形成了对地球大气层的 CO_2 污染和热污染，燃烧过程常放出有害气体（CO、NO_x、硫化物、残余烃类）、烟尘及燃烧产生的噪声，故所以如何精心控制燃烧过程，减少这些有害物，已成为当代燃烧技术研究的重要内容。

燃料是指有空气或氧气存在下能持续地进行氧化反应而产生热量的单质或化合物以及它们的混合物。燃料的种类通常分为气体、液体和固体三大类，而每一类中又可分为天然、人工及副产品三种。下面分别介绍三类燃料燃烧时的燃烧方法和燃烧机理，其中以气体燃料的燃烧作为重点。

6.2.1　气体燃料的燃烧方法

气体燃料是一种优质的燃料，它的燃烧具有以下优点：燃烧方法简单；燃烧的过量空气系数小，排烟损失小，无灰渣产生，有利于环境保护；燃烧的热强度大；便于进行余热回收等。但气体燃料的运输和储存困难，有爆炸危险，且价格贵。

气体燃料的燃烧方法通常分为容器内燃烧和燃烧器燃烧两大类。容器内燃烧是指燃料与空气的混合物在密闭的容器内燃烧，如传播燃烧和爆炸等。燃烧器燃烧指燃气与空气混合物在燃烧器内进行燃烧的方法。这里我们主要介绍燃烧器燃烧的几种方法。

气体燃料的燃烧过程一般包括三个基本过程，即燃料和空气的混合过程，混合气体的升温和着火过程和混合气体的燃烧过程。气体燃料燃烧所需要的全部时间 τ 由两部分组成：燃料与空气之间发生物理性接触的时间 τ_{ph} 和进行化学反应的时间 τ_{ch}，即

$$\tau = \tau_{ph} + \tau_{ch}$$

根据两个时间的相对大小，气体燃料燃烧的区域分为扩散区、中间区（或称动力－扩散区）和动力区。当 $\tau_{ph} << \tau_{ch}$，则 $\tau \approx \tau_{ch}$，燃烧过程在动力区进行。当 $\tau_{ph} >> \tau_{ch}$，则 $\tau \approx \tau_{ph}$，燃烧过程在扩散区进行。当 $\tau_{ph} \approx \tau_{ch}$，燃烧过程在中间区（动力－扩散区）进行，该区域是介于动力区和扩散区中间的一个区域。

当燃烧过程是在动力区进行时，燃烧速度将主要受化学动力学因素的控制，如反应物的活化能、混合物的温度和压力等。当燃烧过程是在扩散区进行时，燃烧速度将主要受流体动力学因素的控制，如气流速度的大小、流动过程中所遇到的物体的尺寸大小和形状等。在中间区，燃烧速度与流体动力学和化学动力学因素都有关系。

根据气体燃烧的一次空气系数的大小可以区分燃烧过程所属的区域。一次空气系数 α' 是指燃烧反应前预先同气体燃料混合的空气量与理论空气量之比。它与过量空气系数 α 的概念有所不同。α 为燃气整个燃烧过程中，实际供给的空气量与理论空气量的比值。

当 $\alpha'=0$ 时，即气体燃料与空气不预先混合，燃料是在扩散区进行燃烧，这种燃烧称为扩散式燃烧；当 $0<\alpha'<1$ 时，即气体燃料与部分空气预先混合，燃料是在中间区进行燃烧，这种燃烧称为部分预混式式燃烧；当 $\alpha'=\alpha \geqslant 1$ 时，即气体燃料与全部空气预先混合，燃料是在动力区进行燃烧，这种燃烧称为完全预混式燃烧。

1. 扩散式燃烧

（1）扩散式燃烧的机理　在这种燃烧方式中，气体燃料一边燃烧，一边与空气混合，燃烧速度慢，火焰较长、较明亮，并且有明显的轮廓，所以又称有焰燃烧。为了减少化学不完全燃烧热损失，要求较大的过量空气系数，一般 $\alpha=1.15 \sim 1.25$。

扩散式燃烧主要在扩散区进行。在此工况中，燃气与空气的混合过程要比燃烧反应过程慢得多，故燃烧速度与燃烧完全度主要取决于燃气与空气的混合度与混合的完全程度。而燃气与空气的混合是靠燃气与空气间的扩散作用来实现的。

扩散式燃烧火焰分为层流扩散火焰和湍流扩散火焰。在层流状态下，扩散燃烧依靠分子扩散作用使周围氧气进入燃烧区。由于分子扩散进行得比较缓慢，因

此层流扩散燃烧的速度主要取决于氧的扩散速度，其火焰结构如图6-14所示。气体燃料从喷口喷出，着火后形成一圆锥形火焰锋面。火焰锋面以内（如图中的1区）为燃料，火焰锋面以外（如图中的2区）是静止的空气。氧气从外部扩散到锋面，燃料从内部扩散到锋面，而燃烧产物不断从锋面向内、外两侧扩散。在湍流状态下，则依靠湍流扩散作用来获得燃烧所需的氧气。由于由分子间的扩散变为分子团间涡流扩散使燃烧速度大大提高，相应的火焰长度缩短。

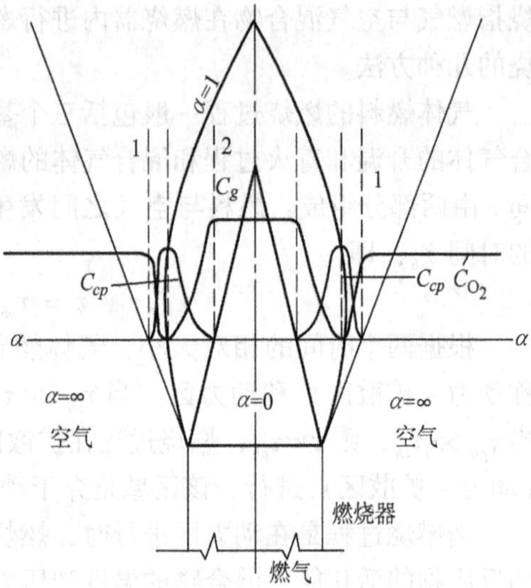

图6-14　层流扩散火焰的结构

1—外侧混合区（燃烧产物+空气）

2—内侧混合区（燃烧产物+燃气）

C_g—燃气浓度　C_{cp}—燃烧产物浓度　C_{O_2}—氧气浓度

（2）扩散式燃烧的火焰　火焰长度与燃气流出火孔的速度有关，如图6-15所示为不同状态下火焰长度的变化情况，图中横坐标为燃气从喷口中流出的速度，纵坐标为火焰长度。从曲线1可以看出：层流扩散燃烧时，火焰长度随燃气出口速度的增加而急剧上升；在过渡区内，由于出现了部分旋涡，燃烧过程得到了强化，火焰的长度逐渐降低；达到湍流扩散燃烧时，火焰长度基本上不发生变化。

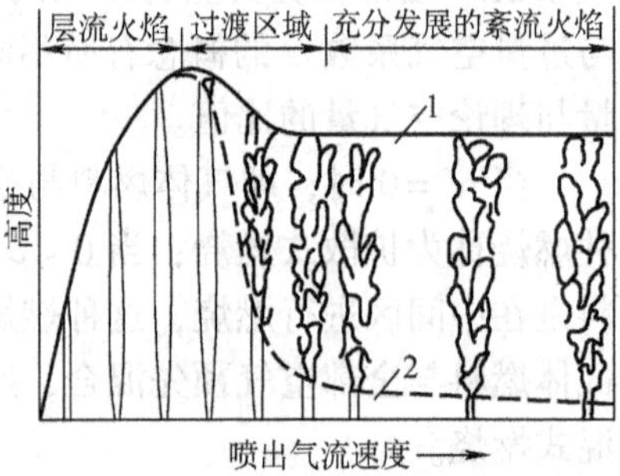

图6-15　不同状态下的扩散火焰长度

1—火焰长度终端曲线

2—层流火焰终端曲线

由于影响扩散燃烧火焰长度的因素很多，所以计算火焰长度的数学式由实验得出。在空气中进行扩散燃烧的最大火焰长度为

$$L_{max} = 11.5(1 + V_0 S) d_0 \qquad (6\text{-}11)$$

式中　L_{max}——最大火焰的长度（mm）；

d_0——火孔直径（mm）；

V_0——理论空气量（m^3/m^3）；

S——燃气相对于空气的相对密度，且 $S = \rho_g/\rho_0$；

ρ_g——燃气在标态下的密度（kg/m^3）；

ρ_0——空气在标态下的密度（kg/m^3）。

由上式可看出：理论空气量大的燃气，火焰长度就长；火孔直径越大，火焰也越长。除此之外，上式确定的最大火焰长度还受燃气出口速度、燃气温度、空气流速以及火孔间距等因素的影响。在同样出口孔径的条件下，燃气出口速度增大，火焰就要增长；在热负荷不变时，提高燃气温度，火焰相应要缩短；最大火焰长度是在空气不流动情况下确定的，随着空气与燃气流速比的增加，火焰的相对长度要缩短；当有两个以上的火焰并排时，火孔间距越小，火焰就越长。

扩散燃烧的火焰温度比较低。对于人工燃气的扩散火焰温度分布如图6-16所示。从图中看出，层流扩散火焰温度最高只有900℃，紊流扩散火焰可达1200℃左右。

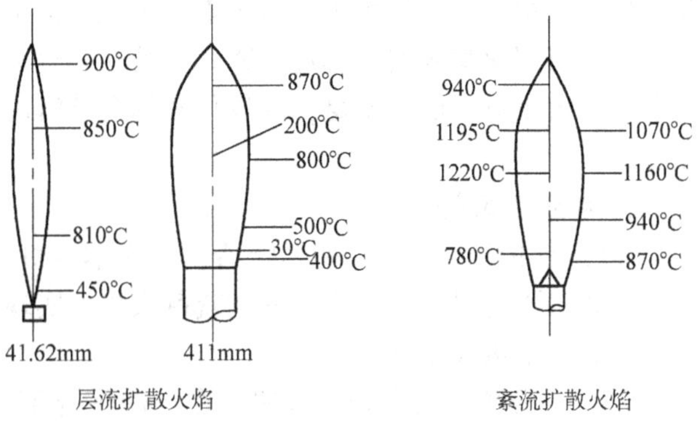

图6-16 扩散火焰的温度分布

(3) 扩散燃烧的稳定性

燃烧的稳定性是指燃烧过程不发生脱火、回火和光焰现象。火焰缩入火孔内部的现象叫做回火。火焰离开火孔，最后完全熄灭的现象叫做脱火。产生发光火焰的现象叫做光焰现象。扩散燃烧由于没有预先混合空气，所以火焰不可能缩入火孔内。但当燃气气流速度超过某一极限值，周围的空气供应不足或燃气过多的被空气冲淡时火焰便离开火孔，最后完全熄灭，出现脱火现象。

对于某一定组成的燃气—空气混合物，在燃烧时必定存在一个火焰稳定的上限，气流速度达到此上限值时便发生脱火现象，该上限称为脱火极限；另一方面，燃气—空气混合物还存在一个火焰稳定的下限，气流速度低于此下限值时便可发生回火现象，该下限称为回火极限。只有当燃气—空气混合物的速度在脱火极限和回火极限之间时，火焰才能稳定。此外，火焰还存在一个光焰极限，产生发光火焰时的一次空气系数称为光焰极限。不产生脱火、回火和光焰现象的范围称为燃烧的稳定范围。

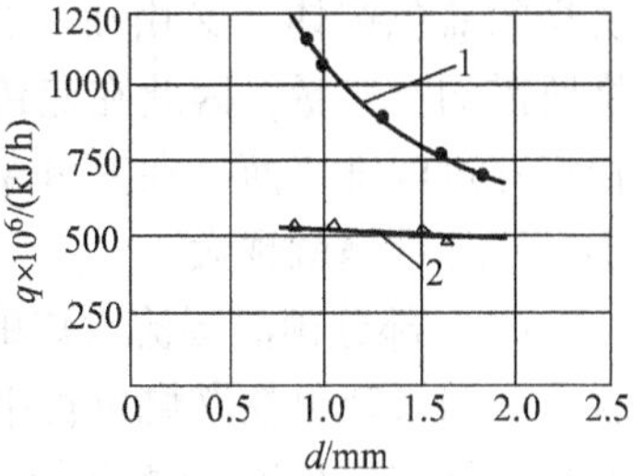

图6-17 脱火极限曲线

1—天然气 2—焦炉煤气

图6-17中显示了天然气及焦炉煤气的脱火极限曲线。图中的横坐标为喷口直径 d，纵坐标为燃烧器热负荷 q。燃烧器热负荷与燃气热值的比值为燃气的体积流量。当喷口直径一定时，体积流量与燃气出口流速是一一对应关系，所以图中的曲线也反映了喷口直径与燃气出口速度的关系。曲线上方的区域为脱火区，以下的区域为燃烧的稳定区。曲线上的点对应的热负荷计算出来的速

度即为脱火极限。例如，对于天然气，当燃烧器喷口直径为 1.5mm 时，不发生脱火现象的燃烧器最大热负荷为 800×10^{6}kJ/h，对应的最大速度即脱火极限为 3.4×10^{6}m/s。为了保证正常燃烧，防止脱火，必须控制燃气出口速度在脱火极限以下。扩散式燃烧的脱火极限很大，所以不易发生脱火现象。

（4）扩散式燃烧的特点　扩散燃烧的优点是燃烧稳定，不会发生回火现象；脱火极限值很大，不易脱火，易于着火燃烧。但扩散式燃烧燃烧速度慢，火焰温度低，常出现化学未完全燃烧产物。尤其在燃烧碳氢化合物含量高的燃气时，在高温下，由于氧气供应不足，碳氢化合物会分解出游离的碳粒及很难燃烧的重氢化合物。

2. 部分预混式燃烧

1855 年本生发明了一种燃烧器，称为本生灯。它能从周围空气中吸入一些空气与燃料预先混合，燃烧时形成蓝色火焰，实现了部分预混式燃烧，也称为大气式燃烧或本生式燃烧。

（1）部分预混式燃烧的机理　在一般情况下，根据气体燃料的性质，一次空气系数取 $\alpha'=0.4\sim0.7$。部分预混式燃烧在动力－扩散区内进行。如图 6-18 所示的本生火焰就是部分预混层流火焰的一个典型例子。从图中看出，本生火焰由内锥和外锥组成。实线 1 代表内锥，高度为 h，虚线 2 代表外锥。内锥由燃气与一次空气混合物的燃烧所形成，其燃烧过程处于动力区内。外锥是尚未燃烧的燃气从周围空气中获得氧气燃烧所形成，燃烧过程处于扩散区内。当其内锥表面各点上的气流速度 v 在锥体母线的法线上的分量 v_n 与该点的法向火焰传播速度 S_n 相等时，则内锥形状非常稳定，轮廓清晰，呈明亮的蓝色锥体。又由于一次空气量小于燃烧所需的空气量，因此在蓝色锥体上仅仅进行一部分燃烧过程。所生成的中间产物将穿过内锥焰面，在其外部按扩散方式与空气混合而燃烧。一次空气系数越小，则外锥焰就越大。

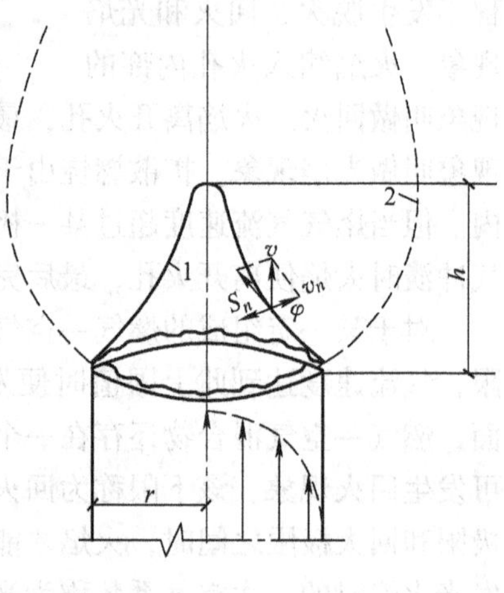

图 6-18　本生火焰图

（2）部分预混层流火焰的稳定性　部分预混式燃烧会出现脱火和回火现象。脱火和回火现象在燃烧过程中都是不允许的。因为脱火现象的出现，会在空气中或在燃烧室内积聚大量的有毒气体或爆炸性气体，容易发生事故；而回火现象的出现，会破坏一次空气的吸入，形成化学不完全燃烧，以及形成噪声和烧坏燃烧器。

如图6-19所示为不同孔径下天然气和空气混合物燃烧时的稳定范围。三组曲线围成的三角形区域为燃烧的稳定区。从图中可看出，混合物的组成对脱火和回火极限影响很大。随着一次空气系数的增加，混合物的脱火极限逐渐减小；火孔直径越大，脱火极限越高。而回火极限值及其范围主要与燃气的性质、一次空气系数、混合物离开火孔时的出口速度、火孔直径大小和火孔深度、混合物的预热温度及制造火孔的材料等因素有关。通常含氢量多的人工燃气比天然气或液化石油气容易回火；混合物的预热温度越高、火焰传播速度越大，则越容易回火；火孔直径较小时，管壁散热作用增大，则回火可能性会减小。火焰的稳定性除上述因素外，还要受火焰周围气流的速度和气流与火焰之间角度的影响。

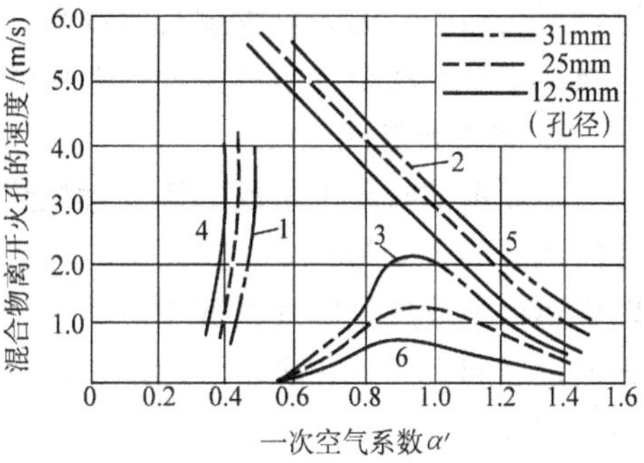

图6-19 天然气和空气的混合物的燃烧稳定范围

1—光焰曲线 2—脱火曲线 3—回火曲线 4—光焰区 5—脱火区 6—回火区

(3) 部分预混合湍流火焰的稳定性 由于预混湍流火焰比层流火焰明显缩短，焰面由光滑变为皱曲，其火焰结构如图6-20所示。当紊动尺度很大时，焰面将强烈扰动，工作的稳定区可能全部消失，或者变得很窄。要使燃烧器正常工作只有采用人工的稳焰方法，常采用辅助火焰作点火源来防止脱火，如图6-21所示。当燃气—空气混合物从燃烧器的火孔流出时，有部分混合物经小孔流向环形缝隙，在那里形成一圈稳定的火焰而不会发生脱火。

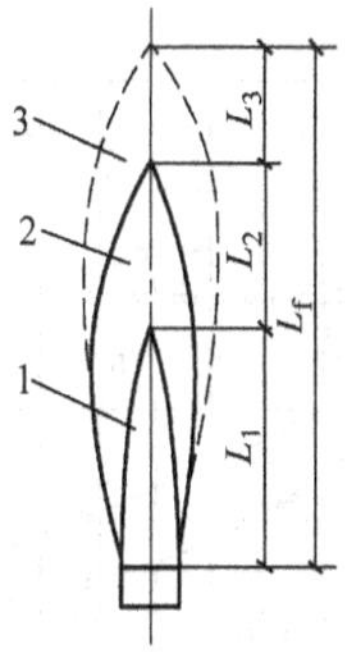

图6-20 湍流火焰的结构

1—焰核 2—焰面 3—燃尽区

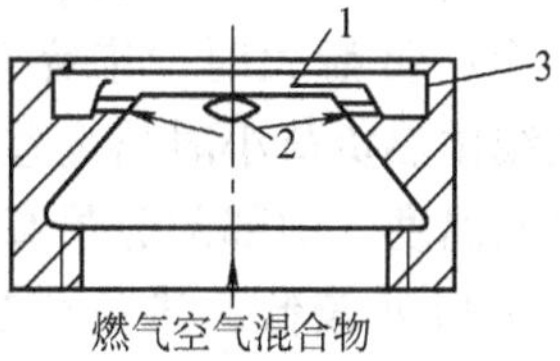

图6-21 用辅助火焰作点火源

1—燃烧器火孔 2—小孔 3—环形缝隙

(4) 部分预混式燃烧的特点 部分预混式燃烧由于预混了部分空气，所以燃烧温度和燃烧的完全程度有所提高；当选取适宜的一次空气系数时，燃烧过程仍属稳定。一次空气系数越大，燃烧的稳定范围就越小。

3. 完全预混式燃烧

工业中常常要求很高的燃气燃烧热强度，并且要在热损失最小的条件下将燃气的化学能转变为热能，以获得较高的燃烧温度。因此，要求燃烧过程的不完全燃烧热损失及过量空气系数均应最小。完全预混式燃烧是在部分预混式燃烧的基础上发展起来的。它满足了燃烧过程的化学未完全燃烧及过剩空气量均为最小的理想燃烧工况。

（1）完全预混式燃烧的机理　燃气和空气在着火前预先按化学当量比混合均匀，即 $\alpha=\alpha'\geqslant 1$，并在专门设置的火道，使燃烧区内保持稳定高温的一种燃烧方法。燃烧过程处于动力区内，火焰很短甚至看不见，所以又称为无焰燃烧。

火道式无焰燃烧工作原理如图 6-22 所示。燃气与空气的混合物从喷头喷出进入火道内燃烧，高温的燃烧产物将火道壁面烧得赤热，同时混合物进入火道时，由于气流逐渐扩大，在转角处形成了漩涡区，使得高温的燃烧产物在漩涡里循环，这样，赤热的火道壁和高温的循环燃烧产物就成为继续燃烧的稳定的高温点火源。它提高了火焰的传播速度，使得进入火道的燃气和空气混合物在瞬间燃烧完毕。

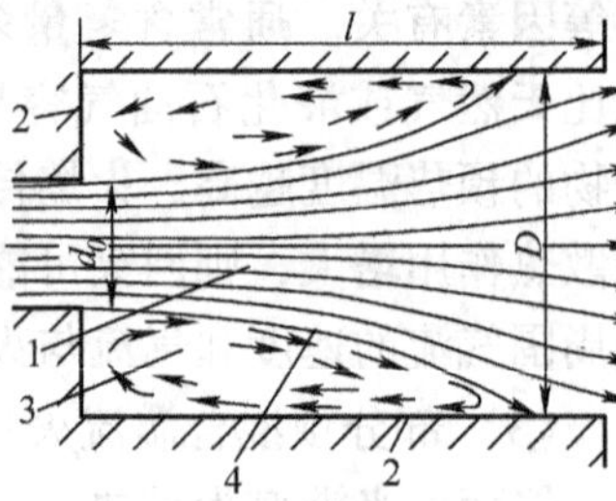

图 6-22　无焰燃烧工作原理
1—混合物扩张区　2—火道边界
3—回流区　4—回流边界表面
d_0—喷口直径　D—火道直径

图 6-23 为天然气—空气混合物在火道燃烧过程中火道温度变化与燃气燃尽的关系曲线。图中实线表示火道轴线上各点的化学未完全燃烧情况，虚线是火道壁面温度变化曲线。从图中可看出，在离喷口 290mm 处，燃烧最完全；负荷大时，未完全燃烧曲线比热负荷小时略高些；火道壁面温度，中部部分最高，入口和出口处较低；热负荷越大，火道壁面温度也越高。可见，火道中热交换情况决定于火焰的长度与直径之比。因此，为了保证燃气的完全燃烧，火道长度 $L\geqslant 4.8D$ 或 $L\geqslant 12d_0$

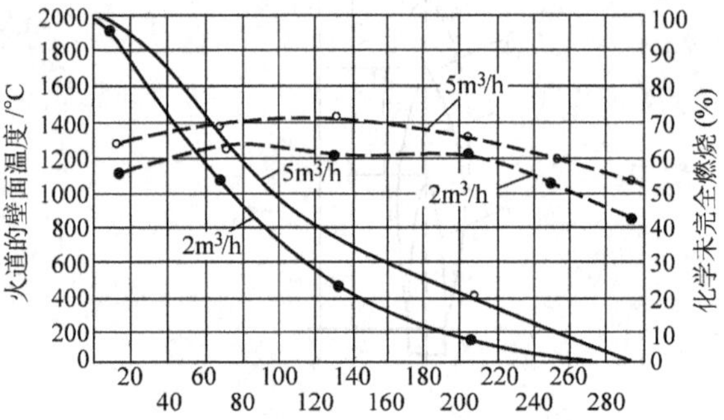

图 6-23　火道中的温度变化和燃气的燃尽曲线
（喷口直径 25mm；火道直径 65mm；
火道长度 311mm；$\alpha=1.15$）

($D=2.5d_0$)。

(2) 完全预混式燃烧火焰的稳定性　由于 $\alpha=\alpha'\geqslant1$，因此燃烧的稳定范围减小了，而燃烧的完全程度却提高了。此种燃烧方式的火焰稳定性主要需要解决回火和脱火问题。无焰燃烧发生回火的主要原因有：当气流的速度场分布不均匀时，如果断面的最小流速小于火焰传播速度时，则要发生回火；混合管内局部地方积存污垢时，气流阻力增大，也会导致回火；喷头断面设计不合理，没有按最小热负荷设计，一旦处在最小热负荷工作时，就会发生回火；如果气流在混合管内流动时，发生了振动，而燃气在燃烧室内燃烧时也发生了振动，当其二者振动频率相同而出现共振现象时，也要导致回火发生。

无焰燃烧防止回火常采取的措施有：保证混合物在火道入口的速度均匀分布，可将喷头制成收缩型，且加工光滑；燃烧含有杂质的燃气时，应设有清除污垢的装置；冷却燃烧器头部，减小该处的火焰传播速度；喷头应根据最小热负荷来设计。

工业上提高热强度常采取增加燃气和空气混合物离开喷头的速度的方法，但随之就易于产生脱火。为了防止脱火，通常采用各种稳焰器。如图6-24所示的各种形状的钝体可作为稳焰器，它们都是圆棒，或以尖端迎着气流的V形棒、锥体，或垂直放在气流中的平盘、鼓形盘等。其工作原理是：在气流中引入这些障碍物，阻止气流流动，并能保持高温燃烧产物在漩涡区循环，形成高温点火源，从而稳定了燃烧过程，如图6-25所示，主气流的初温为 T_0，而回流区里流出的气体温度为 T，它们在回流区起始的地方开始混合，经混合段后气流温度为 T_1，然后气流分两路：一部分气体向下游流去，另一部分气体进入回流区，以补充刚才离开回流区的那部分气体。进入回流区的气体也继续燃烧，使温度升高到 T。图中 d_w 为回流区直径，l_w 为回流区长度。

图6-24　各种形状的钝体稳焰器

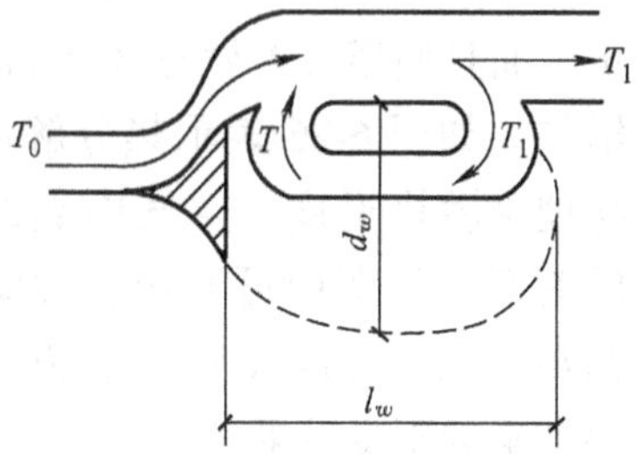

图6-25　稳焰器的物理模型

(3) 完全预混式燃烧的特点　完全预混式燃烧的优点是：热强度非常高，每立方米燃烧室容积每小时可达 $(4.186\sim41.86)\times10^8$J，相当于扩散燃烧法的100～1000倍；燃烧温度高，接近于理论燃烧温度；燃烧的完全程度高，几乎不存在化学未完全燃烧；燃烧过程的过剩空气量很少，一般 $\alpha=1.05$，热效率非常高；但燃烧火焰的稳定性较差，容易产生脱火和回火现象。

4. 燃烧的强化

燃烧设备运行的强度，主要决定于燃气燃烧过程的燃烧速度，而燃烧速度又决定于混合速度和化学反应速度。混合速度由流体力学因素来确定；化学反应速度则由燃气性质、氧化剂性质和可燃混合物的浓度、温度、压力等因素来确定。在工程上，燃气燃烧通常在大气压下进行，故氧化剂为空气的性质和压力这两个因素可视为相对固定。因此，强化燃烧过程主要应从提高温度和加强气流混合等方面来考虑。常用的强化燃烧途径有如下几种。

（1）改善气流相遇条件　可以将燃气与空气分成细流，增大两股气流的接触面积，使两股气流具有一定的速度差并成一定交角，或将一股气流穿过并淹没在另一股气流中，通常是使气体燃料淹没在空气气流中。

（2）加强紊动　在火焰稳定性允许的范围内尽量提高入口或燃烧室中的气流速度，并在入口处采用一些阻力较大的挡板等，构成撞击混合，从而增加气流的紊动。

（3）预热燃气和空气　预热燃气和空气可以提高火焰传播速度，增加反应区内的反应速度，提高燃烧温度，从而增加燃烧强度。在实际工程中，通常利用烟气余热来预热空气，它既可使燃烧强化，又可提高燃烧设备的热效率。但是，由于化学反应的可逆性，当温度升高时，也伴随着燃烧产物的分解

$$2CO_2 \Leftrightarrow 2CO + O_2$$

$$2H_2O \Leftrightarrow 2H_2 + O_2$$

CO_2 和 H_2O 分解时要吸收一部分热量，而且使燃烧产物中 CO 和 H_2 的含量增加。如图 6-26 表示热分解消耗的热量与理论燃烧温度、空气中氧的含量之间的关系。从图中可看出，燃烧温度应限制在 1800～2000℃以下，方可避免热分解带来的不良后果。

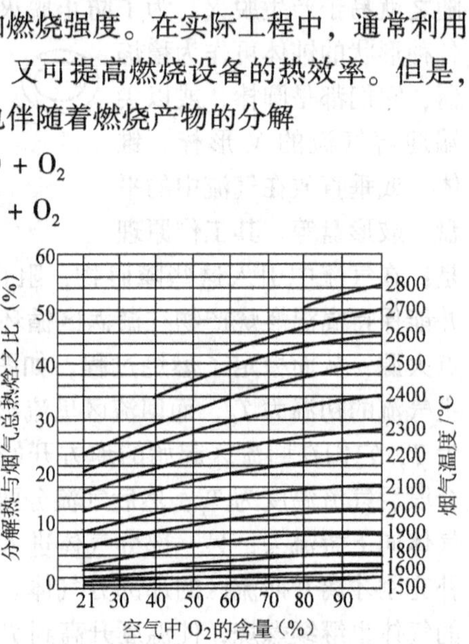

图 6-26　热分解的影响

（4）烟气再循环　将燃气燃烧所产生的一部分高温烟气引向燃烧器内，使之与尚在着火的或正在燃烧的燃气—空气混合物相混合，可提高反应区的温度，从而增加燃烧强度。烟气再循环通常有炉膛内的内部再循环和炉膛外的外部再循环两种方式。但是烟气循环量不能太大，否则，由于惰性物质对燃烧混合物的稀释，燃烧速度反而会下降，甚至发生缺氧和不完全燃烧。

（5）应用旋转气流　在气体从喷口喷出以前，使其产生旋转运动，导致气流

的径向和轴向压力梯度的产生而影响流场。因此，在工程上常用旋转气流来改善混合过程，进而增加燃烧强度。通常产生旋转气流的方法有：使全部气流或一部分气流沿切向进入主通道、在轴向管道中设置导向叶片、采用转动叶片或转动管子等。

6.2.2　液体燃料的燃烧方法

液体燃料主要是各种油类。油在燃烧时，一般不发生液相反应，通常是蒸发成为油蒸气，然后油蒸气和氧气发生反应而实现燃烧。根据油蒸发的方法不同，液态燃料的燃烧方式分为：液面燃烧、灯芯燃烧、蒸发燃烧和喷雾燃烧四种。

1. 液面燃烧

液面燃烧是一种依靠热辐射和热对流原理从附近火焰传热到液面，使液体燃料蒸发，然后在液面的上部进行扩散式燃烧的方法。煤油的釜式燃烧就属于液面燃烧，如图6-27所示。

2. 灯芯燃烧

灯芯燃烧是一种依靠灯芯将燃料从下面的液体燃料贮藏器中吸到灯芯的顶部，并在灯芯的表面蒸发，然后进行扩散式燃烧的方法。常用的煤油灯燃烧和煤油炉燃烧就属于灯芯燃烧，如图6-28所示。

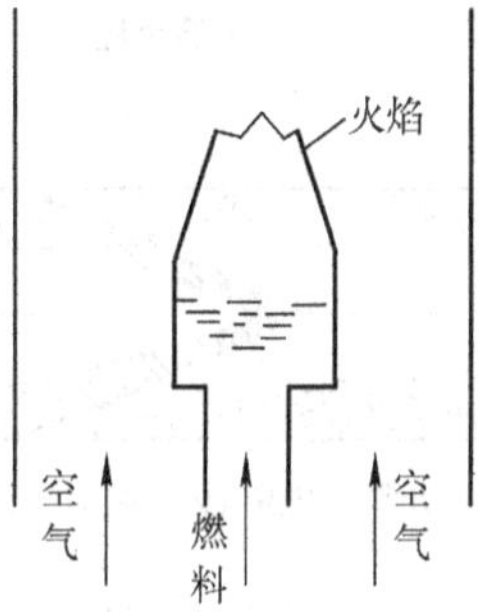

图6-27　釜式燃烧图

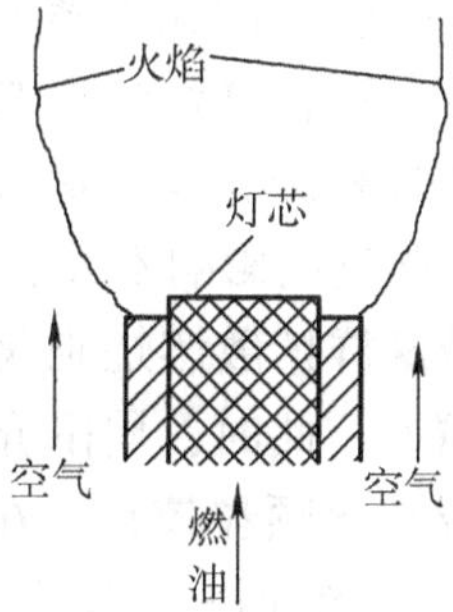

图6-28　灯芯燃烧

3. 蒸发燃烧

蒸发燃烧是一种利用一部分燃烧热量使液体燃料在蒸发管中受热而蒸发，然后像燃气一样和空气混合进行燃烧的方式。如燃气轮机的蒸发式燃烧器及加压式燃烧器的燃烧方式就属于蒸发燃烧。图6-29为液体燃料的蒸发燃烧机理示意图。

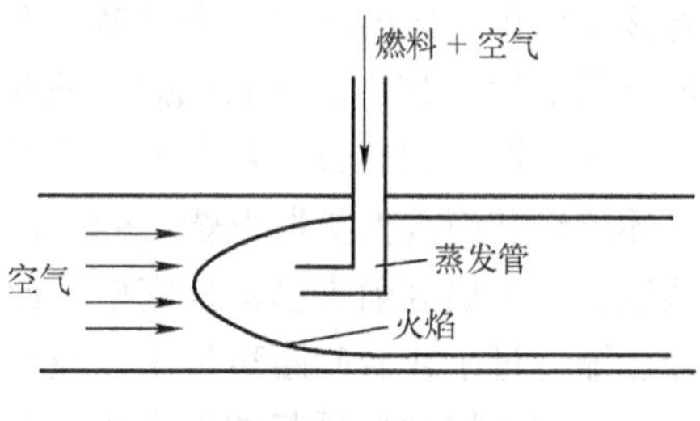

图6-29　蒸发燃烧

4. 喷雾燃烧

喷雾燃烧是把液体燃料通过喷雾器雾化成无数的直径为几微米至几百微米的微小油滴，然后和空气或氧气混合进行燃烧。在雾化的油滴周围存在空气，当雾化气流在燃烧室被加热，油滴边蒸发、边混合、边燃烧。柴油发动机和燃油锅炉的燃烧方式就属于喷雾燃烧。

喷雾燃烧主要有四种物理模型：预蒸发型气体燃烧、液滴群扩散燃烧、复合燃烧、部分预蒸发型气体燃烧加液滴蒸发，如图6-30所示。

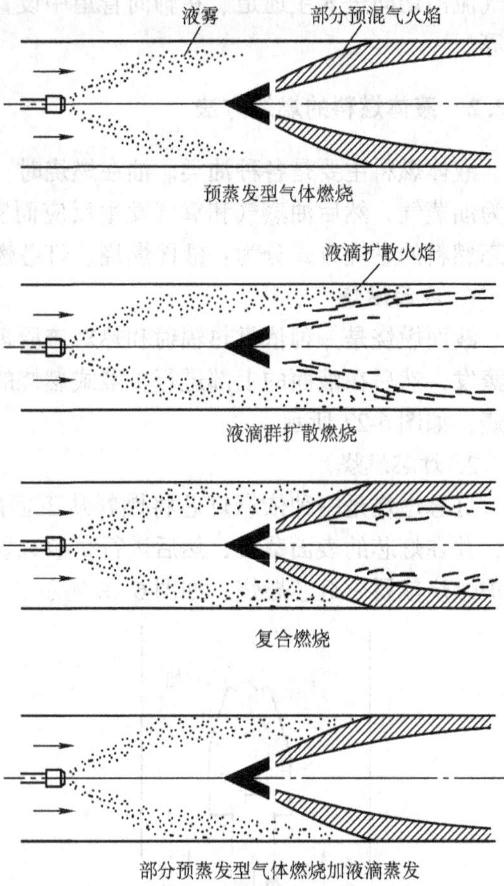

图 6-30　喷雾燃烧的四种物理模型

预蒸发型气体燃烧时，雾化液滴很细，周围介质温度较高或喷嘴与火焰稳定区间的距离较长，液滴进入火焰区前已全部蒸发完，燃烧全部在无蒸发的气相区进行。这种燃烧情况与气体燃料的燃烧机理相同，液滴的蒸发对火焰长度的影响不大。

液滴群扩散燃烧则是另一种极限情况。此时，周围介质温度较低或雾化颗粒较粗，在燃烧区的每个液滴周围都有薄层火焰，火焰面内是燃料蒸气和燃烧产物，火焰面外是空气和燃烧产物，液滴蒸气和氧气相互扩散并进行燃烧反应，随着液滴向火焰区的移动，未燃液滴在一定位置着火燃烧并代替已燃液滴的位置，形成所谓的“接力式滴状燃烧”火焰的传播。

复合燃烧和部分预蒸发型气体燃烧加液滴蒸发这两种燃烧情况介于预蒸发型气体燃烧和液滴群扩散燃烧之间。由于喷出的雾滴大小不均匀，较小的液滴容易蒸发，在火焰区前方已蒸发完毕，此时可能产生液滴群扩散火焰，也可能由于滴径已缩得过小或滴间距离过小而只有蒸发。

油的燃烧过程可归纳为雾化、蒸发、扩散混合、着火和燃烧。雾化过程是喷雾燃烧的最初的重要阶段。把燃料油通过喷嘴破碎为细小颗粒的过程称为油的雾化过程。油的雾化过程大致包括液体由喷嘴流出时形成薄幕或流股。由于流体的初始紊流状态和空气对液体流股的作用，使液体表面发生弯曲波动。在空气压力的作用下，产生了流体薄膜。由于表面张力的作用，薄膜分裂成颗粒，颗粒继续破碎，颗粒聚合。通常采用的雾化方法有下列几种。

（1）使液体燃料从喷嘴高速喷出　如图6-31所示的单孔喷射器，先给燃料加压，从喷嘴孔中以高速喷射出来。其雾化原理是由于液体喷流的力学不稳定现象以及喷流和空气之间的剪切作用，使液流粉碎成无数微小的液滴群。

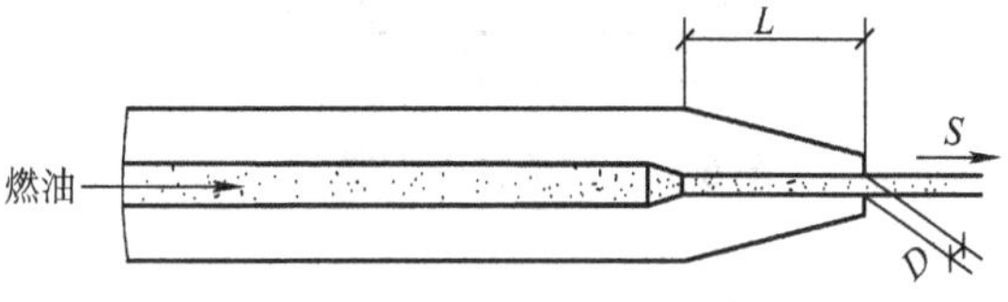

图6-31　单口喷射器

（2）使燃料作回转运动，然后从孔口以液膜状态喷出　如图6-32所示的涡流喷射器，先使液体燃料以切线方向送入喷射器的回旋室中，由此燃料作回旋运动并以液膜状态喷出孔口。其雾化原理是当喷射压力小的时候，液膜的起始段上出现如图6-33a所示缩腰现象，但当压力增加后，这种缩腰现象就会消失，并在喷嘴出口附近液膜就开始分裂成无数的细滴而实现雾化，如图6-33b所示雾化现象。

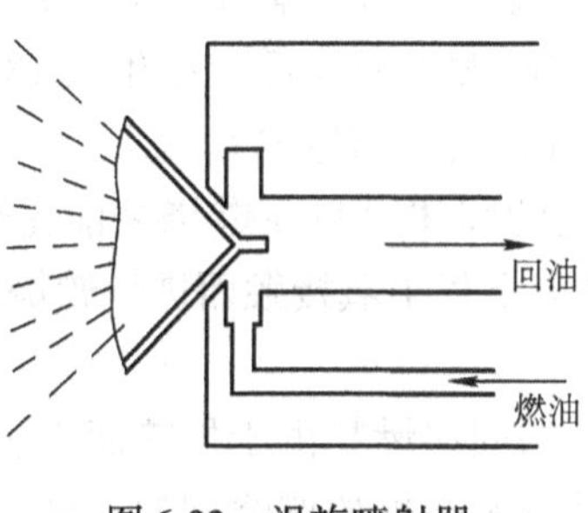

图6-32　涡旋喷射器

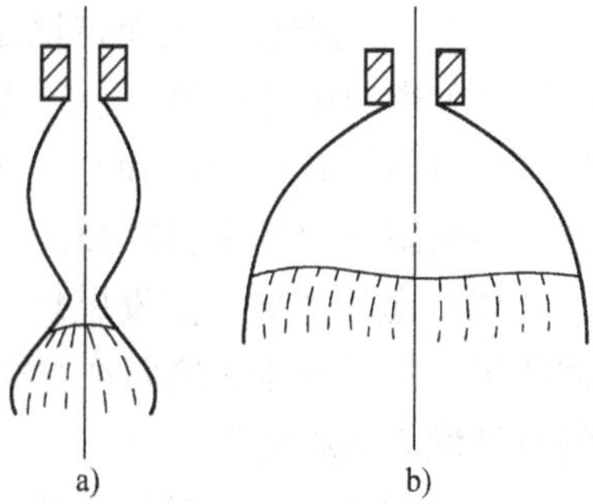

图6-33　离心式喷射的雾化原理图
a）喷射压力小时　b）喷射压力大时

（3）以空气或蒸汽等气体为喷雾的媒介质将液体燃料雾化　如图6-34所示的二流体喷射器，使燃料和空气（或蒸汽）分别从不同的喷口喷出，然后两者在喷嘴口混合而喷出。其雾化原理是利用燃料和空气（或蒸汽）的相对速度变化来实现雾化，且它们之间的相对速度越大，就越能促进雾化。此种方法中，虽然空气（或蒸汽）的压力比较低，也能得到很细的喷雾。

（4）从旋转的圆板或杯子的外周以离心力将液体燃料甩出和分散　如图6-35所示的旋转喷射器，设计中把风机的出风口和转杯设在同一轴线上。其雾化原理是燃料沿轴线靠转杯的旋转送出，并在转杯口附近形成液膜状，此液膜在风机的出风口借助风速风力将液膜粉碎而实现雾化。

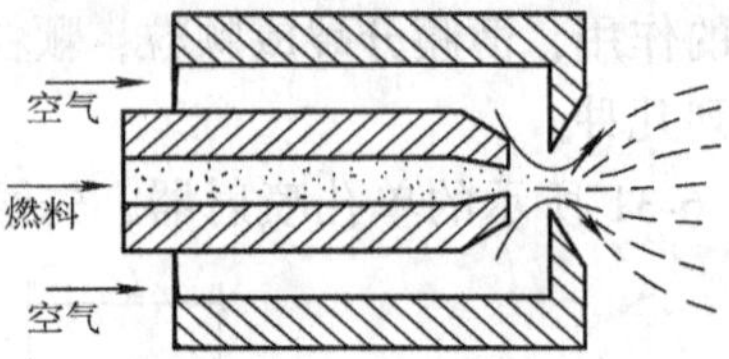

图 6-34　二流体喷射器

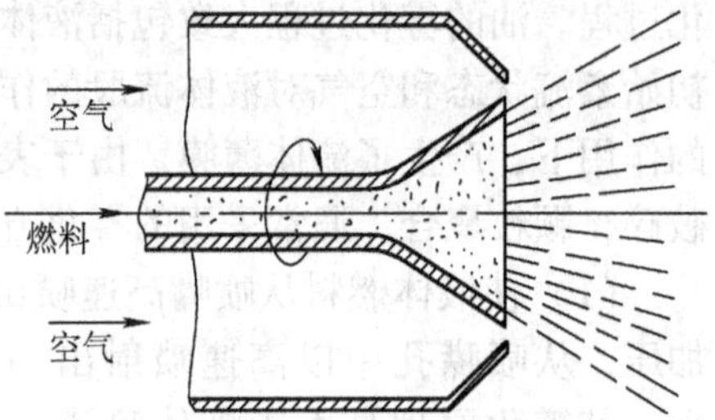

图 6-35　旋转喷射器

除上述被广泛采用的液体燃料雾化方法外，还有如从旋转的喷孔以离心力将液体喷出的旋转离心喷射器的雾化、使液体之间相互对喷或者使喷液和固体壁面撞击的液体火箭的雾化、利用声波或超声波进行雾化或促进雾化的超声波雾化器、利用高压静电使液体燃料分裂的静电喷射器雾化等方法。

6.2.3　固体燃料的燃烧方法

1. 按燃烧现象分类的燃烧方法

（1）表面燃烧　表面燃烧是在几乎不含有挥发物和易热分解组分而主要由碳组成的燃料中进行的，通常认为：碳分子和碳表面上吸附的氧发生反应，其燃烧产物可能同时有 CO_2 和 CO，CO_2 还可能与碳发生还原反应而生成 CO。此外，在碳表面附近的气体层内 CO 和氧可能发生气相反应而生成 CO_2。

（2）蒸发燃烧　蒸发燃烧是熔点比较低的固体燃料在燃烧之前先熔融成液体状态，然后液体受热而蒸发所产生的气体与空气中氧接触而进行燃烧，如常见的蜡烛燃烧就属此类。

（3）分解燃烧　分解燃烧是分解温度低的固体燃料由于加热而产生热分解，它的易挥发的组分离开固体表面时与氧气反应所产生的燃烧现象。如木材、纸、煤等燃烧时会有这种现象。分解燃烧和蒸发燃烧在很多场合会同时发生。

（4）冒烟燃烧　冒烟燃烧是在容易引起热分解的不稳定物质中，由于热分解产生的挥发物温度低于其自发着火温度时，往往会引起带有大量浓烟的表面燃烧现象。如较润湿的纸和木材，热分解产物在较低温度时可能产生表面燃烧的物质是容易引起冒烟燃烧的。冒烟燃烧时将有大量的可燃烧成分散失在烟雾之中。

2. 按燃烧方式分类的燃烧方法

（1）层燃式燃烧　层燃式燃烧是将燃料块置于固定的或移动的炉篦上面，让空气通过燃料层使其燃烧。根据燃料和空气供给方法不同，层燃式燃烧可分为逆流式、顺流式和交叉式三种。

逆流式是燃料的移动方向与一次空气的供给方向相反，如图 6-36a 所示。新燃料颗粒靠燃烧气体进行准备（预热、干燥和析出挥发物），此种燃烧方式着火正确可靠，适用于劣质煤的燃烧。固定床煤气化炉的燃烧就属此类。

顺流式是燃料的移动方向与一次空气的供给方向相同，如图 6-36b 所示。新燃料颗粒靠燃烧区的热传导和热辐射进行热准备。下饲式开水锅炉的燃烧就属此类。

交叉式是燃料的移动方向与一次空气的供给方向相交，如图 6-36c 所示。烟气直接穿过新燃料颗粒层，新燃料颗粒的热准备和着火燃烧是靠炉膛内的热烟气和炉壁的热辐射进行的。链条炉的燃烧就属此类。

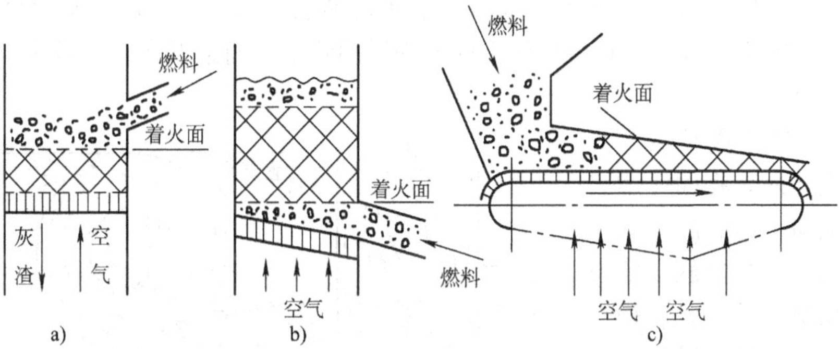

图 6-36　层燃式燃烧

层燃式燃烧具有以下主要特点：

1）能获得最大的热密度，即在单位体积的燃烧室内，同时存在于炉膛中的燃料量最大；

2）在防止燃料粉末飞失的条件下，有可能大大增加鼓风；

3）热惰性大，对燃料供给与鼓风之间协调性的偏离敏感性差，故燃烧过程比较稳定，而且炉子尺寸愈大和炉内燃料量愈多时愈稳定；

4）逆流式对燃料的热准备过程比较有利，而顺流式的热准备过程就没有像逆流式那样进行得充分；

5）层燃式燃烧在小型和中型动力装置中占有重要地位，但随着现代动力工业的发展，已不能适用于大型动力装置的机械化和自动化控制。

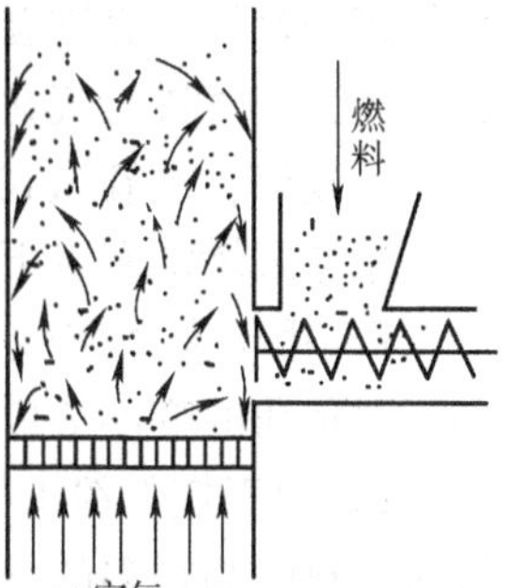

图 6-37　沸腾式燃烧

（2）沸腾式燃烧　沸腾式燃烧如图 6-37 所示。用较高速度把氧化剂从下面吹入比较细的燃料粒子层中，当鼓风达到某一临界速度时，粒子层的全部颗粒就失去了稳定性，在燃料层中部的颗粒向上飘浮；而靠近炉壁的颗粒则向下降落，整个粒子层就好像液体沸腾那样，产生强烈的相对运动，故称为沸腾式燃烧，又叫流化床燃烧。流化床气化炉的燃烧就属此类。

沸腾式燃烧具有以下主要特点：

1）可以在单位面积的炉篦上获得很大的热负荷；

2）由于燃料颗粒混合较好，使燃料层沿层高的温度分布比较均匀，对气化过程中 CO_2 的吸热还原反应提供了有利条件；

3）燃料颗粒在不断的流体动力作用下混合，互相碰撞，有利于破坏颗粒的外层灰壳，阻碍燃料的粘结和结渣，可减轻熔渣产生的故障；

4）它还可以低温燃烧，减少氮氧化物的发生量，有利于控制大气污染；

5）易造成机械未完全燃烧损失，有可能使灰分和未燃颗粒等与气体一起大量从炉中流出，故需要将带出的未燃的细料用除尘器捕集下来，并返回到燃烧室中继续燃烧。

（3）悬浮式燃烧　悬浮式燃烧是先将固体燃料磨成细粉，然后随空气一同流向炉膛内呈悬浮状态进行燃烧。悬浮式燃烧有直流燃烧和涡流燃烧两种形式。如图 6-38a 为悬浮式直流燃烧，又叫火炬式；图 6-38b 为悬浮式涡流燃烧，又叫旋风式。

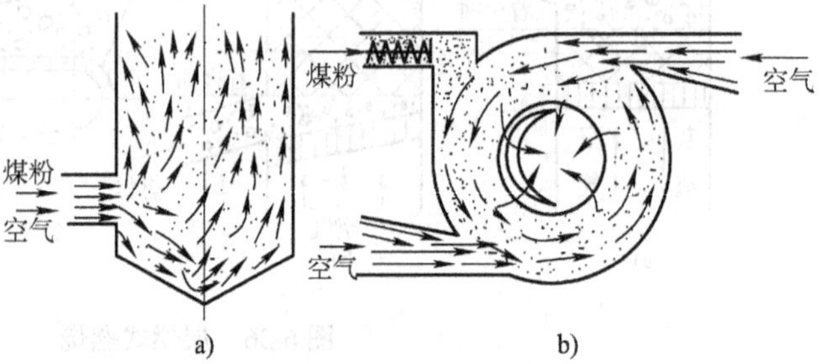

图 6-38　悬浮式燃烧

a）悬浮式直流燃烧　b）悬浮式涡流燃烧

火炬式是将直径为 300 ~ 500μm 以下的燃料粉末与一次空气混合在一起后，通过燃烧器直接喷入炉膛内进行燃烧。气流与燃料粉末在炉膛内不旋转，故燃料在炉膛内的停留时间很短，通常只有 1 ~ 2s。因此，在操作时必须将加煤和送风量仔细调控好，否则会使燃烧中断。旋风式是燃料粉末在炉膛中被高速气流携带着旋转，同时进行气化或燃烧。燃料在炉膛内的停留时间比火炬式长，炉内的混合情况较好，故旋风式燃烧的燃烧过程要比火炬式强烈得多。

悬浮式燃烧有以下主要特点：

1）用于大型燃烧炉时，与层燃式相比较具有不易结渣、设备费用增加不多、对负荷的变动适应性好等优点，所以可适用于大型动力装置；

2）由于燃料粉末处于悬浮状态时反应表面积大，所以可得到比层燃式气化块状燃料时高得多的气化效率；

3）可以用比层燃式小的空气比而得到较高的燃烧效率；

4）可以燃烧含有大量粉末的劣质煤、水分多的煤或灰分多的煤，如泥煤、无烟煤屑、不结焦的瘦煤、含任何水分的褐煤、铲切泥煤或选煤副产品等；

5）燃烧过程可全部实现机械化和自动化操作，可大大改善工人的操作环境；

6）由于悬浮式燃烧时炉壁积灰多，故不适用于小型燃烧炉。

根据燃料种类可以把燃烧装置分为固体燃烧器、液体燃烧器和气体燃烧器。由于煤燃料逐渐被淘汰，油气燃料正在逐步替代煤燃料，这里主要介绍液体燃烧器和气体燃烧器[2-5]。

6.3 液体燃烧器

根据燃烧器的结构、用途和燃烧方式不同，液体燃烧器种类繁多，下面介绍几种常见的液体燃烧器，其中主要介绍燃油锅炉中使用的液体燃烧器。

6.3.1 双筒型煤油燃烧器

双筒型煤油燃烧器是根据灯芯燃烧方式设计制作的，它是家用的小型煤油燃烧器，又称煤油加热炉。双筒型煤油燃烧器主要由储油器和燃烧系统组成，燃烧系统包括内、外焰筒和灯芯，如图6-39所示。煤油靠毛细作用不断地从储油器吸到灯芯的上端末，燃烧所需空气的供给大多数情况下靠自然风供给。

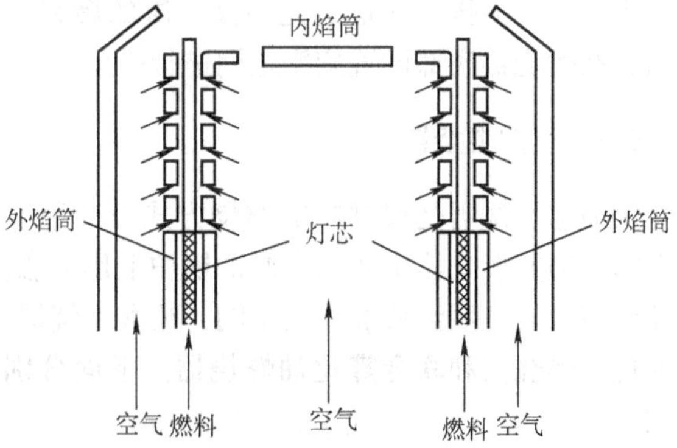

图6-39 双筒型燃烧器燃烧系统

在双筒型煤油燃烧器中，依靠流体表面张力形成的毛细管作用使煤油被吸到灯芯顶，火焰通过对流和辐射，向灯芯传热产生燃油蒸气。燃烧所需空气，也向火焰扩散形成扩散式燃烧火焰。燃烧产生的热量借助烟气流以对流方式传给受热面。

双筒型燃烧器的主要特点是燃烧稳定、不会回火、运行可靠。但燃烧热强度低，容易产生不完全燃烧，甚至还会在灯芯顶处生成炭黑，使燃烧恶化。

6.3.2 釜式燃烧器

釜式燃烧器是根据液面燃烧方式设计制作的。这种燃烧器主要包括供油系统和燃烧釜。供油系统由储油罐和油阀组成。燃烧釜结构如图6-40所示。燃烧前燃料油通过供油系统不断地送入燃烧釜下部，火焰的热量靠辐射和对流传递到液面上部，燃料油受热蒸发为蒸气，空气从上部进入，与蒸气混合向液面火焰扩散而进行扩散式燃烧。燃烧产生的热量依靠对流、辐射和导热方式向周围环境散热或加热物品。

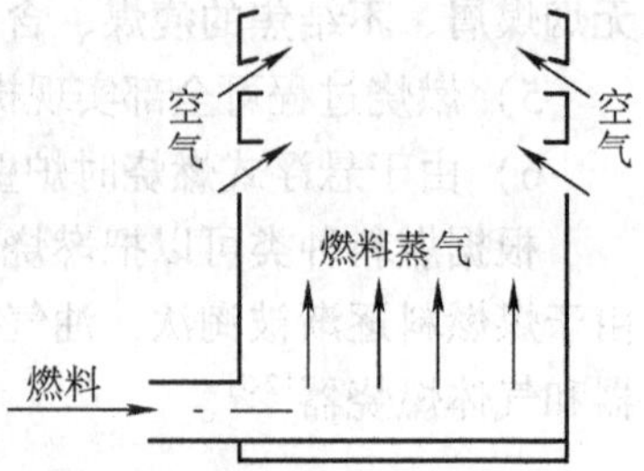

图 6-40 釜式燃烧器燃烧釜

6.3.3 蒸发燃烧器

蒸发燃烧器是根据蒸发燃烧方式设计制作的。这种燃烧器主要包括供油系统和燃烧系统。供油系统由储油罐和油阀组成。燃烧系统由蒸发管和火头组成。蒸发燃烧器根据供油压力不同有普通型和加压型。图 6-41 所示为一加压式蒸发燃烧器。

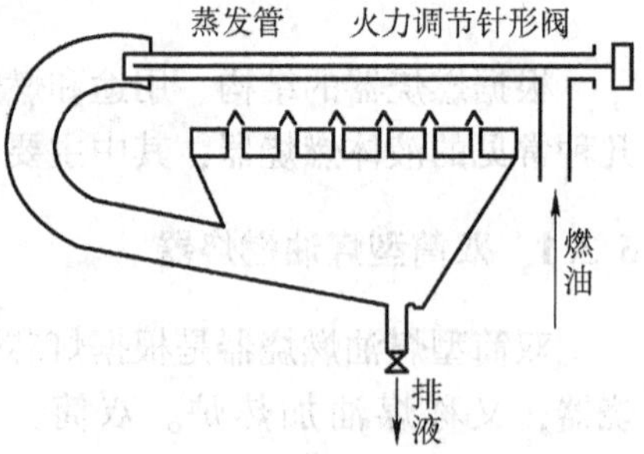

图 6-41 加压式蒸发燃烧器

在燃烧过程中，燃烧油用空气泵加压，使其从燃油箱中输送到燃烧器。燃料油在输送过程中受到火焰的加热，蒸发为油蒸气，在燃烧器火头处与自然风中的氧气一边混合一边燃烧。为排除在输送途中又冷凝的燃料油，在燃烧器底部设置旋塞定期进行排放。

6.3.4 喷雾燃烧器

喷雾燃烧器是根据喷雾燃烧方式设计制作的。喷雾燃烧器主要用在燃油锅炉上作为燃烧装置。它由油喷嘴和配风器两大部分组成。按照油喷嘴形式不同，喷雾燃烧器可分为：机械雾化油燃烧器、气流雾化油燃烧器和联合雾化油燃烧器。下面分别介绍油喷嘴和配风器的结构和形式。

1. 油喷嘴

(1) 机械雾化油喷嘴 机械雾化是依靠机械力，使油滴旋转，从而破碎成小颗粒的方法。机械雾化油喷嘴主要包括简单机械雾化油喷嘴、回油式机械雾化油喷嘴和转杯式机械雾化油喷嘴。

如图 6-42 所示为一切向槽式简单机械雾化油喷嘴，主要由雾化片、旋流片和分流片构成。具有一定压力的燃油，经过分流片上的几个进油孔汇合到环形均油槽中，再进入旋流片上的切向槽，燃油以一定的速度沿切向流入旋流片中心的旋流室，产生强烈的旋转，最后从雾化片上的喷口喷出，在离心力的作用下迅速被破碎成许多细小的油粒，同时形成一个空心的圆锥形雾化炬。

如图 6-43 所示为一切向孔式球形简单机械雾化油喷嘴。与切向槽式喷嘴相比，不同的地方是：旋流片和雾化片做成一体，用切向孔代替切向槽，旋流室呈球形，切向孔和喷嘴中心线成 65°~75°。这种喷嘴的雾化颗粒相比要大一些。

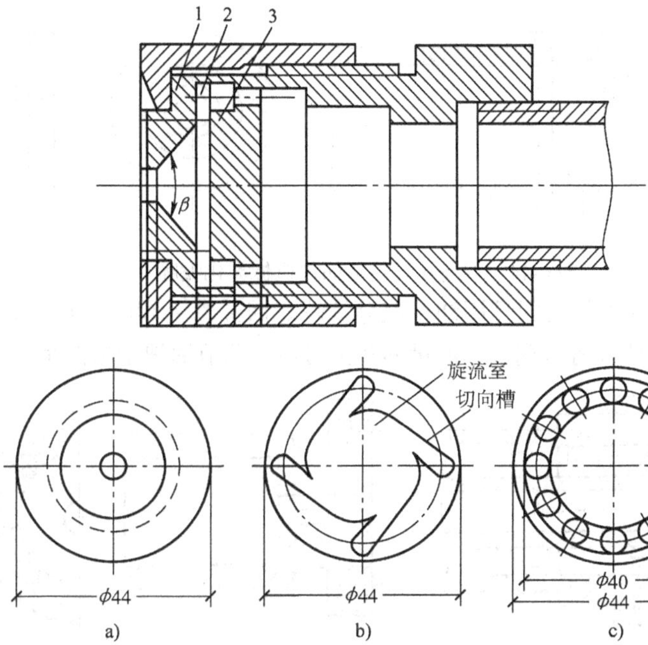

图6-42 切向槽式简单压力雾化油喷嘴
a）雾化片 b）旋流片 c）分流片
1—雾化片 2—旋流片 3—分流片

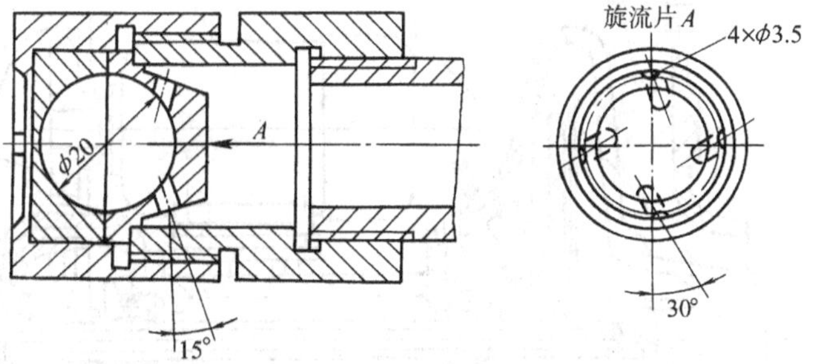

图6-43 切向孔式球形简单机械雾化喷嘴

图6-44所示为一切向孔式柱形简单机械雾化喷嘴。和切向槽式喷嘴相比，切向孔式柱形油喷嘴把旋流片与分流片做成一体，结构简单，少一个密封面，制作工艺简单，泄漏可能性小。另外，燃料油在进入旋流室前流程要简单得多，油从切向孔直接进入旋流室，阻力要小一些，而且圆形孔的阻力比方形槽小。

图6-45所示为内回油式机械雾化油喷嘴。内回油机械雾化油喷嘴应用较广泛，它包括集中大孔回油喷嘴和分散小孔回油喷嘴两类。内回油机械雾化喷嘴由雾化片、旋流片和分流片构成。该类喷嘴在使用时，通过旋流片的燃油，一部分进入炉膛

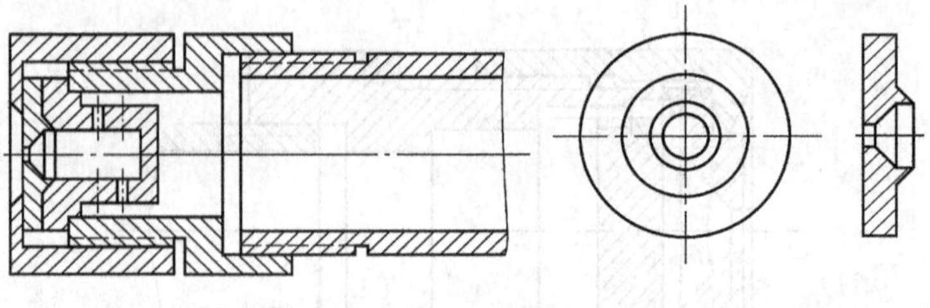

图 6-44　切向孔式柱形简单机械雾化喷嘴

燃烧，另一部分经回油管返回日用油箱或储油罐。回油管上阀门的开度对喷嘴的总进油量影响不大，所以进入锅炉的油量的多少可通过调节回油量来控制。

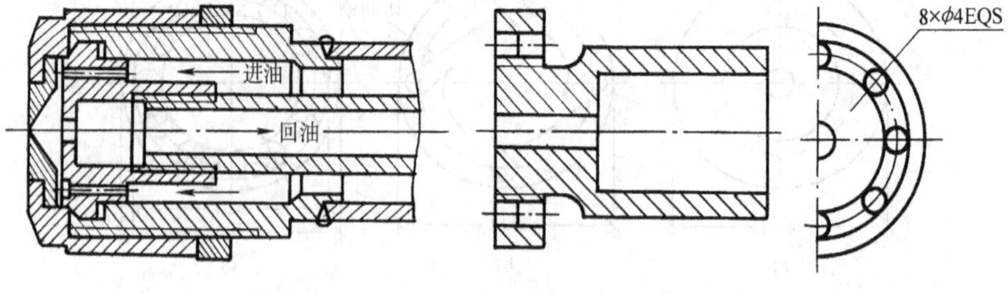

图 6-45　内回油式简单机械雾化喷嘴

图 6-46 所示为转杯式机械雾化油喷嘴。这种喷嘴在工作时，燃油通过空心

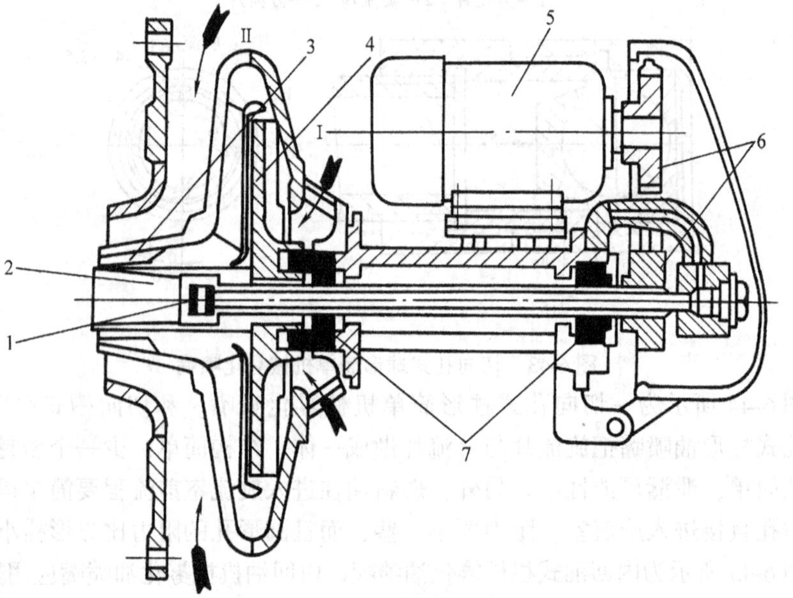

图 6-46　转杯式简单机械雾化喷嘴

1—空心轴　2—转杯　3— 一次风导流片　4— 一次风机　5—电动机　6—带轮　7—轴承

轴1进入高速旋转的转杯2，由于离心力的作用从转杯中甩出，破碎成小油滴，又被高速的一次风冲击，继续破碎成更小的油滴。

（2）气流雾化油喷嘴　气流雾化是依靠压力为0.3～1.2MPa的蒸汽或压缩空气把油雾化的方法。从雾化剂喷口喷出的气流具有很高的速度，撞击油滴使其粉碎。正常情况下，气流雾化的质量好于机械雾化。根据气流压力不同，气流雾化油喷嘴分为高压气流雾化油喷嘴和低压空气雾化油喷嘴。高压气流雾化油喷嘴主要有外混式气流雾化油喷嘴、内混式气流雾化油喷嘴和中间混合式气流雾化油喷嘴。低压空气雾化油喷嘴包括C－I型、K型、R型、RC型和RK型。

图6-47所示是外混式气流雾化油喷嘴示意图。燃油从中心管1中流出，套管2中通蒸汽或高压空气，雾化剂从喷口喷出后，与燃油接触进行雾化。使用这种喷嘴时燃油只在距离喷口较短的一段距离内才有较好的雾化效果。

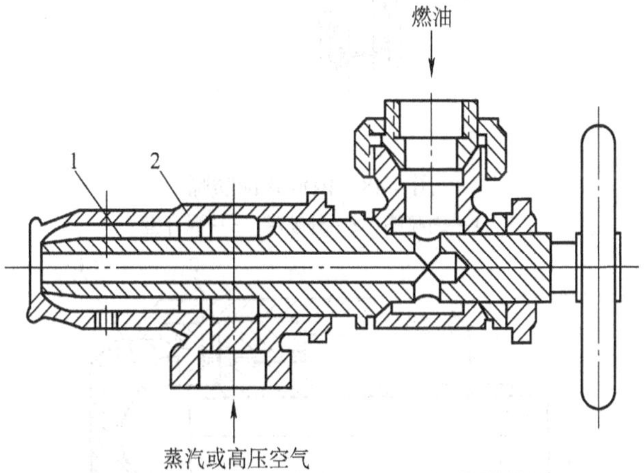

图6-47　外混式气流雾化油喷嘴
1—油管　2—气流套管

图6-48所示是内混式气流雾化油喷嘴。这种喷嘴中，燃油和雾化剂在混合室内相遇，雾化剂冲击燃料油进行雾化，雾化后的小油滴和雾化剂混合物从喷头一同以高速喷入炉内。

图6-49所示是中间混合式气流雾化油喷嘴。雾化剂在中心管中流动，经气出口喷出，油在外套管中流动，经油出口喷出，雾化剂和燃油在混合孔中相遇，雾化剂将油膜破碎成细小的油滴。

（3）联合雾化油燃烧器　联合气流机械雾化油喷嘴是同时有机械雾化和气流雾化的一种喷嘴。它包括内混式和外混式两种。图6-50是联合气流机械雾化油喷嘴的示意图。燃油在中心管中流动，经分油配气嘴的小孔喷出与由蒸汽套管环隙进入的雾化剂混合，进行第一次雾化。燃油和雾化剂进入位于头部的混合室再进行第二次雾化，然后从喷头小孔喷入炉内。

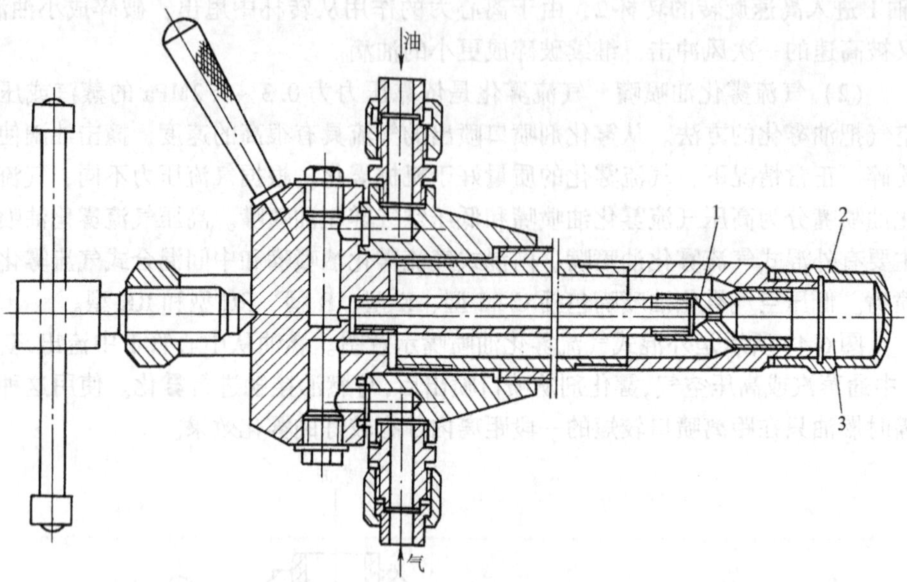

图 6-48 内混式油喷嘴

1—内喷嘴 2—外喷嘴 3—混合室

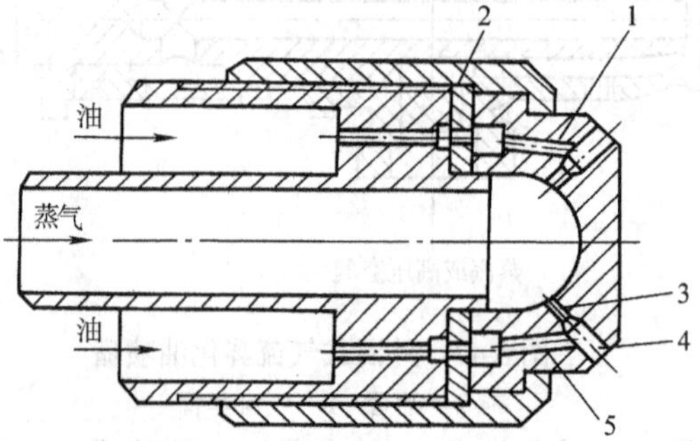

图 6-49 中间混合式气流雾化油喷嘴

1—喷头 2—分流器 3—气进口 4—混合物喷嘴 5—油进口

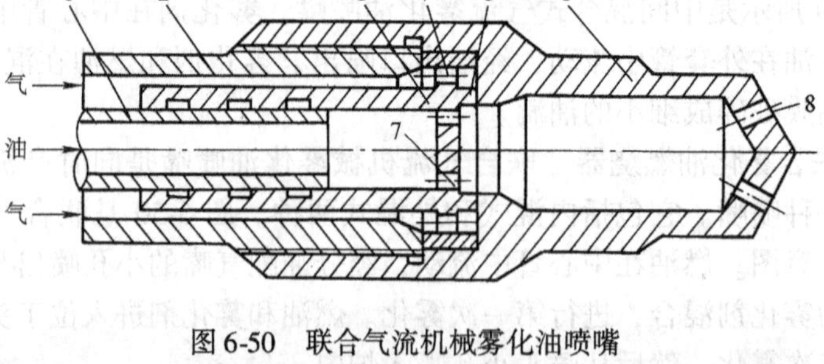

图 6-50 联合气流机械雾化油喷嘴

1—油管 2—气流套管 3—分油配气嘴 4—气孔 5—气槽 6—混合室头部 7—油孔 8—喷孔

2. 配风器

配风器的作用是供给油燃料燃烧所需的空气，形成有利于油雾与空气很好配合的空气动力场，使着火和燃烧动力工况稳定。根据空气的流动方式不同，配风器包括旋流式和直流式两类。

（1）旋流式配风器　旋流式配风器根据叶片形式不同，主要包括轴向可动叶片旋流式配风器、固定切向叶片旋流式配风器和可动切向叶片旋流式配风器，它们的结构如图6-51、图6-52和图6-53所示。

图6-51所示为轴向可动叶片旋流式配风器示意图。一次风从环形风门6进入，经头部的稳焰器旋转喷入炉内，一次风的旋流强度可通过改变稳焰器的轴向位置来调节。二次风经叶轮4旋转后进入炉内，通过调节叶轮上的叶片在一次风管上的前后位置，可改变流经叶轮的风量，从而调节旋流强度。

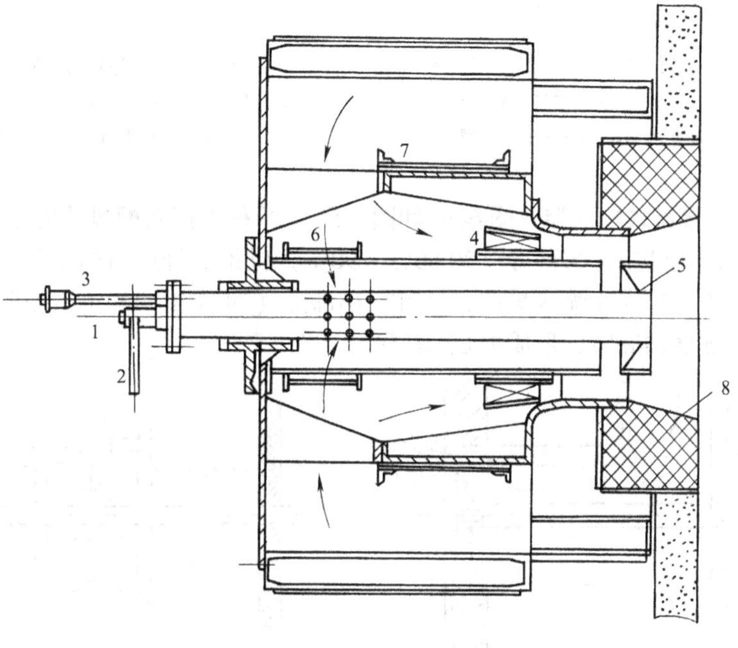

图6-51　轴向可动叶片旋流式配风器

1—进油口　2—回油口　3—点火器　4—叶轮　5—稳焰器

6—环形风门　7—圆筒形风门　8— 一次风管

固定切向叶片旋流式配风器，如图6-52所示，其中供给燃烧的空气分为三路，一路是由外围通入的直流风，用来控制火焰的形状；一路是通过多孔板进入的中心风；还有一路是通过切向叶片的主旋流风，它为火焰根部提供氧气，同时起到冷却喷嘴的作用。

可动切向叶片旋流式配风器，如图6-53所示，空气分两路，一路空气通过切向叶片后形成旋转气流，经喉口和环形通道后喷入炉内；另一路空气通过筒形一次风门，形成中心风，进入中央经稳焰器，产生旋转进入炉内。一次风量大小可通过改变风门开度来调节。二次风量可通过改变可动切向叶片开度来调节。

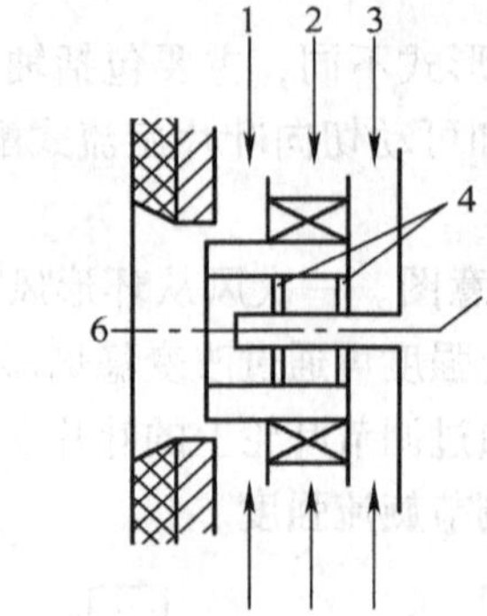

图 6-52　固定切向叶片旋流式配风器
1—直流空气　2—旋流空气　3—中心空气
4—多孔板　5—油喷嘴　6—喷口

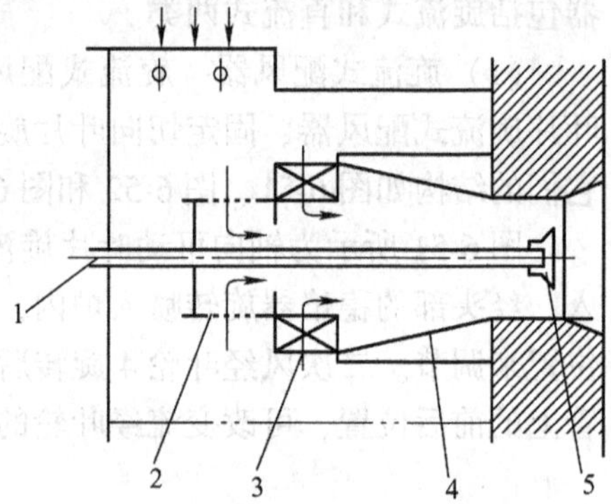

图 6-53　可动切向叶片旋流式配风器
1—进油管　2—中心风进口　3—切向叶片
4—文丘里管　5—稳焰器

（2）直流式配风器　图 6-54 和图 6-55 为两种直流式配风器的结构示意图。在直流式配风器中，大部分（约 80% ~90%）供给燃烧所需的空气形成一股直流式主气流，以高速喷入炉内，另有一小部分（约 10% ~20%）空气经稳焰器产生一定强度的旋转，形成中心回流区。

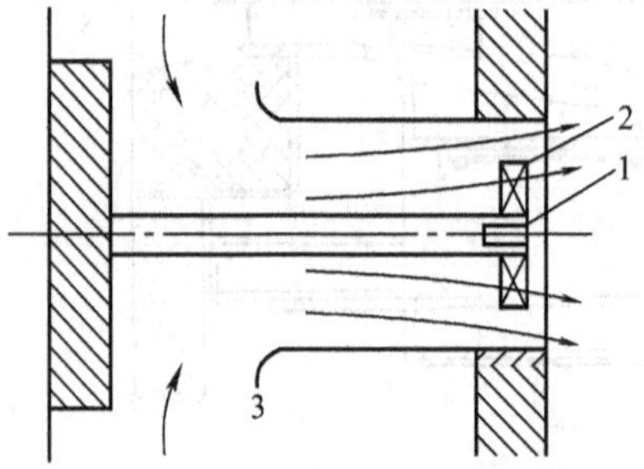

图 6-54　直管型直流式配风器
1—油喷嘴　2—稳焰器　3—大风箱

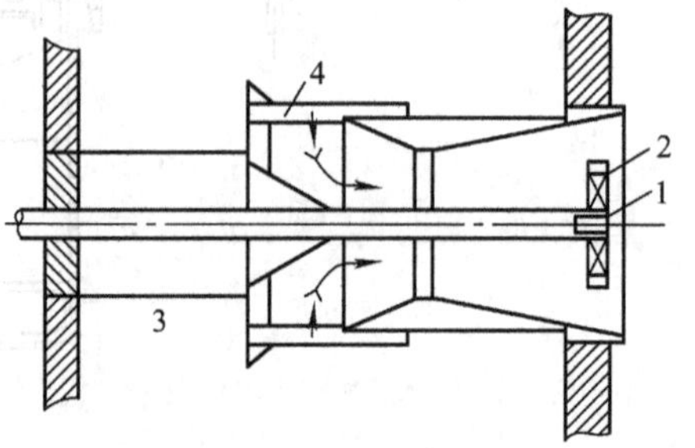

图 6-55　文丘里管型直流式配风器
1—油喷嘴　2—稳焰器　3—大风箱
4—圆筒形风门

6.4　气体燃烧器

气体燃烧器种类繁多。若按照燃烧方式来分，气体燃烧器分为扩散式燃烧器、大气式燃烧器和完全预混式燃烧器。若按空气的供给方式来分，气体燃烧器分为引射式燃烧器、自然供风式燃烧器和鼓风式燃烧器。若按燃气的压力来分，气体燃烧器可分为低压燃烧器、中压燃烧器和高压燃烧器。

6.4.1　扩散式燃烧器

扩散式燃烧器是按照扩散式燃烧方法设计制作的燃烧器。在扩散式燃烧器中一次空气系数 $\alpha'=0$，燃气依靠扩散作用与空气一边混合一边燃烧。根据空气供给的方式不同，扩散式燃烧器分为自然引风式扩散燃烧器和强制鼓风式扩散燃烧器。自然引风式扩散燃烧器利用自然抽力或扩散方式供给空气，这种燃烧器多为民用。鼓风式扩散燃烧器利用鼓风机供给空气，这种燃烧器多用于工业中。

1. 自然引风式扩散燃烧器

该燃烧器可根据加热工艺和燃烧需要做成不同的形状，如下所述。

（1）管式燃烧器　分单管式和多管式。单管式燃烧器是最简单的一种扩散式燃烧器，它是在一根钢管或铜管上钻一排或交叉布置两排火孔，如图6-56所示。具有一定压力的燃气进入管内，经火孔流出，依靠扩散作用与供给燃烧的空气混合、燃烧。多管式扩散燃烧器由几根小火管焊接在一根集气管上而组成，根据小火管的形状，多管式扩散燃烧器有排管式和涡管式，图6-57所示为排管式扩散燃烧器，图6-58为涡管式扩散燃烧器。

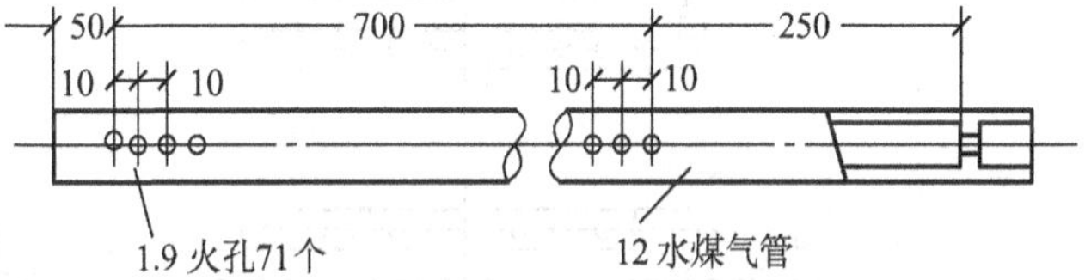

图6-56　直管式扩散燃烧器

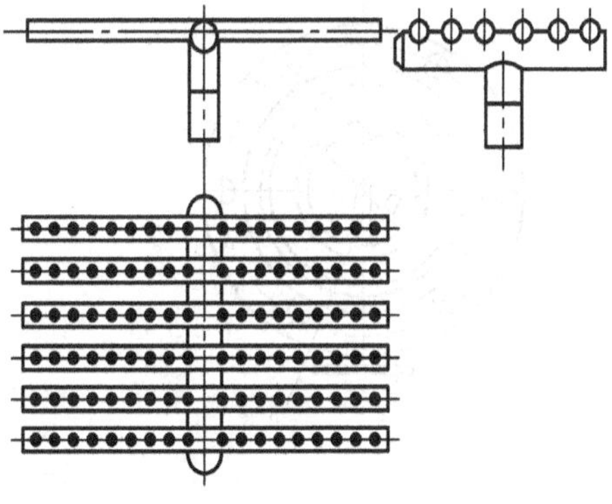

图6-57　排管式扩散燃烧器

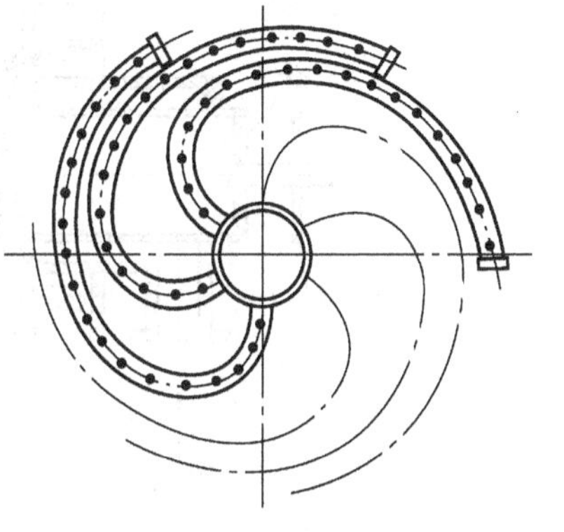

图6-58　涡管式扩散燃烧器

（2）圆环形燃烧器　该燃烧器属环形供气，故而压力分布均匀，火焰高度整齐。图 6-59 为圆环形燃烧器示意图。

（3）冲焰式燃烧器　该燃烧器采用两个扩散火焰相撞的方法来增强气流扰动，增加燃气与空气之间的紊流混合，提高燃烧稳定性，强化燃烧过程，如图 6-60 所示。

（4）多缝式燃烧器　在多缝式燃烧器中，气体燃料进入到燃烧器外壳与内管间的环形通道，从内管上的缝口进入炉内，燃气燃烧所需的空气一部分从内管进入，一部分从燃烧器外套管进入，它们的空气量依靠空气调节板来调节。

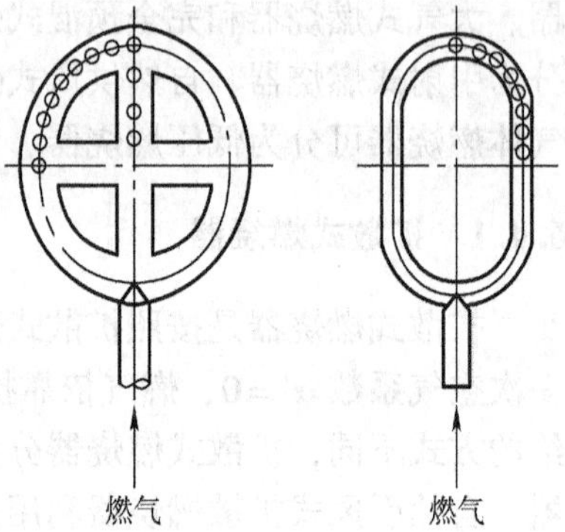

图 6-59　圆环形燃烧器

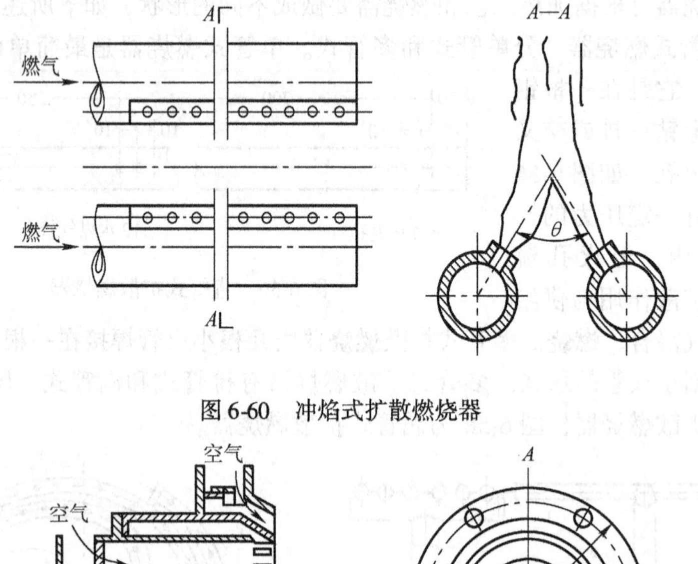

图 6-60　冲焰式扩散燃烧器

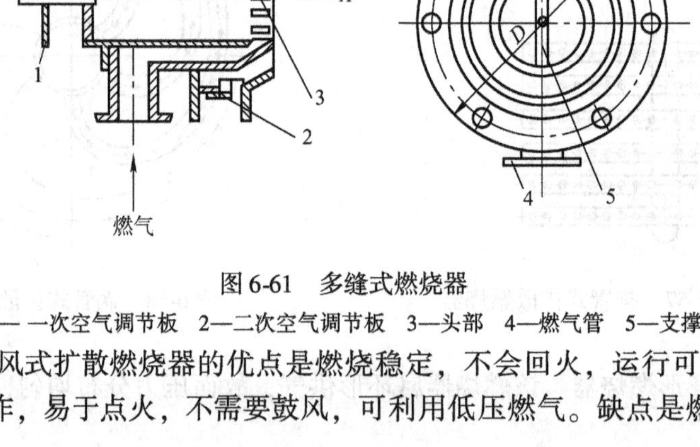

图 6-61　多缝式燃烧器

1— 一次空气调节板　2—二次空气调节板　3—头部　4—燃气管　5—支撑

自然引风式扩散燃烧器的优点是燃烧稳定，不会回火，运行可靠，结构简单，便于操作，易于点火，不需要鼓风，可利用低压燃气。缺点是燃烧强度低，火焰长，易出现不完全燃烧，燃烧温度低。所以这种燃烧器应用于温度要求低但均匀，火焰稳定的地方，如热水器、纺织业和食品业的加热设备和小型采暖炉。

2. 鼓风式扩散燃烧器

在该种燃烧器中，燃气燃烧所需的空气靠鼓风机供给。根据强化燃烧所采取的措施及加热工艺的要求，鼓风式燃烧器有套管式、旋流式和平流式。

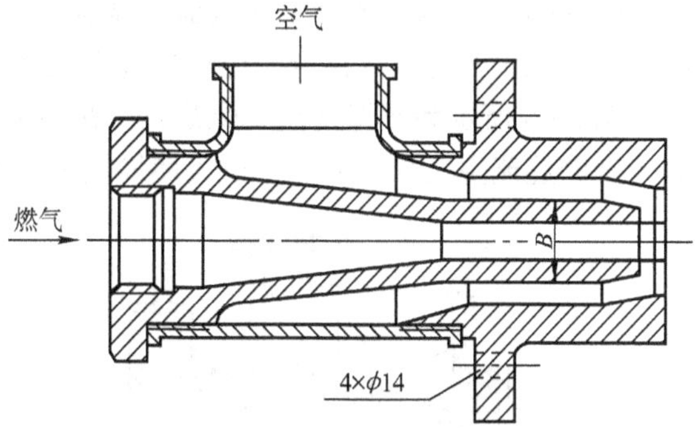

图6-62 单套管燃烧器

（1）套管式燃烧器 该燃烧器由大管和小管相套形成的。燃气从中间一根或者几根小管中流出，与从大小管夹套中流出的空气混合，一同进入火道进行燃烧。套管式燃烧器有单套管式和管群式。单套管燃烧器如图6-62所示。

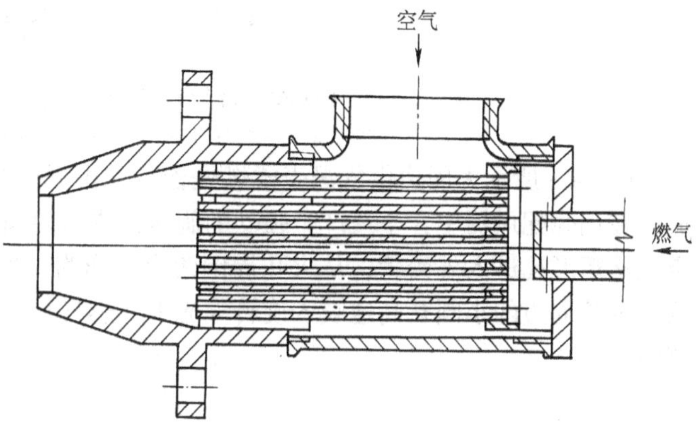

图6-63 管群式燃烧器

单套管燃烧器结构简单，制作容易，气流阻力小，所需空气和燃气的压力较低，燃烧稳定。但燃气和空气混合不好，热负荷不宜过大。

管群式燃烧器中燃气由几根小管中流出，与从多孔板中高速流出的空气混合，混合工况好于单套管式。管群式燃烧器如图6-63所示。

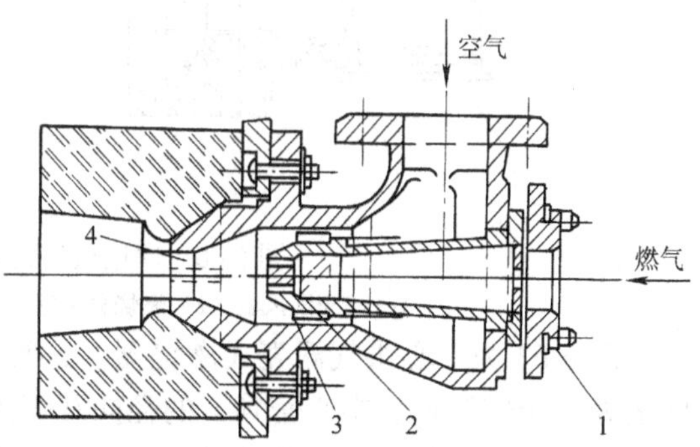

图6-64 导流叶片式旋流燃烧器

1—节流阀 2—导流叶片 3—燃气旋流器 4—喷口

（2）旋流式燃烧器 本身带有旋流器，空气在旋流器的作用下产生旋转，而燃气从分流器的喷孔中流出。根据供气方式不同，旋流燃烧器有导流叶片式旋流燃烧器、环缝旋流式燃烧器、周边供气涡壳式燃烧器和中心供气涡壳式燃烧器等。

图 6-64 所示为导流叶片式旋流燃烧器。空气经导流叶片形成旋流，燃气从中心孔中流出，与空气混合，经喷口进入燃烧室继续进行混合燃烧。

图 6-65 所示为环缝旋流式燃烧器。燃气从狭窄的环缝中流出，与涡壳配风器产生的旋流空气强烈混合，进入燃烧室进行燃烧。

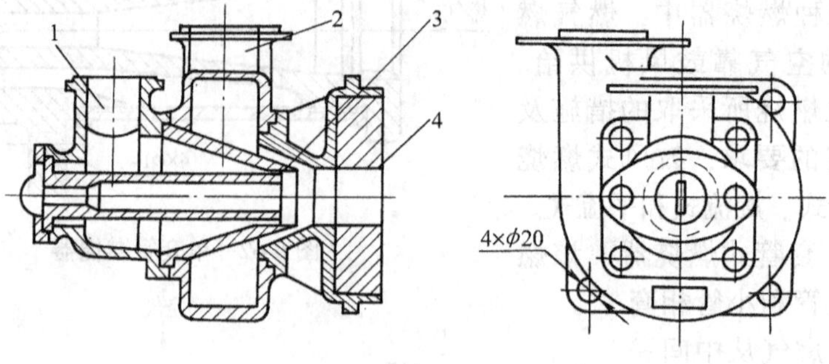

图 6-65 环缝旋流式燃烧器

1—燃气进口 2—空气进口 3—环缝 4—耐火砖

图 6-66 所示为周边供气涡壳式燃烧器。它由涡壳配风器和三层圆柱套管组成。在涡壳配风器中，空气产生强烈的旋转，进入内圆筒继续旋转前进，一部分空气从矩形孔进入外套管，从火孔周围流出，作为二次空气，燃气进入内环套，从内圆筒周边的小圆孔高速喷入旋转气流中，燃气与空气强烈混合，进入燃烧室燃烧。

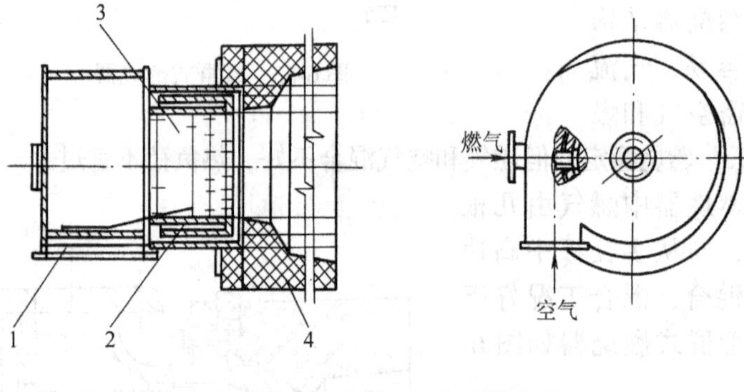

图 6-66 周边供气涡壳式燃烧器

1—涡壳配风器 2—燃烧分配室 3—冷空气室 4—火道

图 6-67 为中心供气涡壳式燃烧器。这种燃烧器与周边供气涡壳式燃烧器不同之处在于燃气是从中心套管上的径向孔喷入旋转空气中。

（3）平流式燃烧器 平流式燃烧器是在前两种鼓风式燃烧器的基础上发展起来的新型燃烧器。在轴心装有直径较小的轴向叶片旋流器，形成局部旋流稳定火焰，其余大部分空气仍平行流动。由于大部分空气不进行旋转，所以此种燃烧器

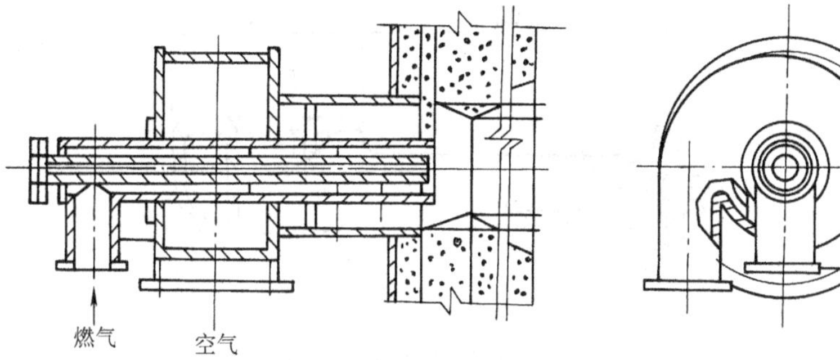

图6-67　中心供气涡壳式燃烧器

比较节能。图6-68所示为多枪平流式燃烧器。

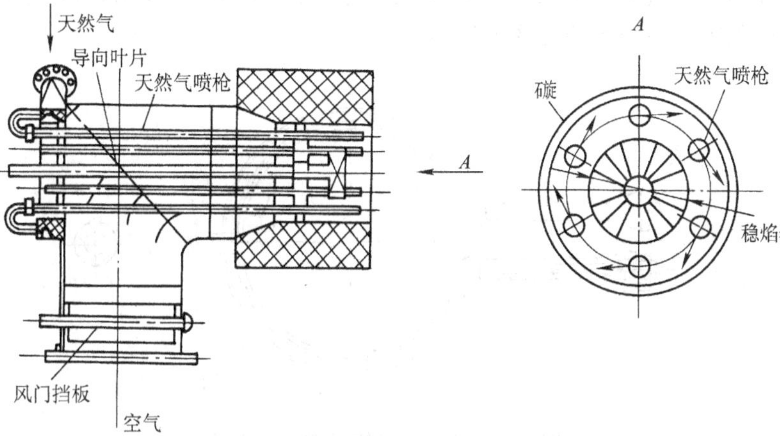

图6-68　多枪平流式燃烧器

鼓风式扩散燃烧器的优点是结构紧凑、占地面积小、热负荷调节范围大。缺点是需要鼓风机，电能消耗大，火焰长。所以这种燃烧器多用于工业炉和燃气锅炉中。

6.4.2　大气式燃烧器

大气式燃烧器是按照部分预混式燃烧方法设计制作的燃烧器，一次空气系数介于0～1之间，又称引射式预混燃烧器。大气式燃烧器由头部和引射器组成，如图6-69所示。燃气在一定压力下以一定流速从喷嘴中喷出，造成低压环境吸引一次空气，在引射器内空气与燃气混合，从头部的火孔中流出进行燃烧。大气式燃烧器的一次空气系数通常为0.45～0.75，过量空气系数为1.3～1.8。

大气式燃烧器按火孔数量分为单火孔和多火孔燃烧器。按头部形状分为环形燃烧器、棒形燃烧器、星形燃烧器和管排燃烧器。

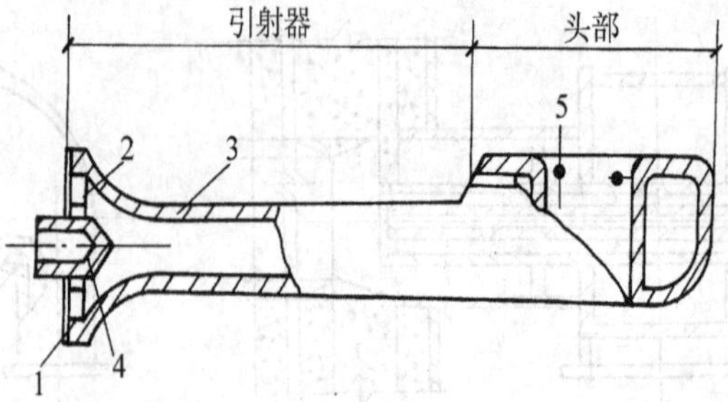

图 6-69　大气燃烧器结构示意图

1—调风板　2—一次空气入口　3—引射器喉部　4—喷嘴　5—火孔

1. 环形大气燃烧器

这种燃烧器通常用在家用灶具和立式锅炉上。图 6-70 和图 6-71 为两种用在立式锅炉和铸铁锅炉上的环形大气燃烧器。

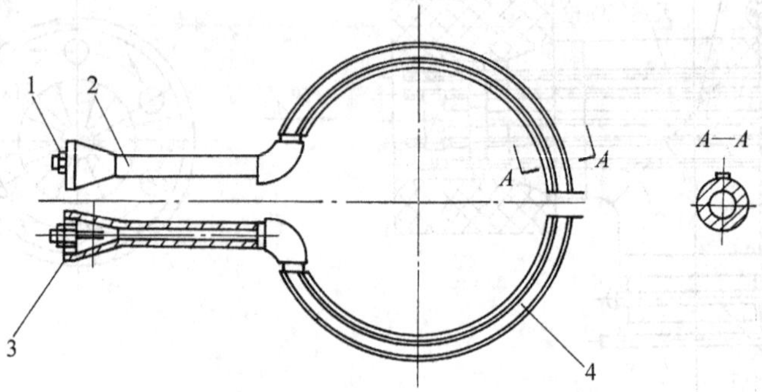

图 6-70　立式小型锅炉燃气燃烧器

1—喷嘴　2—引射器　3—调风板　4—头部

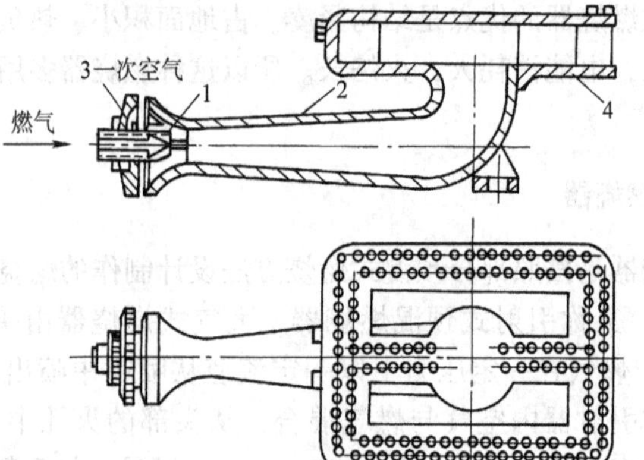

图 6-71　铸铁锅炉燃气燃烧器

1—喷嘴　2—引射器　3—调风板　4—头部

2. 棒形燃烧器

棒形燃烧器又称作直管多孔大气式燃烧器，如图6-72所示。

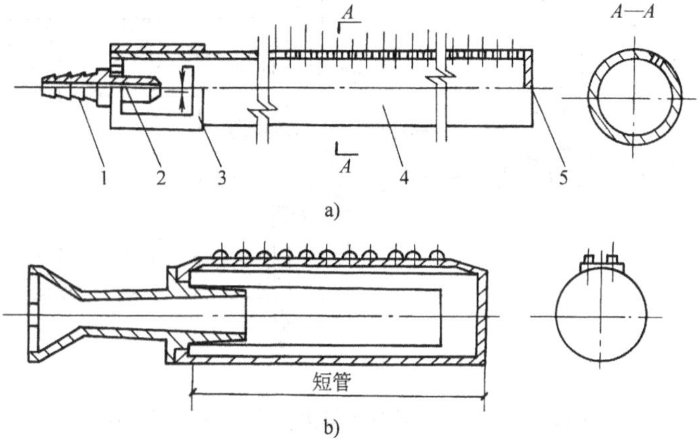

图6-72 棒形大气式燃烧器

1—喷嘴 2—支撑 3—调风套 4—头部 5—堵板

与扩散式燃烧器相比，大气式燃烧器中火焰短，火力强，燃烧温度高，可燃烧的燃气种类多，燃烧完全，燃烧效率较高，空气的获得依靠燃气自身能量，不需要鼓风机，不消耗电能。但火孔热强度和燃烧温度仍受到一定的限制。

6.4.3 完全预混式燃烧器

完全预混式燃烧器是按照完全预混式燃烧方法设计制作的，又称无焰燃烧器。在燃烧之前燃气与燃烧所需空气完全混合，一次空气系数等于过量空气系数，即 $\alpha=\alpha'\geqslant 1$。完全预混式燃烧器由喷嘴、进风装置、混合器、喷头和火道组成。

按照燃气压力不同，完全预混式燃烧器包括低压和中高压燃烧器；按燃气与空气混合形式不同，有加压混合式和引射混合式两种。下面介绍几种常用的完全预混式燃烧器。

1. 引射式单火道完全预混燃烧器

引射式单火道完全预混燃烧器有直管型和弯管型两种。如图6-73所示为直管型燃烧器，图6-74所示为弯管型燃烧器。它们的区别在于混合气体的流道形状不同。该类燃烧器由引射器、燃气喷嘴、进风调节器、喷头和火道组成。

高压燃气从喷嘴中喷出，压力降低速度升高，依靠动能吸入空气，在引射器内混合均匀，经喷头进入火道内燃烧。喷头常做成渐缩型，它的作用是使燃烧器工作稳定、避免回火现象。

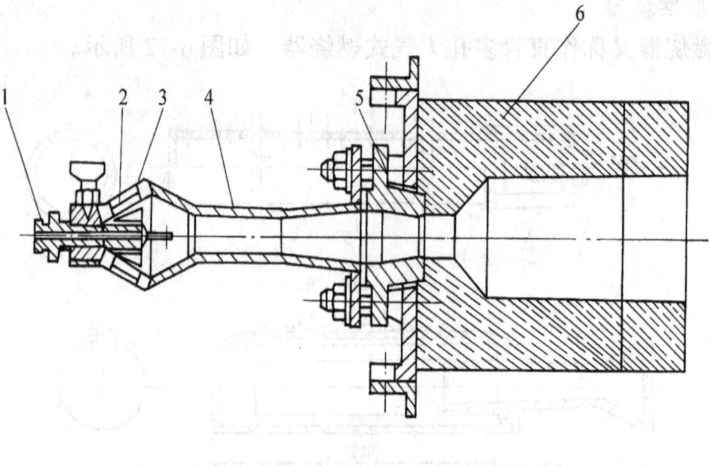

图 6-73 直管型引射式单火道完全预混燃烧器

1—燃气喷嘴 2—进风碗 3—调风碗 4—引射器 5—喷头 6—火道

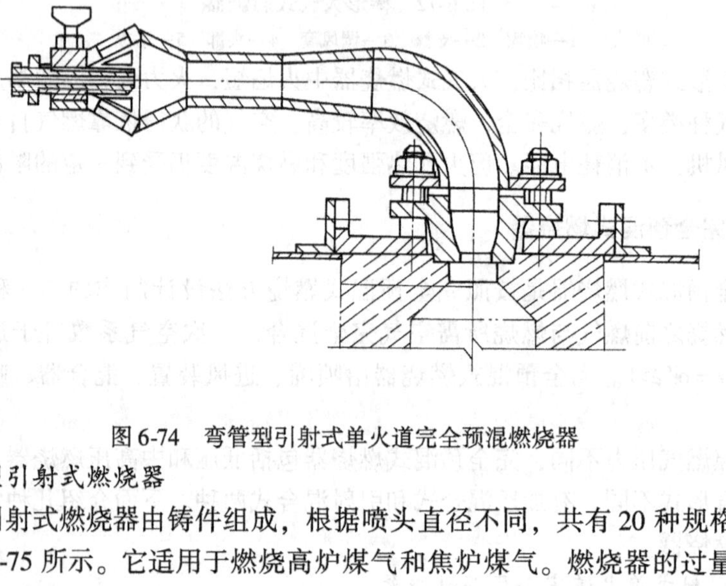

图 6-74 弯管型引射式单火道完全预混燃烧器

2. H 型引射式燃烧器

H 型引射式燃烧器由铸件组成，根据喷头直径不同，共有 20 种规格。它的结构如图 6-75 所示。它适用于燃烧高炉煤气和焦炉煤气。燃烧器的过量空气系数为 1.05，使用时燃烧室的压力不大于 20Pa。

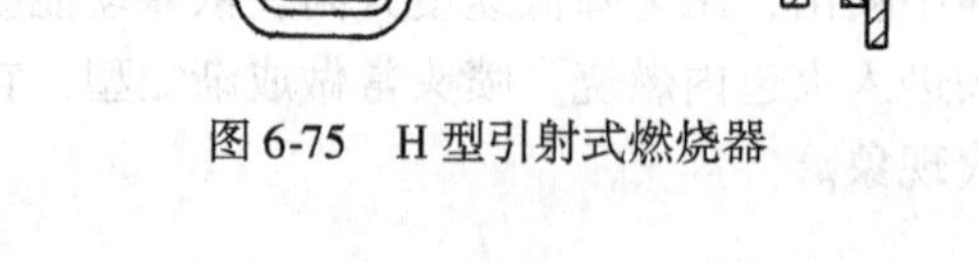

图 6-75 H 型引射式燃烧器

3. BП 型引射式燃烧器

BП 型引射式燃烧器由铸件组成，根据喷头直径不同，也有 20 种规格。它的结构如图 6-76 所示。它适合于燃烧天然气、焦炉煤气或者它们的混合物和其他热值高的气体燃料。

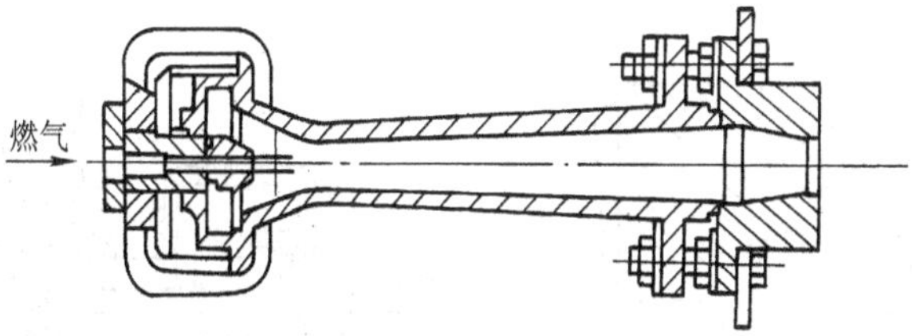

图 6-76 BП 型引射式燃烧器

4. B 型引射式燃烧器

B 型引射式燃烧器与 BП 型引射式燃烧器的区别仅是前者的混合器有一个弯头。B 型引射式燃烧器的结构如图 6-77 所示。

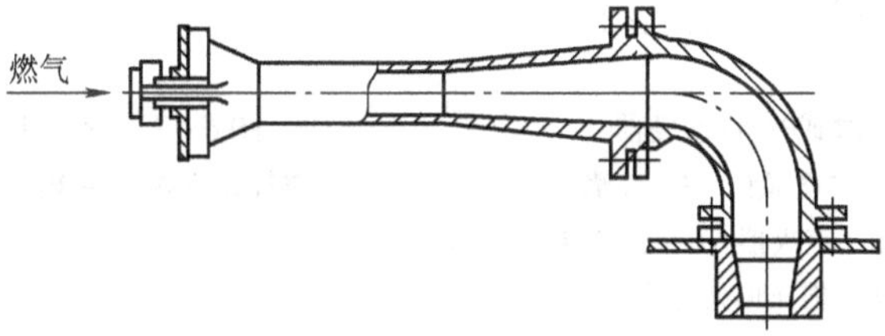

图 6-77 B 型引射式燃烧器

完全预混式燃烧器的主要优点是燃烧完全，几乎没有化学不完全燃烧产物，过量空气系数也较小，在 1.05 ~ 1.1 之间，燃烧温度高，燃烧强度大。缺点是易发生回火现象，燃烧稳定范围较小，在高压和高负荷使用时噪声大。

6.4.4 其他气体燃料燃烧器

除了以上所介绍的燃烧器，为了满足不同的功能和用途，还有一些新型的气体燃烧器，这里介绍一下平焰燃烧器、催化燃烧器、脉冲燃烧器和浸没式燃烧器。

1. 平焰燃烧器

常见的平焰燃烧器包括引射式平焰燃烧器、双旋平焰燃烧器和螺旋叶片平焰燃烧器。

（1）引射式平焰燃烧器 它由引射器、喷头和梅花形火道砖构成，如图 6-78 所示。燃气经喷嘴喷出，利用自身能量吸入一次空气，二者在引射器内进行混合，从喷头夹条形火孔流出。二次空气依靠炉内的负压进入，在火孔出口处与燃气相遇，边混合边进入梅花形火道砖内燃烧。

（2）双旋平焰燃烧器　它由旋流器和火道组成，如图 6-79 所示。空气与燃气经旋流器呈旋流向前流动，二者强烈混合后进入喇叭形火道内开始燃烧，在离心力和烟气流的双重作用下，在火道出口处燃气与空气的混合物气流向四周扩散而形成平面火焰。

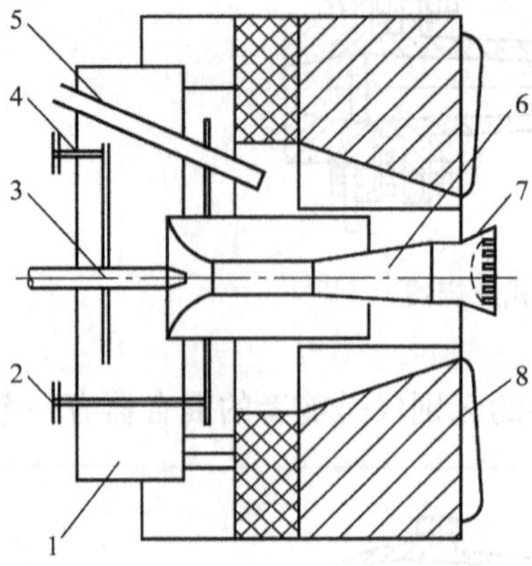

图 6-78　引射式平焰燃烧器

1—消声器　2—二次风口　3—喷嘴　4— 一次风口　5—点火器　6—引射器　7—喷头　8—梅花形火道砖

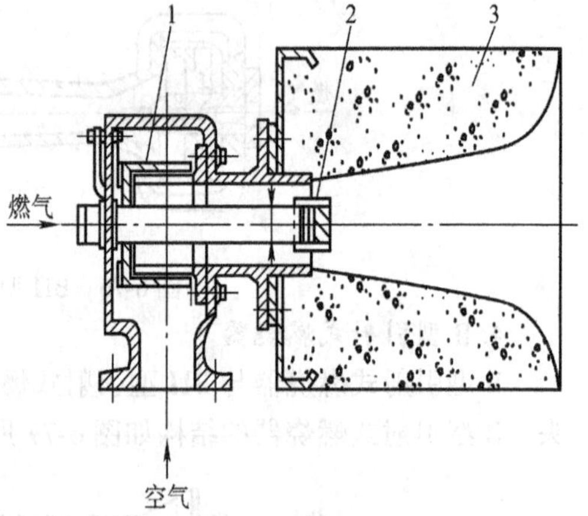

图 6-79　双旋平焰燃烧器

1—空气旋流器　2—燃气旋流器　3—火道

（3）螺旋叶片平焰燃烧器　它由螺旋叶片、喷头和火道组成，如图 6-80 所示。燃烧所需空气经螺旋叶片产成旋转，燃气从径向喷孔喷入空气旋流中，进行混合后进入喇叭形火道内燃烧而形成平面火焰。

2. 脉冲燃烧器

脉冲燃烧器由燃烧室、点火器、稳焰器和共振管构成，如图 6-81 所示。燃气和空气进入燃烧室混合，用电火花点火，燃气开始燃烧，这时由于气体膨胀、压力升高使得进气阀关闭，随着烟气被推动从共振管排出，又使得燃烧室形成低压，进气阀重新打开，吸入空气和燃气，被吸入的空气和燃气被燃烧室中的热量点燃，继续新的循环而不需要电火花点火了。

脉冲燃烧器的特点是结构简单，制作容易，燃烧过程近似定容过程，反应浓度和燃烧强度高；燃烧过程传热系数大，相应地可减少换热器的传热面积；燃烧室中的压力可使烟气迅速流过排气管，提高了换热器的传热效率。但脉冲燃烧器的噪声较大。

3. 催化燃烧器

催化燃烧器是根据催化燃烧原理制作的一种无焰燃烧器。它包括扩散式和引射式两种形式。

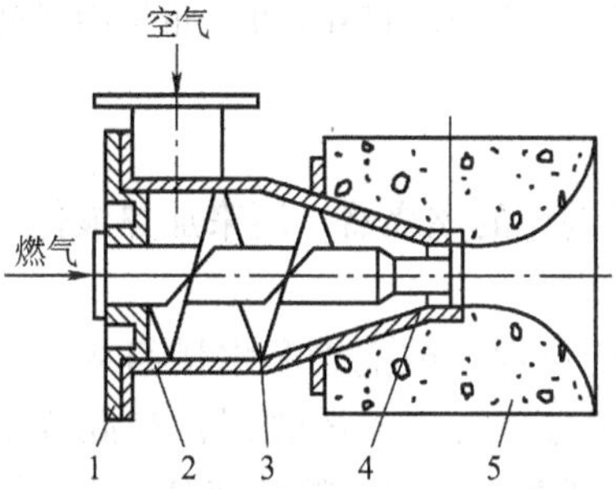

图6-80 螺旋叶片平焰燃烧器

1—盖板 2—外壳 3—螺旋叶片

4—燃气喷头 5—火道

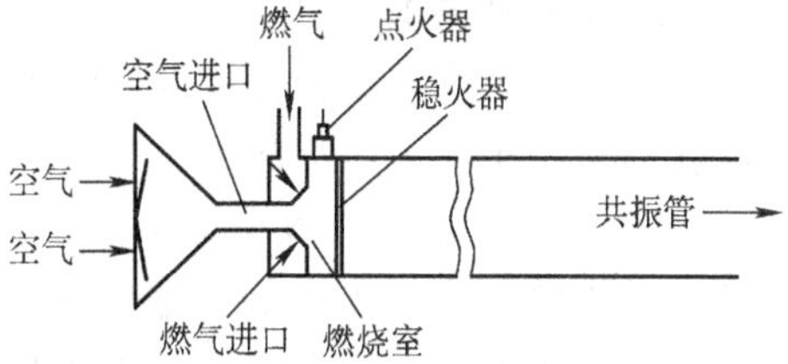

图6-81 脉冲燃烧器示意图

(1) 扩散式催化燃烧器 此燃烧器由燃气分配管、辐射器和镀有催化剂的燃烧板（又叫辐射板）组成，如图6-82所示。燃气经过燃气分配管上的小孔进入辐射器中，然后均匀流向辐射板，空气依靠扩散作用从外界流向辐射板，点火后，空气与燃气的混合物在有催化剂的辐射板上进行催化燃烧反应，燃烧产生的热量靠热辐射作用传递给被加热物体。

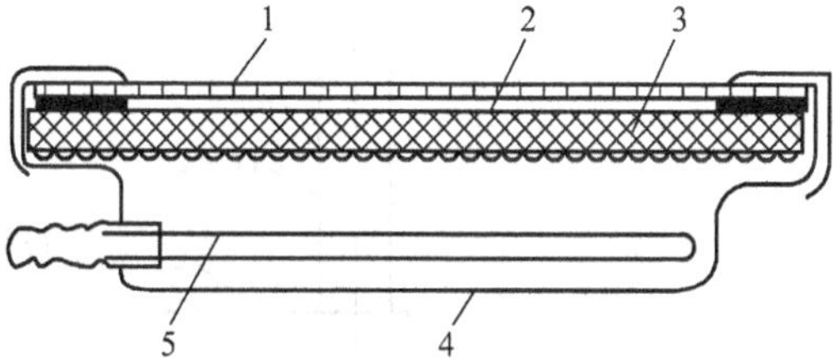

图6-82 扩散式催化燃烧器

1—保护罩 2—辐射板 3—金属托网

4—辐射器 5—燃气分配管

(2) 引射式催化燃烧器 该燃烧器在结构上比扩散式催化燃烧器多了一套引射系统，如图6-83所示。在辐射板上进行的催化燃烧反应是预混式燃烧，故该燃烧器也可叫预混式催化燃烧器，它的燃烧温度和燃烧强度比扩散式高。

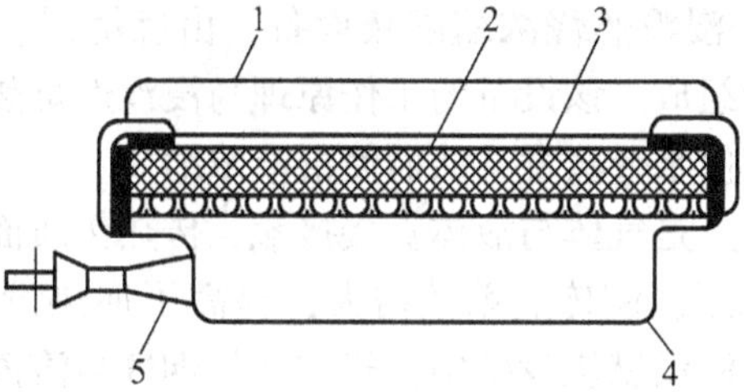

图6-83 引射式催化燃烧器

1—保护罩 2—辐射板 3—金属托网 4—辐射器 5—引射器

催化燃烧器的特点是燃烧温度低，燃烧完全，烟气中氮氧化物含量少，燃烧几乎看不见火焰，可将燃烧器接近被加热对象，缩短加热时间，而且由于辐射板温度均匀，加热质量好。

4. 浸没式燃烧器[6]

浸没式燃烧器是根据浸没燃烧原理设计制作的燃烧器，用来加热液体。它由混合室、喷头和火道组成。

图 6-84 所示为一浸没燃烧热水炉，由燃烧器、鼓泡管和水槽组成。燃烧器的火道出口与置于水中的鼓泡管相连。空气与燃气进入燃烧器，在混合室中混合，从喷头喷入火道内燃烧，燃烧产物高温烟气进入相连的鼓泡管，由鼓泡管上的小孔直接喷入水中，将水加热。

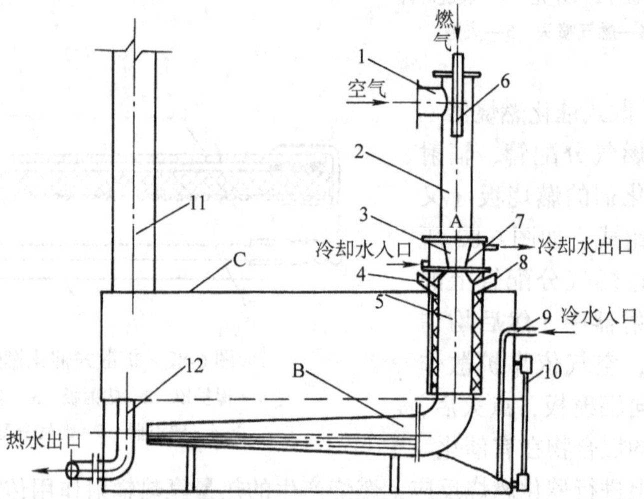

图 6-84　浸没燃烧热水炉

1—空气管　2—混合管　3—喷头　4—点火孔　5—火道　6—燃气管　7—冷水管　8—观察孔　9—给水管　10—液面计　11—排烟道　12—热水出口

A—燃烧器　B—鼓泡管　C—水槽

图 6-85 所示为一浸没燃烧浓缩溶液设备，由燃烧器、筒体、排烟管、除沫器、鼓泡管和溢流管组成。该设备的工作原理与浸没燃烧热水炉相同，利用高温烟气的热量加热溶液使水分蒸发，从而使溶液浓缩。

浸没燃烧器的优点是气体与液体直接接触，传热传质面积大，加上液体受热产生的气泡的扰动作用，使传热系数增大，提高了加热设备的蒸发效率和热效率，节能效果好。在浸没燃烧设备中，气空间是烟气与溶液蒸气共存的，溶液蒸气分压力低于大气压力，使得溶液的沸点下降，对蒸发和浓缩过程有利。不需要加热面，节约金属耗量。但浸没燃烧需要较高的空气和燃气压力，消耗电能多、点火难、噪声大。

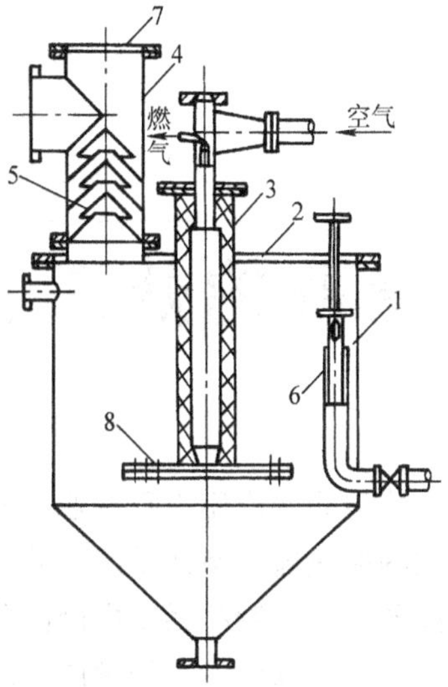

图 6-85　浸没燃烧浓缩溶液设备

1—筒体　2—盖板　3—燃烧器　4—排烟管　5—除沫器　6—溢流管　7—防爆膜　8—鼓泡管

复习思考题和习题

1. 什么是脱火极限？什么是回火极限？什么是稳定范围？
2. 气体燃烧器燃烧三种方法的一次空气系数和过量空气系数分别为什么？
3. 实现完全预混式燃烧的条件是什么？
4. 为什么室内气流组织主要取决于送风射流？
5. 送风参数的选择对空调系统有何影响？
6. 锅炉中燃油燃烧的四种物理模型是什么？

参考文献

[1]　周谟仁．流体力学［M］．2版．北京：中国建筑工业出版社，1986.

[2]　赵饮新，惠世恩．燃油燃气锅炉［M］．西安：西安交通大学出版社，1999.

[3]　傅忠诚，薛世达，李振鸣．燃气燃烧新装置［M］．北京：中国建筑工业出版社，1984.

[4]　同济大学等四院．燃气燃烧与应用［M］．2版．北京：中国建筑工业出版社，1988.

[5]　韩昭沧．燃料及燃烧［M］．2版．北京：冶金工业出版社，1994.

[6]　姜正候．燃气燃烧与应用［M］．2版．北京：中国建筑工业出版社，1988.

第 7 章

热质交换设备的热工计算

热质交换设备是建筑环境与能源应用工程专业中使用较多的设备，例如供热系统中的散热器、各种形式的换热器，空调系统中使用的处理空气的加热器、冷却器、喷水室、干燥除湿设备，以及制冷系统中用的蒸发器、冷凝器等，锅炉中使用的气体燃烧器和液体燃烧器。这些设备均被广泛应用于工程领域，所以热质交换设备的热工计算和选择应是本专业学生必须要掌握的一门本领。本章将详细介绍目前使用较多的各类热质交换设备的热工计算基本方法，从而学会对热质交换设备进行选择。

7.1 间壁式热质交换设备的热工计算

本节主要介绍本专业中应用较多的散热器、各类换热器和空气加热器及空气冷却器的热工计算。

7.1.1 热工计算的基本公式[1]

1. 传热方程式

热流体放出的热量为

$$Q' = G_1 c_1 (t'_1 - t''_1) \tag{7-1}$$

冷流体吸收的热量为

$$Q = G_2 c_2 (t''_2 - t'_2) \tag{7-2}$$

式中 Q'——热流体放出的热量（W）；

Q——冷流体吸收的热量（W）；

G_1、G_2——热流体和冷流体的质量流量（kg/s）；

c_1、c_2——热流体和冷流体的比热容［J/（kg·K）］；

t'_1、t''_1——热流体进口温度和出口温度（℃）；

t'_2、t''_2——冷流体的进口温度和出口温度（℃）。

若热流体为蒸汽时，则

$$Q' = D(h_1 - h_n) \tag{7-3}$$

式中　D——蒸汽的流量（kg/s）；

h_1——蒸汽的比焓（J/kg）；

h_n——凝结水的比焓（J/kg）。

若忽略设备的散热损失，则

$$Q' = Q \tag{7-4}$$

若考虑设备散入周围环境的热损失，则

$$Q' = \frac{Q}{\eta} \tag{7-5}$$

式中　η——换热设备的热效率，取0.96～0.99。

热流体通过壁面向冷流体传递的热量还可以用传热系数、传热面积和传热温差的乘积来计算，即

$$Q = KA\Delta t_m \tag{7-6}$$

式中　K——传热系数［W/（m^2·K）］；

A——传热面积（m^2）；

Δt_m——传热温差（℃）。

2. 传热面积

换热器的传热面积按下式计算

$$A = \frac{Q}{K\Delta t_m} \tag{7-7}$$

3. 传热系数

传热系数是换热设备进行热工计算的重要参数。间壁式热质交换设备中两种流体通过管壁进行传热，传热管有光管和肋片管两种。

（1）无污垢光管管壁　当以外表面面积 A_0 为基准时，传热系数可以写作下式

$$K_0 = \frac{1}{\dfrac{d_0}{d_i}\dfrac{1}{\alpha_i} + \dfrac{d_0}{2\lambda}\ln\left(\dfrac{d_0}{d_i}\right) + \dfrac{1}{\alpha_0}} \tag{7-8}$$

以内表面面积 A_i 为基准时，传热系数为

$$K_i = \frac{1}{\dfrac{d_i}{d_0}\dfrac{1}{\alpha_0} + \dfrac{d_i}{2\lambda}\ln\left(\dfrac{d_0}{d_i}\right) + \dfrac{1}{\alpha_i}} \tag{7-9}$$

不同面积基准的传热系数有下列关系

$$K_0A_0=K_iA_i$$

式中 d_0——管子的外径（m）；

d_i——管子的内径（m）；

α_0——流体与管外壁间的表面传热系数［W/（m^2·K）］；

α_i——流体与管内壁间的表面传热系数［W/（m^2·K）］；

λ——管壁的热导率［W/（m·K）］。

（2）有污垢光管管壁　热质交换设备在运行过程中，由于流体的杂质、生锈或是流体与壁面材料之间的其他反应，换热表面常常会被污染。表面上沉积的膜或是垢层会大大增加流体之间的传热阻力。这种影响可以引进一个附加热阻来处理，这个热阻就称为污垢热阻。其数值取决于运行温度、流体的速度以及换热器工作时间的长短等。

以外表面面积 A_0 为基准时，考虑污垢的传热系数可以写作下式

$$K_0=\frac{1}{\dfrac{d_0}{d_i}\dfrac{1}{\alpha_i}+\dfrac{d_0}{d_i}R_{f,i}+\dfrac{d_0}{2\lambda}\ln\left(\dfrac{d_0}{d_i}\right)+R_{f,0}+\dfrac{1}{\alpha_0}} \tag{7-10}$$

以内表面面积 A_i 为基准时，考虑污垢的传热系数为

$$K_i=\frac{1}{\dfrac{d_i}{d_0}\dfrac{1}{\alpha_0}+\dfrac{d_i}{d_0}R_{f,0}+\dfrac{d_i}{2\lambda}\ln\left(\dfrac{d_0}{d_i}\right)+R_{f,i}+\dfrac{1}{\alpha_i}} \tag{7-11}$$

式中 $R_{f,0}$——管外壁的污垢热阻（m^2·K/W）；

$R_{f,i}$——管内壁的污垢热阻（m^2·K/W）。

有代表性流体的污垢热阻如表 7-1 所示。

表 7-1　污垢热阻

流　体	污垢热阻/（m^2·K/W）
硬度不大的井水、自来水	1.8×10^{-4}
经处理后的冷却塔或喷水室循环水	1.8×10^{-4}
未经处理的冷却塔或喷水室循环水	5.0×10^{-4}
50℃以下的经处理的锅炉给水	1.0×10^{-4}
50℃以上的经处理的锅炉给水	2.0×10^{-4}
硬水	5.0×10^{-4}
燃料油	9.0×10^{-4}
制冷液	2.0×10^{-4}

（3）平壁　由于传热管壁的相对厚度很小，所以换热器壁面的传热系数可近似用平壁传热系数公式进行计算。

在考虑污垢热阻后，光管管壁的传热系数可近似写作

$$K = \frac{1}{\frac{1}{\alpha_i} + \frac{\delta_g}{\lambda_g} + \sum \frac{\delta_{wg}}{\lambda_{wg}} + \frac{1}{\alpha_0}} \tag{7-12}$$

式中 δ_g——管壁的厚度（m）；

λ_g——管壁的热导率［W/（m·K）］；

δ_{wg}——管壁上污垢的厚度（m）；

λ_{wg}——管壁上污垢的热导率［W/（m·K）］。

（4）干工况肋片管管壁　为加强传热，有时在表面传热系数较小的一侧管壁上加装肋片，例如空调系统中使用的空气冷却器。在处理空气时，根据冷却介质的温度，空气可能只被冷却，也可能既被冷却也被除湿。

对于干工况，若不考虑污垢热阻，以肋壁面积（肋片表面积与肋间壁表面积之和）为基准的肋片管的传热系数为

$$K = \frac{1}{\frac{\beta}{\alpha_i} + \frac{\beta\delta_g}{\lambda_g} + \frac{1}{\alpha_0\eta}} \tag{7-13}$$

以无肋的光壁表面积为基准的肋片管的传热系数为

$$K = \frac{1}{\frac{1}{\alpha_i} + \frac{\delta_g}{\lambda_g} + \frac{1}{\alpha_0\eta\beta}} \tag{7-14}$$

式中 β——肋化系数，为肋壁面积与无肋光壁面积的比值。

η——肋壁的总效率。

（5）湿工况肋片管管壁　在间壁式空气冷却器中，当壁面温度低于空气的露点温度，空气中水蒸气凝结，在肋片表面上形成一层水膜，这时传热系数与无凝结水时有所不同。

这时在肋壁与空气间，同时存在热交换和质交换，传递的总热交换量包括显热交换量和潜热交换量。

显热交换量为

$$\mathrm{d}Q_x = \alpha_0(t - t_b)\mathrm{d}A \tag{7-15}$$

引入换热扩大系数 ξ

$$\xi = \frac{\mathrm{d}Q_t}{\mathrm{d}Q_x}$$

则总换热量可写作

$$\mathrm{d}Q_t = \mathrm{d}Q_x \times \xi = \xi\alpha_0(t - t_b)\mathrm{d}A \tag{7-16}$$

从式（7-16）中可看出，由于水分凝结，产生质量交换使换热量增大了 ξ 倍数，也可认为外表面表面传热系数比干工况时增大了 ξ 倍。于是，肋片管的传热系数

可以按下式表示：

以肋壁面积为基准

$$K=\frac{1}{\frac{\beta}{\alpha_i}+\frac{\beta\delta_g}{\lambda_g}+\frac{1}{\alpha_0\eta\xi}} \tag{7-17}$$

以无肋的光壁表面积为基准

$$K=\frac{1}{\frac{1}{\alpha_i}+\frac{\delta_g}{\lambda_g}+\frac{1}{\alpha_0\eta\beta\xi}} \tag{7-18}$$

从计算公式可以看出，知道了两种流体与壁面之间的表面传热系数、管壁的热导率和污垢热阻，就可以计算传热系数。流体与壁面之间的表面传热系数可根据传热学中所学的公式进行计算，污垢热阻可以查表得出。此外，也可以通过实验的方法得到。

由于热质交换设备传热管的材料一般都是热导率很高的金属材料，所以，公式中的导热热阻可以忽略。有时两种流体对壁面的表面传热系数相差较大，例如其中一种流体发生相变，则其表面传热系数远大于另一种流体的表面传热系数，这时，可以忽略相变换热热阻。也就是说，在计算传热系数时，可根据具体情况，忽略次要因素，只考虑主要因素，这样可以简化计算。

4. 传热温差

传热温差是换热设备内两种流体之间的平均温差。可以采用对数平均温差和算术平均温差来表示。对数平均温差的精确度高，通常采用这种方法来计算换热设备内两流体间的平均温差。当换热设备内流动方式为顺流或逆流时，对数平均温差的计算公式为

$$\Delta t_m=\frac{\Delta t_d-\Delta t_x}{\ln\frac{\Delta t_d}{\Delta t_x}} \tag{7-19}$$

式中　Δt_d——换热设备流体的最大温差（℃）；

Δt_x——换热设备流体的最小温差（℃）。

由于温差随换热面变化是指数曲线，顺流时温差变化较显著，逆流时温差变化较平缓，在相同的进出口温度下，逆流比顺流平均温差大。顺流时冷流体的出口温度必然低于热流体的出口温度，而逆流不受这个限制。基于以上原因，换热设备一般都采用逆流方式。

对于交叉流、混合流或其他形式的流动方式，在计算对数平均温差时，可先按纯逆流方式计算温差，然后再乘以温差修正系数。温差修正系数可从整理好的图中查出，详见相关文献。

如果$\frac{\Delta t_d}{\Delta t_x}\leqslant 2$，按算术平均温差计算，误差不到4%；如果$\frac{\Delta t_d}{\Delta t_x}\leqslant 1.7$，按算术平均温差计算，误差不到2.3%。此时换热设备内流体间的平均温差也可按算术平均温差计算

$$\Delta t_m = \frac{\Delta t_d + \Delta t_x}{2} \tag{7-20}$$

7.1.2 热工计算的基本方法和基本类型

间壁式热质交换设备的热工计算通常采用下列两种方法：对数平均温差法（Logarithmic Mean Temperature Difference，LMTD）和效能传热单元数法（ε-Number of Transfer Units，ε-*NTU*）。

1. *对数平均温差法*

对数平均温差法的基本计算公式为

$$Q = KA\Delta t_m$$

公式中的传热系数按上述所讲的方法进行计算。首先，确定换热设备内冷热流体与壁面之间的换热方式，如自然对流换热、强迫对流换热还是相变传热，根据传热学中相关的公式计算出两种流体与壁面的表面传热系数。然后确定换热设备的结构参数。再根据式（7-10）~式（7-18）中对应的公式计算换热设备的传热系数。

公式中的平均温差按对数平均温差式（7-19）来计算。

2. *效能传热单元数法*

换热设备热工计算的基本方程是我们前面讲过的传热方程式和热平衡方程式，方程中的变量包括冷热流体的进出口温度、传热量、传热系数、传热面积和冷热流体的热容。在进行热工计算时，需要设定变量或采用试凑的方法。如果将方程的量纲化为一，可减少方程中的独立变量。

效能传热单元数法正是利用推导对数平均温差时得出的量纲为一的方程建立的一种间壁式换热设备的热工计算方法。在该方法中，定义了以下三个量纲一的量，即热容比、传热单元数和传热效能。

热容比又称水当量比，用符合C_r表示，它的计算公式为

$$C_r = \frac{(Gc)_{\min}}{(Gc)_{\max}} \tag{7-21}$$

传热单元数（*NTU*）的公式为

$$NTU = \frac{KA}{(Gc)_{\min}} \tag{7-22}$$

传热效能也称为传热有效度，它表示换热器中的实际换热量和可能有的最大

换热量的比值，它的公式为

$$\varepsilon=\begin{cases}\dfrac{t''_2-t'_2}{t'_1-t'_2}, & G_2c_2<G_1c_1\\[2ex] \dfrac{t'_1-t''_1}{t'_1-t'_2}, & G_2c_2>G_1c_1\end{cases} \tag{7-23}$$

对于不同形式的换热器的传热效能如表 7-2 所示。

表 7-2　各种不同形式换热器的传热效能[2]

换热器类型		关系式
同心套管式	顺流	$\varepsilon=\dfrac{1-\exp[-NTU(1+C_r)]}{1+C_r}$
	逆流	$\varepsilon=\dfrac{1-\exp[-NTU(1-C_r)]}{1-C_r\exp[-NTU(1-C_r)]}(C_r<1)$
		$\varepsilon=\dfrac{NTU}{1+NTU}(C_r=1)$
管壳式换热器单壳多管（管数为 2，4，6，…）		$\varepsilon=2\left\{1+C_r+(1+C_r^2)^{0.5}\times\dfrac{1+\exp[-NTU(1+C_r^2)]^{0.5}}{1-\exp[-NTU(1+C_r^2)]^{0.5}}\right\}^{-1}$
n 壳多管（管数为 $2n$，$4n$，…）		$\varepsilon=\left[\left(\dfrac{1-\varepsilon_1C_r}{1-\varepsilon_1}\right)^n-1\right]\left[\left(\dfrac{1-\varepsilon_1C_r}{1-\varepsilon_1}\right)^n-C_r\right]^{-1}$
叉流	两种流体均不混流	$\varepsilon=1-\exp\left[\left(\dfrac{1}{C_r}\right)(NTU)^{0.22}\{\exp[-C_r(NTU)^{0.78}]-1\}\right]$
	C_{max}（混流） C_{min}（不混流）	$\varepsilon=\left(\dfrac{1}{C_r}\right)(1-\exp\{-C_r[1-\exp(-NTU)]\})$
	C_{max}（不混流） C_{min}（混流）	$\varepsilon=1-\exp\{-C_r^{-1}[1-\exp(-C_r(-NTU))]\}$
所有的换热器（$C_r=0$）		$\varepsilon=1-\exp(-NTU)$

以上的公式计算繁琐，利用它们绘制成的图表在应用时较方便，如图 7-1 ~ 图 7-6 所示为不同类型换热器的传热效能、热容比和传热单元数之间的关系曲线。

3. *热工计算类型*

热工计算的类型包括设计性计算和校核性计算两类。设计计算通常给定的量为冷热流体的流量，冷热流体进出口温度中的三个，求另一个温度和传热面积。校核性计算通常给定的量是传热面积，冷热流体的流量，冷热流体的进口温度，求冷热流体的出口温度和传热量。

4. *两种计算方法的比较和适用范围*

对数平均温差法和效能—传热单元数法均可用于间壁式热质交换设备的设计计算和校核计算。在进行设计计算时，两种方法的繁琐程度相差不多。但采用对数平均温差法可从温差修正系数的大小，看出选用的流动形式与逆流相比的差距，有助于流动型式的改进和选择，而效能—传热单元数法是做不到这点的。在

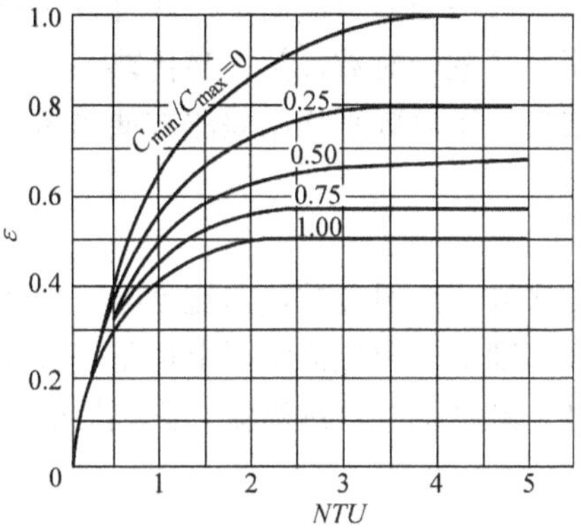

图 7-1　顺流同心套管式

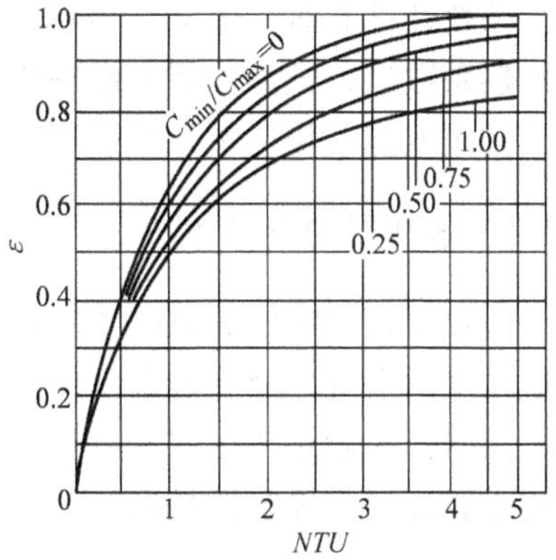

图 7-2　逆流同心套管式

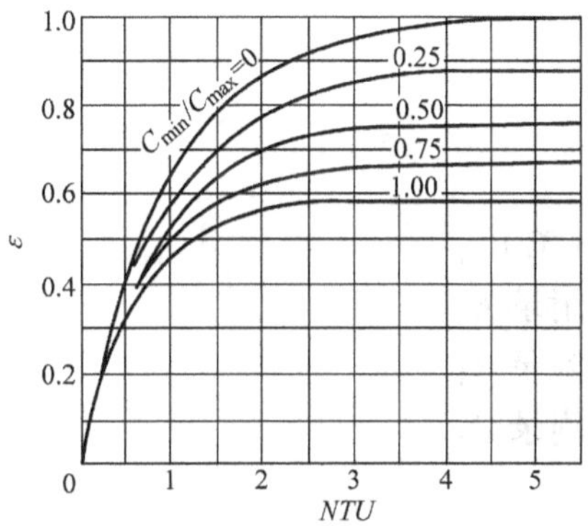

图 7-3　壳管式换热器单壳多管

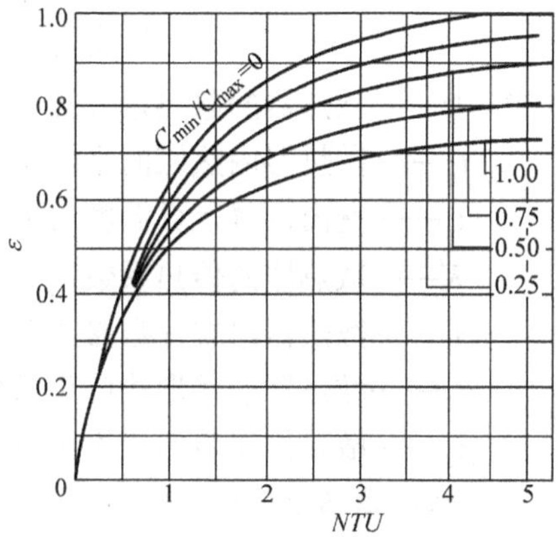

图 7-4　壳管式换热器 *n* 壳多管

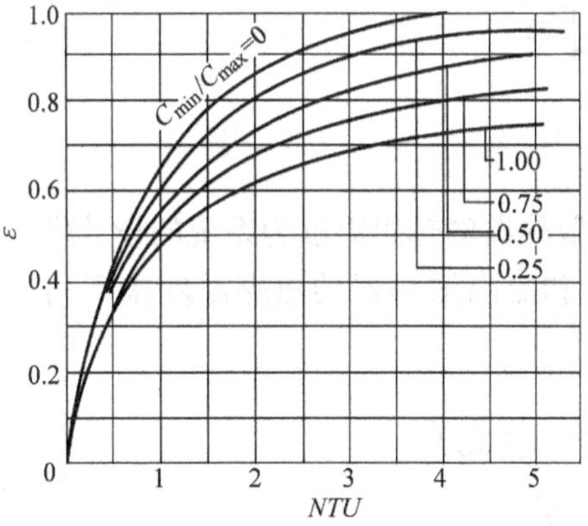

图 7-5　叉流两种流体均不混流

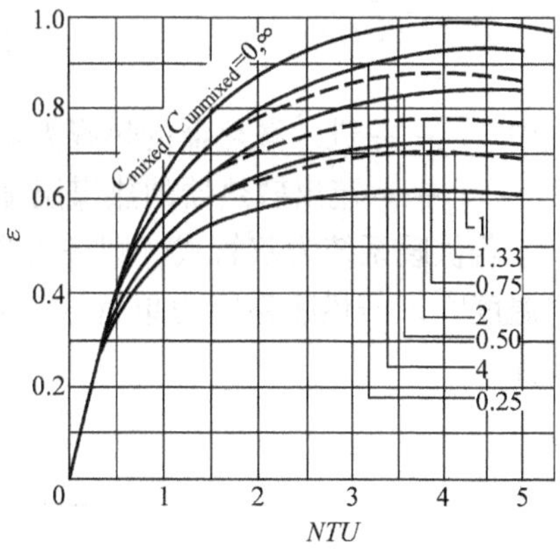

图 7-6　叉流一种流体混流另一种流体不混流

进行校核性计算时，效能-传热单元数法比对数平均温差法简单。两种方法均需对传热系数进行试算，但对数平均温差法需反复进行对数计算。当传热系数已知时，利用效能-传热单元数法可直接求得结果，比对数平均温差法方便的多。

7.1.3 散热器的热工计算

散热器是室内供暖系统的散热设备，热水或蒸汽通过散热器流动时，把热量传递给室内空气，使室内温度保持在要求的温度上。散热器实际上也是一种间壁式换热器，一侧是热水或蒸汽强迫流动，另一侧是空气自然对流。散热器热工计算的主要任务是确定散热器的面积和片数。

1. 散热器的面积

散热面积通常按下式计算

$$A=\frac{Q}{K\ (t_{pj}-t_n)}\cdot\beta_1\cdot\beta_2\cdot\beta_3 \tag{7-24}$$

式中 Q——散热器的散热量（W）；

t_{pj}——散热器内热媒的平均温度（℃）；

t_n——室内供暖计算温度（℃）；

K——散热器的传热系数［W/（m^2·℃）］；

β_1——散热器组装片数修正系数，见附录A；

β_2——散热器连接形式修正系数，见附录B；

β_3——散热器安装形式修正系数，见附录C。

2. 散热器内热媒平均温度

散热器内热媒平均温度的确定应根据热媒的种类和散热器的连接方式来确定。

热媒为热水时

$$t_{pj}=\frac{t_{sg}+t_{sh}}{2} \tag{7-25}$$

式中 t_{sg}——进入散热器的热媒温度（℃）；

t_{sh}——流出散热器的热媒温度（℃）。

若供暖系统为双管式，则进入和流出散热器的热媒温度为系统的设计供、回水温度[3]。若供暖系统为单管式，则进入和流出散热器的热媒温度按下列公式计算

$$t_{sg}=t_{lg}-\frac{(t_{lg}-t_{lh})\sum_{i+1}^{N}Q_i}{\sum Q_i} \tag{7-26}$$

$$t_{sh}=t_{sg}-\frac{Q}{Wc_p}$$

式中　t_{lg}——立管的进水温度（℃）；

t_{lh}——立管的回水温度（℃）；

$\sum_{i+1}^{N} Q_i$——进入计算散热器前面各层散热器的散热量之和（W）；

$\sum Q_i$——立管上所有散热器的散热量之和（W）；

Q——计算散热器的散热量（W）；

W——通过计算散热器的水量（kg/s）；

c_p——水的比热容［J/（kg·℃）］。

热媒为蒸汽时：

散热器内热媒平均温度取蒸汽压力下的饱和温度。

3. 散热器的传热系数

散热器传热系数是散热器散热能力强弱的主要标志。影响传热系数的因素很多，如散热器的制造情况和散热器的使用条件等，所以难以用理论数学模型表征各种因素对传热系数的影响情况，通常使用实验方法来确定散热器的传热系数。

实验结果整理成如下形式

$$K = a\,(t_{pj} - t_n)^b \tag{7-27}$$

式中　a，b——由实验确定的常数。

部分散热器的传热系数计算公式见附录D、E。

4. 散热器片数或长度的确定

由以上公式计算散热面积，由于每组片数或总长度未定，可先假定$\beta_1 = 1$，在计算出散热面积后，按下式计算散热器的片数或长度

$$n = \frac{A}{f} \tag{7-28}$$

式中　n——散热器的片数或长度（片或m）；

f——每片或每米长度散热器的散热面积（m^2/片或m^2/m）。

根据计算出来的片数或长度，确定组装片数修正系数β_1，然后在重新计算传热面积。

【例7-1】　已知采暖房间的设计热负荷为2000W，室内安装的钢制柱型散热器，散热器装在墙的凹槽内（半暗装）散热器上部距墙距离为100mm，供暖系统为双管式系统上供下回式，设计供回水温度为95℃/70℃，支管与散热器的连接方式为同侧连接，上进下出，求散热器的片数及面积？

【解】

$$t_{pj} = \frac{t_{lg} + t_{lh}}{2} = \frac{95 + 70}{2}℃ = 82.5℃$$

$$\Delta t = t_{pj} - t_n = (82.5 - 18)℃ = 64.5℃$$

对于钢制柱型散热器，查附录 E 知传热系数公式为

$$K = 2.489\Delta t^{0.3069}$$
$$= 2.489 \times (64.5)^{0.3069} \text{W/(m}^2\cdot℃) = 8.94\text{W/(m}^2\cdot℃)$$

确定修正系数

$$\beta_1 = 1.0\ (\text{假定})$$
$$\beta_2 = 1.0$$
$$\beta_3 = 1.06$$
$$A' = \frac{Q}{K(t_{pj} - t_n)}\beta_1\beta_2\beta_3$$
$$= \frac{2000}{8.94 \times 64.5} \times 1.0 \times 1.0 \times 1.06\text{m}^2$$
$$= 3.68\text{m}^2$$

钢制柱型散热器每片的散热面积为 0.15m²。则散热器的片数为

$$n' = \frac{A'}{f} = \frac{3.68}{0.15} = 24.5 \approx 24\ (\text{片})$$

当散热器片数大于 20 时，$\beta_1 = 1.1$

则实际散热面积为

$$A = A' \times \beta_1$$
$$= 3.68 \times 1.1\text{m}^2 = 3.96\text{m}^2$$

实际片数为

$$n = \frac{A}{f} = \frac{3.96}{0.15} = 26.4$$

取整数，采用钢制柱型散热器 26 片。

7.1.4 管壳式换热器的热工计算

换热器热工计算的任务是在换热量和结构已经给定，换热器出入口的加热介质和被加热介质的温度为已知的条件下，确定换热器的必要换热面积，或根据选用的换热器形式和规格，根据上述给定条件，校核选用的换热器换热量是否满足需要。

1. 传热温差

管壳式换热器包括汽—水换热器和水—水换热器。换热器的被加热介质都是低温水，加热介质是热水或蒸汽。换热器内两种流体的温差以对数平均温差来计算。汽—水换热器和逆流式水—水换热器内温度变化示意图如图 7-7 所示。

以上两种换热器的对数平均温差可以写作

汽—水换热器
$$\Delta t_m = \frac{t''_2 - t'_2}{\ln\dfrac{t_n - t'_2}{t_n - t''_2}} \tag{7-29}$$

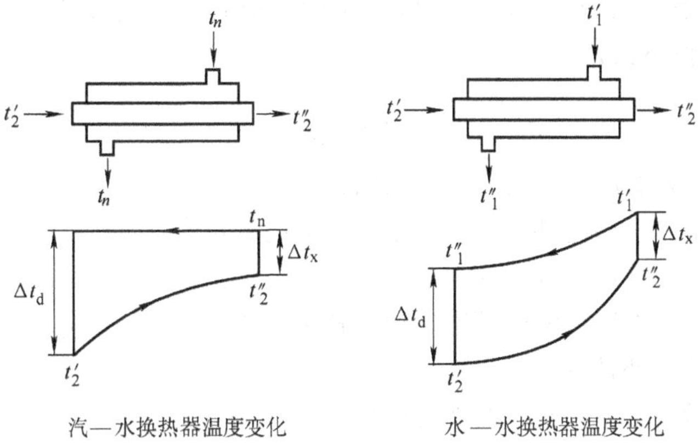

图7-7　换热器温度变化示意图

水—水换热器
$$\Delta t_m = \frac{(t''_1 - t'_2) - (t'_1 - t''_2)}{\ln \dfrac{(t''_1 - t'_2)}{(t'_1 - t''_2)}} \tag{7-30}$$

式中　t_n——蒸汽压力下的饱和温度（℃）。

2. 传热系数

管壳式换热器的传热系数按下式计算

$$K = \frac{1}{\dfrac{1}{\alpha_i} + \dfrac{\delta_g}{\lambda_g} + \dfrac{\delta_{wg}}{\lambda_{wg}} + \dfrac{1}{\alpha_0}} \tag{7-31}$$

上式中的表面传热系数 α_i、α_0 按以下一些公式计算。

1）水在管内或管间沿管壁流动，流态处于紊流时

$$\alpha = (1630 + 21t_{pj} - 0.041t_{pj}^2)\frac{w^{0.8}}{d^{0.2}} \tag{7-32}$$

2）水横穿过管束流动，流态处于紊流时

$$\alpha = (1164 + 17.5t_{pj} - 0.0466t_{pj}^2)\frac{w^{0.64}}{d^{0.36}} \tag{7-33}$$

3）蒸汽在竖壁或竖管上的膜状凝结

$$\alpha = \frac{6621 + 88.8t_m - 0.247t_m^2}{[H(t_b - t_{bm})]^{0.25}} \tag{7-34}$$

4）蒸汽在水平管束上的膜状凝结

$$\alpha = \frac{5028 + 55.3t_m - 0.163t_m^2}{[md_w(t_b - t_{bm})]^{0.25}} \tag{7-35}$$

式中　t_{pj}——水的平均温度，取换热器进出口水温的算术平均值（℃）；

d——计算管径（m），若水横向冲刷管束，取管外径，若水在管内流动，

取管内径，若水在管间流动时，取管束的当量直径，当量直径 d_d 按下式计算

$$d_d = \frac{4f}{S} \tag{7-36}$$

式中 f——水在管间流动时的流通截面积（m^2）；

S——湿周，即流动断面上和水接触的周缘长度（m）；

w——水的流速（m/s）；

H——竖壁上层流液膜高度，通常就是竖壁的高度（m）；

d_w——管子外径（m）；

m——沿垂直方向管子的平均根数；

t_b——蒸汽的饱和温度（℃）；

t_{bm}——管壁的温度（℃）；

t_m——凝结水膜温度，取蒸汽温度与壁温的平均值（℃）。

利用式（7-34）和式（7-35）计算表面传热系数时，管束的壁面温度是未知的。在计算时，采用试算法。先假设一个 t_{bm}，求出表面传热系数 α 和传热系数 K，再按下式计算实际的壁温 t'_{bm}

蒸汽在管内流动
$$t'_{bm} = t_b - \frac{K\Delta t_m}{\alpha_i} \tag{7-37}$$

蒸汽在管外流动
$$t'_{bm} = t_b - \frac{K\Delta t_m}{\alpha_0} \tag{7-38}$$

若 $|t_{bm} - t'_{bm}| \leqslant \varepsilon$，则假设是适宜的，否则应重新计算，直到满足要求为止。

除此之外，表面传热系数也可以通过线算图进行确定，可参考《工业锅炉房实用设计手册》。

3. 换热器的阻力计算

1）换热器内流速按推荐流速确定。推荐流速如表 7-3 所示。

表 7-3 管壳式换热器推荐流速

换热器种类	流体速度/（m/s）		
	管内	管间	
汽—水换热器	1~3	10~15	管内为水、管间为蒸汽
水—水换热器	1~3	0.5~1.5	

2）管程阻力计算，管内介质流动阻力计算公式为

$$\Delta p_g = \left(f_g \frac{L}{d_n} + \sum \xi\right)\frac{\rho w^2}{2} \tag{7-39}$$

式中 f_g——管程摩擦因数；

L——管束总长度（m）；

d_n——管内径（m）；

ρ——流体的密度（kg/m^3）；

w——流体的速度（m/s）。

$\sum\xi$——局部阻力系数之和。

3）壳程阻力计算，管间介质流动阻力计算公式为

$$\Delta p_k = \left(f_k \frac{L}{d_e Z} + \sum\xi\right)\frac{\rho w^2}{2} \tag{7-40}$$

式中 f_k——壳程摩擦因数；

d_e——壳程当量直径（m）；

Z——管子总根数。

4）局部阻力损失系数的确定，换热器内局部阻力系数按附录F选取。

【例7-2】　某小区供暖热负荷为4.35MW，外网蒸汽为饱和蒸汽，表压力为0.6MPa，小区热力站内设置壳管式汽—水换热器和水—水换热器，供暖用户的循环回水首先进入壳管式水—水换热器，被凝结水加热，然后进入壳管式汽—水换热器，被外网蒸汽加热。流程如图7-8所示。用户要求的设计供回水温度为95℃/70℃。选择汽—水换热器和水—水换热器。

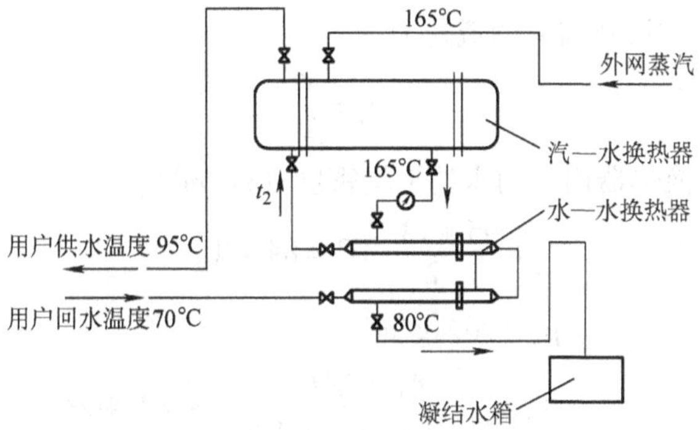

图7-8　热力站内换热器加热系统

【解】　1）确定计算数据。用户循环水的供水温度为95℃，回水温度为70℃，外网蒸汽的温度为165℃，蒸汽比焓为2763kJ/kg，饱和水比焓为694kJ/kg，从水—水换热器出来的凝结水温取80℃。

2）计算用户循环水量和外网的蒸汽流量。

用户循环水流量

$$G = \frac{Q}{c\ (t'_g - t'_h)} = \frac{4.35\times10^6}{4187\times\ (95-70)}\text{kg/s} = 41.55\text{kg/s}$$

外网蒸汽进入热力站的流量

$$D=\frac{Q}{(h_q-h_n)}=\frac{4.35\times10^6}{(2763\times10^3-4187\times80)}\text{kg/s}=1.79\text{kg/s}$$

3）热网回水从水—水换热器出来进入汽—水换热器前的水温 t_2

$$Dc(165-80)=Gc(t_2-70)$$

$$1.79\times4187\times85=41.55\times4187\ (t_2-70)$$

$$t_2=73.7℃$$

4）汽—水换热器的选择计算。因为热负荷较大，初步选择 N107-3DN650 型汽—水换热器两台并联。换热器的主要技术数据如下：管内水流总净断面积为 $87.9\times10^{-4}\text{m}^2$，管内径为 0.02m，外径为 0.025m，单位长度加热面积 7.9m^2，总管根数/行程数为 112/4，最大一排管根数为 12 根，每纵排平均管数为 9 根。

单台汽—水换热器的换热量为

$$Q=\frac{D\ (h_q-h_b)}{2}=\frac{1.79\times\ (2763000-694000)}{2}\text{W}=1.85\times10^6\text{W}=1.85\text{MW}$$

汽—水换热器的平均温差为

$$\Delta t_m=\frac{t''_2-t'_2}{\text{In}\,\dfrac{t_n-t'_2}{t_n-t''_2}}=\frac{95-73.7}{\text{In}\,\dfrac{165-73.7}{165-95}}℃=80℃$$

热网循环水在换热器内的流速为

$$w_n=\frac{G}{f\rho_p}$$

式中 ρ_p——为换热器内热网水的平均密度（kg/m^3）。

$$t_{pj}=\frac{95+73.7}{2}℃=84.4℃$$

$$\rho_p=969\text{kg/m}^3$$

$$w_n=\frac{41.55/2}{87.9\times10^{-4}\times969}\text{m/s}=2.4\text{m/s}$$

该流速在推荐流速范围内。

管内壁与水的表面传热系数为

$$\begin{aligned}\alpha_i&=(1630+21t_{pj}-0.041t_{pj}^2)\frac{w^{0.8}}{d^{0.2}}\\&=(1630+21\times84.4-0.041\times84.4^2)\frac{2.4^{0.8}}{0.02^{0.2}}\text{W/(m}^2\cdot℃)\\&=13706\text{W/(m}^2\cdot℃)\end{aligned}$$

管外壁温度是未知的，假设管外壁温度比蒸汽饱和温度小 30℃，则管外壁温度为

$$t_{bm}=(165-30)℃=135℃$$

$$t_m = \frac{135+165}{2}℃ = 150℃$$

管外壁与蒸汽的表面传热系数为

$$\alpha_0 = \frac{5028+55.3t_m-0.163t_m^2}{[md_w(t_b-t_{bm})]^{0.25}}$$
$$= \frac{5028+55.3\times150-0.163\times150^2}{[9\times0.025\times(165-135)]^{0.25}}\text{W/(m}^2\cdot℃)$$
$$= 5990.3\text{W/(m}^2\cdot℃)$$

传热系数为

$$K = \frac{1}{\frac{1}{\alpha_i}+\frac{\delta_g}{\lambda_g}+\frac{\delta_{wg}}{\lambda_{wg}}+\frac{1}{\alpha_0}}$$
$$= \frac{1}{\frac{1}{13706}+\frac{0.0025}{50}+\frac{0.0003}{3}+\frac{1}{5990.3}}\text{W/ (m}^2\cdot℃)$$
$$= 2564.8\text{W/ (m}^2\cdot℃)$$

对假定进行验算

$$t'_{bm}-t_b = \frac{K\Delta t_m}{\alpha_0} = \frac{2564.8\times80}{5990.3}℃ = 34.3℃$$

相差较大，重新计算。假设相差34℃。

$$t_{bm} = (165-34)℃ = 131℃$$
$$t_m = \frac{131+165}{2}℃ = 148℃$$

$$\alpha_0 = \frac{5028+55.3t_m-0.163t_m^2}{[md_w(t_b-t_{bm})]^{0.25}}$$
$$= \frac{5028+55.3\times148-0.163\times148^2}{[9\times0.025\times(165-131)]^{0.25}}\text{W/ (m}^2\cdot℃)$$
$$= 5798\text{W/ (m}^2\cdot℃)$$

$$K = \frac{1}{\frac{1}{\alpha_i}+\frac{\delta_g}{\lambda_g}+\frac{\delta_{wg}}{\lambda_{wg}}+\frac{1}{\alpha_0}}$$
$$= \frac{1}{\frac{1}{13706}+\frac{0.0025}{50}+\frac{0.0003}{3}+\frac{1}{5798}}\text{W/ (m}^2\cdot℃)$$
$$= 2529\text{W/ (m}^2\cdot℃)$$

$$t'_{bm}-t_b = \frac{K\Delta t_m}{\alpha_0} = \frac{2529\times80}{5798}℃ = 34.9℃$$

第二次假设34℃与验算值34.9℃较接近，合适，不再计算。

传热面积为

$$A=\frac{Q}{K\Delta t_m}=\frac{1.85\times10^6}{2529\times80}\text{m}^2=9.14\text{m}^2$$

换热器有效长度为

$$L=\frac{A}{f_d}=\frac{9.14}{7.9}\text{m}=1.16\text{m}$$

$$L'=1.25\times L=1.25\times1.16\text{m}=1.45\text{m}$$

5）水—水换热器的选择计算。管内凝结水流通断面积按下述方法计算：取凝结水流速为0.5m/s。凝结水的平均温度为［（165+80）/2］℃；=122.5℃。该温度下水的密度为941.4kg/m³。则管内凝结水流通断面积为

$$f'_n=\frac{D}{w'_n\rho_{ns}}=\frac{1.79}{0.5\times941.4}\text{m}^2=38\times10^{-4}\text{m}^2$$

管间循环水流通断面积按下述方法计算：循环水平均温度为［（70+73.7）/2］℃=71.85℃。该温度下的水密度为975kg/m³。取循环水的流速为1m/s。则管间循环水流通断面积为

$$f'_w=\frac{G}{w'_w\rho_{xs}}=\frac{41.55}{1\times975}\text{m}^2=426\times10^{-4}\text{m}^2$$

对水—水换热器进行选型。初选N107-5 *DN*200水—水换热器。管间净断面积为244.7×10⁻⁴m²，管内水流总净断面积59.7×10⁻⁴m²，单位长度加热面积为2.68m²/m，管间当量直径0.066m。一回程管子数19根，管子219mm×6mm。

管内凝结水实际流速为

$$w_n=\frac{D}{f_n\rho_{ns}}=\frac{1.79}{59.7\times10^{-4}\times941.4}\text{m/s}=0.32\text{m/s}$$

管间循环水实际流速为

$$w_w=\frac{G}{f_w\rho_{xs}}=\frac{41.55}{244.7\times10^{-4}\times975}\text{m/s}=1.74\text{m/s}$$

凝结水对管壁的表面传热系数为

$$\begin{aligned}\alpha_i&=(1630+21t_{pj}-0.041t_{pj}^2)\frac{w^{0.8}}{d^{0.2}}\\&=(1630+21\times122.5-0.041\times122.5^2)\times\frac{0.32^{0.8}}{0.207^{0.2}}\text{W/(m}^2\cdot℃)\\&=1972\text{W/(m}^2\cdot℃)\end{aligned}$$

循环水对管壁的表面传热系数为

$$\begin{aligned}\alpha_0&=(1630+21t_{pj}-0.041t_{pj}^2)\frac{w^{0.8}}{d^{0.2}}\\&=(1630+21\times71.85-0.041\times71.85^2)\times\frac{1.74^{0.8}}{0.066^{0.2}}\text{W/(m}^2\cdot℃)\end{aligned}$$

$$=7852\text{W}/(\text{m}^2\cdot℃)$$

传热系数为

$$K=\frac{1}{\dfrac{1}{\alpha_i}+\dfrac{\delta_g}{\lambda_g}+\dfrac{\delta_{wg}}{\lambda_{wg}}+\dfrac{1}{\alpha_0}}$$

$$=\frac{1}{\dfrac{1}{1972}+\dfrac{0.006}{50}+\dfrac{0.0003}{3}+\dfrac{1}{7852}}\text{W}/(\text{m}^2\cdot℃)$$

$$=1170\text{W}/(\text{m}^2\cdot℃)$$

对数平均温差为

$$\Delta t_m=\frac{(t''_1-t'_2)-(t'_1-t''_2)}{\ln\dfrac{(t''_1-t'_2)}{(t'_1-t''_2)}}$$

$$=\frac{(165-73.7)-(80-70)}{\ln\dfrac{165-73.7}{80-70}}℃=36.8℃$$

传热面积为

$$A=\frac{Q}{K\Delta t_m}=\frac{0.65\times10^6}{1170\times36.8}\text{m}^2=15.1\text{m}^2$$

有效长度为

$$L=\frac{A}{f_d}=\frac{15.1}{2.68}\text{m}=5.6\text{m}$$

7.1.5 板式热水换热器的热工计算

板式换热器的基本计算公式和计算方法与管壳式换热器的类似。板式换热器热工计算的主要任务是确定所需换热面积，组合片数和阻力计算。

【例7-3】 某小区热水供应系统采用板式水—水加热器加热上水。外网设计供回水温度为95/70℃，热水供应系统的上水为20℃，要求被加热到65℃供给用户，热水用户的流量为20000kg/h。试选择一板式换热器。

【解】 1）换热器换热量的计算

$$Q=Gc\Delta t=\frac{20000}{3600}\times4187\times(65-20)\ \text{W}=1046750\text{W}$$

2）外网进入热水供应用户的水流量

$$G_0=\frac{Q}{c\Delta t}=\frac{1046750}{4187\times(95-70)}\text{kg/s}=10\text{kg/s}$$

3）加热水的流通断面积。换热器内水的推荐流速为0.1～0.5m/s。取加热水的流速为0.3m/s。加热水的平均温度为（95+70）/2=82.5℃，该温度下水的密度为970.2kg/m^3。

$$f_r = \frac{G_0}{w_r \rho_r} = \frac{10}{0.5 \times 970.2} \text{m}^2 = 0.0206 \text{m}^2$$

4）被加热水的流通断面积。取被加热水的流速为 0.3m/s。被加热水的平均温度为（65 +20）/2 =42.5℃，该温度下水的密度为 991.2kg/m³。

$$f_l = \frac{G}{w_l \rho_l} = \frac{20000}{3600 \times 0.3 \times 991.2} \text{m}^2 = 0.01868 \text{m}^2$$

5）选型。初选 BR12 型板式换热器，单片换热面积 f 为 0.12m²/片，单通道流通断面积 f_d 为 0.72×10^{-3}m²。

6）实际流速。加热水流道数为

$$n_r = \frac{f_r}{f_d} = \frac{0.0206}{0.72 \times 10^{-3}} = 48$$

被加热水流道数为

$$n_l = \frac{f_l}{f_d} = \frac{0.01868}{0.72 \times 10^{-3}} = 26$$

取流道数为 28

加热水实际流速

$$w_r = \frac{G_0}{n_r f_d \rho_r} = \frac{10}{28 \times 0.72 \times 10^{-3} \times 970.2} \text{m/s} = 0.5 \text{m/s}$$

被加热水实际流速

$$w_l = \frac{G_0}{n_l f_d \rho_l} = \frac{5.56}{28 \times 0.72 \times 10^{-3} \times 991.2} \text{m/s} = 0.28 \text{m/s}$$

7）传热系数。查相关设计手册 BR12 板式换热器传热系数图得知，当冷热流体的流速分别为 0.5m/s 和 0.28m/s 时，传热系数为 3600W/（m²·K）。

8）传热温差

$$\Delta t_m = \frac{(t''_1 - t'_2) - (t'_1 - t''_2)}{\ln \dfrac{(t''_1 - t'_2)}{(t'_1 - t''_2)}}$$

$$= \frac{(70-20) - (95-65)}{\ln \dfrac{(70-20)}{(95-65)}} ℃ = 39℃$$

9）传热面积

$$A = \frac{Q}{K \Delta t_m} = \frac{1046750}{3600 \times 39} \text{m}^2 = 7.46 \text{m}^2$$

10）需要的片数

$$N = \frac{A}{f} = \frac{7.46}{0.12} = 62$$

11）实际片数。考虑一个富裕量

$$62 \times 1.25 = 78$$

12）流动阻力。查《实用供热空调设计手册》BR12 板式换热器的技术数据和图表知加热水侧的流动阻力为37kPa，被加热水侧的流动阻力为25kPa。

7.1.6 空气加热器的热工计算

空气加热器热工计算分设计性计算和校核性计算两种类型。设计性计算时，已知条件为空气量 G、空气的初温 t_1 和终温 t_2、热媒的初参数，目的是确定空气加热器的型号、规格和压力损失。校核性计算是依据已经有的加热器型号，验证它能否满足空气加热的要求[4]。

热工计算的方法有对数平均温差法和效能—传热单元数法。设计性计算一般用对数平均温差法。下面介绍一下对数平均温差法的计算过程。

1. *初选加热器型号*

假定空气质量流速 $(v\rho)'=8\text{kg}/(\text{m}^2\cdot\text{s})$；

计算加热器有效截面积 $f'=\dfrac{G}{(v\rho)'}$；

由有效截面积查样本，选择合适的空气加热器，给出实际的有效截面积 f、加热面积 A 和加热器的并联台数 n。

计算空气实际的质量流速 $v\rho=\dfrac{G}{fn}$

2. *计算传热系数 K*

由所选择空气加热器的样本上或附录G中的计算公式确定空气加热器的传热系数。

3. *计算加热面积和所需台数*

按下式计算所需的加热量

$$Q = Gc_p\ (t_2 - t_1)$$

确定加热面积并考虑安全系数

$$A' = (1.1 \sim 1.2)\ \frac{Q}{K\Delta t_m}$$

计算需要的加热器串联台数

$$N = \frac{A'}{An}$$

4. *阻力计算*

查样本或利用附录G中的公式计算。

7.1.7 空气冷却器的热工计算

空气冷却器热工计算的公式在本章的前面已论述过。计算方法可以采用对数平均温差法和效能—传热单元数法。在这里介绍一下用效能—传热单元数法对空气冷却器进行热工计算的方法和步骤。

1. 计算类型

空气冷却器的热工计算分为设计性计算和校核性计算两类。设计性计算多用于选择空气冷却器，以满足已知空气初、终参数的处理要求。校核性计算多用于检查型号已知的空气冷却器，将具有一定初参数的空气处理到何种终状态。两种计算类型的已知条件和待求参数如表7-4所示。

表7-4　空气冷却器热工计算类型

计算类型	已知条件	待求内容
设计性计算	空气量、空气初状态、空气终状态	空气冷却器型号、台数、排数、冷却水初温、终温、冷水量和冷量
校核性计算	空气量、空气初参数、冷却器型号、台数、排数、冷却水初温、冷水量	空气终参数、冷却水终温

2. 计算参数

利用效能—传热单元数法进行空气冷却器的热工计算时，要用到两个系数，即热交换效率系数和接触系数。下面介绍一下这两个系数的物理意义和确定方法。

（1）热交换效率系数　热交换效率系数用 ε_1 表示，它定义为

$$\varepsilon_1 = \frac{t_1 - t_2}{t_1 - t_{w1}} \tag{7-41}$$

式中　t_1——处理前空气的干球温度（℃）；

t_2——处理后空气的干球温度（℃）；

t_{w1}——冷水初温（℃）。

把式（7-41）右边的分子分母同时乘以空气的比热容和被处理空气的质量流量，则

$$\varepsilon_1 = \frac{Gc_p(t_1 - t_2)}{Gc_p(t_1 - t_{w1})} \tag{7-42}$$

上式表示空气冷却器的热交换效率系数，是冷却器中的实际换热量与空气冷却器中最大可能换热量的比值，它实际上就是换热器的传热效能。

对于空气冷却器表面有凝结水的湿工况，另外两个量纲一的量热容比和传热单元数分别可写作

$$\text{热容比}\qquad C_r = \frac{\xi Gc_p}{Wc} \tag{7-43}$$

$$\text{传热单元数}\qquad NTU = \frac{KA}{\xi Gc_p} \tag{7-44}$$

式中　G——被处理的空气的质量流量（kg/s）；

W——冷却水的质量流量（kg/s）；

A——换热器传热面积（m^2）；

ξ——析湿系数；

c——水的比热容［J/（kg·K）］；

c_p——空气的比热容［J/（kg·K）］。

空气冷却器中空气与冷却水一般为逆流流动，这时热交换效率系数可用下式计算

$$\varepsilon_1=\frac{1-\exp\left[-NTU\left(1-C_r\right)\right]}{1-C_r\exp\left[-NTU\left(1-C_r\right)\right]}$$

或者查图 7-9 确定。

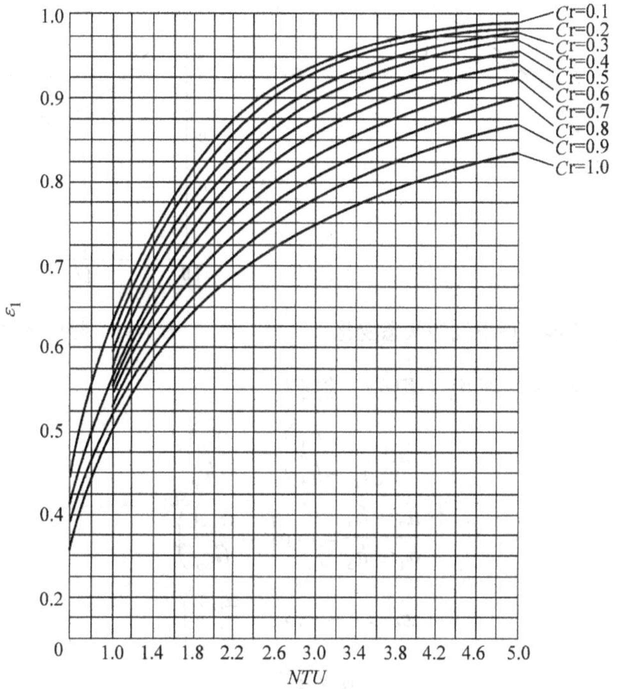

图 7-9　空气冷却器热交换效率系数的线算图

（2）接触系数　接触系数的定义式为

$$\varepsilon_2=\frac{t_1-t_2}{t_1-t_3} \tag{7-45}$$

式中　t_3——空气冷却器在接触时间充分的理想条件下，空气终状态的干球温度（℃），如图 7-10 所示。

下面推导一下接触系数的另一种表达式

$$\varepsilon_2=\frac{t_1-t_2}{t_1-t_3}=1-\frac{t_2-t_3}{t_1-t_3}=1-\frac{t_2-t_{s2}}{t_1-t_{s1}}$$

也可用焓来表示

$$\varepsilon_2 = \frac{h_1 - h_2}{h_1 - h_3} = 1 - \frac{h_2 - h_3}{h_1 - h_3}$$

取空气冷却器上一个微元面积 dA，如图 7-11 所示。在微元面积上空气冷却器面积吸收的热量等于空气放出的热量，即

$$h_{md}(h - h_3)\,\mathrm{d}A = -G\mathrm{d}h$$

$$\frac{\mathrm{d}h}{h - h_3} = -\frac{h_{md}}{G}\mathrm{d}A = -\frac{\alpha_w}{Gc_p}\mathrm{d}A$$

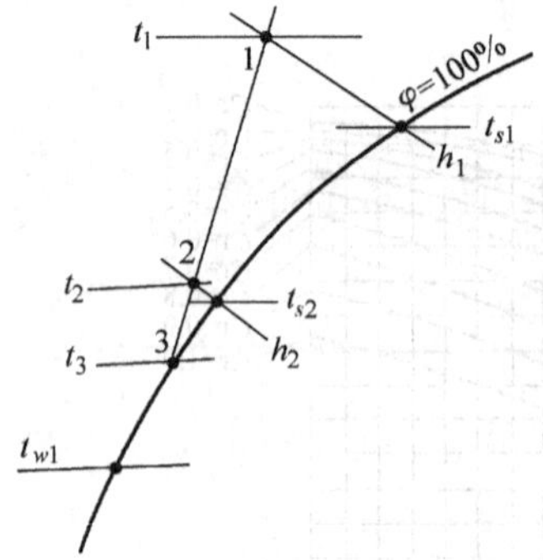

图 7-10　空气冷却器处理空气的状态变化

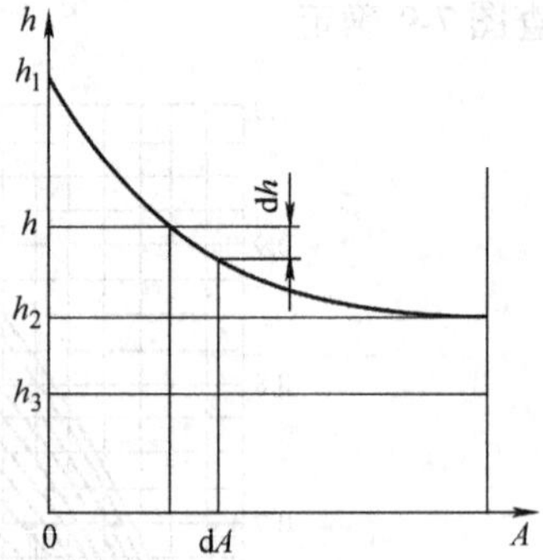

图 7-11　接触系数推导图

将上式从 0 到整个面积 A 积分，得到：

$$\ln\left(\frac{h_2 - h_3}{h_1 - h_3}\right) = -\frac{\alpha_w A}{Gc_p}$$

$$\frac{h_2 - h_3}{h_1 - h_3} = \exp\left(-\frac{\alpha_w A}{Gc_p}\right)$$

$$\varepsilon_2 = 1 - \exp\left(-\frac{\alpha_w A}{Gc_p}\right) \tag{7-46}$$

$$G = A_y V_y \rho$$

$$\varepsilon_2 = 1 - \exp\left(-\frac{\alpha_w A}{A_y V_y \rho c_p}\right)$$

$$\varepsilon_2 = 1 - \exp\left(-\frac{\alpha_w a N}{V_y \rho c_p}\right)$$

$$a = \frac{A}{A_y N}$$

式中　α_w——冷却水与冷却器表面的表面传热系数［W/（m^2·K）］；

A_y——空气的迎风面积（m^2）；

a——肋通系数；

N——肋片管的排数。

由此可见，对于结构特性一定的空气冷却器，肋通系数是一个定值，空气密度可以看作是定值，冷却水与表面的表面传热系数正比于空气迎面风速，所以，接触系数变成迎面风速和肋片管排数的函数。

$$\varepsilon_2 = f(V_y, N)$$

接触系数随排数的增大而增大，随迎面风速的增大而减小。部分空气冷却器的接触系数见附录H。

虽然增加肋片管的排数和降低迎面风速可增加空气冷却器的接触系数，但是排数的增加也将使空气阻力增加。排数过多时，后面几排还会因为冷水与空气之间温差过小而减弱传热作用，所以排数不宜过多，一般取4～8排为宜。此外，迎面风速过低会引起冷却器尺寸和初投资的增加，过高除了会降低接触系数外，也会增加空气阻力。一般取迎面风速为2～3m/s。

（3）传热系数　对于既定结构的空气冷却器，其传热系数受内、外表面的表面传热系数和析湿系数的影响。外表面的表面传热系数与空气的迎面风速有关，当以水为冷却介质时，内表面的表面传热系数与水的流速有关。所以空气冷却器的传热系数公式通常整理成以下形式

$$K = \left(\frac{1}{A'V_y^m \xi^p} + \frac{1}{B'w^n}\right)^{-1} \tag{7-47}$$

式中　V_y——被处理空气通过冷却器的迎面风速（m/s）；

w——水在冷却器内的流速（m/s）；

A'、B'——实验得出的系数；

m、p、n——实验得出的指数。

部分空气冷却器传热系数的实验公式见附录J。

3. 计算公式

空气冷却器热工计算应满足以下条件：冷却器能达到的热交换效率系数应等于空气处理过程需要的热交换效率系数；冷却器能达到的接触系数应等于空气处理过程需要的接触系数；冷却介质吸收的热量应该等于空气放出的热量。

以上条件可以用公式表示

$$\varepsilon_1 = \frac{t_1 - t_2}{t_1 - t_{w1}} = \frac{1 - \exp[-NTU(1 - C_r)]}{1 - C_r \exp[-NTU(1 - C_r)]} = f(V_y, w, \xi)$$

$$\varepsilon_2 = 1 - \frac{t_2 - t_{s2}}{t_1 - t_{s1}} = 1 - \exp\left(-\frac{h_w A}{G c_p}\right) = f(V_y, N)$$

$$Q = G(h_1 - h_2) = Wc(t_{w2} - t_{w1})$$

4. 设计性计算的计算步骤

计算步骤如下：

（1）计算接触系数

$$\varepsilon_2 = 1 - \frac{t_2 - t_{s2}}{t_1 - t_{s1}}$$

（2）确定冷却器排数　根据计算出的接触系数，查附录 H，确定冷却器排数。

（3）确定冷却器型号和参数　假定迎面风速，求迎风面积。

$$A'_y = \frac{G}{V'_y \rho}$$

按迎风面积和排数，查产品样本或附录 I，选择冷却器型号，并联台数、串联台数，给出实际的冷却器传热面积、迎风面积 A_y 和通水截面积 f_w。再计算实际的迎面风速。

$$V_y = \frac{G}{A_y \rho}$$

（4）校核接触系数　按冷却器型号、排数和实际迎面风速，查附录 H 得出实际的接触系数，与第一步计算出来的接触系数比较，若相差较大，则改选别的型号。

（5）计算析湿系数

$$\xi = \frac{h_1 - h_2}{c_p \ (t_1 - t_2)}$$

（6）计算传热系数　根据冷却器型号和排数，查附录 J 冷却器传热系数计算公式，带入迎风速度和水的流速，可计算出传热系数。水流速可取 0.6 ~ 1.8m/s。

（7）计算冷却水量

$$W = f_w w \rho$$

（8）计算热交换效率系数　计算传热单元数和水当量比，按公式或线算图计算热交换效率系数。

（9）计算水的初温和终温

$$t_{w1} = t_1 - \frac{t_1 - t_2}{\varepsilon_1}$$

$$t_{w2} = t_{w1} + \frac{G \ (h_1 - h_2)}{Wc}$$

（10）计算空气的阻力损失和冷却水的阻力损失　查附录 J 计算空气和水的阻力损失。

【例 7-4】　夏季室外空气的干球温度为 33℃，相对湿度为 65%，经空气冷却器处理后，空气应达到的状态为：干球温度为 20℃，相对湿度为 95%。空气流量为 9kg/s。当地大气压为 1 个标准大气压。试选择空气冷却器，并确定水温和水流量。

【解】　查焓湿图，知空气初状态的参数如下：h_1 = 86.3kJ/kg，t_{s1} =

27.5℃；空气终状态的参数如下：$h_2=55.5\text{kJ/kg}$，$t_{s2}=19.5℃$；

（1）计算接触系数 $\varepsilon_2=1-\dfrac{t_2-t_{s2}}{t_1-t_{s1}}=1-\dfrac{20-19.5}{33-27.4}=0.893$

（2）确定冷却器排数　根据计算出的接触系数，查附录H，确定冷却器为JW6排。

（3）确定冷却器型号和参数　假定迎面风速为2.0m/s，求迎风面积。

$$A'_y=\frac{G}{V'_y\rho}=\frac{9}{2.0\times1.2}\text{m}^2=3.75\text{m}^2$$

按迎风面积和排数，选择冷却器型号为JW40—4，台数为一台，查附录I，实际的冷却器传热面积为44.5m²、迎风面积为3.43m²和通水截面积0.00553m²。再计算实际的迎面风速。

$$V_y=\frac{G}{A_y\rho}=\frac{9}{3.43\times1.2}\text{m/s}=2.19\text{m/s}$$

（4）校核接触系数　此时空气冷却器可提供的接触系数为0.9，与第一步计算的接触系数相差不大。

（5）计算析湿系数

$$\xi=\frac{h_1-h_2}{c_p\ (t_1-t_2)}=\frac{86.3-55.5}{1.005\times\ (33-20)}=2.36$$

（6）计算传热系数　假定水流速取1.0m/s。

$$K=\left[\frac{1}{41.5V_y^{0.52}\xi^{1.02}}+\frac{1}{325.6w^{0.8}}\right]^{-1}$$

$$=\left[\frac{1}{41.5\times\ (2.19)^{0.52}\times\ (2.36)^{1.02}}+\frac{1}{325.6\times\ (1)^{0.8}}\right]^{-1}\text{W/}\ (\text{m}^2\cdot℃)$$

$$=103\text{W/}\ (\text{m}^2\cdot℃)$$

（7）计算冷却水量

$$W=f_w w\rho=0.00553\times1\times1000\text{kg/s}=5.53\text{kg/s}$$

（8）计算热交换效率系数

$$C_r=\frac{\xi Gc_p}{Wc}=\frac{2.36\times9\times1.005}{5.53\times4.187}=0.923$$

$$NTU=\frac{KA}{\xi Gc_p}=\frac{103\times44.5\times6}{2.36\times9\times1005}=1.29$$

查线算图7-9得到热交换效率系数

$$\varepsilon_1=0.57$$

（9）计算水的初温和终温

$$t_{w1}=t_1-\frac{t_1-t_2}{\varepsilon_1}=\ (33-\frac{33-20}{0.57})℃=10.2℃$$

$$t_{w2}=t_{w1}+\frac{G\ (h_1-h_2)}{Wc}=\left[10.2+\frac{9\times\ (86.3-55.5)}{5.53\times 4.187}\right]℃=22.2℃$$

(10) 计算空气的阻力损失和冷却水的阻力损失

空气的阻力损失为

$$\Delta P_s=62.23V_y^{1.1}=62.23\times\ (2.19)^{1.1}\text{Pa}=147\text{Pa}$$

冷却水的阻力损失为

$$\Delta h=14.5w^{1.93}=14.5\times\ (1)^{1.93}\text{Pa}=14.5\text{Pa}$$

5. 校核性计算的计算步骤

计算步骤如下：

(1) 计算迎面风速和水流速　由已知的空气冷却器样本或附录I查出迎风面积 A_y、每排的传热面积 A_d 和通水截面积 f_w。按下式计算迎面风速和水流速

$$V_y=\frac{G}{A_y\rho_a}$$

$$w=\frac{W}{f_w\rho_w}$$

(2) 确定接触系数　按附录H，由迎面风速和排数查出接触系数。

(3) 确定空气终状态

先假定空气终态的干球温度

$$t_2=t_{w1}+\ (4\sim 6)℃$$

计算空气终态的湿球温度

$$t_{s2}=t_2-\ (t_1-t_{s1})\ (1-\varepsilon_2)℃$$

(4) 计算析湿系数

$$\xi=\frac{h_1-h_2}{c_p\ (t_1-t_2)}$$

(5) 计算传热系数　按附录I查传热系数计算公式进行计算。

(6) 计算热交换效率系数　计算传热单元数和水当量比，由线算图7-9确定热交换效率系数。再用公式 $\varepsilon_1=\frac{t_1-t_2}{t_1-t_{w1}}$ 计算热交换效率系数。两个计算结果进行比较，若相近，则可用。若相差较大，则重新假定空气终温，重新计算。

(7) 计算水的终温

$$t_{w2}=t_{w1}+\frac{G\ (h_1-h_2)}{Wc}$$

【例7-5】　已知被处理的空气量为8.3kg/s，处理前空气的温度为30℃，$h_1=71.3$kJ/kg，$t_{s1}=23.9$℃；冷水量为5.53kg/s。冷水初温为10.5℃。当地大气压为1个标准大气压。若采用JW40—4型6排空气冷却器处理空气，空气达到的状态和水终温。

【解】 (1) 计算迎面风速和水流速 JW40—4 型空气冷却器的迎风面积 $A_y=3.43\text{m}^2$，每排的传热面积 $A_d=44.5\text{m}^2$，通水截面积 $f_w=0.00553\text{m}^2$。

$$V_y=\frac{G}{A_y\rho_a}=\frac{8.3}{3.43\times1.2}\text{m/s}=2.02\text{m/s}$$

$$w=\frac{W}{f_w\rho_w}=\frac{5.53}{0.00553\times1000}\text{m/s}=1\text{m/s}$$

(2) 确定接触系数 按附录H，由迎面风速和排数查出接触系数为0.911。

(3) 确定空气终状态 先假定空气终态的干球温度

$$t_2=t_{w1}+(4\sim6)℃=(10.5+6)℃=16.5℃$$

计算空气终态的湿球温度：

$$t_{s2}=t_2-(t_1-t_{s1})(1-\varepsilon_2)=[16.5-(30-23.9)\times(1-0.911)]℃=15.9℃$$

(4) 计算析湿系数

$$\xi=\frac{h_1-h_2}{c_p(t_1-t_2)}=\frac{71.3-45}{1.005\times(30-16.5)}=1.94$$

(5) 计算传热系数 按附录J查传热系数计算公式进行计算

$$K=\left[\frac{1}{41.5V_y^{0.52}\xi^{1.02}}+\frac{1}{325.6w^{0.8}}\right]^{-1}$$

$$=\left[\frac{1}{41.5\times(2.02)^{0.52}\times(1.94)^{1.02}}+\frac{1}{325.6\times(1)^{0.8}}\right]^{-1}\text{W/(m}^2\cdot℃)$$

$$=86.4\text{W/(m}^2\cdot℃)$$

(6) 计算热交换效率系数

$$C_r=\frac{\xi Gc_p}{Wc}=\frac{1.94\times8.3\times1.005}{5.53\times4.187}=0.7$$

$$NTU=\frac{KA}{\xi Gc_p}=\frac{86.4\times44.5\times6}{1.94\times8.3\times1005}=1.43$$

查线算图，得出 $\varepsilon_1=0.65$。按另一公式计算得

$$\varepsilon_1=\frac{t_1-t_2}{t_1-t_{w1}}=\frac{30-16.5}{30-10.5}=0.69$$

二者相差较大，重新假定空气终温，再计算。

(7) 重新假定再计算

假定空气终态的干球温度

$$t_2=(10.5+7)℃=17.5℃$$

计算空气湿球温度

$$t_{s2}=t_2-(t_1-t_{s1})(1-\varepsilon_2)=[18.5-(30-23.9)\times(1-0.911)]℃=16.9℃$$

计算析湿系数

$$\xi=\frac{h_1-h_2}{c_p(t_1-t_2)}=\frac{71.3-47.5}{1.005\times(30-17.5)}=1.89$$

计算传热系数

$$K=\left[\frac{1}{41.5V_y^{0.52}\xi^{1.02}}+\frac{1}{325.6w^{0.8}}\right]^{-1}$$

$$=\left[\frac{1}{41.5\times(2.02)^{0.52}\times(1.89)^{1.02}}+\frac{1}{325.6\times(1)^{0.8}}\right]^{-1}\text{W/(m}^2\cdot℃)$$

$$=84.7\text{W/(m}^2\cdot℃)$$

计算热交换效率系数

$$C_r=\frac{\xi Gc_p}{Wc}=\frac{1.89\times8.3\times1.005}{5.53\times4.187}=0.68$$

$$NTU=\frac{KA}{\xi Gc_p}=\frac{84.7\times44.5\times6}{1.89\times8.3\times1005}=1.43$$

查线算图，得出 $\varepsilon_1=0.644$

$$\varepsilon_1=\frac{t_1-t_2}{t_1-t_{w1}}=\frac{30-17.5}{30-10.5}=0.64$$

二者相差较小。空气终温的假定是合理的。

（8）计算水的终温

$$t_{w2}=t_{w1}+\frac{G(h_1-h_2)}{Wc}=\left[10.5+\frac{8.3\times(71.3-47.5)}{5.53\times4.187}\right]℃=19℃$$

7.2 混合式热质交换设备的热工计算

常用的混合式热质交换设备包括喷水室、冷却塔、除湿器、喷射泵等。本节介绍常用的几种混合式热质交换设备的热工计算方法。

7.2.1 喷水室的热工计算

1. 影响喷水室处理效果的因素

影响喷水室热质交换效果的主要因素有以下几方面：

（1）空气质量流速　在喷水室内空气与水的热质交换效果与空气的流动状况即空气的质量流速有关。空气质量流速就是在单位时间内通过单位面积喷水室断面的空气质量，该数值不随温度变化而变化。它的计算公式为

$$v\rho=\frac{G}{A}\tag{7-48}$$

式中 G——喷水室处理的空气的质量流量（kg/s）；

A——喷水室的横断面积（m^2）。

通过实验证明，增大空气的质量流速可增强空气与水的热质交换效果，当风量一定时，可减小喷水室的断面尺寸，从而节约占地面积，但过大的质量流速会

增加挡水板过水量和喷水室的阻力。通常取空气的质量流速在 2.5 ~ 3.5 kg/（m^2·s)范围内。

（2）喷水系数　喷水系数按下式定义

$$\mu = \frac{W}{G} \tag{7-49}$$

式中　W——喷水室的喷水量（kg/s)。

喷水系数为处理每公斤空气所耗费的水量。实践证明，在一定范围内增大喷水系数可改善喷水室的热交换效果。喷水系数对于不同的空气处理过程采用不同的数值，应由喷水室的热工计算确定。

（3）喷水室结构特性

1）喷嘴排数。实验证明单排喷嘴的热交换效果不如双排喷嘴，而三排喷嘴的热质交换效果与双排相差不多，所以工程上多用双排喷嘴。只有当喷水系数较大，若用双排喷嘴需采用较大水压时，可改用三排喷嘴。

2）喷嘴密度。喷嘴密度是指每平方米喷水室断面上布置的单排喷嘴的个数。若喷嘴密度过大，水苗互相叠加，不能充分发挥各自的作用。若喷嘴密度过小，则水苗可能不能全部覆盖喷水室断面，导致空气旁通而过，减弱了处理效果。喷嘴密度取 13 ~ 24 个/（m^2. 排）为宜。当喷水系数较大时，可保持喷嘴密度不变，而提高喷嘴前水压。但喷嘴前水压最好不要超过 2.5atm（1atm = 1.01325×10^5Pa)（表压)。

3）喷水方向。对于单排喷嘴的喷水室，逆喷的效果好于顺喷。对于双排喷嘴的喷水室，对喷的热质交换效果要优于两排均逆喷的情况。对于三排喷嘴的喷水室，一顺两逆的喷水方式比较好。

4）排管间距。对于使用 Y—1 型离心喷嘴的喷水室，排管间距宜取 600mm。加大排管间距对增加热交换效果并无益处。

5）喷嘴孔径。喷嘴孔径小则喷出的水滴直径小，这样增加了与空气的接触面积，热质交换效果好。但孔径过小，会堵塞喷嘴，同时需要的喷嘴数量也多，对于冷却干燥过程不利。在工程上应优先选用孔径较大的喷嘴。

（4）空气与水的初参数　被处理的空气与水的初参数决定了喷水室内热质交换的动力大小和方向。改变空气与水的初参数，可以导致不同的处理过程和结果。

2. 喷水室的热交换效率系数和接触系数

如图 7-12 所示为喷水室处理空气的冷却干燥过程。当空气与水接触时，如果热质交换充分，状态 1 的空气应被处理到状态 3。实际过程中，由于接触时间和水量有限，空气只能被处理到状态 2。进入喷水室的水温为 t_{w1}，在理想条件下，水的终温可达到点 3 的温度，但实际上达到的是 t_{w2}。

为了表征实际过程与水量有限、但接触时间足够充分的理想过程接近程度，定义了两个系数，即热交换效率系数和接触系数，以此来评价喷水室的热工性能。

（1）热交换效率系数　热交换效率系数又叫第一热交换效率或全热交换效率，它同时考虑了空气和水的状态变化。热交换效率系数可用下式表示

$$\varepsilon_1 = 1 - \frac{t_{s2} - t_{w2}}{t_{s1} - t_{w1}} \tag{7-50}$$

若 $t_{s2} = t_{w2}$，即空气的终状态与水终温相同，$\varepsilon_1 = 1$。空气的湿球温度与水终温的差值越大，热质交换越不完善，所以热交换效率系数越小。

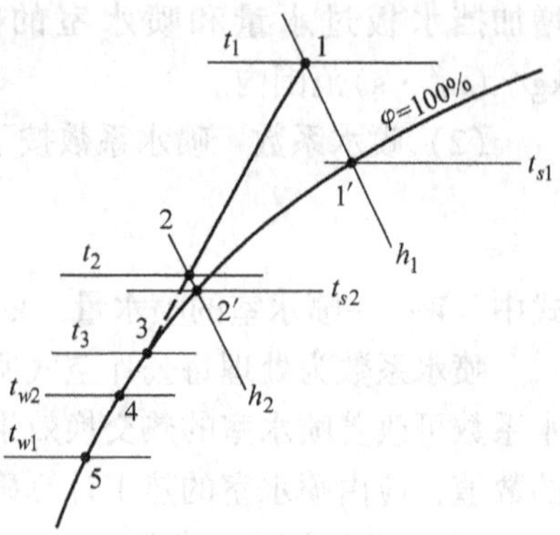

图 7-12　冷却干燥过程的焓湿图

喷水室的热交换效率系数也可由实验得出，不同空气处理过程的实验公式整理成以下形式

$$\varepsilon_1 = A'\ (v\rho)^m \mu^n \tag{7-51}$$

式中，A'、m 和 n 为实验系数或指数，见附录 K。

（2）接触系数　接触系数又称第二热交换效率系数或通用热交换效率系数，它只考虑空气的状态变化。接触系数用下式表示

$$\varepsilon_2 = 1 - \frac{t_2 - t_{s2}}{t_1 - t_{s1}} \tag{7-52}$$

喷水室的热交换效率系数也可由实验得出，不同空气处理过程的实验公式整理成以下形式

$$\varepsilon_2 = A''\ (v\rho)^{m'} \mu^{n'} \tag{7-53}$$

式中，A''、m' 和 n' 为实验系数或指数，见附录 K。

3. 喷水室热工计算类型和方法

（1）喷水室的计算类型　本节介绍以两个热交换效率的实验公式为基础的计算方法，即双效率法。根据计算的目的不同，喷水室的热工计算也可分为设计性计算和校核性计算两种类型。

设计性计算是已知被处理的空气量和空气的初、终状态，目的选择喷水室结构，求解喷水室喷水量、冷水初温和终温。

校核性计算是已知被处理空气量、空气的初参数、喷水室结构、喷水量和冷水初温，求解空气能达到的终状态和冷水的终温。

（2）喷水室的计算公式　选择的喷水室应达到下列要求：喷水室能达到的热交换效率系数应该等于空气处理过程需要的热交换效率系数；喷水室能达到的接触系数应该等于空气处理过程需要的接触系数；喷水室喷出的水能够吸收的热量

应该等于空气失去的热量。上述条件用方程表示如下

$$\varepsilon_1 = A'\ (v\rho)^m \mu^n = 1 - \frac{t_{s2} - t_{w2}}{t_{s1} - t_{w1}} \tag{7-54}$$

$$\varepsilon_2 = A''\ (v\rho)^{m'} \mu^{n'} = 1 - \frac{t_2 - t_{s2}}{t_1 - t_{s1}} \tag{7-55}$$

$$Q = Wc\ (t_{w2} - t_{w1}) = G\ (h_1 - h_2) \tag{7-56}$$

式（7-56）也可写作

$$\mu c\ (t_{w2} - t_{w1}) = h_1 - h_2 \tag{7-57}$$

$$\mu c\ (t_{w2} - t_{w1}) = a_1 t_{s1} - a_2 t_{s2} \tag{7-58}$$

式中　a——空气的焓与湿球温度的比值，取决于湿球温度和大气压力，可由焓湿图或其他更准确的计算公式得出。在常用范围内，部分 a 值如表7-5 所示。

联立求解三个式（7-54）、式（7-55）、式（7-56）或式（7-57）、式（7-58）可以得到三个未知数，在实际工作中，根据要求的未知数将喷水室的热工计算分为设计性和校核性计算。

表 7-5　空气的焓和湿球温度的比值

大气压力/Pa	湿球温度/℃					
	5	10	15	20	25	28
101325	3.73	2.93	2.81	2.87	3.06	3.21
99325	3.77	2.98	2.84	2.90	3.08	3.23
97325	3.90	3.01	2.91	2.97	3.14	3.28
95325	3.94	3.06	2.94	2.98	3.18	3.31

在喷水室中，喷水初温决定了冷源的型式。如果喷水初温较低，低于天然冷源的温度，则应采用人工冷源。当喷水初温高于人工冷源时，要使用一部分循环水。循环水与冷水（水温为 5 ~ 7℃）混合后，通过调节混合比，达到喷水要求。冷水量 W_l、循环水量 W_x 和回水量 W_h 的确定由热平衡关系得到。喷水室的热平衡关系如图 7-13 所示。根据热平衡关系，冷水量和循环水量的确定如下

$$Gh_1 + W_l c t_l = Gh_2 + W_h c t_{w2}$$

$$W_l = W_h$$

$$W_l = \frac{G\ (h_1 - h_2)}{c\ (t_{w2} - t_l)}$$

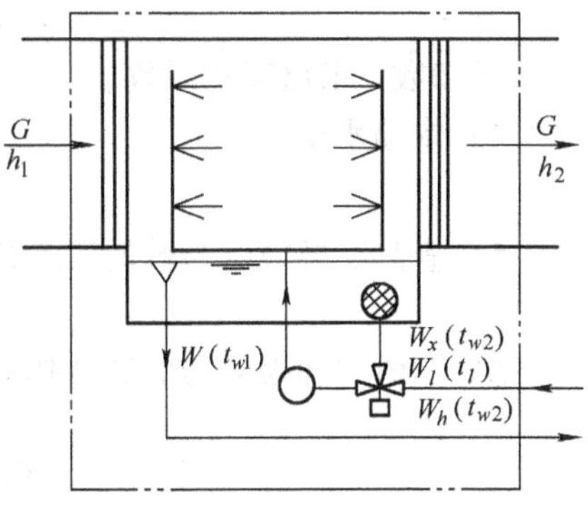

图 7-13　喷水室热平衡图

$$W_x = W - W_l$$

(3) 喷水室的阻力计算　喷水室的阻力包括前、后挡水板的阻力，喷嘴排管的阻力和水苗的阻力，计算公式如下。

前后挡水板的阻力

$$\Delta H_d = \sum \zeta_d \frac{\rho V_d^2}{2} \tag{7-59}$$

喷嘴排管的阻力

$$\Delta H_p = 0.1Z \frac{\rho v^2}{2} \tag{7-60}$$

水苗的阻力

$$\Delta H_m = 118bp\mu \tag{7-61}$$

式中　$\sum \zeta_d$——前、后挡水板局部阻力系数之和，取决于挡水板的结构，一般可取20；

V_d——空气在挡水板断面上的迎面风速，一般取（1.1～1.3）v（m/s）；

Z——排管数；

v——喷水室断面风速（m/s）；

p——喷嘴前水压（工作压力）；

b——由喷水方向和空气流动方向决定的系数，单排顺喷取 $b=0$，单排逆喷取 $b=0.13$，双排对喷取 $b=0.075$。

4. 喷水室设计性计算步骤和例题

1）用空气的参数计算接触系数

$$\varepsilon_2 = 1 - \frac{t_2 - t_{s2}}{t_1 - t_{s1}}$$

2）选用喷水室结构，喷嘴形式、喷嘴直径、喷嘴密度，取空气质量流速。

3）查接触系数的实验公式

$$\varepsilon_2 = A''\ (v\rho)^{m'}\mu^{n'}$$

带入已知数，求出喷水系数。

4）求喷水量

$$W = \mu G$$

5）查热交换效率系数的实验公式，求出热交换效率系数

$$\varepsilon_1 = A'\ (v\rho)^m\mu^n$$

6）用空气和水的参数计算热交换效率系数

$$\varepsilon_1 = 1 - \frac{t_{s2} - t_{w2}}{t_{s1} - t_{w1}}$$

带入已知数，得到一个关于水初温和终温的方程。

7）列出热平衡方程式

$$\mu c\ (t_{w2}-t_{w1})\ =h_1-h_2$$

带入已知数，得到另一个关于水初温和终温的方程。

8）联立求解以上两个方程，求水的初温和终温。

9）冷源方式的选择。

根据计算出的喷水的初温，确定使用天然冷源和人工冷源。若喷水初温介于冷水温度和天然冷源水温之间，则使用循环水与冷水混合。冷水量和循环水量的计算按下式

$$W_l=\frac{G\ (h_1-h_2)}{c\ (t_{w2}-t_l)}$$

$$W_x=W-W_l$$

10）阻力计算。计算挡水板、喷嘴排管和水苗的阻力。

【例7-6】 已知被处理的空气量为7kg/s，当地大气压为1.01325×10^5Pa，空气的初参数为：干球温度为33℃，相对湿度为65%；空气终状态为：干球温度为20℃，相对湿度为95%。确定喷水量、水的初温、终温和冷水量、循环水量。

【解】 查焓湿图，知空气初状态的参数如下：$h_1=86.3$kJ/kg，$t_{s1}=27.5$℃；空气终状态的参数如下：$h_2=55.5$kJ/kg，$t_{s2}=19.5$℃；

1）计算接触系数

$$\varepsilon_2=1-\frac{t_2-t_{s2}}{t_1-t_{s1}}=1-\frac{20-19.5}{33-27.4}=0.893$$

2）选用喷水室结构。选Y—1型离心喷嘴，喷嘴直径5mm，喷嘴密度为13个/（m^2·排）。双排对喷。空气质量流速取3kg/（m^2·s）。

3）查接触系数的实验公式

$$\varepsilon_2=0.755\ (v\rho)^{0.12}\mu^{0.27}$$

$$0.893=0.755\times\ (3)^{0.12}\mu^{0.27}$$

$$\mu=1.14$$

4）求喷水量

$$W=\mu G=1.14\times7\text{kg/s}=7.98\text{kg/s}$$

5）查热交换效率系数的实验公式，求出热交换效率系数

$$\begin{aligned}\varepsilon_1&=0.745\ (v\rho)^{0.07}\mu^{0.265}\\&=0.745\times\ (3)^{0.07}\times1.14^{0.265}\\&=0.833\end{aligned}$$

6）用空气和水的参数计算热交换效率系数

$$\varepsilon_1=1-\frac{t_{s2}-t_{w2}}{t_{s1}-t_{w1}}$$

$$1-\frac{19.5-t_{w2}}{27.5-t_{w1}}=0.833$$

7）列出热平衡方程式

$$\mu c\ (t_{w2}-t_{w1})\ =h_1-h_2$$

$$1.14\times4.19\ (t_{w2}-t_{w1})\ =86.3-55.5$$

$$4.78\ (t_{w2}-t_{w1})\ =30.8$$

8）联立求解以上两个方程

$$t_{w1}=10.2℃$$

$$t_{w2}=16.6℃$$

9）冷源方式的选择。使用冷水，冷水量为

$$W_l=\frac{G\ (h_1-h_2)}{c\ (t_{w2}-t_l)}$$

$$=\frac{7\times\ (86.3-55.5)}{4.19\times\ (16.6-5)}\text{kg/s}$$

$$=4.4\text{kg/s}$$

$$W_x=W-W_l$$

$$=\ (7.98-4.4)\ \text{kg/s}$$

$$=3.54\text{kg/s}$$

10）喷嘴前水压。喷水室断面积为

$$A=\frac{G}{v\rho}=\frac{7}{3}\text{m}^2=2.33\text{m}^2$$

总喷嘴数

$$N=2nA=2\times13\times2.33=61$$

每个喷嘴的喷水量

$$q=\frac{W}{N}=\frac{7.98}{61}\text{kg/s}=0.13\text{kg/s}=470.9\text{kg/h}$$

查图 7-14，知喷嘴前水压为 $2.1\times1.01325\times10^5$Pa

11）阻力计算。前后挡水板的阻力

$$\Delta H_d=\sum\zeta_d\frac{\rho V_d^2}{2}$$

$$=20\ \frac{1.2\times\left(1.2\times\dfrac{3}{1.2}\right)^2}{2}\text{Pa}=108\text{Pa}$$

喷嘴排管的阻力

$$\Delta H_p=0.1z\frac{\rho v^2}{2}$$

$$=0.1\times 2\times \frac{1.2\times \left(\frac{3}{1.2}\right)^2}{2}\text{Pa}=0.8\text{Pa}$$

水苗的阻力

$$\Delta H_m = 118b p\mu$$
$$=118\times 0.075\times 2.1\times 1.14\text{Pa}$$
$$=21.2\text{Pa}$$

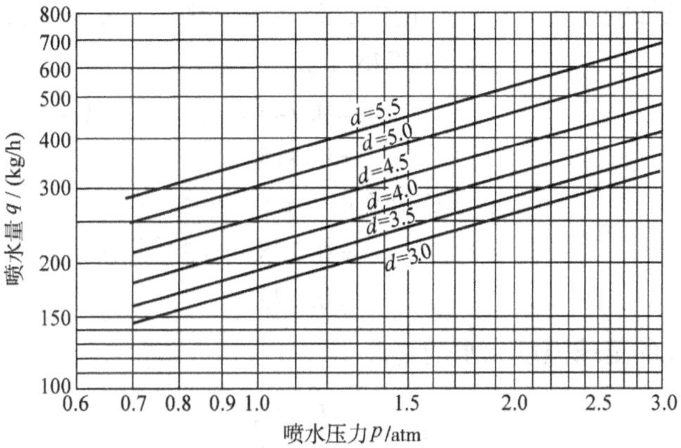

图 7-14 Y-1 型离心喷嘴喷水量与喷水压力和喷嘴直径的关系

对于全年都使用的喷水室，一般可仅对夏季进行热工计算，冬季就取与夏季相同的喷水系数，必要时进行校核性计算。也可冬夏选用不同的喷水系数。

5. 喷水室校核性计算步骤和例题

1）计算喷水系数

$$\mu=\frac{W}{G}$$

2）根据已知的喷水室结构，用实验公式求出热交换效率系数和接触系数

$$\varepsilon_1 = A' \ (v\rho)^m \mu^n$$
$$\varepsilon_2 = A'' \ (v\rho)^{m'} \mu^{n'}$$

3）求空气的湿球温度和水的终温，计算公式如下

$$\varepsilon_1 = 1-\frac{t_{s2}-t_{w2}}{t_{s1}-t_{w1}}$$

$$\mu c \ (t_{w2}-t_{w1}) \ = a_1 t_{s1} - a_2 t_{s2}$$

4）利用下式求空气的终温

$$t_2 = \ (1-\varepsilon_2) \ (t_1 - t_{s1}) \ + t_{s2}$$

【例 7-7】 已知被处理空气的质量流量为 6kg/s，当地大气压为标准大气

压，空气的初状态为：$t_1=28℃$，$t_{s1}=22.5℃$，$h_1=65.8\text{kJ/kg}$；喷水室为 Y—1 型离心喷嘴，喷嘴直径 5mm，喷嘴密度为 13 个/m^2·排。双排对喷。空气质量流速取 3kg/（m^2·s）。喷水室的喷水量为 6.3kg/s。水的初温为 8.5℃。求空气能处理到的终状态和水的终温。

【解】 1）计算喷水系数

$$\mu=\frac{W}{G}=\frac{6.3}{6}=1.05$$

2）根据已知的喷水室结构，用实验公式求出热交换效率系数和接触系数

$$\begin{aligned}\varepsilon_1&=0.745\ (v\rho)^{0.07}\mu^{0.265}\\&=0.745\times(3)^{0.07}\times1.05^{0.265}\\&=0.815\end{aligned}$$

$$\begin{aligned}\varepsilon_2&=0.755\times(v\rho)^{0.12}\mu^{0.27}\\&=0.755\times(3)^{0.12}\times1.05^{0.27}\\&=0.873\end{aligned}$$

3）求空气的湿球温度和水的终温

$$\varepsilon_1=1-\frac{t_{s2}-t_{w2}}{t_{s1}-t_{w1}}$$

$$0.815=1-\frac{t_{s2}-t_{w2}}{22.5-8.45}$$

$$t_{s2}-t_{w2}=2.59$$

当 $t_{s1}=22.5℃$ 时，$a_1=2.94$，设 $a_2=2.82$。

$$\mu c\ (t_{w2}-t_{w1})\ =a_1t_{s1}-a_2t_{s2}$$

$$1.05\times4.19\times(t_{w2}-8.45)\ =2.94\times22.5-2.82t_{s2}$$

联立求解方程

$$t_{s2}=15.9℃$$

$$t_{w2}=13.3℃$$

当 $t_{s2}=15.9℃$ 时，$a_2=2.82$，与假设的相同。

4）利用下式求空气的终温

$$\varepsilon_2=1-\frac{t_2-t_{s2}}{t_1-t_{s1}}$$

$$0.873=1-\frac{t_2-16}{28-22.5}$$

$$t_2=16.6℃$$

7.2.2 冷却塔的热工计算

1. 冷却塔内的传热过程

冷却塔内的热质交换过程就是空气与水滴直接接触时的热质交换。它的目的主要是利用空气对较高温度的水进行降温。水的降温是依靠水的蒸发和空气与水之间的换热来实现的。

在冷却塔内，由于被冷却水周围空气的水蒸气分压大于环境空气的水蒸气分压，水分将不断的蒸发，蒸发的水分的焓值带到空气中引起热量传递，由于传质引起的热传递方向是从水到空气。

冷却塔内空气的温度低于水的温度，从而使水的温度降低，由于温差造成的传热也是由水向空气传递。

则水放出的总热量为

$$Q = Q_q + Q_x$$

式中 Q_q——蒸发传热量；

Q_x——温差造成的传热量。

当水温不断降低，与空气温度相同后，则水放出的热量只有蒸发散热

$$Q = Q_q$$

由于蒸发不断进行，使得水温进一步降低，而低于空气温度，此时空气反而会向水传热。传热量为

$$Q = Q_q - Q_x$$

水继续蒸发，直到空气向水的传热量正好等于水蒸发所需要的热量，水不再降温，总传热量等于0，即

$$Q = Q_q - Q_x = 0$$

此时水温称为水的冷却极限，近似等于空气的湿球温度，它是水可能被冷却到的最低温度。但在实际中，水温往往不能被冷却到冷却极限，否则需要庞大的冷却设备，水温一般比冷却极限高3~5℃。

2. 冷却塔的热工计算公式和参数

逆流式和顺流式冷却塔的热工计算是不同的。由于冷却塔内的热质交换十分复杂，有很多的影响因素，国内外许多研究者提出了多种热工计算方法。在逆流式冷却塔中，空气和水的参数只在高度方向变化。横流式冷却塔中，空气与水的参数在垂直和水平方向均有变化，情况复杂。本节只介绍逆流式冷却塔的焓差法热工计算方法。

（1）计算公式 焓差法是利用麦凯尔方程和水空气的热平衡方程，求解水温 t 和比焓 h 的方法。

对于逆流式冷却塔中的某一微元，传热量为[5]

$$dQ = h_{md}(h_b - h)\sigma A dZ \tag{7-62}$$

式中 dQ——微元内总传热量（kW）；

h_{md}——传质系数［kg/（m²·s）］；

h_b——水表面饱和空气层的比焓（kJ/kg）；

h——空气的比焓（kJ/kg）；

A——塔的横截面积（m²）；

Z——塔内填料高度（m）；

σ——填料的比表面积（m²/m³）。

若忽略热损失，水所放出的热量应等于空气吸收的热量，则水和空气之间的热平衡关系为

$$dQ = Wc(t + dt) - (W - dW)ct = Gdh \tag{7-63}$$

$$cWdt + ctdW = Gdh \tag{7-64}$$

式中 W——进入微元段内的总水量（kg/s）；

t——微元段的出水温度（℃）；

G——进入微元段的空气流量（kg/s）。

式（7-64）等号左边第一项为水温降低放出的显热，第二项为水分蒸发带走的潜热。把式（7-64）做变换

$$\frac{cWdt}{1 - \dfrac{ctdW}{Gdh}} = Gdh \tag{7-65}$$

令

$$k = 1 - \frac{ctdW}{Gdh} \tag{7-66}$$

$$Gdh = \frac{cWdt}{k} \tag{7-67}$$

式中，k 是考虑蒸发水量带走热量的系数。由于水分蒸发带走的潜热是很小的，只占总传热量的百分之几，k 值接近 1，它是出口水温的函数。

对式（7-67）进行积分，得到以下公式

$$h_2 = h_1 + \frac{cW}{kG}(t_1 - t_2) \tag{7-68}$$

把麦凯尔方程（7-62）和热平衡方程（7-67）合并

$$h_{md}(h_b - h)\sigma A dZ = \frac{cWdt}{k} \tag{7-69}$$

对式（7-69）分离变量并积分，得到

$$\frac{c}{k}\int_{t_2}^{t_1} \frac{dt}{h_b - h} = \int_0^Z h_{md}\frac{\sigma A}{W}dZ = h_{md}\frac{\sigma AZ}{W} \tag{7-70}$$

式（7-70）是冷却塔热工计算的基本方程。令

$$N = \frac{c}{k}\int_{t_2}^{t_1} \frac{\mathrm{d}t}{h_b - h} \tag{7-71}$$

称为冷却数，它是一个无量纲数。令

$$N' = h_{md}\frac{\sigma AZ}{W} \tag{7-72}$$

它称为冷却塔特性数，也是一个量纲为一的数。冷却数表示水温从 t_1 降低到 t_2 所需要的特征数数值，代表冷却负荷的大小。冷却数中的焓差越小，水的散热就越难。所以冷却数与空气参数有关，而与冷却塔的构造和形式无关。在空气量和水量之比相同时，冷却数越大，表示要求散热量越大，所需淋水装置的体积越大。特性数中的传质系数反映了淋水装置的散热能力，因而特性数反映了淋水塔所具有的冷却能力，与淋水装置的构造尺寸、散热性能及水、气流量有关。

冷却塔的设计计算应保证冷却数与特性数相等。

（2）冷却数的确定　冷却数的定义式是很难求解的，一般采用近似求解法求出。这里介绍一下辛普逊近似积分法，它是根据将冷却数的积分式分项计算求出近似解

$$h_n - h_{n-1} = \frac{cW}{kG}\left(\frac{t_1 - t_2}{n}\right) \tag{7-73}$$

式中，h_n，h_{n-1}分别为将积分区间等分为偶数 n 时，后一个等分的 h_n 值与前一个等分的 h_{n-1}值。

计算时，从淋水装置底层开始，先算出该层的 h 值，在逐步往上算出各层的 h 值，各段的 k 值也应根据相应段的水温确定。

若精度要求不高，且水在塔内的温降 $\Delta t < 15℃$，可用下面的公式简化计算

$$N = \frac{c\Delta t}{6k}\left(\frac{1}{h''_1 - h_1} + \frac{4}{h''_m - h_m} + \frac{1}{h''_2 - h_2}\right) \tag{7-74}$$

式中　h''_1、h''_2、h''_m——与水温 t_1、t_2、$t_m = \frac{t_1 + t_2}{2}$对应的饱和空气焓（kJ/kg）；

h_1、h_2——冷却塔空气进口焓、出口焓（kJ/kg）；

$$h_m = \frac{h_1 + h_2}{2}$$

（3）特性数的确定　特性数的定义式可改写为

$$N' = h_{mdv}\frac{V}{W} \tag{7-75}$$

式中　h_{mdv}——容积传质系数，$h_{mdv} = h_{md}\sigma$，[kg/（$m^3 \cdot s$）]；

V——填料体积（m^3）。

（4）表面传热系数与传质系数　冷却塔的表面传热系数和传质系数近似满足

路易斯关系，即

$$h_{md} = \frac{\alpha}{c_p}$$

到目前为止，还没有一个通用的方程用来计算冷却塔中冷却过程的表面传热系数和传质系数，因此最好是对具体淋水装置进行实验，从实验中得到数据。图7-15和图7-16为两种填料的传质系数实验曲线[6,7]。图7-17为两种填料在不同气水比 λ 整理成与特性数之间的关系曲线[8]。

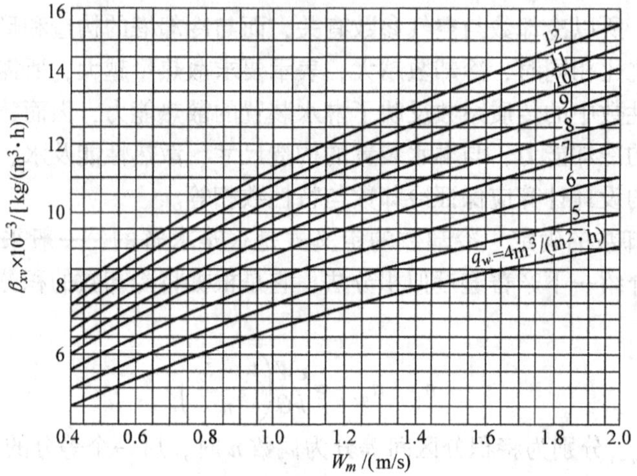

图7-15　塑料斜波55×12.5×60°—1000型容积传质系数

q_w 为淋水密度，W_m 为塔内平均风速

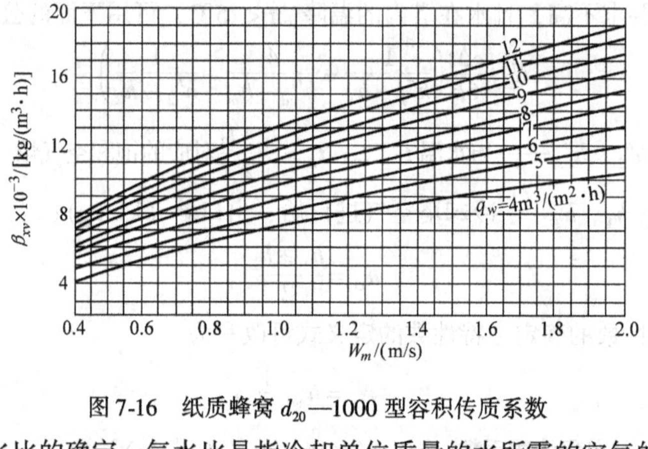

图7-16　纸质蜂窝 d_{20}—1000型容积传质系数

（5）气水比的确定　气水比是指冷却单位质量的水所需的空气的质量，用 λ 表示。气水比越大，冷却塔的冷却能力越大，一般情况下 $\lambda=0.8\sim1.5$。

空气的焓与气水比有关，因而冷却数也与气水比有关，特性数也与气水比有关。在热工计算时，确定的气水比应使得 $N = N'$。利用牛顿迭代法计算或假定几个不同的气水比，计算不同的冷却数，绘制 $N \sim \lambda$ 曲线。同时绘出填料特性曲线 $N' \sim \lambda$。这两条曲线的交点为冷却塔的工作点，如图 7-18 所示，工作点对应的气水比为所求的气水比。

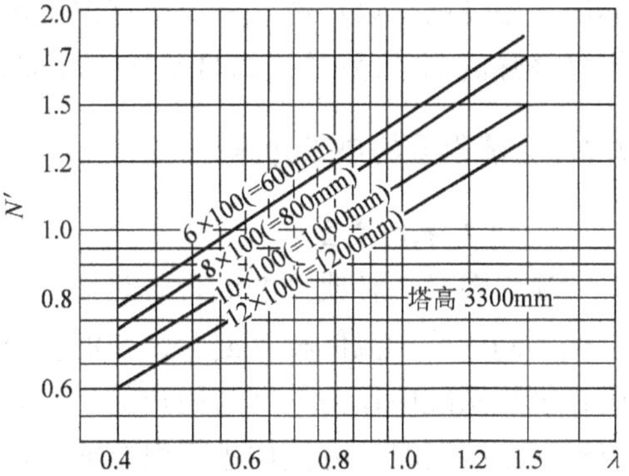

d_{20} 蜂窝填料特性曲线

图 7-17 两种填料的特性曲线

3. 冷却塔通风阻力计算

通风阻力计算的目的在于选择合适的机械通风冷却塔的风机或确定自然通风冷却塔的高度。由于本专业多用机械通风冷却塔，故只介绍机械通风冷却塔的通风阻力计算。

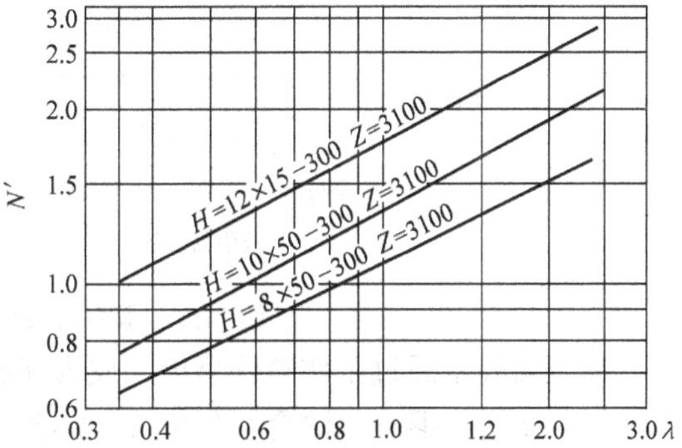

铅丝水泥格网板特性曲线

图 7-18 气水比及冷却数的确定

通风阻力包括空气进口、出口和经过各个部位的局部阻力，按下式计算

$$\Delta p = \sum \zeta \frac{\rho v^2}{2}$$

各部分的局部阻力系数可按附录 L 确定。

4. 计算类型

冷却塔的热工计算包括设计计算和校核计算。设计计算是在规定的冷却任务下，已知冷却水量、冷却前后的水温，当地气象资料，选择淋水装置，确定冷却塔结构型式。如果已经选定冷却塔，则确定冷却曲线与特性曲线的交点（工作点），从而求气水比，确定冷却塔的总面积、段数等。

校核计算是在空气量、水量、塔面积、进水温度、空气参数、填料种类均已知的条件下，校核水出口温度是否符合要求。

理论上，冷却塔使被冷却水能达到的最低温度是空气的湿球温度，水的出口温度越接近湿球温度，说明冷却效果越好，但冷却塔的尺寸越大。实际中通常使水的出口温度比空气湿球温度高 3 ~ 5℃。

冷却塔在设计时是按夏季不利气象条件计算的。若以外界最高空气温度为基准，湿球温度偏高，而此工况在一年当中所占时间很短，这样设计的塔的尺寸过大。反之，如果采取较低的湿球温度，塔体过小，可能导致气温较高时冷却塔实际出水温度高于设计值。所以湿球温度的适当选取是重要的。建议根据夏季每年排除最热的 10 天后的最高日平均干湿球温度进行计算。

7.2.3 喷射泵的热工计算

1. 喷射泵的类型

喷射泵是一种典型的混合式热质交换设备。它是以热交换为目的，使压力、温度不同的两种流体相互混合，在混合过程中进行热量交换的一种设备。它通常用在供热系统中作为外网与用户的连接装置。例如当用户要求的供水温度或热媒与外网不匹配时，可使用水喷射泵或蒸汽喷射泵作为混合装置。

2. 水喷射泵的结构

水喷射泵的主要部件包括：工作喷管、引入室、混合室和扩散管，如图 7-19 所示。

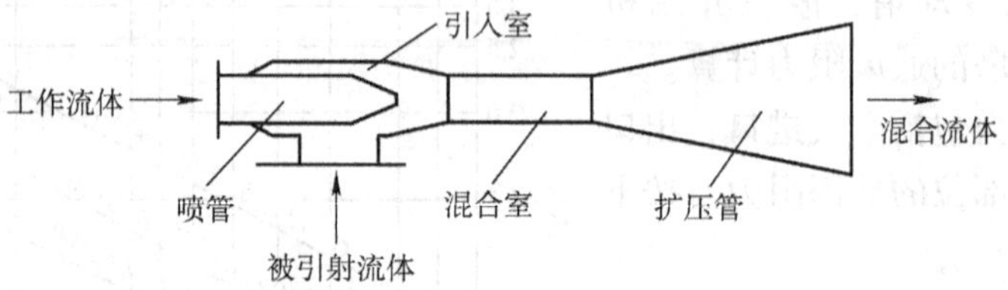

图 7-19　水喷射泵结构示意图

高压高温水通过工作喷管喷出，成为高速低压的流体，由于造成的低压可抽引被引射水进行混合，混合过程中进行热质交换，然后经扩压管升压，从喷射泵中流出。在喷管中，工作流体把一部分动能传给被引射流体，在混合室中，两种流体的速度渐趋均衡，在扩压管内动能转变为势能，然后送给用户。喷水泵内的热交换过程可用质量守恒定律、动量守恒定律和能量守恒定律来描述。水喷射泵在运行时的压力和速度变化情况见第四章的介绍。

3. 水喷射泵的热工计算公式和方法

水喷射泵的热工计算公式是由动量、质量和能量守恒定律推导得出的。水喷射泵中两种流体混合前后符合质量守恒原理即

$$G_g = G_0 + G_h \tag{7-76}$$

$$u = \frac{G_h}{G_0} = \frac{t_0 - t_g}{t_g - t_h}$$

$$G_g = (1 + u) G_0 \tag{7-77}$$

式中　G_0——工作流体的质量流量（kg/s）；

G_h——被引射流体的质量流量（kg/s）；

G_g——混合流体的质量流量（kg/s）；

u——喷射系数。

能量守恒方程式为

$$h_0 + uh_h = (1+u)h_g \tag{7-78}$$

或写成

$$t_0 + ut_h = (1+u)t_g \tag{7-79}$$

式中 h_0、t_0——喷射器前工作流体的比焓、温度（kJ/kg·℃）；

h_h、t_h——喷射器前被引射流体的比焓、温度（kJ/kg·℃）；

h_g、t_g——喷射器后混合流体的比焓、温度（kJ/kg·℃）。

圆筒形混合室的动量守恒方程式为

$$\varphi_2(G_0w_p + G_hw_2) - (G_0 + G_h)w_3 = (p_3 - p_2)A_3 \tag{7-80}$$

式中 w_p——混合室入口截面上工作流体的流速（m/s）；

w_2——混合室入口截面上被引射流体的流速（m/s）；

w_3——混合室出口截面上混合流体的流速（m/s）；

p_2——混合室入口截面流体的压力（Pa）；

p_3——混合室出口截面流体的压力（Pa）；

A_3——混合室截面积（m^2）

φ_2——混合室的速度系数。

为简化计算，假定在混合室前工作流体与被引射流体不相混合，因而工作流体在混合室入口处的面积为喷管出口面积 A_p，这样被引射流体在混合室前所占面积为

$$A_2 = A_3 - A_p \tag{7-81}$$

工作流体的质量流量为

$$G_0 = \varphi_1 A_p \sqrt{\frac{2(p_0 - p_h)}{v_p}} \tag{7-82}$$

式中 φ_1——喷管的速度系数；

p_0——工作流体进喷管的压力（Pa）；

p_h——被引射流体进入引入室的压力（Pa）；

v_p——工作流体的比体积（m^3/kg）。

引入室中扩散管出口流体速度和被引射水在引入室中的流速较低，可忽略不计。根据动量守恒原理，有下列公式

$$p_2 = p_h - \frac{(\varphi_4 w_2)^2}{2v_h} \tag{7-83}$$

$$p_3 = p_g - \frac{(\varphi_3 w_3)^2}{2v_g} \tag{7-84}$$

式中 p_g——扩散管出口处混合流体的压力（Pa）；

v_g——混合流体的比体积（m^3/kg）；

v_h——被引射流体的比体积（m^3/kg）；

φ_3——扩散管的速度系数；

φ_4——混合室入口段的速度系数。

在水喷射器各截面处，水的流速可用连续性方程表示

$$w_p = \frac{G_0 v_p}{A_p} = \varphi_1 \sqrt{2v_p(p_0 - p_h)} \tag{7-85}$$

$$w_2 = \frac{uG_0 v_h}{A_2} = \varphi_1 u A_p \frac{v_h}{A_2}\sqrt{\frac{2(p_0 - p_h)}{v_p}} \tag{7-86}$$

$$w_3 = (1+u)\frac{G_0 v_g}{A_2} = (1+u)\varphi_1 A_p \frac{v_g}{A_3}\sqrt{2v_p(p_0 - p_h)} \tag{7-87}$$

以上各式整理之后，可得到水喷射器的特性方程式

$$\frac{\Delta p_g}{\Delta p_p} = \frac{p_g - p_h}{p_0 - p_h} = \varphi_1^2 \frac{A_p}{A_3}\left[2\varphi_2 + \left(2\varphi_2 - \frac{A_3}{\varphi_4^2 A_2}\right)\frac{A_p v_h}{A_2 v_p}u^2 - (2 - \varphi_3^2)\frac{A_p v_g}{A_3 v_p}(1+u)^2\right] \tag{7-88}$$

式中 Δp_g——水喷射器的扬程相应的压力；

Δp_p——工作流体在喷管内的压降；

$\frac{\Delta p_g}{\Delta p_p}$——喷射器的相对压降。

若 $v_g = v_p = v_h$，并给定各速度系数：$\varphi_1 = 0.95$，$\varphi_2 = 0.975$，$\varphi_3 = 0.9$，$\varphi_4 = 0.925$，特性方程式可简化为

$$\frac{\Delta p_g}{\Delta p_p} = \frac{p_g - p_h}{p_0 - p_h} = \frac{A_p}{A_3}\left[1.76 + \left(1.76 - 1.05\frac{A_3}{A_2}\right)\frac{A_p}{A_2}u^2 - 1.07\frac{A_p}{A_3}(1+u)^2\right] \tag{7-89}$$

进一步变换，还可得到以下公式

$$\frac{\Delta p_g}{\Delta p_p} = \frac{p_g - p_h}{p_0 - p_h} = \left[\frac{1.76}{\frac{A_3}{A_p}} + 1.76\frac{u^2}{\frac{A_3}{A_p}\left(\frac{A_3}{A_p} - 1\right)} - 1.05\frac{u^2}{\left(\frac{A_3}{A_p} - 1\right)} - 1.07\frac{(1+u)^2}{\left(\frac{A_3}{A_p}\right)^2}\right] \tag{7-90}$$

水喷射器的相对压降与喷射系数和混合室与喷管出口截面比有关，并不取决于它的绝对尺寸。若两个水喷射器具有相同的截面比，则具有相同的特性。截面比$\frac{A_3}{A_p}$是水喷射器的几何相似参数。

在设计水喷射器时，要求选择最佳截面比，当工作流体压降和喷射系数一定时，具有最大的扬程。对式（7-90）求偏微分，可得到最佳截面比。部分最大相对压降与最佳截面比的数据如表7-6所示。

表7-6 最大压降比和最佳截面比与喷射系数的关系

u	0.2	0.4	0.6	0.8	1.0	1.2	1.4	1.6	1.8	2.0	2.2
$\left(\frac{\Delta p_g}{\Delta p_p}\right)_{max}$	0.4869	0.3673	0.2930	0.2419	0.2046	0.1761	0.1538	0.1358	0.1211	0.1087	0.0983
$\left(\frac{A_3}{A_p}\right)_{opt}$	1.9	2.6	3.2	3.8	4.5	5.2	5.9	6.7	7.5	8.3	9.2
u	2.4	2.6	2.8	3.0	3.2	3.4	3.6	3.8	4.0	4.2	4.4
$\left(\frac{\Delta p_g}{\Delta p_p}\right)_{max}$	0.0895	0.6818	0.0751	0.0693	0.0642	0.0596	0.0555	0.0518	0.0486	0.0456	0.0419
$\left(\frac{A_3}{A_p}\right)_{opt}$	10.1	11.0	11.9	12.9	14.0	15.0	16.1	17.2	18.4	19.6	20.8

水喷射器的几何尺寸按下列公式确定

工作喷管出口截面积

$$A_p = \frac{G_0}{\varphi_1}\sqrt{\frac{v_p}{2\Delta p_p}} \tag{7-91}$$

混合室截面积

$$A_3 = A_p\left(\frac{A_3}{A_p}\right)_{opt} \tag{7-92}$$

工作喷管出口到混合室入口的距离

$$L_c = (1.0 \sim 1.5)d_3 \tag{7-93}$$

混合室的长度

$$L_h = (6 \sim 10)d_3 \tag{7-94}$$

扩散管出口截面积

$$A_g = \frac{G_g}{w_g\rho_g} = \frac{(1+u)G_0}{w_g\rho_g} \tag{7-95}$$

扩散管长度

$$L_k = \frac{d_g - d_3}{2\tan\frac{\theta}{2}} \tag{7-96}$$

θ为扩散角取6～8℃。

【例7-8】 室外热水管网设计供水温度 $\tau'_1 = 130$℃，回水温度 $\tau'_2 = 70$℃；供暖用户系统设计供、回水温度 $t'_g/t'_h = 95$℃/70℃。供暖用户系统的压力损失

$\Delta p_g = p_g - p_h = 10\text{kPa}$。供暖设计热负荷 $Q' = 240\text{kW}$。试确定安装在用户入口处水喷射器的主要尺寸，并计算在设计工况下，热网需要提供的最小供、回水管资用压差值。

【解】 1）确定水喷射器的喷射系数 u。

$$u = \frac{\tau'_1 - t'_g}{t'_g - t'_h} = \frac{130 - 95}{95 - 70} = 1.4$$

2）确定水喷射器的最佳截面比和最佳压降比。按表 7-6，查出当 $u = 1.4$ 时

$$\left(\frac{A_3}{A_p}\right)_{opt} = 5.9$$

$$\left(\frac{\Delta p_g}{\Delta p_p}\right)_{\max} = 0.154$$

3）根据最佳压降比，求热网需要提供的最小供、回水管的资用压差值。

$$\Delta p_p = \frac{\Delta p_g}{0.154} = \frac{10}{0.154}\text{kPa} = 64.9\text{kPa}$$

4）确定喷管出口截面面积和直径。首先计算工作流体（热网水）的流量

$$G_0 = \frac{Q}{c\,(\tau'_1 - \tau'_2)} = \frac{240}{4.187 \times (130 - 70)}\text{kg/s} = 0.955\text{kg/s}$$

确定喷管出口截面积和直径

$$A_p = \frac{G_0}{\varphi_1}\sqrt{\frac{v_p}{2\Delta p_p}} = \frac{0.955}{0.95}\sqrt{\frac{0.001}{2 \times 64935}}\text{m}^2 = 8.82 \times 10^{-5}\text{m}^2$$

$$d_p = \sqrt{\frac{4A_p}{\pi}}\text{m} = 0.0106\text{m}$$

5）确定圆筒形混合室的截面积和直径

$$A_3 = A_p\left(\frac{A_3}{A_p}\right)_{opt} = 8.82 \times 10^{-5} \times 5.9\text{m}^2 = 5.2 \times 10^{-4}\text{m}^2$$

$$d_3 = \sqrt{\frac{4A_3}{\pi}} = 25.7\text{mm}$$

6）混合室长度

$$L_h = 8d_3 = 205.6\text{mm}$$

7）喷管出口截面与混合室入口截面之间的距离

$$L_p = 1.2d_3 = 30.8\text{mm}$$

8）确定扩压管出口截面积和直径。

设扩压管出口水流速为 1.0m/s，则

$$A_g = \frac{(1 + u)\ G_0 v_g}{w_g} = 2.29 \times 10^{-3}\text{m}^2$$

扩压管出口直径

$$d_g = \sqrt{\frac{4A_g}{\pi}} = 54\text{mm}$$

9）确定扩压管长度，取扩散角 $\theta = 8°$

$$L_k = \frac{(d_g - d_3)}{2\tan\frac{\theta}{2}} = 202\text{mm}$$

7.3　燃烧装置的热工计算

本节主要介绍气体燃烧器结构尺寸和运行参数的确定方法。气体燃烧器的种类、结构和工作原理已在第六章有详细介绍，这里着重讲述扩散式燃烧器、部分预混式燃烧器和完全预混式燃烧器的热工计算方法[9,10]。

7.3.1　扩散式燃烧器的热工计算

1. 自然引风式管式燃烧器的设计计算

管式扩散燃烧器的计算是以连续性方程、动量定理和火焰稳定性为基础，来确定火孔直径、数目、头部燃气分配管的截面积和燃烧器前燃气压力等。管式燃烧器的计算按以下步骤进行：

（1）确定火孔直径 d_p 和间距 S　一般取火孔直径为 1～4mm，若火孔直径过大不容易燃烧完全，过小容易堵塞。火孔间距取火孔直径的 8～13 倍，以保证火焰的正常传播和防止火焰合并为原则。

（2）确定火孔热强度 q_p 和计算火孔出口速度 v_p　火孔热强度应根据火孔直径和燃气种类来确定，可根据表 7-7 确定。

表 7-7　自然引风式扩散燃烧器火孔热强度

燃气种类	人工煤气				天然气				石油液化气			
火孔直径/mm	1	2	3	4	1	2	3	4	1	2	3	4
火孔热强度/（kW/mm²）	0.93～1.047	0.465～0.582	0.233～0.279	0.174～0.233	0.465	0.349	0.223	0.116	0.116	0.035	0.017	0.009

火孔出口速度为

$$v_p = \frac{q_p}{Q_L} \times 10^6 \tag{7-97}$$

式中　v_p——火孔出口速度（mm/s）；

q_p——火孔热强度（kW/mm²）；

Q_L——燃气低位发热量（kJ/Nm³）。

（3）计算火孔总面积A_p　火孔总面积按下式计算

$$A_p=\frac{Q}{q_p} \tag{7-98}$$

式中　A_p——火孔总面积（mm^2）；

Q——燃烧器热负荷（kW）。

（4）计算火孔数目n　火孔数目按下式计算

$$n=\frac{A_p}{\frac{\pi}{4}d_p^2} \tag{7-99}$$

（5）计算燃烧器头部燃气分配管的截面积A_g　为保证燃气能在每个火孔上均匀分布，从而保证每个火孔的火焰高度相同，燃烧器头部燃气分配管的截面积应不小于火孔总面积的2倍，即

$$A_g \geqslant 2A_p \tag{7-100}$$

（6）计算燃烧器前燃气压力p　一般情况下燃气在燃烧器头部的流动方向与火孔垂直，燃气在头部的动压头不能利用，这时头部所需要的压力p'为：

$$p'=\frac{1}{\mu_p^2}\frac{\rho_g v_p^2}{2}\frac{T_g}{273}+\Delta h_{lt} \tag{7-101}$$

式中　μ_p——火孔的流量系数，它与火孔结构有关。在管子上直接钻孔，μ_p = 0.65～0.70，直径小、孔浅的火孔取较小值，反之取较大值。

ρ_g——燃气的密度（kg/m^3）；

T_g——火孔前燃气温度（K）；

Δh_{lt}——炉膛压力（Pa），当炉膛为负压时，Δh_{lt}取负值。

为保证火孔的热强度和火孔燃气出口速度，燃烧器前燃气压力应大于等于头部所需压力，即$p \geqslant p'$。当$p > p'$时，再用阀门或节流圈进行降压。

【例7-9】　已知人工煤气的低位发热量为Q_L = 16000kJ/m³，燃气压力为780Pa，密度ρ_g = 0.45kg/m³，火孔前燃气温度为38℃，燃烧器热负荷为35kW，炉膛压力为0。设计直管式扩散燃烧器。

【解】　1）确定火孔直径和火孔间距

$$d_p=2\text{mm},\ S=10d_p=10\times 2\text{mm}=20\text{mm}$$

2）确定火孔热强度q_p和计算火孔出口速度v_p。根据表7-7，确定火孔热强度为0.55kW/mm²。

火孔出口速度为

$$v_p=\frac{q_p}{Q_L}\times 10^6 =\frac{0.55}{16000}\times 10^6\text{mm/s}=34.4\text{mm/s}$$

3）计算火孔总面积 A_p

$$A_p=\frac{Q}{q_p}=\frac{35}{0.55}\text{mm}^2=63.6\text{mm}^2$$

4）计算火孔数目 n

$$n=\frac{A_p}{\frac{\pi}{4}d_p^2}=\frac{63.6}{\frac{3.14}{4}\times 2^2}=20.3$$

取火孔数目为21个。

5）计算燃烧器头部燃气分配管的截面积 A_g 和内径

$$A_g=2A_p=2\times 63.6\text{mm}^2=127.2\text{mm}^2$$

$$D_g=\sqrt{\frac{A_g}{\frac{\pi}{4}}}=\sqrt{\frac{127.2}{0.785}}\text{mm}=12.7\text{mm}$$

取 $\phi 20\times 2$ 的管子。

6）计算燃烧器前燃气压力 p

头部所需要的压力 p' 为：

$$p'=\frac{1}{\mu_p^2}\frac{\rho_g v_p^2}{2}\frac{T_g}{273}+\Delta h_{lt}$$

$$=\left[\frac{1}{0.7^2}\frac{0.45\times 34.4^2}{2}\frac{(273+38)}{273}+0\right]\text{Pa}$$

$$=619\text{Pa}$$

燃烧器前燃气压力大于等于619Pa即可，燃气压力为780Pa，应减压。

7）火管布置和火管长度。火孔双排布置，火管长度

$$L=\frac{(n+1)\ S}{2}=\frac{(21+1)\ \times 20}{2}\text{mm}=220\text{mm}$$

2. 鼓风式套管燃烧器的设计计算

1）计算燃烧所需空气量。标态下空气量按下式计算

$$V_k=\alpha V_k^0 V_g \tag{7-102}$$

式中　α——过量空气系数，取1.05～1.1；

V_k^0——理论空气量（m^3/m^3）；

V_g——标态下燃气消耗量（m^3/s）。

2）计算出口截面处燃气和空气的流速。标态下燃气和空气在出口截面处的流速分别按下式计算

$$v_g^0=\sqrt{\frac{2p_q}{\xi_q \rho_{0g}}} \tag{7-103}$$

$$v_k^0 = \sqrt{\frac{2p_k}{\xi_k \rho_{0k}}} \tag{7-104}$$

在实际燃气温度和压力下，燃气和空气在出口截面处的流速为

$$v_g = v_g^0 \sqrt{\frac{T_q}{T_0}} \tag{7-105}$$

$$v_k = v_k^0 \sqrt{\frac{T_k}{T_0}} \tag{7-106}$$

式中 v_g^0、v_g——燃气在出口截面处的标态速度和实际速度（m/s）；

v_k^0、v_k——空气在出口截面处的标态速度和实际速度（m/s）；

p_q、p_k——燃烧器前燃气和空气的压力（Pa）；

ξ_q、ξ_k——燃气和空气流过燃烧器的阻力系数；

ρ_{0g}、ρ_{0k}——燃气和空气在标态下的密度（kg/m^3）；

T_q、T_k——燃烧器前燃气和空气的温度（℃）。

3）计算空气。套管直径和燃气喷口的直径

$$A_k = \frac{V_k}{v_k^0} \tag{7-107}$$

$$A_g = \frac{V_g}{v_g^0} \tag{7-108}$$

$$d_k = \sqrt{\frac{4A_k}{\pi} + d_{gw}^2} \tag{7-109}$$

$$d_{gw} = d_{gn} + 2\delta = \sqrt{\frac{4V_g}{v\pi}} + 2\delta \tag{7-110}$$

$$d_g = \sqrt{\frac{4A_g}{\pi}} \tag{7-111}$$

式中 A_g、A_k——燃气喷口面积和空气套管截面积（m^2）；

d_g、d_k——燃气喷口直径和空气套管直径（m）；

d_{gw}、d_{gn}——燃气喷管的外径和内径（m）；

δ——燃气喷管的管壁厚度（m）；

v——燃气在喷管中的流速（m/s）。

4）计算燃烧器出口直径。燃气和空气混合物的流量为

$$V_m = V_g + V_k \tag{7-112}$$

$$d_m = \sqrt{\frac{4V_m}{\pi v_m}} \tag{7-113}$$

式中 V_m——燃气和空气混合物的流量（m^3/s）；

v_m——混合物出口流速（m/s）；

d_m——燃烧器出口直径（m）。

【例 7-10】　已知燃气标态下低位发热量为 35000kJ/m³，密度为 $\rho_{0g}=0.82\text{kg/m}^3$，理论空气量为 $V_k^0=10\text{m}^3/\text{m}^3$，燃气压力为 $p_q=4500\text{Pa}$，空气压力为 $p_k=500\text{Pa}$，燃烧器用燃气量为 $V_g=0.012\text{m}^3/\text{s}$，燃气温度为 $T_q=298\text{K}$，空气预热温度为 $T_k=673\text{K}$，过量空气系数为 1.05。设计鼓风式套管燃烧器。

【解】　1）计算燃烧所需空气量

$$V_k=\alpha V_k^0 V_g=1.05\times10\times0.012\text{m}^3/\text{s}=0.126\text{m}^3/\text{s}$$

2）计算出口截面处燃气和空气的流速。标态下燃气和空气在出口截面处的流速

$$v_g^0=\sqrt{\frac{2p_q}{\xi_q\rho_{0g}}}=\sqrt{\frac{2\times4500}{1.5\times0.82}}\text{m/s}=85.5\text{m/s}$$

$$v_k^0=\sqrt{\frac{2p_k}{\xi_k\rho_{0k}}}=\sqrt{\frac{2\times500}{1.0\times1.293}}\text{m/s}=27.8\text{m/s}$$

在实际燃气温度和压力下，燃气和空气在出口截面处的流速为

$$v_g=v_g^0\sqrt{\frac{T_q}{T_0}}=85.5\times\sqrt{\frac{298}{273}}\text{m/s}=89.3\text{m/s}$$

$$v_k=v_k^0\sqrt{\frac{T_k}{T_0}}=27.8\times\sqrt{\frac{673}{273}}\text{m/s}=43.6\text{m/s}$$

3）计算空气套管直径和燃气喷口的直径

$$A_k=\frac{V_k}{v_k^0}=\frac{0.126}{27.8}\text{m}^2=4.53\times10^{-3}\text{m}^2$$

$$A_g=\frac{V_g}{v_g^0}=\frac{0.012}{85.5}\text{m}^2=0.14\times10^{-3}\text{m}^2$$

取燃气在喷管中的流速为 25m/s。

$$d_{gw}=d_{gn}+2\delta=\sqrt{\frac{4V_g}{v\pi}}+2\delta=\left(\sqrt{\frac{4\times0.012}{25\times3.14}}+0.012\right)\text{m}=0.0367\text{m}$$

$$d_k=\sqrt{\frac{4A_k}{\pi}+d_{gw}^2}=\sqrt{\frac{4\times4.53\times10^{-3}}{\pi}+0.0367^2}\text{m}=0.0844\text{m}$$

$$d_g=\sqrt{\frac{4\times A_g}{\frac{\pi}{4}}}=\sqrt{\frac{0.14\times10^{-3}}{\frac{\pi}{4}}}\text{m}=0.0134\text{m}$$

4）计算燃烧器出口直径

$$V_m=V_g+V_k=(0.012+0.126)\text{m}^2/\text{s}=0.138\text{m}^3/\text{s}$$

取燃气和空气的混合物的出口流速为25m/s。

$$d_m=\sqrt{\frac{V_m}{\frac{\pi}{4}v_m}}=\sqrt{\frac{0.138}{\frac{\pi}{4}\times 25}}\mathrm{m}=0.0839\mathrm{m}$$

3. 鼓风式旋流式燃烧器的设计计算

（1）计算圆柱形空气通道直径　按下式计算

$$D_p=\sqrt{\frac{4V_gQ_L}{\pi q_p}} \tag{7-114}$$

式中　q_p——圆柱形通道截面假想平均热强度，通常取35～40MW/m²。

（2）涡壳结构参数比　涡壳结构形式有两种：一种是等速涡壳供气，该种方式应用较多，如图7-20所示；一种是切向供气，如图7-21所示。根据炉膛对火焰形状、尺寸的要求，取$\frac{ab}{D_p^2}=0.35\sim0.4$。根据涡壳的结构参数比可以确定涡壳尺寸和火焰长度、回流区尺寸等。

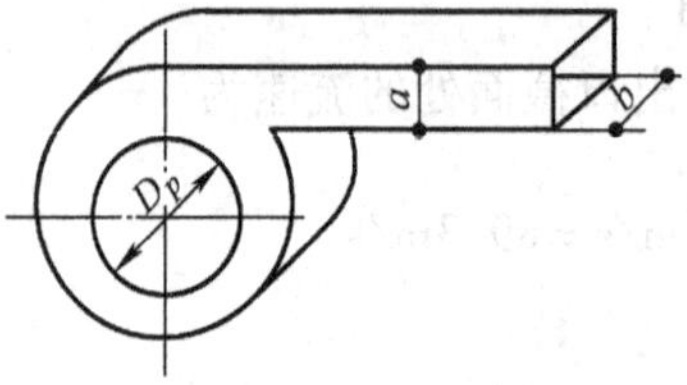

图7-20　等速涡壳供气

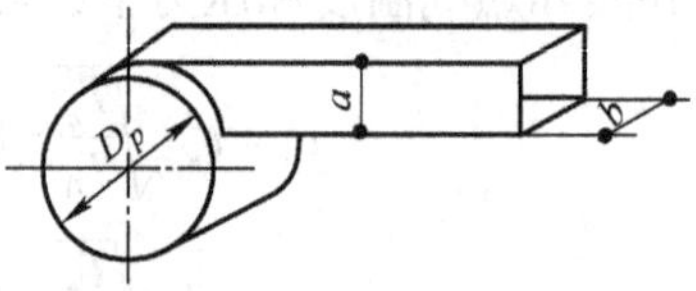

图7-21　切向涡壳供气

（3）确定空气实际通道宽度　空气在通道内作螺旋向前运动，在圆柱形通道中心形成一个回流区，回流烟气预热空气和燃气，从而提高了燃烧速度。回流区成为一个稳定的、强烈的点火源，由于回流区的作用，空气的流动是一个环状，环形通道的宽度按下式计算

$$b_h=\frac{D_p-D_h}{2} \tag{7-115}$$

式中　b_h——环形通道宽度（m）；

　　D_h——回流区直径（m），可按表7-8确定。

表7-8　涡壳式扩散燃烧器回流区尺寸

结构比 ab/D_p^2		0.60	0.45	0.39	0.35	0.25
回流区直径与喷头直径比 D_h/D_p	周边供燃气（无缩口）	0.41	0.41		0.47	0.69
	中心供燃气（有缩口）	0.38	0.39		0.40	0.43
切向配风器，回流区直径与喷头直径比 D_h/D_p			0.26	0.30	0.33	0.38

（4）计算空气的实际流速　按下式计算

$$v_k = \frac{\alpha V_k^0 V_g}{\frac{\pi}{4}(D_p^2 - D_h^2)} \times \frac{1}{\sin\beta} \times \frac{t_k + 273}{273} \tag{7-116}$$

式中　β——空气旋转运动的平均上升角，按表7-9确定。

表7-9　空气螺旋运动的平均上升角β（°）

结构比 ab/D_p^2	0.60	0.45	0.39	0.35	0.25
涡壳配风器	33	30		29	26
切向配风器		48	41	36	26

（5）计算燃烧器前空气所需压力　按下式计算

$$p_k = \left[(\xi - 1)\frac{\rho_k v_{jk}^2}{2} + \frac{\rho_k v_k^2}{2}\right] \tag{7-117}$$

式中　p_k——燃烧器前空气所需压力（Pa）；

ξ——空气入口阻力系数，对切向供气，$\frac{ab}{D_p^2}=0.35$，$\xi=1.8\sim2.0$，对涡壳等速供气，$\frac{ab}{D_p^2}=0.35$，$\xi=2.8\sim2.9$；

v_{jk}——燃烧器进口空气流速（m/s），按下式计算

$$v_{jk} = \frac{\alpha V_k^0 V_g}{ab} \times \frac{t_k + 273}{273} \tag{7-118}$$

（6）计算燃气分配室尺寸　燃气入口管内流速 v_q 取15～20m/s。燃气分配室截面积为

$$A_q = \frac{V_g}{v_q} \times \frac{273 + t_q}{273} \tag{7-119}$$

燃气入口管的内径为

$$d_{qn} = \sqrt{\frac{4}{\pi} A_q} \tag{7-120}$$

（7）确定燃气射流穿透深度 H　一般燃气喷孔按两排布置，燃气孔口第一排射流深度为

$$H_1 = 0.13 b_h \tag{7-121}$$

燃气孔口第二排射流深度为

$$H_2 = 0.36 b_h \tag{7-122}$$

（8）确定燃气喷孔数目　燃气射流的直径为

$$D_{rq} = \frac{0.75H}{\sin\beta} \tag{7-123}$$

为防止气流重叠，射流的间距应满足下列公式

$$S \geqslant D_{rq} \tag{7-124}$$

每排燃气喷孔的数目应为

$$Z \leqslant \frac{\pi\ (D_p - 2H)}{D_{rq}} \tag{7-125}$$

（9）确定燃气喷孔尺寸　燃气大直径喷孔的直径为

$$d_2 = 0.9k_s \frac{\varepsilon_F V_g}{Z_2 H_2 v_k}\sqrt{\frac{\rho_q}{\rho_k}}\sin\alpha \tag{7-126}$$

式中　k_s——系数，与孔口相对间距有关；

Z_2——第二排孔口的喷孔数目；

ε_F——压缩系数；

α——喷孔轴线与空气流动方向的夹角。

喷孔的总面积为

$$A_q = \frac{\varepsilon_F V_g}{v_g^0} \tag{7-127}$$

（10）燃气孔口出口流速

$$v_{rq} = \frac{0.9\varepsilon_F V_g}{Z_2 d_2^2} \tag{7-128}$$

（11）计算燃烧器前燃气所需压力

$$p_q = \frac{1}{\varepsilon_F} \times \frac{1}{\mu_q^2} \times \frac{\rho_q v_{rq}^2}{2} \tag{7-129}$$

式中　p_q——燃烧器前燃气压力（Pa）；

μ_q——燃气喷孔流量系数。

【例 7-11】　已知燃气流量 $V_g = 0.06\text{m}^3/\text{s}$，燃气低位发热量为 35000kJ/m^3，燃气密度 $\rho_q = 0.75\text{kg/m}^3$，理论空气量 $V_k^0 = 9\text{m}^3/\text{m}^3$，燃气温度为 30℃，空气温度为 35℃，过量空气系数为 1.1。设计一个周边供气的涡壳式燃烧器。

【解】　（1）计算圆柱形空气通道直径

取 $q_p = 37\text{MW/m}^2$，

$$D_p = \sqrt{\frac{4V_g Q_L}{\pi q_p}} = \sqrt{\frac{4 \times 0.06 \times 35000}{3.14 \times 37 \times 10^3}}\text{m} = 0.268\text{m}$$

取 $D_p = 250\text{mm}$。

（2）涡壳结构参数比　取 $\frac{ab}{D_p^2} = 0.35$，$b = D_p = 250\text{mm}$。那么

$$a = 0.35 \times 250\text{mm} = 87.5\text{mm}$$

（3）确定空气实际通道宽度　查表 7-8，回流区直径与喷头直径比为 0.47，则

$$D_h=0.47D_p=0.47\times250\text{mm}=118\text{mm}$$

环形通道的宽度为

$$b_h=\frac{D_p-D_h}{2}=\left(\frac{250-118}{2}\right)\text{mm}=66\text{mm}$$

（4）计算空气的实际流速

$$v_k=\frac{\alpha V_k^0V_g}{\frac{\pi}{4}(D_p^2-D_h^2)}\times\frac{1}{\sin\beta}\times\frac{t_k+273}{273}$$

$$=\frac{1.1\times9\times0.06}{\frac{3.14}{4}\times(0.25^2-0.118^2)}\times\frac{1}{\sin29}\times\frac{35+273}{273}\text{m/s}$$

$$=36.2\text{m/s}$$

（5）计算燃烧器前空气所需压力　空气入口速度为

$$v_{jk}=\frac{\alpha V_k^0V_g}{ab}\times\frac{t_k+273}{273}=\frac{1.1\times9\times0.06}{0.0875\times0.25}\times\frac{35+273}{273}\text{m/s}=30.6\text{m/s}$$

则压力为

$$p_k=\left[(\xi-1)\ \frac{\rho_kv_{jk}^2}{2}+\frac{\rho_kv_k^2}{2}\right]=\left[(2.8-1)\ \times\frac{1.293\times30.6^2}{2}+\frac{1.293\times36.2^2}{2}\right]\text{Pa}$$

$$=1936.8\text{Pa}$$

（6）计算燃气分配室尺寸　燃气入口管内流速 v_q 取 20m/s。

燃气分配室截面积为

$$A_q=\frac{V_g}{v_q}\times\frac{273+t_q}{273}=\frac{0.06}{20}\times\frac{273+30}{273}\text{m}^2=3.33\times10^{-3}\text{m}^2$$

（7）确定燃气射流穿透深度 H　燃气喷孔按两排布置，燃气孔口第一排射流深度为

$$H_1=0.13b_h=0.13\times66\text{mm}=8.58\text{mm}$$

燃气孔口第二排射流深度为

$$H_2=0.36b_h=0.36\times66\text{mm}=23.76\text{mm}$$

（8）确定最大直径喷孔燃气喷孔数目　燃气射流的直径为

$$D_{rq}=\frac{0.75H_2}{\sin\beta}=\frac{0.75\times0.02376}{\sin29}\text{m}=0.03676\text{m}$$

射流的间距

$$S\geqslant0.03676$$

每排燃气喷孔的数目应为

$$Z_2=\frac{\pi(D_p-2H_2)}{D_{rq}}=\frac{3.14\times(0.25-2\times0.02376)}{0.03676}=17.3$$

取 $Z_2=17$。

(9) 确定燃气喷孔尺寸　取 $k_s=1.7$，$\varepsilon_F=0.98$，燃气大直径喷孔的直径为

$$d_2=0.9k_s\frac{\varepsilon_F V_g}{Z_2H_2v_k^0}\sqrt{\frac{\rho_q}{\rho_k}}\sin\alpha$$

$$=0.9\times1.7\times\frac{0.98\times0.06}{17\times0.02376\times36.2}\times\sqrt{\frac{0.75}{1.293}}\sin(90-29)\text{mm}$$

$$=4.1\text{mm}$$

(10) 燃气孔口出口流速

$$v_{rq}=\frac{0.9\varepsilon_F V_g}{Z_2d_2^2}=\frac{0.9\times0.98\times0.06}{17\times0.0041^2}\text{m/s}=185\text{m/s}$$

(11) 计算燃烧器前燃气所需压力

$$p_q=\frac{1}{\varepsilon_F}\times\frac{1}{\mu_q^2}\times\frac{\rho_q v_{rq}^2}{2}=\frac{1}{0.98}\times\frac{1}{0.7^2}\times\frac{0.75\times185^2}{2}\text{kPa}$$

$$=26.7\text{kPa}$$

7.3.2　部分预混式燃烧器的热工计算

1. 部分预混式燃烧器的结构参数

部分预混式燃烧器又称大气式燃烧器，它主要由喷嘴、调风器、引射器和燃烧器头部组成。

喷嘴的作用是输送燃气，同时将燃气的势能转变为动能，以引射一定量的空气。喷嘴的结构有固定型、调节型和拉伐尔喷嘴几种形式。

在燃烧器设计时，应考虑燃气成分变化和压力波动对燃烧的影响。通过对一次空气量的调节，实现在各种工况下吸入足够量的一次空气，以达到稳定燃烧。一次空气吸入口的面积在设计时应等于燃烧器火孔总面积的 1.15 ~2.25 倍。

引射器为大气式燃烧器的关键部件，将直接影响一次空气的吸入量以及空气与燃气的混合质量，常见的引射器有直管、文丘里管和拉伐尔管几种。

燃烧器头部设计以保证稳定燃烧为原则。一个合理设计的头部必须使火焰不出现脱火、回火和光焰现象，同时应满足热负荷和工艺的要求。

大气式燃烧器头部的设计包括头部型式及火孔形状的选择，火孔尺寸、间距、孔深、排数及头部容积的计算，还有头部静压力的计算。

(1) 火孔尺寸　根据火焰传播及稳定燃烧理论，火孔尺寸越小，越容易脱火；火孔尺寸越大，越容易回火。为防止污染和堵塞，火孔的尺寸不宜过小，一般应大于 2mm，常用的火孔尺寸如表 7-10 所示。

(2) 火孔深度　增加火孔深度可使脱火极限增加，有利于提高燃烧的稳定性，但孔深增加到某一数值后，脱火极限就趋于定值。孔深增加，气流阻力也增加，不利于引入一次空气。一般火孔深度为火孔直径的 2 ~3 倍。

（3）火孔间距 当火孔间距增大时，对脱火和光焰极限并无显著影响。当火孔间距减小到一定程度后，火焰相互靠近、重叠，减小了火焰与空气的接触面积，二次空气与燃气的混合受到影响。一般火孔间距为火孔直径的2～3倍。

表7-10 大气式燃烧器的设计参数

燃气种类		焦炉煤气	天然气	液化石油气
火孔尺寸/mm	圆形孔 d_h	2.5～3.0	2.9～3.2	2.9～3.2
	条形孔	2.0×1.2 1.5×5.0	2.0×3.0 2.4×1.6	2.0×3.0 2.4×1.6
火孔中心间距/mm		—	（2～3）d_h	—
火孔深度/mm		—	（2～3）d_h	—
额定火孔热强度/（kW/mm^2）		11.6～19.8	5.8～8.7	7.0～9.3
额定火孔出口流速/（m/s）		2.0～3.5	1.0～1.3	1.2～1.5
一次空气系数		0.55～0.60	0.60～0.65	0.60～0.65

（4）火孔排数 火孔排数在四排之内，排数对脱火极限以及燃烧器设计参数无明显影响，但对二次空气的供给产生影响。火孔排数最好不要超过两排。

（5）火孔燃烧能力及火孔总面积 火孔的燃烧能力指保证火孔稳定、完全燃烧的燃气量，通常用火孔热强度或燃气、空气混合物离开火孔时的速度来表示。火孔热强度与火孔出口速度的关系用下式表示

$$q_h = \frac{Q_{net,v,ar} \times v_h}{1 + \alpha_1 V_k^0} \times 10^{-6} \tag{7-130}$$

式中 q_h——火孔热强度（kW/mm^2）；

$Q_{net,v,ar}$——燃气的低位发热量（kJ/m^3）；

v_h——火孔出口气流速度（m/s）；

α_1——一次空气系数；

V_k^0——理论空气量（m^3/m^3）。

火孔总面积根据稳定燃烧所选取的火孔出口混合气体速度计算

$$A_h = \frac{Q}{q_h} = \frac{Q\ (1 + \alpha_1 V_k^0)}{Q_{net,v,ar} \times v_p} \tag{7-131}$$

式中 Q——燃烧器热负荷（kJ/s）。

（6）燃烧器头部所需的压力 为保证达到选定的出口气流速度和火孔热强度，燃气空气混合物在燃烧器头部必须具有一定的压力。该压力是由引射器提供的，用来克服混合物从头部流出时的能量损失，即混合物流动阻力、气体加热膨胀而产生气流加速的能量损失和火孔出口动压头。头部所需压力按下式计算

$$\Delta p = K\frac{\rho_{mix}}{2}v_p^2 \tag{7-132}$$

$$K = \xi_h + 2\times\left(\frac{273+t}{273}\right) - 1 \tag{7-133}$$

$$\rho_{mix} = 1.293S\frac{1+u}{1+uS} \tag{7-134}$$

$$\xi_h = \frac{1-\mu_h^2}{\mu_h^2} \tag{7-135}$$

式中 Δp——混合气体从头部流出的能量损失（Pa）；

K——燃烧器头部的能量损失系数；

ρ_{mix}——燃气空气混合物的密度（kg/m^3）；

ξ_h——火孔阻力系数；

t——混合气体通过火孔被加热的温度（℃）；

S——燃气的相对密度；

u——质量引射系数；

μ_h——火孔流量系数。

（7）敞开燃烧的大气式燃烧器二次空气口截面积的计算　按下式计算

$$A'' = (55000 \sim 75000)\ Q \tag{7-136}$$

式中 A''——二次空气入口截面积（mm^2）。

2. 大气式燃烧器热工计算步骤

大气式燃烧器的设计计算步骤如下。

（1）选择火孔热强度，确定火孔总面积　按照表7-9来确定火孔热强度，利用式（7-130）计算火孔总面积。

（2）确定火孔尺寸和火孔数目　按照表7-9确定火孔直径、火孔数目、火孔深度和火孔排数。

（3）头部截面积计算　燃烧器头部截面积等于燃烧器火孔总面积的1.5倍。

（4）引射管计算　喉部截面积与火孔总面积的比值范围取0.35～0.6。从喉口到引射管出口的引射段长度L取（6～10）d_2，其中d_2为喉口直径。燃气喷嘴出口截面与喉口截面距离取（0.7～3.3）d_2。

（5）一次空气入口　一次空气吸入口面积取

$$A_1 = (1.15 \sim 2.25)\ A_h \tag{7-137}$$

（6）喷嘴计算　喷嘴的流量按下式计算

$$V_g = 0.004\mu d_p^2\sqrt{\frac{p_q}{\rho_q}} \tag{7-138}$$

式中 V_g——燃气喷嘴的流量（m^3/h）；

μ——燃气喷嘴的流量系数；

d_p——燃气喷嘴的直径（mm）；

p_q——燃气压力（Pa）；

ρ_q——燃气的密度（kg/m^3）。

（7）一次空气系数的确定　一次空气系数可按下式计算

$$\alpha_1 = 1.54 \times \frac{\sqrt[4]{p_q \times S}}{\sqrt{Q_{net,v,ar}}} \times \frac{10120 \times \sqrt[4]{\bar{A} \times A_h}}{\sqrt{Q}} \times \sqrt{\frac{273}{273 + t_h}} \tag{7-139}$$

$$\bar{A} = \frac{\frac{\pi}{4}\ (d_2^2 + d_0^2)}{2} \tag{7-140}$$

$$d_0 = d_2 + 2L \times \tan\frac{\theta}{2} \tag{7-141}$$

式中　S——燃气的相对密度；

$\bar{A}$——引射器喉部与出口截面的平均值（mm^2）；

d_0——引射管出口直径（mm）；

θ——引射管扩展角。

（8）燃烧器头部混合气体的能量损失　燃烧器头部气体能量损失可按式（7-132）计算。

【例7-12】　已知天然气的低位发热量为 $Q_{net,v,ar} = 35800\text{kJ/m}^3$，密度为 0.75kg/m^3。燃气压力为1500Pa，燃气燃烧的理论空气量为 $9.4\text{m}^3/\text{m}^3$。燃烧器热负荷为8kW。试设计一个大气式燃烧器。

【解】（1）选择火孔热强度，确定火孔总面积　根据表7-9来确定火孔热强度为

$$q_h = 7 \times 10^{-3}\text{kW/mm}^2$$

火孔总面积为

$$A_h = \frac{Q}{q_h} = \frac{8}{7 \times 10^{-3}}\text{mm}^2 = 1143\text{mm}^2$$

（2）确定火孔尺寸和火孔数目　根据表7-9取火孔直径 d_h 为3.0mm，则火孔数目为

$$n = \frac{A_h}{\frac{\pi}{4}d_h^2} = \frac{1143}{\frac{3.14}{4} \times 9} = 162$$

火孔数目取162个。火孔深度取 $2.5d_h = 2.5 \times 3\text{mm} = 7.5\text{mm}$。

火孔排数布置3排，每排54个火孔，排与排之间的间距取10mm，孔间距也取10mm，边缘火孔距离燃烧器边缘的距离取10mm。计算得燃烧器头部的尺寸为

宽度　$b_h = [(3-1) \times 10 + 2 \times 10]\ \text{mm} = 40\text{mm}$

长度 $l_h = [(54-1)\times 10 + 2\times 10]\ \text{mm} = 550\text{mm}$

（3）头部截面积计算　燃烧器头部截面积等于燃烧器火孔总面积的 1.5 倍，即

$$A = 1.5 \times 1143\text{mm}^2 = 1715\text{mm}^2$$

（4）引射器计算　喉部截面积与火孔总面积的比值范围取 0.35 ~ 0.6，取 0.5，则喉部面积为

$$A_2 = 0.5 \times 1143\text{mm}^2 = 572\text{mm}^2$$

喉部直径为

$$d_2 = \sqrt{\frac{4}{\pi} \times A_2} = \sqrt{\frac{4}{3.14} \times 572}\text{mm} = 27\text{mm}$$

从喉口到引射管出口的引射段长度取（6 ~ 10）d_2，即

$$L = 8 \times 27\text{mm} = 216\text{mm}$$

燃气喷嘴出口截面与喉口截面距离取 $2d_2$，即 $2\times 27\text{mm} = 54\text{mm}$。引射管出口直径

$$d_0 = d_2 + 2L \times \tan\frac{\theta}{2} = (27 + 2\times 216 \times \tan 2)\ \text{mm} = 40\text{mm}$$

（5）一次空气入口　一次空气吸入口面积

$$A_1 = 2A_h = 2 \times 1143\text{mm}^2 = 2286\text{mm}^2$$

一次空气入口直径

$$d_1 = \sqrt{\frac{4}{\pi} A_1} = \sqrt{\frac{4}{3.14} \times 2286}\text{mm} = 54\text{mm}$$

考虑到空气入口有调风器，应加大实际入口直径，故取 65mm。

（6）喷嘴计算　喷嘴型式采用固定喷嘴。喷嘴的流量即天然气的消耗量，可按下式计算

$$V_g = \frac{Q}{Q_{net,v,ar}\eta} = \frac{8}{35800 \times 0.9}\text{m}^3/\text{h} = 0.89\text{m}^3/\text{h}$$

喷嘴直径按下式计算

$$d_p = \sqrt{\frac{V_g \sqrt{\rho_q}}{0.004\mu \sqrt{p_q}}} = \sqrt{\frac{0.89 \times \sqrt{0.75}}{0.004 \times 0.8 \times \sqrt{1500}}}\text{mm} = 2.5\text{mm}$$

（7）一次空气系数

$$\bar{A} = \frac{\frac{\pi}{4}(d_2^2 + d_0^2)}{2} = \frac{\frac{\pi}{4}(27^2 + 40^2)}{2}\text{mm}^2 = 914\text{mm}^2$$

$$\alpha_1 = 1.54 \times \frac{\sqrt[4]{P_q \times S}}{\sqrt{Q_{net,v,ar}}} \times \frac{10120 \times \sqrt[4]{\bar{A} \times A_h}}{\sqrt{Q}} \times \sqrt{\frac{273}{273 + t_h}}$$

$$=1.54\times\frac{\sqrt[4]{1500\times\frac{0.75}{1.293}}}{\sqrt{35800}}\times\frac{10120\times\sqrt[4]{914\times1143}}{\sqrt{8\times3600}}\times\sqrt{\frac{273}{273+30}}$$

$$=1.54\times\frac{6.17}{189.2}\times\frac{10120\times31.97}{169.7}\times0.95$$

$$=0.91$$

根据燃气压力和设计的引射器结构参数计算得到的一次空气系数为0.91，大于天然气的推荐值0.6~0.65，此时可用调风器调节，此引射器设计合理。

7.3.3 完全预混式燃烧器的热工计算

本节以火道式完全预混式燃烧器的设计计算为例。这种燃烧器的热工计算主要由两部分组成，头部和引射器的设计计算。

1. 头部的设计计算

头部包括喷头和火道两部分。喷头的作用主要是防止回火，如果燃气空气混合物在喷头出口速度大于回火极限速度，就不会发生回火。防止回火的方法是增大气流出口速度或减小回火极限。提高头部静压力可以增加气流出口速度。降低出口处燃气的温度可以减小回火极限。燃烧火道的作用是稳定燃烧和强化燃烧过程，防止脱火，它是燃气完成燃烧的装置。

（1）喷头的设计　喷头出口速度可按下式计算

$$v_h=v_{hj}\times\frac{273+t_h}{273}\times\frac{V_{h\max}}{V_{h\min}} \tag{7-142}$$

喷头出口直径按下式计算

$$d_h=\sqrt{\frac{4V_{rq}(1+\alpha V_k^0)}{0.036\pi v_h}} \tag{7-143}$$

式中　v_{hj}——燃气的回火极限速度（m/s）；

t_h——燃气空气混合物在喷头处的温度（℃）；

$V_{h\max}$——燃烧器最大负荷时燃气流量（m^3/s）；

$V_{h,\min}$——燃烧器最小负荷时燃气流量（m^3/s）；

V_{rq}——燃气消耗量（m^3/s）；

d_h——喷头出口直径（mm）；

α——过量空气系数。

（2）火道的设计　火道应由耐高温和耐急冷急热材料制成，分为单火道和多火道。当燃烧高发热量的燃气时，常采用单通道火道。为便于制作，火道向燃烧室方向略带锥形扩大，喷头与火道连接处做成45°角。火道多采用圆柱形。

火道总流通面积按下式计算

$$A_h = \frac{V_y}{3600 v_y} \tag{7-144}$$

$$V_y = V_{rq}\ (1 + \alpha V_k^0) \tag{7-145}$$

式中 A_h——火道总的流通面积（mm^2）；

V_y——火道内烟气总流量（m^3/h）；

v_y——火道内烟气流速（m/s）。

火道内烟气流速通常取 30 ~40m/s。如果过低会增大烟道尺寸，过高会增大流动阻力，产生脱火现象。

对于发热量较低的燃气燃烧器，通常采用多火道。火道由几个分火道组成，在选取了燃烧器分火道宽度和分火道数目后，分火道高度按下式计算

$$h_{fh} = \frac{A_h}{bi} \tag{7-146}$$

式中 h_{fh}——分火道的高度（m）；

b——分火道的宽度（m）；

i——分火道的数目（个）。

火道长度 L_c 按下式计算

$$L_c = \left(\frac{b}{2s} + \tau\right) v_y \tag{7-147}$$

式中 s——火焰传播速度（m/s）；

τ——完全燃烧所需的时间（s）。

2. 引射器的设计计算

引射器的计算主要是引射器的喉口直径、扩压管出口直径和长度、引射器长度及喷嘴直径的计算，以动量定理、连续性方程及能量守恒定律为计算基础。这里介绍引射器的近似设计计算方法。

（1）引射器的引射系数 u

$$u = \frac{\alpha V_k^0}{S} \tag{7-148}$$

（2）最佳截面比 A_{zj}　根据燃烧器和引射器的最佳工况，按下式确定最佳截面比

$$A_{zj} = \sqrt{\frac{K}{K_1}}\sqrt{X''} \tag{7-149}$$

$$X'' = 1 - \frac{K_2}{K} B \tag{7-150}$$

$$B = \frac{u^2 S}{(1+u)(1+uS)} \tag{7-151}$$

式中 K、K_1、K_2——能量损失系数；

X''、B——系数。

（3）引射器喉部直径 d_t

$$d_t = d_h \sqrt{A_{zj}} \tag{7-152}$$

（4）扩压管出口直径 d_k 和扩压管长度 L_k

$$d_k = 1.25 d_h \tag{7-153}$$

$$L_k = 8\ (d_k - d_t) \tag{7-154}$$

（5）引射器总长度 L

$$L = 5.25 d_k + L_k \tag{7-155}$$

（6）引射器喷嘴截面积 A_j 和直径 d_j

$$A_j = \frac{2.23 V_{rq} \sqrt{S}}{\mu \varepsilon \sqrt{H}} \tag{7-156}$$

$$d_j = \sqrt{\frac{4A_j}{\pi}} \tag{7-157}$$

式中 A_j——喷嘴截面积（cm^2）

V_{rq}——燃气消耗量（m^3/h）；

μ——喷嘴流量系数；

ε——气体压缩性校正系数；

H——燃气压力（Pa）；

d_j——引射器喷嘴直径（cm）。

复习思考题和习题

1. 空气冷却器可以实现哪些空气处理过程？
2. 喷水室可以实现哪些空气处理过程？
3. 空气冷却器除湿有什么缺点？
4. 空气冷却器的肋片应加在哪侧？为什么？
5. 空气冷却器接触系数与哪些因素有关，如何受到影响？
6. 影响喷水室热交换效果的因素主要有哪些？
7. 空气冷却器设计性计算要确定哪些参数？
8. 空气冷却器的接触系数和喷水室接触系数物理意义相同吗？计算公式是否一致？
9. 已知城市热网的供水温度为130℃，用户要求的供水温度为95℃，热网和用户的回水温度均为70℃，此时采用水—水喷射泵把热网与用户连接，如何求喷射泵的喷射系数？
10. 已知某采暖房间的热负荷为2000W，用户设计供回水温度为95℃/70℃，系统采用双管系统，如何选择散热器的形式、安装连接方式、散热器面积和片数？
11. 已知采暖房间的设计热负荷为1500W，室内安装的钢制柱型散热器，散热器装在墙的凹槽内（半暗装）散热器上部距墙距离为100mm，供暖系统为双管式系统上供下回式，设计供回水温度为95℃/70℃，支管与散热器的连接方式为同侧连接，上进下出，求散热器的片数及面积？

12. 小区热水供应系统采用板式水—水加热器加热上水。外网设计供回水温度为95℃/70℃，热水供应系统的上水为20℃，要求被加热到65℃供给用户，热水用户的流量为10000kg/h。如何选择一板式换热器？

13. 某小区供暖热负荷为4MW，外网蒸汽为饱和蒸汽，表压力为0.6MPa，小区热力站内设置壳管式汽—水换热器和水—水换热器，供暖用户的循环回水首先进入壳管式水—水换热器，被凝结水加热，然后进入壳管式汽—水换热器，被外网蒸汽加热。用户要求的设计供回水温度为85℃/65℃。如何选择汽—水换热器和水—水换热器？

14. 已知室外热网供水温度为130℃，用户与热网采用水喷射器的直接连接方式，用户供水温度是95℃，回水温度为70℃。供热系统压力损失为9000Pa，用户热负荷为800000kJ/h，求喷管出口直径，混合室尺寸和扩散管尺寸？

15. 喷水室对空气进行处理，已知被处理空气的流量为20000kg/h，当地大气压为101325Pa，空气初参数为温度27℃，焓值为63.5kJ/kg，湿球温度为22℃，空气的终参数为温度为16.6℃，焓值为44.4kJ/kg，湿球温度为15.9℃，求喷水量。若冷源水温为5℃，求水量和循环水量？

16. 已知燃烧器热负荷为3kW，燃气的低位发热量为14350kJ/m^3，燃气密度为0.72kg/m^3。理论空气量为3.5m^3/m^3。燃气压力为1000Pa。求大气式燃烧器头部的火孔总面积、火孔数目和引射器的引射系数、喷嘴燃气流量和喷嘴直径。

参考文献

[1] 于承训．工程传热学[M]．成都：西南交通大学出版社，1990.

[2] Kays W M, London A L. Compact Heat Exchangers. [M], 3th ed. McGraw-Hill, New York: 1984.

[3] 李岱森．简明供热设计手册[M]．北京：中国建筑工业出版社，1998.

[4] 清华大学等合编．空气调节[M]．2版．北京：中国建筑工业出版社，1986.

[5] 史美中，王中铮．热交换器原理与设计[M]．2版．南京：东南大学出版社，1996.

[6] 李德兴．冷却塔[M]．上海：上海科学技术出版社，1981.

[7] 华东建筑设计院．给水排水设计手册（第4册）[M]．北京：中国建筑工业出版社，1986.

[8] 顾夏声，等．水处理工程[M]．北京：清华大学出版社，1985.

[9] 徐旭常，毛健雄，曾瑞良，陈昌和．燃烧理论与燃烧设备[M]．北京：机械工业出版社，1990.

[10] 同济大学城市燃气教研室．燃烧理论基础（上、下册）[M]．上海：同济大学出版社，1981.

第 8 章

热质交换设备的优化设计和性能评价

8.1 热质交换设备的优化设计与分析

热质交换设备是热力系统中应用较为广泛的一种设备，在大多数的能量利用系统中，如制冷、供热、通风空调、动力循环、锅炉等，热质交换设备都是一个必不可少的关键设备。它是实现两种流体之间能量或质量转换的设备，但它的使用也增加了系统的初投资和运行费用。为了获得最大的经济效益，对热质交换设备进行优化设计和计算是必要的。所谓优化设计就是要求所使用的热质交换设备在满足一定工艺要求下，人们所重视的一个或几个指标达到最好。

热质交换设备的优化方法有多种，但目前还没有统一的被公认的优化设计方法[1~4]。这里仅简单介绍一下基于最优化方法的最优设计方法。

设备的“经济性”是热质交换设备优化设计的最终目标，一个好的设计，往往能使热质交换设备的投资节省 10% ~20%。在优化方法中，把所要研究的目标称为目标函数。通过优化设计使目标函数达到最佳值，即达到最经济。对于热质交换设备来说，“经济性”就是目标函数。

8.1.1 优化设计的基本原理

任何一个优化设计方案都用一些相关的物理量和几何量来表示，这些量分为给定量和未给定量。未给定量就是需要在设计中进行优化设计的，通过对未给定量的优选，从而使目标函数达到最优。

未给定量是可以变化的，对于一个特定问题，未给定量不止一个，这些未给定量称为设计变量。对于某一个特定问题，目标函数可以有多个设计变量，这时目标函数可以写成如下的关系式

$$f(x) = f(x_1, x_2, \cdots, x_n) \tag{8-1}$$

式中 $f(x)$——某一问题的目标函数；

$x_1, x_2, \cdots, x_n$——与目标函数相关的 n 个设计变量。

例如，对于热质交换设备，若以传热系数为目标函数，也就是通过物理量或几何量的优选，使得热质交换设备的传热系数最大。根据传热学的知识，与传热系数相关的物理量包括流速、温度、粘度、比热容、密度等物性参数和几何参数等。目标函数可以写作

$$K = f(w_1, w_2, \varphi, \psi, T) \tag{8-2}$$

式中 K——热质交换设备的传热系数［W/（m^2·℃）］；

w_1，w_2——热质交换设备中两种流体的流速（m/s）；

φ——热质交换设备中与传热系数相关的几何参数；

ψ——热质交换设备中与传热系数相关的物性参数；

T——流体的温度（K）。

目标函数是设计变量的函数，最优化过程实际就是设计变量的优选过程，最终使目标函数达到最优值。最优化问题中设计变量的数目称为该问题的维数。在进行最优化设计时，应尽量减少问题的维数，把对目标函数影响较大的几个变量选为设计变量，从而简化最优化问题的求解。

在优化设计中，往往对设计变量的选取加以某些限制或一些附加设计条件，这些设计条件称为约束条件。例如求解热质交换设备传热系数最大的问题，设计变量流速的选取就存在约束条件，要求阻力损失不能超过某个数值。约束条件可分为等式约束条件和不等式约束条件。在某些特殊情况下，还会有无约束的最优化问题。

最优化问题的求解可以是求解目标函数的最大值或最小值，在一般情况下，都是求解目标函数的最小值，那么若要求求目标函数的最大值，可转化为求相反数的最小值问题。例如，求热质交换设备传热系数最大的问题就是求传热热阻最小的问题。

求解最优化问题的一般形式可表达为

$$\min f(X) \tag{8-3}$$

约束条件

i 个等式约束条件 h_i（X）$=0$ （$i=1$，2，…，m） (8-4)

j 个不等式约束条件 g_j（X）$\leqslant 0$ （$j=1$，2，…，n） (8-5)

式中 X——代表由 n 个设计变量所组成的矩阵，可写作

$$X = [x_1, x_2, \cdots, x_n]^T \tag{8-6}$$

T 为矩阵的转置。

根据 $F(X)$、$h(X)$ 和 $g(X)$ 与变量 X 之间的函数关系不同及变量 X 的变化

不同，可分为不同类型的最优化问题。不同类型的最优化问题，其数学求解方法不同。本书所关心的热质交换设备的优化设计问题一般都是约束最优化问题，也可称为约束规划问题，其求解方法有消元法、拉格朗日乘子法、惩罚函数法、复合形法等多种。

8.1.2 热质交换设备的优化设计方法

建筑环境与设备工程专业中最常用的热质交换设备是换热器，现以换热器的最优化问题来阐述优化设计方法。

设一台换热器的投资为 a，单位为元/台，换热器的使用年限为 n 年，折旧率为 $\frac{1}{n}\times 100\% = \frac{100}{n}\% = p$，换热器中流体输送能耗费用为 b，单位为元/年，则换热器每年的总费用（初投资加运行费用）为

$$\phi = b + \frac{a}{n} \tag{8-7}$$

对换热器的最优化问题就是使设计选择的换热器最经济，费用最低，即对总费用 ϕ 求最小值。

$$\min f(X) = \min\phi = \min\left(b + \frac{a}{n}\right) \tag{8-8}$$

式（8-8）中的物理量 b、a 为设计变量，但是它们不能直接反映出与换热器中有密切关系的一些几何量和物理量，所以应对这两个设计变量做进一步分析，得出更能反映换热器影响因素的设计变量。

根据分析，热质交换设备的初投资 a 与热质交换设备的金属材料费用成正比。据统计，热质交换设备的金属材料费用占其费用的50%以上，所以金属材料的费用多少决定了热质交换设备投资费用的多少，而金属材料的消耗量主要取决于热质交换设备的传热面积。这样，初投资的大小可以转化为热质交换设备传热面积的大小。根据传热方程式，换热器的传热面积可用下式计算

$$A = \frac{Q}{K\Delta t_m} \tag{8-9}$$

式中 A——换热器的传热面积（m^2）；

Q——换热器的传热量（W）；

K——换热器的传热系数［W/（m^2·℃）］；

Δt_m——换热器的对数平均温差（℃）。

对于热力系统中的某种用途的一台换热器，传热量 Q 已定，两种流体的进出口温度已被流程本身决定，从而平均温差也就确定了，则传热面积仅与传热系数有关

$$A = f(K) \tag{8-10}$$

对于普通无肋换热器，传热系数可以写作下式

$$K = \frac{1}{\frac{1}{\alpha_i} + \frac{\delta_g}{\lambda_g} + \sum \frac{\delta_{wg}}{\lambda_{wg}} + \frac{1}{\alpha_0}}$$

若忽略金属壁热阻$\frac{\delta_g}{\lambda_g}$和污垢的热阻 $\sum \frac{\delta_{wg}}{\lambda_{wg}}$，则传热系数可以简化为

$$K = \frac{1}{\frac{1}{\alpha_i} + \frac{1}{\alpha_0}} = \frac{\alpha_i \alpha_0}{\alpha_i + \alpha_0} \tag{8-11}$$

式中 α_i——管内流体与管内壁之间的表面传热系数［W/（m^2·℃)］；

α_0——管外流体与管外壁之间的表面传热系数［W/（m^2·℃)］。

从上式可以看出，传热系数为内外表面传热系数的函数。

本专业中的换热器多为肋片式的。对于有肋的换热器，若忽略管壁和污垢热阻，以无肋的光壁表面积为基准的肋片管的传热系数为

$$K = \frac{1}{\frac{1}{\alpha_i} + \frac{1}{\alpha_0 \eta \beta}} \tag{8-12}$$

式中 β——肋化系数；

η——肋壁的总效率。

下面以肋片管式空气加热器为例来说明，管内为热水，管外为空气，在空气侧加肋片。肋片管式空气加热器的传热系数可用式（8-12）来表示。对于管内外流体的表面传热系数，可以用特征数关联式来计算，可以统一写作关系式

$$Nu_i = f(Re, Pr) \tag{8-13}$$

$$Nu_0 = f(Re, Pr, \frac{S_1}{S_2}) \tag{8-14}$$

特征数

$$Re = \frac{wd\rho}{\mu}$$

$$Nu = \frac{\alpha l}{\lambda}$$

$$Pr = \frac{\mu c_p}{\lambda}$$

β 为肋壁面积（包括肋片表面积和肋与肋之间的壁表面积）与无肋光壁面积的比值。η 为在肋片表面平均温度下，肋片的实际散热量与假定整个肋片表面都处在肋基温度下的理想散热量的比值，它与肋片材料热导率，肋片的几何形状，肋片表面传热系数有关。

综合以上各影响因素，传热系数是多个变量的函数，用下式表示

$$K = f(w_1, w_2, d_i, d_0, \rho_1, \rho_2, \mu_1, \mu_2, c_{p1}, c_{p2}, \lambda_1, \lambda_2, \lambda_m, \varphi) \tag{8-15}$$

式中　d_i——管内径（m）；

d_0——管外径（m）；

λ_m——管材的热导率；

φ——与管束布置、肋片形状和尺寸有关的几何参数。

其他参数分别为空气和水的流速和物性参数。

流体的进出口温度给定，则与温度有关的流体物性参数可视为常数。假定换热器的结构形式也给定，则传热系数主要取决于流体的流速，那么传热面积也主要取决于流体的流速即

$$A = f(w_1, w_2) \tag{8-16}$$

从传热学角度，增大流体的流速，可提高传热系数，从而使传热面积减小，降低了设备的初投资 a。但另一方面，流速增大，导致阻力损失增大，输送流体所消耗的电能也增大，使得能耗费用 b 增大。流速的变化对于初投资和能耗费用的影响是相反的。对于所给定的条件，两侧流体流速是决定设备投资费用与能耗费用的关键性参数，流速选择是否合理，直接影响换热器设计是否合理，从而影响经济指标。

对于空气加热器，主要的热阻在空气侧，而且水与能耗的关系不如空气那样显著，矛盾的主要方面在空气侧，因而可以将空气的流速 w_2 作为主要影响因素。通过多次简化，肋片管式空气加热器优化设计问题转变为以空气流速为设计变量的一维无约束优化问题。

$$\min f(X) = \min \phi(w_2) \tag{8-17}$$

如果已知具体的函数关系式，就可用一维搜索方法求解。下面我们采用图解方法来求解，如图8-1所示。

对优化设计的换热器，选取一组不同的流速值，用传热计算公式计算相对的一组传热面积值，根据单位面积的造价，求换热器的总造价 a，即

$$a = cA \tag{8-18}$$

式中　c——换热器单位面积的费用（元/m^2）；

A——换热器的总传热面积（m^2）。

根据用户要求的使用年限 n，求出折旧率 $\frac{1}{n} \times 100\% = \frac{100}{n}\% = p$ 和折旧费 pa，得到流速与折旧费的关系曲线

$$pa = f_1(w_2) \tag{8-19}$$

对于上述一组流速值，再对应求出一组阻力值，进而求得相应的一组功率消耗值

$$P = \frac{V\Delta p}{1000\eta'} \tag{8-20}$$

式中 P——泵或风机的输入功率（kW）；

V——输送流体的体积流量（m^3/s）；

Δp——某流速下的阻力损失（Pa）；

η'——泵或风机的效率。

根据功率求能耗费用 b（元/年）。假定换热器每年运行时间为 τ（h），电费为 s（元/（kW·h）），则能耗费用

$$b = P\tau s = f_2(w_2) \tag{8-21}$$

这样可以得到每年的能耗费用与流速的关系曲线。将两条曲线画在同一张图上，把曲线进行叠加，得到经济指标曲线

$$\phi = b + pa = f_2(w_2) + f_1(w_2) \tag{8-22}$$

该曲线的最低点对应的流速为最佳流速 w_{opt}，相应的经济指标即为最优值 ϕ_{opt}，此时的流速又称经济流速。

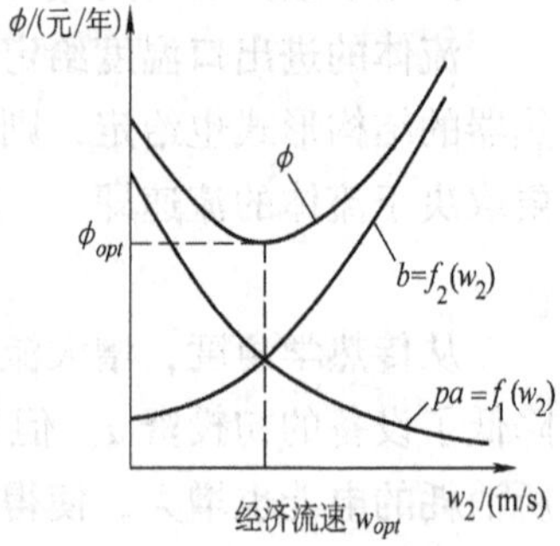

图 8-1 投资、能耗和经济指标与流速的关系

在上述的换热器优化设计中，进行了许多的简化，只考虑了空气流速这一设计变量，是不够完善的。还应从其他设计变量中，如管径、管间距、肋片结构尺寸等几何因素、工质出口温度、设备安装费、流体费用等方面考虑。

8.2 热质交换设备的性能评价

热质交换设备应符合以下几项基本要求：保证满足生产过程所需的热负荷；强度足够且结构合理；便于制造、安装和检修；经济上合理。

除了符合上述基本要求外，热质交换设备还需衡量技术上的先进性和经济上的合理性问题，这就是热质交换设备的性能评价问题。对热质交换设备进行性能评价可以确定和比较热质交换设备的完善程度。热质交换设备的性能包括多方面，如传热性能、阻力性能、力学性能、经济性能等。利用一个或多个指标从一个方面或几个方面来评价热质交换设备的性能是许多研究者多年潜心研究的课题。这里简单介绍一下目前正在使用和正在探索中的一些性能评价方法和所使用的性能评价指标。

8.2.1 单一性能评价法

热质交换设备的单一性能评价法是指利用热质交换设备的某些单一性能指标

进行评价的方法，该方法直观、简单、实用，易于理解。热质交换设备的单一性能指标包括冷流体的温度效率、热流体的温度效率、换热器效能、传热系数、压力降等。

1. 冷流体的温度效率

冷流体的温度效率是指冷流体在热质交换设备中的温度升高值与热、冷流体进口温度差的比值，即

$$E_l = \frac{t''_2 - t'_2}{t'_1 - t'_2} \tag{8-23}$$

式中 E_l——冷流体的温度效率；

t''_2——热质交换设备中冷流体的出口温度（℃）；

t'_2——热质交换设备中冷流体的进口温度（℃）；

t'_1——热质交换设备中热流体的进口温度（℃）。

2. 热流体的温度效率

热流体的温度效率是指热流体在热质交换设备中的温度降低值与热、冷流体进口温度差的比值，即

$$E_r = \frac{t'_1 - t''_1}{t'_1 - t'_2} \tag{8-24}$$

式中 E_r——热流体的温度效率；

t''_1——热质交换设备中热流体的出口温度（℃）；

t'_1——热质交换设备中热流体的进口温度（℃）。

3. 热质交换设备传热效能

热质交换设备传热效能也称传热有效度，它表示热质交换设备中实际换热量与可能有的最大换热量的比值，用公式表示为

$$\varepsilon = \frac{Q}{Q_{\max}} \tag{8-25}$$

式中 ε——传热效能；

Q——热质交换设备的实际传热量（W）；

$Q_{\max}$——热质交换设备的最大传热量（W）。

热质交换设备的传热效能与流体的温度效率有一定的关系。当热质交换设备中热流体的热容大于冷流体的热容时，冷流体的温度效率即等于热质交换设备的传热效能；当热质交换设备中热流体的热容小于冷流体的热容时，热流体的温度效率即等于热质交换设备的传热效能。热质交换设备的传热效能与冷热流体的进出口温度有关。

热质交换设备的传热效能越大，即越接近于1，换热设备的热性能越好，设备评价越高。

4. 传热系数

热质交换设备的传热系数取决于设备内冷、热流体的速度、物性参数，热质交换设备的形式、结构、几何尺寸等。传热系数越大，热质交换设备的热性能越好，换热设备的评价越高。

5. 压力降

热质交换设备的压力降包括冷流体通过换热设备后的阻力损失和热流体通过换热设备后的阻力损失。热质交换设备的压力损失越小，设备能耗越小，经济性能好，评价越高。

以上5个单一评价指标直观地从能量的利用或能量消耗的角度阐述了热质交换设备的传热性能和阻力性能，实用性好，易于被用户接受。但这些单一指标只是从能量利用的数量上或从能量利用的某一方面来衡量热性能好坏，具有一定的局限性，不能全面衡量热质交换设备的优劣。

如果单一使用热质交换设备效能来评价设备，只能从热力学第一定律说明它所传递的热量的相对能力，不能同时反映其他方面的性能。有时为了盲目追求高的传热效能，往往通过增大传热面积或提高流速的方法实现，而不同时考虑传热系数或流动阻力的变化，就很难判断它的性能改善如何。

在实用上，对于这种单一性能指标的使用进行改进，同时应用几个单一性能指标，以全面反映热质交换设备性能的好坏。例如，在实际中，往往对流速进行限制，限定在一个合理的速度范围，确定热质交换设备的传热系数和阻力。

经过这样的改进，这种方法仍有不足之处，但它使用简便、效果直观，而且在一定可比条件下具有一定的科学性，所以被广泛使用。

8.2.2 传热与阻力综合的热性能评价法

传热与阻力综合的热性能评价法是指利用热质交换设备的传热量与流体压力降的相对大小作为热质交换设备性能评价指标的方法。

单一地使用或同时分别用传热量和流体阻力损失的绝对值的大小来评价热质交换设备，难于比较不同热质交换设备之间或热质交换设备传热强化前后热性能的变化。例如，为了强化换热，常常在设备内加扰动元件，由于加大了传热系数，传热量增加了，但同时阻力也增大了。所以比较科学的方法是把传热量与阻力损失的变化量结合起来去衡量热质交换设备的热性能。

基于以上考虑，可利用消耗单位流体输送功率所传递的热量来作为评价热质交换设备性能的指标，假设这个指标用 E_c 来表示，它可用下式表示

$$E_c = \frac{Q}{P_1} \tag{8-26}$$

单位时间内输送单位体积流体所消耗的功率

$$P_1 = \frac{\Delta p}{\eta'} \tag{8-27}$$

把式（8-27）代入式（8-26），得出

$$E_c = \frac{Q\eta'}{\Delta p} \tag{8-28}$$

式中 Q——热质交换设备的传热量（W）；

P_1——单位时间内输送单位体积流体所消耗的功率（W）；

Δp——阻力损失（Pa）；

η'——泵或风机的效率。

这种评价方法的不足之处在于只能从能量利用的数量上来反映热质交换设备的热性能。

8.2.3 熵分析法

熵分析法是利用热质交换设备传热过程中熵产大小来评价热质交换设备的一种方法。

热质交换设备中所进行的传热过程，由于温差和流动阻力的存在，是一个典型的不可逆过程，是熵增的过程。尽管温差造成的热量传递和阻力造成的损失是两种不同形态的能量，但它们都可以用熵的产生来分析它们的损失情况。

本杰提出使用熵产单元数作为评价热质交换设备热性能的指标。熵产单元数被定义为热质交换设备由于过程的不可逆性而产生的熵增量与两种流体中热容量较大的流体的热容之比，用公式表示为

$$N_s = \frac{\Delta S}{C_{max}} \tag{8-29}$$

式中 N_s——熵产单元数；

ΔS——不可逆过程的熵增量；

C_{max}——大热容流体的热容。

通过一个简单的传热模型，本杰把熵产单元数表示为以下的公式，具体推导过程详见文献[5，6]。

$$N_s = \frac{\Delta T}{T}\left(1 + \frac{\Delta T}{T}\right)^{-1} + \frac{m}{\rho q}\left(-\frac{\mathrm{d}p}{\mathrm{d}x}\right) \tag{8-30}$$

式中 m——质量流量（kg/s）；

ρ——流体的密度（kg/m^3）；

q——单位长度上的传热量（W/m）；

p——流体的压力（Pa）；

T——流体的温度（K）；

ΔT——壁温与流体温度差（K）。

上式中等号右边第一项表示因传热温差产生熵增而造成的对熵产单元数的影响，第二项表示因流动阻力产生的熵增对熵产单元数的影响。从公式中可以看出，温差和阻力损失越大，则熵产单元数也越大，过程的不可逆性也越大。如果熵产单元数接近于0，则表示传热过程越接近可逆过程，热质交换设备越接近理想情况。

使用熵产单元数，一方面可以用来指导热质交换设备的设计，使它更接近于热力学上的理想情况。另一方面可以从能源合理利用角度来比较不同形式热质交换设备传热和流动性能的优劣。

本杰还通过优化计算论证了当 $E_c = \frac{Q}{P_1}$ 最小时，熵产单元数并不是最小的。利用前述的第二种方法评价或设计热质交换设备并不能充分反映能源利用的合理性。

熵分析法把传热温差和流动阻力所造成的影响都统一到熵产单元数这一个参数上来考虑，它把热质交换设备的热性能评价指标从以往的能量数量上的衡量转变到能量质量上的评价，具有实际意义。

8.2.4 㶲分析法

从能源合理利用的角度，除了以上的熵分析法以外，还可使用㶲分析法来评价热质交换设备的热性能[7,8]。㶲分析法是利用热质交换设备的㶲效率大小来判定换热设备的优劣的一种方法。

通常的换热器都是以提高传热温差，减小传热面积，加强扰动以增大传热系数的方法来提高换热器热效率，减少设备投资。但是，这样的换热器往往是低效的，它造成了能量在“质”上的巨大浪费，导致较低的㶲效率。要想达到真正意义上的节能，不仅要从能“量”上考虑提高热效率，更重要的应从能“质”方面考虑提高㶲效率，减少传热过程的不可逆损失，做到能量的质与量相统一[9-11]。

热质交换设备的㶲效率定义为

$$\eta_e = \frac{E_{2,o} - E_{2,i}}{E_{1,i} - E_{1,o}} \tag{8-31}$$

式中 $E_{1,i}$、$E_{1,o}$——热流体流入、流出热质交换设备的总㶲；

$E_{2,o}$、$E_{2,i}$——冷流体流入、流出热质交换设备的总㶲。

㶲效率可以表示为三种效率的乘积

$$\eta_e = \eta_t \times \eta_{e,T} \times \eta_{e,P} \tag{8-32}$$

式中 η_t——换热设备的热效率；

$\eta_{e,T}$——温度㶲效率；

$\eta_{e,P}$——压力㶲效率。

1. 热效率

换热设备的热效率为冷流体的吸热量与热流体放热量的比值，它反映了热质交换设备的保温性能。换热设备的热效率越大，说明换热设备的热损失越小。热效率可用下式计算

$$\eta_t = \frac{Q_2}{Q_1} \tag{8-33}$$

式中　Q_1——热流体的放热量（W）；

Q_2——冷流体的吸热量（W）。

在一般情况下，热质交换设备的热损失较小，热效率接近于 1。若不考虑热损失，则冷流体吸收的热量近似等于热流体放出的热量。

2. 温度㶲效率

温度㶲效率用下式计算

$$\eta_{e,T} = \frac{1 - \dfrac{T_0}{\overline{T}_2}}{1 - \dfrac{T_0}{\overline{T}_1}} \tag{8-34}$$

$$\overline{T}_1 = \frac{T'_1 + T''_1}{2}$$

$$\overline{T}_2 = \frac{T'_2 + T''_2}{2}$$

式中　T_0——环境温度（K）；

$\overline{T}_1$——热流体的平均温度（K）；

$\overline{T}_2$——冷流体的平均温度（K）；

T'_1、T''_1——热流体进、出口温度（K）；

T'_2、T''_2——冷流体进、出口温度（K）。

温度㶲效率是小于 1 的数值，它与 1 的差距表示了因冷流体吸热平均温度与热流体放热平均温度不同即传热温差而引起的㶲耗损的大小。若热质交换设备冷热两种流体的传热温差越大，则温度㶲效率越小，㶲损失越大，换热设备的热性能在“质”上越差。

3. 压力㶲效率

压力㶲效率用下式计算

$$\eta_{e,P} = \frac{1 - \psi_2}{1 - \psi_1} \tag{8-35}$$

式中　ψ_1——由于流动阻力造成的热流体㶲损率；

ψ_2——由于流动阻力造成的冷流体的㶲损率。

$$\psi_1 = \frac{L_{P1}}{E_{Q1}} \tag{8-36}$$

$$\psi_2 = \frac{L_{P2}}{E_{Q2}} \tag{8-37}$$

式中 L_{P1}——由于流动阻力造成的热流体的㶲损失；

L_{P2}——由于流动阻力造成的冷流体的㶲损失；

E_{Q1}——热流体放出的热流㶲；

E_{Q2}——冷流体吸收的热流㶲。

热流体流动阻力引起的㶲损失：

$$L_{p1} = T_0 m_1 R_1 \frac{p_1 - p'_1}{p'_1} \tag{8-38}$$

冷流体流动阻力引起的㶲损失：

$$L_{p2} = T_0 m_2 R_2 \frac{p_2 - p'_2}{p'_2} \tag{8-39}$$

式中 p_1、p'_1——热流体进、出口压力（Pa）；

p_2、p'_2——冷流体进、出口压力（Pa）；

m_1、m_2——热、冷流体的质量流量（kg/s）。

压力㶲效率是小于1的数值，它与1的差距表示了因冷、热流体流动阻力引起的㶲耗损的大小。热质交换设备冷热两种流体的阻力损失越大，压力㶲效率越小，㶲损失越大，换热设备的热性能在“质”量上越差。

4. 提高㶲效率的措施

㶲效率的大小主要取决于温度㶲效率和压力㶲效率的大小，而温度㶲效率取决于传热温差的大小，压力㶲效率取决于流体流动阻力的大小。提高㶲效率可以从“质”上优化热质交换设备。

在传统上，热质交换设备的优化设计往往是以增大传热温差，增加流速，加装肋片，扰动等措施为依据。这样可以减小传热面积，增大传热系数，强化传热，但却造成了可用能的巨大浪费。要想真正提高热质交换设备效率，达到节能目的，提高可用能的数量，必须综合考虑传热、不可逆损失和阻力问题。

提高㶲效率，减小㶲损失，应从下面两个方面着手。

1）减小热质交换设备中两种流体的传热温差。具体措施包括减小冷流体的温升或增大热流体的温降。值得注意的是冷流体引起的㶲损失变化要比热流体所引起的变化强烈，所以减小冷流体侧的进出口温差更为可行；增加传热面积，降低传热温差，可通过加大换热器尺寸或在主表面上增加肋片的方法来实现；换热器的冷端为薄弱环节，应降低该处的传热温差。

2）减小热质交换设备流体的流动阻力。采用阻力小的换热设备或减小流体流速。

下面以空调系统中常用的设备冷凝器为例来进一步阐述换热设备的优化设计问题，其中公式的详细推导过程见文献［12］，这里不再赘述。

5. 冷凝器优化设计

冷凝器是制冷、空调及供热系统的常用设备。冷却介质为冷水或空气，冷凝介质为水蒸汽或制冷剂蒸汽。冷凝器内由于传热温差和流动阻力引起的可用能的损失也就是不可逆损失可以按下式计算

$$L = T_0Q\left\{\frac{1}{(1-e^{-NTU})(T_s-T_1)}\ln\left[1+\frac{(T_s-T_1)(1-e^{-NTU})}{T_1}\right]-\frac{1}{T_s}+\frac{R_l\ln\left(\frac{p_1-p_2}{p_2}+1\right)}{C_{pl}(1-e^{-NTU})(T_s-T_1)}\right\} \tag{8-40}$$

$$NTU=\frac{KA_l}{m_lC_{pl}}$$

$$K=\left(\frac{1}{\alpha_l}+\frac{A_l}{\alpha_cA_c}+\frac{1}{\lambda}\right)^{-1}$$

式中 NTU——传热单元数；

T_s——冷凝温度（K）；

T_1——冷却介质进口温度（K）；

p_1、p_2——冷却介质进、出口压力（Pa）；

C_{pl}——冷却介质的热容［J/（m^3·K）］；

A_l——冷却介质侧传热面积（m^2）；

K——换热器传热系数［W/（m^2·K）］；

m_l——冷却介质流量（kg/s）；

α_l——冷却介质侧表面传热系数［W/（m^2·K）］；

α_c——冷凝表面传热系数［W/（m^2·K）］；

A_c——冷凝侧表面传热面积（m^2）；

λ——管壁热导率［W/（m·K）］。

从公式中可以看出，影响冷凝器可用能损失的因素主要有：冷却介质进出口温度，冷凝温度，冷却介质的压降，冷却介质流量及传热单元数。这些因素又紧密联系着冷凝器的结构型式和设计参数，它们影响温差和摩擦阻力的变化，从而影响不可逆损失。下面从不同方面来讨论影响不可逆损失的诸多因素。

1）冷却介质进口温度。冷却介质的进口温度越大，传热温差越小，从而引起的不可逆损失越小。

2）冷却介质温差的影响。冷却介质的温差越大，则不可逆损失越大。目前，有空调系统采用大温差冷水机组，该设计的冷却水进出口温差取的很大，以期获得较好的经济效益[13,14]。这样的系统可造成很大的可用能损失，从提高㶲效率减小不可逆损失的角度考虑，温差的选择不宜过大。

3）冷却介质流量的影响。如图 8-2 所示，曲线 1，2 分别为流动阻力和传热温差引起的不可逆损失变化曲线，曲线 3 为总不可逆损失。当冷却介质流量增加时，流动阻力和温差引起的不可逆损失及总损失增大。所以，冷却介质流量不宜过大，但如果过小，又会影响换热。那么如何才是合理的，这可从图 8-3 中看出。图 8-3 为单位传热量不可逆损失的变化。图中曲线有一最低点，该点处的单位传热量不可逆损失最小，此时的流量是较为有利的。

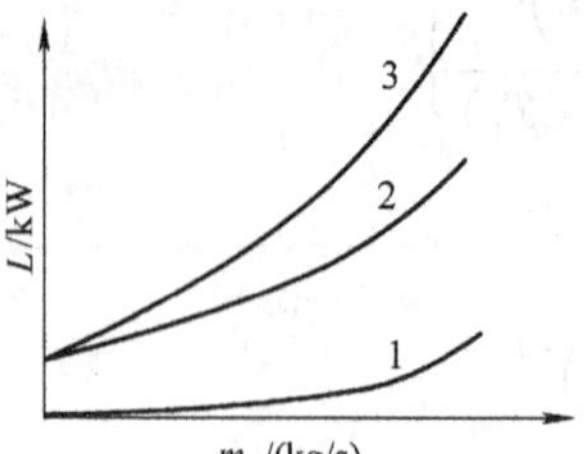

图 8-2　冷却水流量的影响

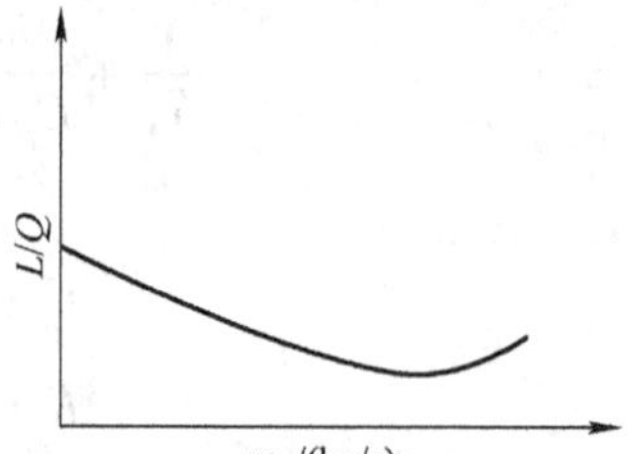

图 8-3　单位传热量不可逆损失的变化

4）换热量的影响。不可逆损失与换热量及冷却介质入口温度的关系如图 8-4 所示。图中曲线 1 代表较高的冷却介质进口温度，曲线 2 代表较低的冷却介质进口温度。从图中可看出，当传热量增大时，不可逆损失也增大。对于相同的传热量，冷却介质进口温度越大，不可逆损失越小。

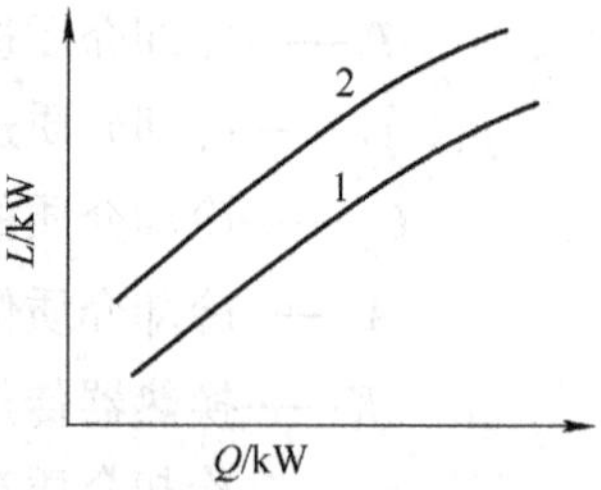

图 8-4　换热量与不可逆损失的关系

5）冷凝温度的影响。降低冷凝温度，可降低冷凝器不可逆损失。对于循环中的冷凝器，降低冷凝温度，同时冷凝压力也降低，压缩机损失减小，效率提高，这些是有利因素。另外，若采用相变温度沿程变化的非共沸溶液作冷凝介质，可降低冷凝器内的传热温差，减小不可逆损失。

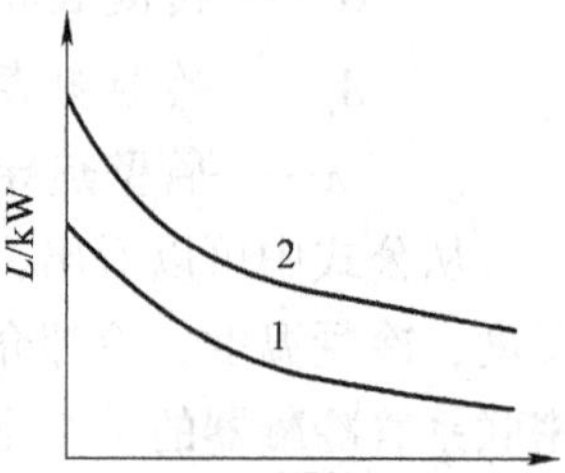

图 8-5　*NTU* 与不可逆损失的关系(换热量不变)

6）传热单元数（*NTU*）的影响。当传热量一定时，不可逆损失与传热单元数及冷却介质进口温度的关系如图 8-5 所示。图 8-5 中曲线 1 代表较高的冷却介质进口温度，曲线 2 代表较低的冷却介质进口温度。图中显示，不可逆损失随着 *NTU* 的增大和介质入口温度的增大而减小。当空气流量不变时，不可逆损失与 *NTU* 及冷却介质进口温度的关系如图 8-6 所示。图 8-6 中曲线 1 代表较高的冷却介质进口温度，曲线 2 代表较低的介质进口温度。从图中可以看出，不可逆损失随着 *NTU* 的增大而增大，随着冷却介质入口温度的增加而减小。但同时，*NTU* 增大，换热量将增大，这又是有利的一面。通过研究知道，*NTU* 的增加使换热量增长速度大于不可逆损失的增长速度，由此判定较大的 *NTU* 是合理的。由此认为较大的冷却介质入口温度和传热单元数有利于冷凝器的优化节能。若传热量不变，则不可逆损失随着 *NTU* 的增大而减小；若冷却介质流量不变，则不可逆损失随着 *NTU* 的增加而增大。

7）管径的影响。冷凝器盘管管径的大小影响流动阻力从而影响不可逆损失。图 8-7 为管径与流动阻力引起的不可逆损失之间的关系。从图中可以看出，流阻不可逆损失随着管径的增大而减小。当管径较小时，不可逆损失随管径的变化较剧烈，当达到一定管径后，曲线趋于平缓，管径的变化对不可逆损失产生的影响减弱。所以管径不必过大，一般取 0.025 ~0.03m 为宜。

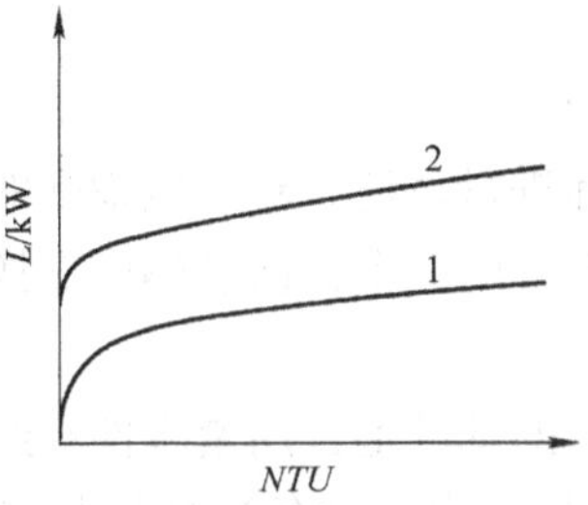

图 8-6 *NTU* 与不可逆损失的关系（流量不变）

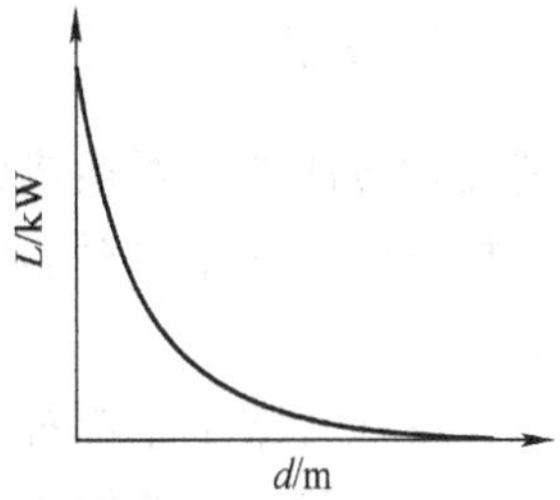

图 8-7 管径与流阻不可逆损失的关系

以上分析了影响冷凝器内不可逆损失大小的诸多因素，通过合理设计换热器的结构形式及设计参数，如进出口温度、温升、流量、换热量、管径和 *NTU* 等，可减小传热温差和流动阻力，从而减小不可逆损失，尽量避免可用能的损失，以达到真正节能，提高㶲效率，优化设计换热设备。

㶲效率类似于熵产单元数那样从能量的质量角度综合考虑传热与流动的影响，而且也能用于热质交换设备的优化设计。熵分析法是从能量的损耗角度来分析，希望熵产单元数越小越好。㶲分析法是从可用能的被利用的角度来分析，希望㶲效率越大越好。相比之下，熵产单元数未表示出由于流动阻力与传热温差而产生的不可逆损失与获得的可用能之间的正面关系，实用上不够方便。而㶲分析法，从能质角度考虑换热设备的优化，实用而可靠。

造成热质交换设备内不可逆损失的根本原因是传热温差和流动阻力。减小换热器不可逆损失应从这两方面着手。增大传热温差，加强扰动虽然可以强化传热，但却造成了能质的贬值，可用能的流失等不良后果，在进行热质交换设备的优化设计及选择时应从“质”和“量”两方面综合考虑，以达到真正意义上的节能。

8.2.5 纵向比较法

纵向比较法是针对具有强化传热表面的换热设备热性能评价的一种方法。这一方法是按强化目的的分类，进行单项性能的比较。威伯在总结和分析前人工作的基础上，提出了一套较为完整的性能评价判据[15]。他把热质交换设备的传热强化分为三种目的，即减少表面积、增加热负荷和减少功率消耗，然后在三种不同的几何限制条件下，即几何状态固定、流通截面不变和几何形状可变，比较强化和未强化时的某些性能，如传热量之比、功率消耗之比，从这些数值的大小可以优选出某种确定的传热表面强化技术下针对某种目的的最佳几何结构，并进而比较出哪一种强化技术下的结果最佳。此种方法比较结果明确，具有一定的实用价值，但不够全面。

8.2.6 两指标分析法

上述几种方法是针对换热设备的某一项指标进行讨论，对其他指标的变化情况往往未加分析。而用户对热质交换设备有多方面的要求，衡量热质交换设备的优劣应有多项指标。

有研究者在考察了用户对换热设备普遍要求的基础上，用紧凑性和经济性两指标综合衡量换热设备的优劣[15]。紧凑性指标是指换热设备单位换热能力所需体积。经济性指标是指换热设备单位换热能力所需费用。

下面以蒸发器为例来说明一下这种方法。蒸发器为铜质圆管正三角形排列套平铝片管簇换热器，制冷剂在管内蒸发，空气在管外被冷却。

对于正三角形排列套平铝肋片管簇换热器，独立的自变量可定义为下面六个：管外径、管心距、肋片间距、肋厚、空气最小断面质量流量和制冷剂从进口到出口流经的管长。

紧凑性指标可定义为下式

$$V_q = \frac{866 \times H^2 \times S}{KA} \tag{8-41}$$

式中 V_q——热质交换设备的紧凑性指标 [m³/(kW/℃)]；

H——管中心距 (m)；

S——肋片间距 (m)；

K——热质交换设备传热系数 [W/(m²·K)]；

A——热质交换设备的传热面积 (m²)。

经济性指标可定义为下式

$$M=\frac{\frac{A}{n}+8.76\times s\times\phi\times(P+P_i)}{0.001KA} \tag{8-42}$$

式中　M——换热设备的经济性指标［（元/a）/（kW/℃）］；

A——换热设备的初投资（元/台）；

s——电费［元/（kW·h）］；

n——折旧年限（年）；

ϕ——工作系数，表示换热设备预计年运行小时数与全年总小时数之比；

P——空气侧功率消耗（W）；

P_i——为补偿制冷剂在蒸发器中的阻力损失需多付出的压缩功率（W）。

经济性指标与紧凑性指标是互相对立的。一般情况下，要追求换热设备的紧凑，必然要提高能量消耗；反之亦然。对于热质交换设备的优化设计，需要同时兼顾紧凑性指标和经济性指标。在求解时，先分别求出两项指标的极小值，然后采用求解线性约束极值问题的数学规划方法，将紧凑性指标分别固定于多个固定值，依次求解经济性指标的极小值，得出不同紧凑性指标下的最经济指标，从而给出它们之间的关系，以综合权衡两项指标，确定出最优方案。

对肋片管簇换热器应用两指标分析法可以得出一些具有参考价值的结论，它对于换热设备的优化，特别是解决肋片管簇换热器的优化问题，提供了一个良好的思路与方法。但是这种方法也存在一些局限性，如它需要带有许多尺寸参数的准确的性能关系式，而这种关系式的获得是很困难的；它要求一系列准确可靠的经济参数，例如折旧年限、材料价格等，而这些准确数据的获得也有不少难度。

8.2.7　热经济学分析法

上述几种方法的共同缺点是它们都只从单一的科学技术观点来评价热性能。即使我们使用熵分析法和㶲分析法，也没有真正体现出经济的观点。

例如对于一台管壳式换热器，通过重新选择管径和排列方式，使传热系数提高、平均传热温差降低、压力降减小，总的结果使㶲效率提高或熵产单元数减小，但这并不能说明该换热器的全部费用包括设备费、运行费等也减小了。

为了解决在工程应用上大量存在的这一类问题，一门新兴的学科即热经济学正在兴起。热经济学把技术和经济融为一体，用热力学第二定律分析法（熵分析法和㶲分析法）与经济优化技术相结合的热经济学分析法，对一个系统或一个设备做出全面的热经济学评价。

热经济学分析法的任务除了研究体系与自然环境之间的相互作用外，还要研究体系内部的经济参量与环境的经济参量之间的相互作用，所以它以热力学第二定律分析法为基础，而最后得到的结果却能直接地给出经济量纲表示的答案。由于热经济学分析法牵涉面广，比较复杂，使用中还有许多具体问题，目前尚未被工程设计正式使用。但这种方法是目前所提出的方案中最为完善的方法，现已在美国等国家开始部分使用，并收到较好的效果。有关热经济学的知识有兴趣的读者请参考文献[16~19]。

复习思考题和习题

1. 空气加热器优化设计时主要考虑哪个参数，为什么？
2. 描述对空气加热器进行优化设计的方法？
3. 热质交换设备性能评价方法有哪些？各有何优缺点？
4. 减少热质交换设备不可逆损失的途径是什么？

参考文献

[1] 靳明聪，等．换热器［M］．重庆：重庆大学出版社，1990．

[2] 杨自奋，杨强生．基于热经济参数的换热器优化计算［J］．上海交通大学学报，19（6）．

[3] Edwards D K. Transfer Process［M］. 2nd Ed. McGraw－Hill, New York：1979：292－296.

[4] Edwards D K and Matavosian R. The thermoeconomically Optimum Counter－flow Heat Exchangers［J］. Effectiveness. Journal of Heat Transfer, 1982，104：191－193.

[5] Bejan A. The Concept of Irreversibility in Heat Exchange Design：Counter－flow Heat Exchangers for Gas－to－gas Applications［J］. Transaction of the ASME，Series C，Journal of Heat Transfer, 1977，99（1）：374－380.

[6] Bejan A. General Criteria for Rating Heat Exchanger Performance［J］．Int. J. Heat Mass Transfer, 1978，21：655－658.

[7] 宋之平，王加璇．节能原理［M］．北京：水利电力出版社，1986.

[8] 倪振伟等．评价换热器热性能的三项指标［J］．工程热物理学报，1984，5（4）：387－389.

[9] 闫全英．不可逆损失的研究．［D］．哈尔滨：哈尔滨工业大学，1997.

[10] 闫全英，李树栋，王士军．风冷式空调冷凝器不可逆损失分析及优化设计［J］．家电科技，2002，9：74－75.

[11] Quanying Yan. ANALYSIS OF INFLUENCE FACTORS ON IRREVERSIBLE LOSS AND OPTIMIZATION IN HEAT EXCHANGER［C］．第三届国际传热节能会议．2004. 1.

[12] 殷平．空调大温差系统研究：空调冷水大温差系统经济性分析［J］．暖通空调，2001，31（2）：64－67.

[13] 霍小平．关于国外高层办公楼空调水系统大温差设计探讨［J］．暖通空调，

1996.
[14] Webb R L. Performance Evaluation Criteria for Use of Enhanced Heat Transfer Surface in Heat Exchange Design [J]. Int. J. Heat Mass Transfer, 1981, 24 (4): 715 - 726.
[15] 孙德兴. 肋片管簇的优化方法 [J]. 制冷学报, 1981, (4): 9-21.
[16] 王加璇, 王洁照, 张晓东. 热经济学的近期发展及其结构理论 [J]. 华北电力大学学报, 2000, 12.
[17] 盛展武. 化工装置经济 [M]. 北京: 化学工业出版社, 1998.
[18] 杨东华. 热经济学 [M]. 上海: 华东化工学院出版社, 1990.
[19] 王加璇, 张恒良. 动力工程热经济学 [M]. 北京: 水利电力出版社, 1995.

附　录

附录 A　散热器组装片数修正系数

每组片数	<6	6~10	11~20	>20
β_1	0.95	1.00	1.05	1.10

附录 B　散热器连接形式修正系数

连接形式	同侧上进下出	异侧上进下出	异侧下进下出	异侧下进上出	同侧下进上出
四柱 813 型	1.0	1.004	1.239	1.422	1.426
M-132 型	1.0	1.009	1.251	1.386	1.396
方翼型	1.0	1.009	1.225	1.331	1.369

附录 C　散热器安装形式修正系数

安装形式	β_3
装在墙的凹槽内（半暗装）散热器上部距墙距离为 100mm	1.06
明装但在散热器上部有窗台板覆盖，散热器距窗台板高度为 150mm	1.02
装在罩内，上部敞开，下部距地 150mm	0.95
装在罩内，上部、下部开口，开口高度均为 150mm	1.04

附录 D　一些铸铁散热器的传热系数公式

型　号	散热面积/（m^2/片）	工作压力/MPa	传热系数计算式/[W/（m^2·℃）]
TG0.28/5-4，长翼型（大 60）	1.16	0.4	$K=1.743\Delta t^{0.28}$
TZ2-5-5，（M-132 型）	0.24	0.5	$K=2.426\Delta t^{0.286}$
TZ4-6-5（四柱 760 型）	0.235	0.5	$K=2.503\Delta t^{0.293}$
TZ4-5-5（四柱 640 型）	0.20	0.5	$K=3.663\Delta t^{0.16}$
TZ2-5-5（二柱 700 型，带腿）	0.24	0.5	$K=2.02\Delta t^{0.271}$
四柱 813 型（带腿）	0.28	0.5	$K=2.237\Delta t^{0.302}$

附录 E　一些钢制散热器的传热系数公式

型　　号	散 热 面 积	工作压力/MPa	传热系数计算式/［W/（m^2·℃)］
钢制柱型散热器 600×120	0.15m^2/片	0.8	$K=2.489\Delta t^{0.3069}$
钢制板式散热器 600×1000	2.75m^2/片	0.8	$K=2.5\Delta t^{0.239}$
钢制扁管散热器			
单板 520×1000	1.151m^2/片	0.6	$K=3.53\Delta t^{0.235}$
单板带对流片 624×1000	5.55m^2/片	0.6	$K=1.23\Delta t^{0.246}$
闭式钢串片散热器			
150×80	3.15 m^2/m	1.0	$K=2.07\Delta t^{0.14}$
240×100	5.72m^2/m	1.0	$K=1.3\Delta t^{0.18}$
500×90	7.44m^2/m	1.0	$K=1.88\Delta t^{0.11}$

附录 F　局部阻力系数

局部阻力形式	局部阻力系数
进入水室和出水室	1.5
一管束转 180°进入另一管束	2.5
一管束经过弯头转 180°进入另一管束	2.0
水进入管间	1.5
与管束成 90°角的管间空间出口	1.0
U 形管的 180°转弯	0.5
管与管之间转 180°弯	2.0
绕过支撑管束的隔板	0.5
管间流体从一分段过渡到另一分段	2.5

附录 G　空气加热器传热系数和阻力损失

型　　号	传热系数 K/[W/(m^2·K)]		空气侧压力损失/Pa	水侧压力损失/kPa
	热媒为蒸汽	热媒为热水		
SRZ5、6、10D	$13.6(v\rho)^{0.49}$		$1.76(v\rho)^{1.998}$	D 型：
SRZ5、6、10Z	$13.6(v\rho)^{0.49}$		$1.47(v\rho)^{1.98}$	$15.2(w)^{1968}$
SRZ5、6、10X	$14.5(v\rho)^{0.532}$		$0.88(v\rho)^{2.12}$	Z,X 型：
SRZ7D	$14.3(v\rho)^{0.51}$		$2.06(v\rho)^{1.17}$	$19.3w^{1.83}$
SRZ7Z	$14.3(v\rho)^{0.51}$		$2.94(v\rho)^{1.52}$	
SRZ7X	$15.1(v\rho)^{0.571}$		$1.37(v\rho)^{1.917}$	

（续）

型　　号	传热系数 $K/[W/(m^2 \cdot K)]$		空气侧压力损失 /Pa	水侧压力损失 /kPa
	热媒为蒸汽	热媒为热水		
SRLB×A/2	$15.2(v\rho)^{0.4}$	$16.5(v\rho)^{0.24}$	$1.71(v\rho)^{1.67}$	
SRLB×A/3	$15.1(v\rho)^{0.43}$	$14.5(v\rho)^{0.29}$	$3.03(v\rho)^{1.62}$	
SYAD	$15.4(v\rho)^{0.297}$	$16.6(v\rho)^{0.36}w^{0.226}$	$0.86(v\rho)^{1.96}$	
SYAZ	$15.4(v\rho)^{0.297}$	$16.6(v\rho)^{0.36}w^{0.226}$	$0.82(v\rho)^{1.94}$	
SYAX	$15.4(v\rho)^{0.297}$	$16.6(v\rho)^{0.36}w^{0.226}$	$0.78(v\rho)^{1.87}$	
I1C	$26.3(v\rho)^{0.423}$		$0.40(v\rho)^{1.985}$	
I2C	$25.7(v\rho)^{0.375}$		$0.80(v\rho)^{1.985}$	
GL 或 GL-II 型	$19.8(v\rho)^{0.608}$	$31.9(v\rho)^{0.46}w^{0.5}$	$0.84(v\rho)^{1.862}\times N$	$10.8(w)^{1.854}\times N$
B、U 或 U-II 型	$19.8(v\rho)^{0.608}$	$25.5(v\rho)^{0.556}w^{0.0115}$	$0.84(v\rho)^{1.862}\times N$	$10.8(w)^{1.854}\times N$

注：N—排数　$v\rho$—空气质量流速[$kg/(m^2 \cdot s)$]　w—水流速(m/s)。

附录 H　空气冷却器的接触系数

冷却器型号	排　数	迎面风速/(m/s)			
		1.5	2.0	2.5	3.0
B 或 U II 型 GL 或 GL II 型	2	0.543	0.518	0.499	0.484
	4	0.791	0.767	0.748	0.733
	6	0.905	0.887	0.875	0.863
	8	0.957	0.946	0.937	0.930
JW 型	2	0.590	0.545	0.515	0.490
	4	0.841	0.797	0.768	0.740
	6	0.940	0.911	0.888	0.872
	8	0.977	0.964	0.954	0.945
SXL-B 型	2	0.826	0.440	0.423	0.408
	4	0.97	0.686	0.665	0.649
	6	0.995	0.800	0.806	0.792
	8	0.999	0.824	0.887	0.877
KL-1 型	2	0.466	0.440	0.423	0.408
	4	0.715	0.686	0.665	0.649
	6	0.848	0.800	0.806	0.792
	8	0.917	0.824	0.887	0.877
KL-2 型	2	0.553	0.530	0.511	0.493
	4	0.800	0.780	0.762	0.743
	6	0.909	0.896	0.886	0.870
KL-3 型	2	0.450	0.439	0.429	0.416
	4	0.700	0.685	0.672	0.660
	6	0.834	0.823	0.813	0.802
LT 型	4	0.940	0.927	0.914	0.901

附录 I　JW 型空气冷却器技术数据

型　号	风量/（m^3/h）	每排散热面积/m^2	迎风面积/m^2	通水断面积/m^2
JW10-4	5000 ~ 8350	12.15	0.994	0.00407
JW20-4	8350 ~ 16700	24.05	1.87	0.00407
JW30-4	16700 ~ 25000	33.4	2.57	0.00553
JW40-4	25000 ~ 33400	44.5	3.43	0.00553

附录 J　部分水冷式空气冷却器的传热系数和阻力公式

型　号	排数	作为冷却用传热系数 K/［W/（m^2·℃）］	空气阻力/Pa：干工况 ΔH_g，湿工况 ΔH_s	水阻力/kPa
B 或 U-II 型	2	$K=\left[\frac{1}{34.3V_y^{0.781}\xi^{1.03}}+\frac{1}{207w^{0.8}}\right]^{-1}$	$\Delta H_s=20.97V_y^{1.39}$	
B 或 U-II 型	6	$K=\left[\frac{1}{31.4V_y^{0.857}\xi^{0.87}}+\frac{1}{281.7w^{0.8}}\right]^{-1}$	$\Delta H_g=29.75V_y^{1.98}$ $\Delta H_s=38.93V_y^{1.84}$	$\Delta h=64.68w^{1.854}$
GL 或 GL-II 型	6	$K=\left[\frac{1}{21.1V_y^{0.845}\xi^{1.15}}+\frac{1}{216.6w^{0.8}}\right]^{-1}$	$\Delta H_g=19.99V_y^{1.862}$ $\Delta H_s=32.05V_y^{1.695}$	$\Delta h=64.68w^{1.854}$
W	2	$K=\left[\frac{1}{42.1V_y^{0.52}\xi^{1.03}}+\frac{1}{332.6w^{0.8}}\right]^{-1}$	$\Delta H_g=5.68V_y^{1.89}$ $\Delta H_s=25.28V_y^{0.895}$	$\Delta h=8.18w^{1.93}$
JW	4	$K=\left[\frac{1}{39.7V_y^{0.52}\xi^{1.03}}+\frac{1}{332.6w^{0.8}}\right]^{-1}$	$\Delta H_g=11.96V_y^{1.72}$ $\Delta H_s=42.8V_y^{0.992}$	$\Delta h=12.54w^{1.93}$
JW	6	$K=\left[\frac{1}{41.5V_y^{0.52}\xi^{1.02}}+\frac{1}{325.6w^{0.8}}\right]^{-1}$	$\Delta H_g=16.66V_y^{1.75}$ $\Delta H_s=62.23V_y^{1.1}$	$\Delta h=14.5w^{1.93}$
JW	8	$K=\left[\frac{1}{35.5V_y^{0.58}\xi^{1.0}}+\frac{1}{353.6w^{0.8}}\right]^{-1}$	$\Delta H_g=23.8V_y^{1.74}$ $\Delta H_s=70.56V_y^{1.214}$	$\Delta h=20.19w^{1.93}$
SXL-B	2	$K=\left[\frac{1}{27V_y^{0.425}\xi^{0.74}}+\frac{1}{157w^{0.8}}\right]^{-1}$	$\Delta H_g=17.35V_y^{1.54}$ $\Delta H_s=35.28V_y^{1.4}\xi^{0.183}$	$\Delta h=15.48w^{1.97}$
KL-1	4	$K=\left[\frac{1}{32.6V_y^{0.57}\xi^{0.987}}+\frac{1}{350.1w^{0.8}}\right]^{-1}$	$\Delta H_g=24.21V_y^{1.823}$ $\Delta H_s=24.01V_y^{1.913}$	$\Delta h=18.03w^{2.1}$
KL-2	4	$K=\left[\frac{1}{29V_y^{0.622}\xi^{0.758}}+\frac{1}{385w^{0.8}}\right]^{-1}$	$\Delta H_g=27V_y^{1.43}$ $\Delta H_s=42.2V_y^{1.2}\xi^{0.18}$	$\Delta h=22.5w^{1.8}$
KL-3	6	$K=\left[\frac{1}{27.5V_y^{0.778}\xi^{0.843}}+\frac{1}{460.5w^{0.8}}\right]^{-1}$	$\Delta H_g=26.3V_y^{1.54}75$ $\Delta H_s=63.3V_y^{1.2}\xi^{0.15}$	$\Delta h=27.9w^{1.81}$

附录 K　喷淋室热交换效率实验公式的系数和指数

实验条件：离心喷嘴，喷嘴密度为 13 个/m^2 · 排，$v\rho$ = 1.5 ~ 3.0kg/m^2 · s，喷嘴前水压 p_0 = 1.0 ~ 2.5atm（表压）。

喷嘴直径/mm	喷嘴排数	喷水型式	系数	冷却减湿			减焓冷却加湿			绝热加湿			等温加湿			增焓冷却加湿			加热加湿		
				A'或A''	m或m'	n或n'	A'或A''	m或m'	n或n'	A'或A''	m或m'	n或n'	A'或A''	m或m'	n或n'	A'或A''	m或m'	n或n'	A'或A''	m或m'	n或n'
5	1	顺喷	ε_1	0.635	0.245	0.42	—	—	—	—	—	—	0.87	0	0.25	0.885	0	0.61	0.86	0	0.09
			ε_2	0.662	0.23	0.67	—	—	—	0.8	0.25	0.4	0.89	0.06	0.29	0.8	0.13	0.42	1.05	0	0.25
		逆喷	ε_1	0.73	0	0.35	—	—	—	—	—	—	—	—	—	—	—	—	—	—	—
			ε_2	0.88	0	0.38	—	—	—	0.8	0.25	0.4	—	—	—	—	—	—	—	—	—
3.5		顺喷	ε_1	—	—	—	—	—	—	—	—	—	—	—	—	—	—	—	0.875	0.06	0.07
			ε_2	—	—	—	—	—	—	—	—	—	—	—	—	—	—	—	1.01	0.06	0.15
		逆喷	ε_1	—	—	—	—	—	—				—	—	—	—	—	—	0.923	0	0.06
			ε_2	—	—	—	—	—	—	1.05	0.1	0.4	—	—	—	—	—	—	1.24	0	0.27
5	2	对喷	ε_1	0.745	0.07	0.265	0.76	0.124	0.234				0.81	0.1	0.135	0.82	0.09	0.11	—	—	—
			ε_2	0.755	0.12	0.27	0.835	0.04	0.23	0.75	0.15	0.29	0.88	0.03	0.15	0.84	0.05	0.21	—	—	—
		两逆	ε_1	0.56	0.29	0.46	0.54	0.35	0.41	—	—	—	—	—	—	—	—	—	—	—	—
			ε_2	0.73	0.15	0.25	0.62	0.3	0.41	—	—	—	—	—	—	—	—	—	—	—	—
3.5		对喷	ε_1	—	—	—	—	—	—				—	—	—	—	—	—	0.931	0	0.13
			ε_2	—	—	—	—	—	—	0.783	0.1	0.3	—	—	—	—	—	—	0.89	0.95	0.125
		两逆	ε_1	—	—	—	0.655	0.13	0.33	—	—	—	—	—	—	—	—	—	—	—	—
			ε_2	—	—	—	0.783	0.18	0.38	—	—	—	—	—	—	—	—	—	—	—	—

附录 L　冷却塔局部阻力系数

局部阻力名称	局部阻力系数
进风口阻力	$\zeta = 0.55$
导风装置	$\zeta = (0.1 + 0.000025q_w)\ l$ q_w——淋水密度 [m^3/(m^2 · h)]； l——导风装置长度（m）
淋水装置气流转弯	$\zeta = 0.5$
淋水装置进口气流突然收缩	$\zeta = 0.5\left(1 - \frac{A_0}{A_s}\right)$ A_0、A_s——淋水装置有效截面积和总截面积（m^2）

（续）

局部阻力名称	局部阻力系数
淋水装置	$\zeta=\zeta_0(1+k_s q_w)Z$ ζ_0——单位高度淋水装置阻力系数； Z——淋水装置高度； k_s——系数，可查相关手册
淋水装置进口气流突然扩大	$\zeta=\left(1-\frac{A_0}{A_s}\right)^2$
配水装置	$\zeta=\left[0.5+1.3\left(1-\frac{A_{ch}}{A_s}\right)^2\right]\left(\frac{A_s}{A_{ch}}\right)^2$ A_{ch}——配水装置中气流通过的有效截面积（m^2）
收水器	$\zeta=\left[0.5+2\left(1-\frac{A_n}{A_g}\right)^2\right]\left(\frac{A_n}{A_g}\right)^2$ A_g、A_n——收水器有效截面积和总截面积（m^2）
气流出口	$\zeta=1.0$

信息反馈表

尊敬的老师：

您好！感谢您多年来对机械工业出版社的支持和厚爱！为了进一步提高我社教材的出版质量，更好地为我国高等教育发展服务，欢迎您对我社的教材多提宝贵意见和建议。另外，如果您在教学中选用了《热质交换原理与设备》（闫全英、刘迎云主编），欢迎您提出修改建议和意见。索取课件的授课老师，请填写下面的信息，发送邮件即可。

一、基本信息

姓名：________ 性别：______ 职称：________ 职务：___________

邮编：________ 地址：____

学校：____________________

任教课程：___________ 电话：________—________（H）________（O）

电子邮件：___________________________________ 手机：___________

二、您对本书的意见和建议

（欢迎您指出本书的疏误之处）

三、您对我们的其他意见和建议

请与我们联系：

100037　机械工业出版社·高等教育分社　刘　涛　收

Tel：010－8837 9542（O），6899 4030（Fax）

E-mail：ltao929@163. com

http：//www. cmpedu. com（机械工业出版社·教材服务网）

http：//www. cmpbook. com（机械工业出版社·门户网）

http：//www. golden-book. com（中国科技金书网·机械工业出版社旗下网上书店）